教科書ぴったりトレーニング

はなまるシール

★ ふろ… …う！
★ はじ… …んで、
がん…
★ 学習が終わったら、がんばり表に
「はなまるシール」をはろう！
★ 余ったシールは自由に使ってね。

キミのおとも犬

元気いっぱい
お肉大好き！
つっこみ役
みんなの世話係
ちょっとこわがり
最年少
おっとり
読書好き
やさしくて物知り
みんなの先生

はなまるシール

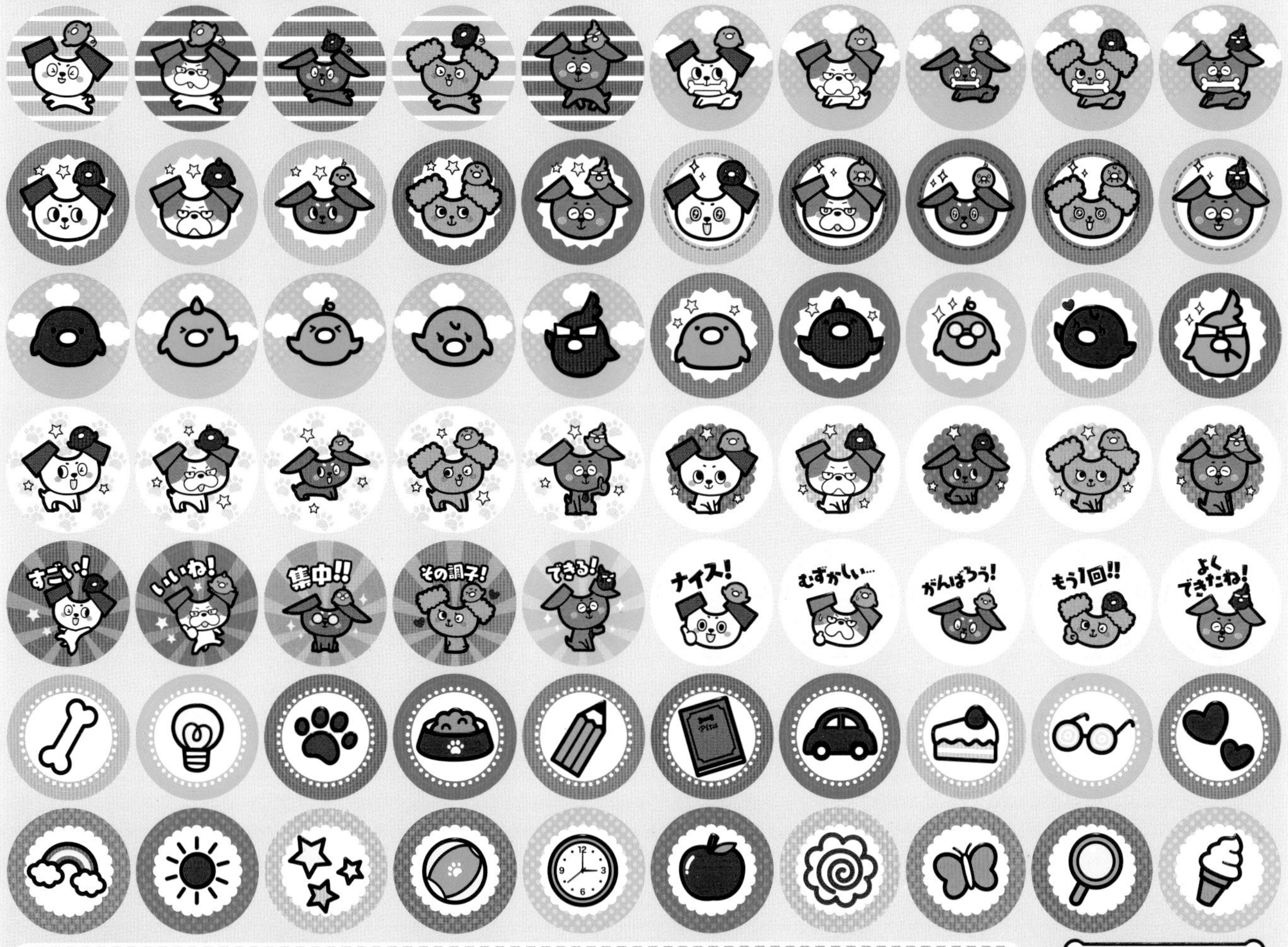
すごい！
いいね！
集中!!
その調子！
できる！
ナイス！
むずかしい…
がんばろう！
もう1回!!
よく
できたね！

国語
理科
英語
算数
社会
ごほうびシール
よくできました

教科書ぴったりトレーニングの使い方

『ぴたトレ』は教科書にぴったり合わせて使うことができるよ。教科書も見ながら、勉強していこうね。ぴた犬たちが勉強をサポートするよ。

ふだんの学習

ぴったり1 準備

教科書のだいじなところをまとめていくよ。
めあて でどんなことを勉強するかわかるよ。
問題に答えながら、わかっているかかくにんしよう。
QR コードから「3 分でまとめ動画」が見られるよ。

※QR コードは株式会社デンソーウェーブの登録商標です。

ぴったり2 練習

「ぴったり１」で勉強したこと、おぼえているかな？
かくにんしながら、問題に答える練習をしよう。

ぴったり3 確かめのテスト

「ぴったり１」「ぴったり２」が終わったら取り組んでみよう。
学校のテストの前にやってもいいね。
わからない問題は、ふりかえり を見て前にもどってかくにんしよう。

実力チェック

- 夏のチャレンジテスト
- 冬のチャレンジテスト
- 春のチャレンジテスト
- 6年 理科のまとめ 学力診断《しんだん》テスト

夏休み、冬休み、春休み前に使いましょう。
学期の終わりや学年の終わりのテストの前にやってもいいね。

別冊《べっさつ》

丸つけラクラク解答

問題と同じ紙面に赤字で「答え」が書いてあるよ。
取り組んだ問題の答え合わせをしてみよう。まちがえた問題やわからなかった問題は、右の「てびき」を読んだり、教科書を読み返したりして、もう一度見直そう。

おうちのかたへ

本書『教科書ぴったりトレーニング』は、教科書の要点や重要事項をつかむ「ぴったり１ 準備」、おさらいをしながら問題に慣れる「ぴったり２ 練習」、テスト形式で学習事項が定着したか確認する「ぴったり３ 確かめのテスト」の３段階構成になっています。教科書の学習順序やねらいに完全対応していますので、日々の学習（トレーニング）にぴったりです。

「観点別学習状況の評価」について

学校の通知表は、「知識・技能」「思考・判断・表現」「主体的に学習に取り組む態度」の３つの観点による評価がもとになっています。

問題集やドリルでは、一般に知識を問う問題が中心になりますが、本書『教科書ぴったりトレーニング』では、次のように、観点別学習状況の評価に基づく問題を取り入れて、成績アップに結びつくことをねらいました。

ぴったり３ 確かめのテスト

- 「知識・技能」のうち、特に技能（観察・実験の器具の使い方など）を取り上げた問題には「技能」と表示しています。
- 「思考・判断・表現」のうち、特に思考や表現（予想したり文章で説明したりすることなど）を取り上げた問題には「思考・表現」と表示しています。

チャレンジテスト

- 主に「知識・技能」を問う問題か、「思考・判断・表現」を問う問題かで、それぞれに分類して出題しています。

別冊『丸つけラクラク解答』について

おうちのかたへ では、次のようなものを示しています。

- 学習のねらいやポイント
- 他の学年や他の単元の学習内容とのつながり
- まちがいやすいことやつまずきやすいところ

お子様への説明や、学習内容の把握などにご活用ください。

内容の例

> おうちのかたへ 1. 生き物をさがそう
> 身の回りの生き物を観察して、大きさ、形、色など、姿に違いがあることを学習します。虫眼鏡の使い方や記録のしかたを覚えているか、生き物どうしを比べて、特徴を捉えたり、違うところや共通しているところを見つけたりすることができるか、などがポイントです。

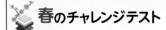

教科書ぴったりトレーニング　理科 6 年　がんばり表

いつも見えるところに、この「がんばり表」をはっておこう。
この「ぴたトレ」を学習したら、シールをはろう！
どこまでがんばったかわかるよ。

好きななまえをつけてね！

なまえ

ぴた犬（おとも犬）シールをはろう

シールの中から好きなぴた犬を選ぼう。

おうちのかたへ

がんばり表のデジタル版「デジタルがんばり表」では、デジタル端末でも学習の進捗記録をつけることができます。1 冊やり終えると、抽選でプレゼントが当たります。「ぴたサポシステム」にご登録いただき、「デジタルがんばり表」をお使いください。LINE または PC・ブラウザを利用する方法があります。

LINE用　PC・ブラウザ用

★ ぴたサポシステムご利用ガイドはこちら ★
https://www.shinko-keirin.co.jp/shinko/news/pittari-support-system

スタート

1. 物の燃え方と空気
❶ 物が燃え続けるには
❷ 空気の変化

2～3ページ	4～5ページ	6～7ページ	8～9ページ
ぴったり 1 2	ぴったり 1 2	ぴったり 1 2	ぴったり 3
できたらシールをはろう	できたらシールをはろう	できたらシールをはろう	できたらシールをはろう

2. 動物のからだのはたらき
❶ 食べ物のゆくえ
❷ 吸う空気とはく空気
❸ 血液のはたらき
❹ 人のからだのつくり

10～11ページ	12～13ページ	14～15ページ	16～17ページ	18～19ページ	20～21ページ
ぴったり 1 2	ぴったり 1 2	ぴったり 1 2	ぴったり 1 2	ぴったり 1 2	ぴったり 3
できたらシールをはろう	できたらシールをはろう	できたらシールをはろう	できたらシールをはろう	できたらシールをはろう	できたらシールをはろう

3. 植物のからだのはたらき
❶ 植物の水の通り道
❷ 植物と日光のかかわり

22～23ページ	24～25ページ	26～27ページ
ぴったり 1 2	ぴったり 1 2	ぴったり 3
できたらシールをはろう	できたらシールをはろう	できたらシールをはろう

4. 生き物どうしのかかわり
❶ 食べ物をとおした生き物のかかわり
❷ 空気をとおした生き物どうしのかかわり
❸ 生き物と水とのかかわり

28～29ページ	30～31ページ	32～33ページ	34～35ページ
ぴったり 1 2	ぴったり 1 2	ぴったり 1 2	ぴったり 3
できたらシールをはろう	できたらシールをはろう	できたらシールをはろう	できたらシールをはろう

5. 月の形と太陽
❶ 月の形の見え方

36～37ページ	38～39ページ	40～41ページ
ぴったり 1 2	ぴったり 1 2	ぴったり 3
できたらシールをはろう	できたらシールをはろう	できたらシールをはろう

6. 大地のつくり
❶ 大地をつくっている物
❷ 地層のでき方

42～43ページ	44～45ページ	46～47ページ	48～49ページ	50～51ページ
ぴったり 1 2	ぴったり 1 2	ぴったり 1 2	ぴったり 1 2	ぴったり 3
できたらシールをはろう	できたらシールをはろう	できたらシールをはろう	できたらシールをはろう	できたらシールをはろう

7. 変わり続ける大地
❶ 地震や火山の噴火と大地の変化
❷ 私たちのくらしと災害

52～53ページ	54～55ページ	56～57ページ
ぴったり 1 2	ぴったり 1 2	ぴったり 3
できたらシールをはろう	できたらシールをはろう	できたらシールをはろう

8. てこのはたらきとしくみ
❶ てこのはたらき
❷ てこが水平につり合うとき
❸ てこを利用した道具

58～59ページ	60～61ページ	62～63ページ	64～65ページ
ぴったり 1 2	ぴったり 1 2	ぴったり 1 2	ぴったり 3
できたらシールをはろう	できたらシールをはろう	できたらシールをはろう	できたらシールをはろう

9. 電気と私たちのくらし
❶ 電気をつくる
❷ 電気の利用
❸ 電気の有効利用
❹ 電気を利用した物をつくろう

66～67ページ	68～69ページ	70～71ページ	72～73ページ
ぴったり 1 2	ぴったり 1 2	ぴったり 1 2	ぴったり 3
できたらシールをはろう	できたらシールをはろう	できたらシールをはろう	できたらシールをはろう

10. 水溶液の性質とはたらき
❶ 水溶液にとけている物
❷ 水溶液のなかま分け
❸ 水溶液のはたらき

74～75ページ	76～77ページ	78～79ページ	80～81ページ	82～83ページ
ぴったり 1 2	ぴったり 1 2	ぴったり 1 2	ぴったり 1 2	ぴったり 3
できたらシールをはろう	できたらシールをはろう	できたらシールをはろう	できたらシールをはろう	できたらシールをはろう

11. 地球に生きる
❶ 人と環境とのかかわり
❷ 地球に生きる

84～85ページ	86～87ページ	88ページ
ぴったり 1 2	ぴったり 1 2	ぴったり 3
できたらシールをはろう	できたらシールをはろう	できたらシールをはろう

ゴール

最後までがんばったキミは「ごほうびシール」をはろう！

ごほうびシールをはろう

（キリトリ線）

教科書ぴったりトレーニング　理科　6 年　東京書籍版　折込①（オモテ）

バッチリポスター

自由研究にチャレンジ！

「自由研究はやりたい，でもテーマが決まらない…。」
そんなときは，この付録を参考に，自由研究を進めてみよう。
この付録では，『植物の葉のつき方』というテーマを例に，説明していきます。

①研究のテーマを決める

「植物の葉に日光が当たると，でんぷんがつくられることを学習した。植物は日光を受けるために，どのように葉を広げているのか，葉のつき方や広がり方を調べたいと思った。」など，身近な疑問《ぎもん》からテーマを決めよう。

②予想・計画を立てる

「身近な植物を観察して，葉のつき方や広がり方がどうなっているのかを記録する。」など，テーマに合わせて調べる方法と準備するものを考え，計画を立てよう。わからないことは，本やコンピュータで調べよう。

③調べたりつくったりする

計画をもとに，調べたりつくったりしよう。結果だけでなく，気づいたことや考えたことも記録しておこう。

④まとめよう

植物の葉のつき方は，図のようなものがあります。このようなものは図にするとわかりやすいです。観察したことは文や表でまとめよう。

右は自由研究をまとめた例だよ。自分なりにまとめてみよう。

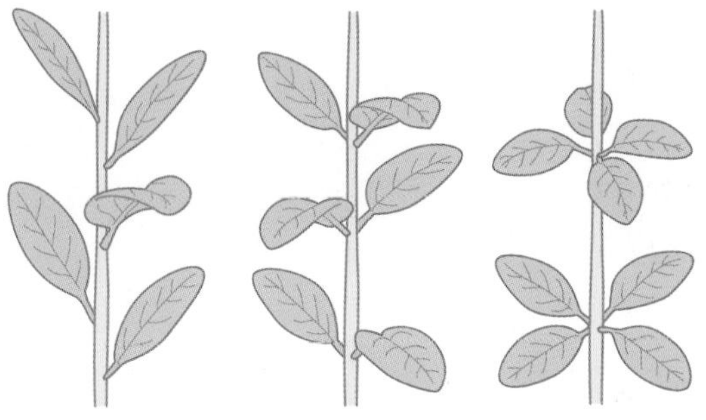

互生《ごせい》　対生《たいせい》　輪生《りんせい》

植物を真上から観察すると，葉のかさなり方は…。

(キリトリ線)
教科書ぴったりトレーニング　理科　6年　折込②(オモテ)

植物の葉のつき方

年　　組

【1】研究のきっかけ

小学校で，植物の葉に日光が当たると，でんぷんがつくられることを学習した。それで，植物は日光を受けるために，どのように葉を広げているのか，葉のつき方や広がり方を調べたいと思った。

【2】調べ方

①公園や川原に育っている植物の葉を観察して，葉のつき方や広がり方を記録する。また，植物を真上から観察して，葉のかさなり方を記録する。

②葉のつき方を図鑑で調べると，３つに分けられることがわかった。
観察した植物は，どれにあてはまるのかを調べる。

【3】結果

・調べた植物の葉のつき方を，３つに分けた。

互生…

対生…

輪生…

・どの植物も，真上から見ると，葉と葉がかさならないように生えていた。

【4】わかったこと

植物は多くの葉をしげらせていても，かさならないように葉を広げていた。できるだけたくさんの日光を受けて，でんぷんをつくっていると思った。

興味を広げる・深める！

観察・実験 カード

6年

化石

何の化石
かな？

化石

何の化石
かな？

化石

何の化石
かな？

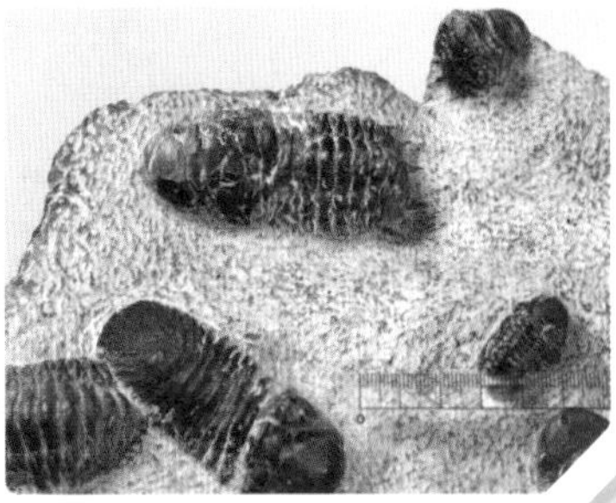

化石

何の化石
かな？

水中の小さな生物

何という
生物かな？

水中の小さな生物

何という
生物かな？

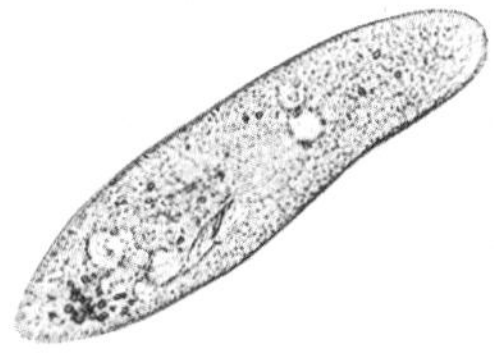

水中の小さな生物

何という
生物かな？

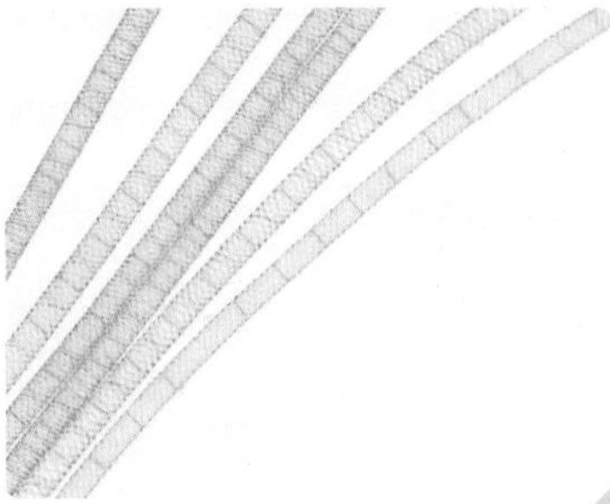

水中の小さな生物

何という
生物かな？

器具等

何という
器具かな？

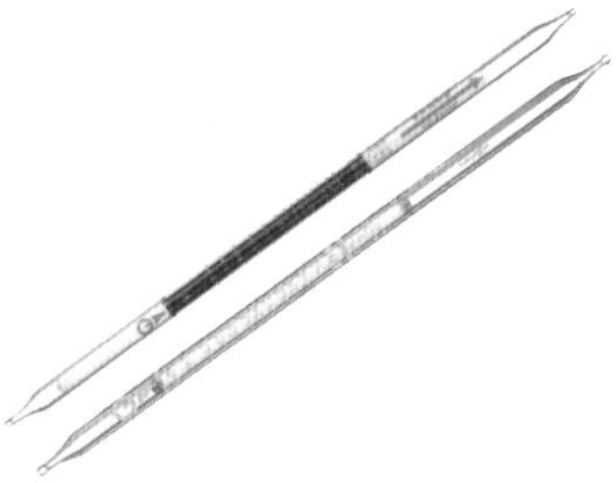

器具等

何という
器具かな？

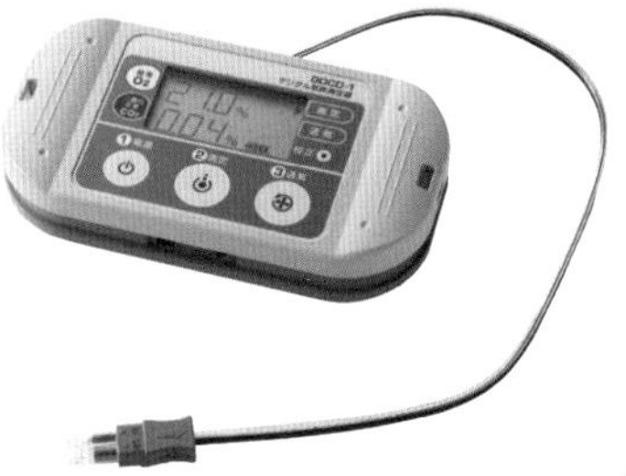

器具等

図の液体を
はかり取る
器具を何という
かな？

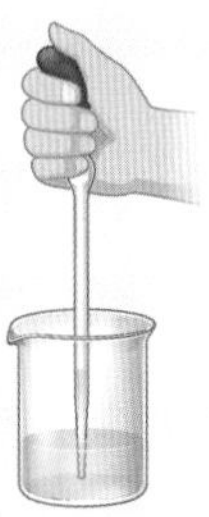

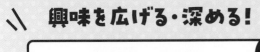

アンモナイトの化石

大昔の海に生きていた、からをもつ動物。
約４億～6600万年前の地層から化石が見つかる。

使い方

- 切り取り線にそって切りはなしましょう。

説　明

- 「化石」「水中の小さな生物」「器具等」の答えはうら面に書いてあります。

サンヨウチュウの化石

大昔の海に生きていた、あしに節がある動物。
海底で生活していたと考えられている。
約５億4200万～２億5100万年前の地層から化石が見つかる。

木の葉（ブナ）の化石

ブナはすずしい地域《ちいき》に広く生育する植物なので、ブナの化石が見つかると、その地層《ちそう》ができた当時、その場所はすずしい地域だったことがわかる。

ミジンコ

水中にすむ小さな生物。
体がすき通っていて、大きなしょっ角を使って水中を動く。

サンゴの化石

サンゴの化石が見つかると、その地層《ちそう》ができた当時、そこはあたたかい気候で浅い海だったことがわかる。

アオミドロ

水中にすむ小さな生物。
緑色をしたらせん状のもように見える部分は、光を受けて、養分をつくることができる。

ゾウリムシ

水中にすむ小さな生物。
体のまわりにせん毛《もう》という小さな毛があり、これを動かして水中を動く。

気体検知管

気体の体積の割合《わりあい》を調べるときに使う。酸素用気体検知管と二酸化炭素用気体検知管があり、調べたい気体や測定する割合のはんいに適した気体検知管を選ぶ。

ツリガネムシ

水中にすむ小さな生物。
名前のとおり、つりがねのような形をしている。細いひものような部分は、のびたり、ちぢんだりする。

（こまごめ）ピペット

液体をはかり取るときに使う。水《すい》よう液《えき》の種類を変えるときは、水よう液が混ざらないように、１回ごとに水で洗《あら》ってから使う。

気体測定器

気体の体積の割合《わりあい》を調べるときに使う。吸引《きゅういん》式のものは酸素と二酸化炭素の割合を同時に測定することができる。センサー式のものは酸素の割合を測定することができる。

器具等

水《すい》よう液《えき》を仲間
分けするために、
何を使う
かな?

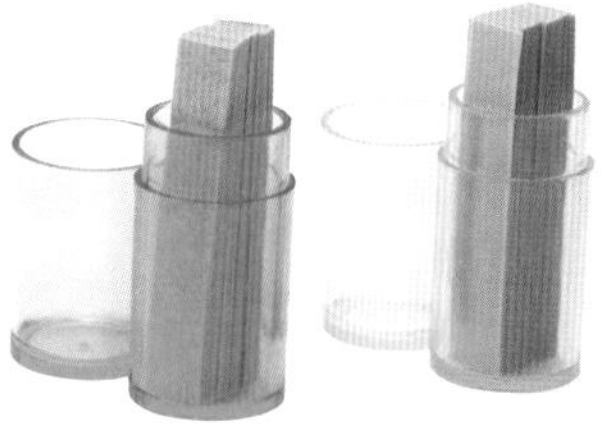

器具等

水《すい》よう液《えき》を仲間
分けするために、
何のしるを
使うかな?

器具等

水《すい》よう液《えき》を仲間
分けするために、
何を使う
かな?

器具等

水《すい》よう液《えき》を仲間
分けするために、
何を使う
かな?

器具等

何という
器具かな?

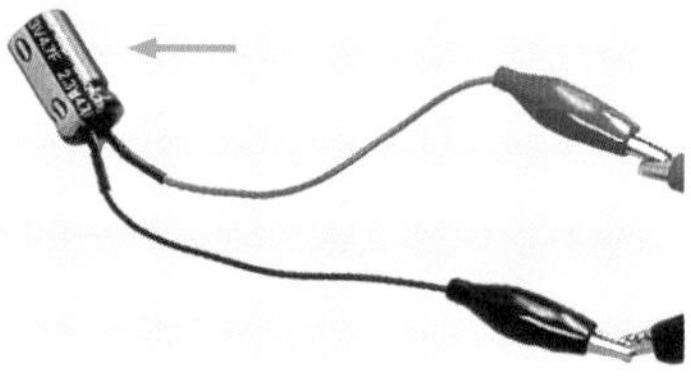

器具等

何という
器具かな?

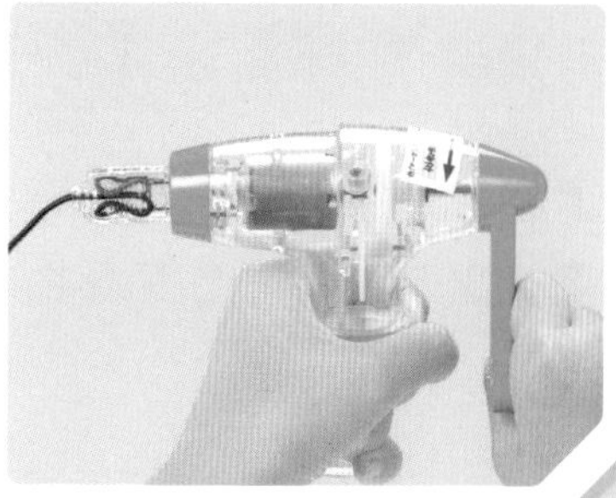

器具等

二酸化炭素が
あるか調べる
ために、何を
使うかな?

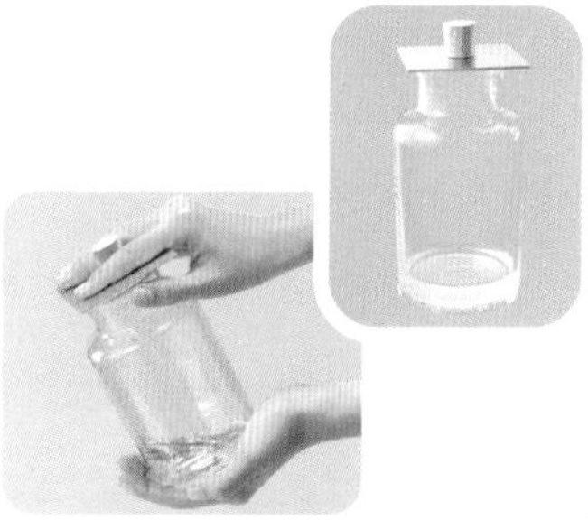

器具等

でんぷんがあるか
調べるために、
何を使う
かな?

器具等

薬品などが目に
入るのをふせぐ
ために、何を
使うかな?

器具等

図のような棒《ぼう》と
支えでものを動かすこと
ができるものを
何というかな?

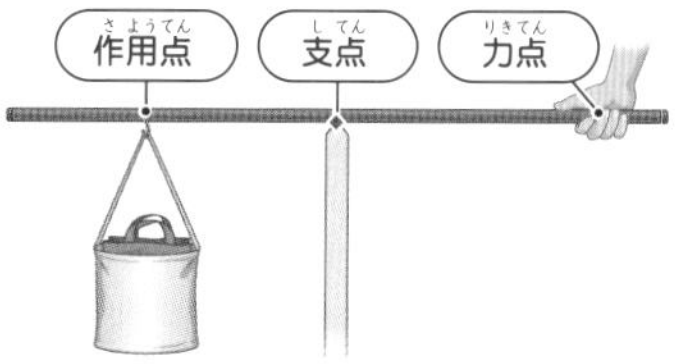

器具等

何という
器具かな?

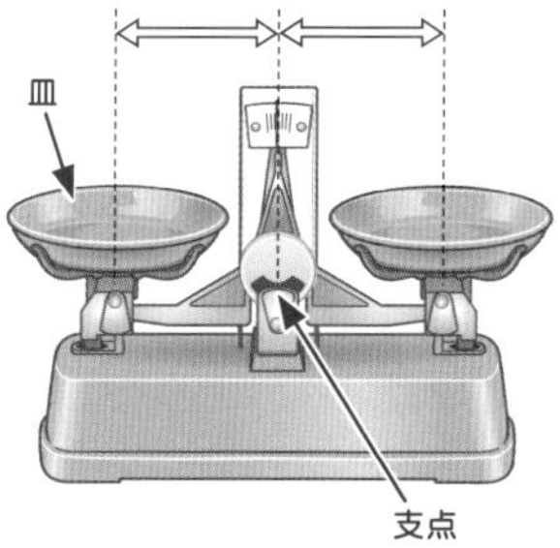

器具等

写真のように
分銅の位置によって
ものの重さを調べる器具を
何というかな?

ムラサキキャベツの葉のしる

ムラサキキャベツの葉のしるを調べたい水《すい》よう液《えき》に加えて、色の変化を観察する。

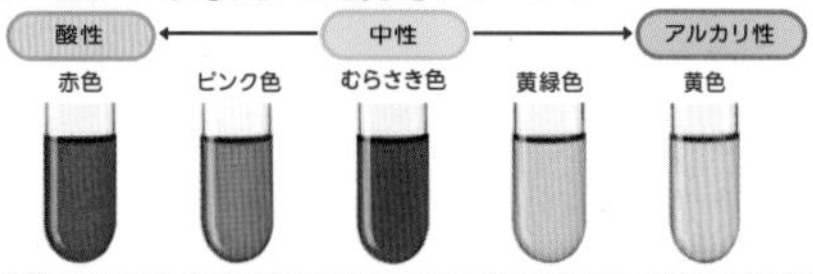

リトマス紙

青色と赤色の２種類のリトマス紙がある。
色の変化によって、水《すい》よう液《えき》を酸性、中性、アルカリ性に分けられる。

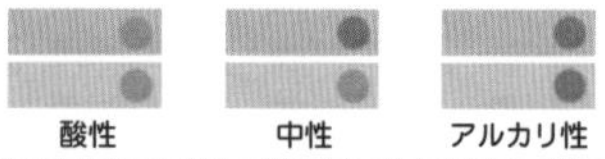

万能試験紙

短く切って、ピンセットで持ち、リトマス紙と同じように使う。
酸性の場合は赤色（だいだい色）に、アルカリ性の場合はこい青色に変化する。

BTB（よう）液《えき》

BTB（よう）液を調べたい水溶液に1～2てき加えて、色の変化を観察する。

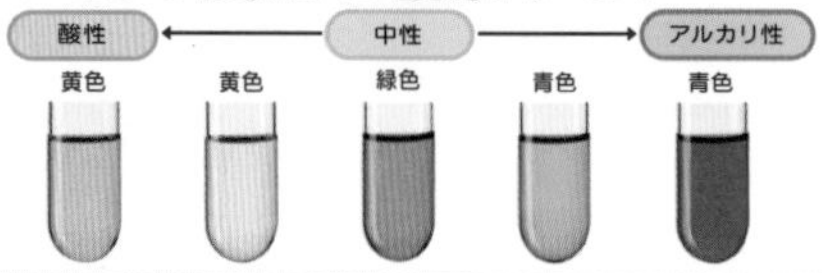

手回し発電機

手回し発電機の中にはモーターが入っていて、モーターを回転させることで発電している。

コンデンサー

電気をたくわえることができる。コンデンサーを直接コンセントにつなぐと危《あぶ》ないので、絶対にしてはいけない。

ヨウ素液

でんぷんがあるかどうかを調べるときに使う。
でんぷんにうすめたヨウ素液をつけると、（こい）青むらさき色になる。

石灰水《せっかいすい》

石灰水は、二酸化炭素にふれると白くにごる性質があるので、二酸化炭素があるか調べるときに使う。

てこ

棒《ぼう》の1点を支えにして、棒の一部に力を加えることで、ものを動かすことができるものを、てこという。
棒を支えるところを支点、棒に力を加えるところを力点、棒からものに力がはたらくところを作用点という。

保護眼鏡《めがね》（安全眼鏡）

目を保護するために使う。
薬品を使うときは必ず保護眼鏡をかけて実験する。保護眼鏡をかけていても、熱している蒸発《じょうはつ》皿などをのぞきこんではいけない。

さおばかり

てこのつり合いを利用して重さをはかる道具。支点の近くに皿をつるし、重さをはかりたいものをのせ、反対側につるした分銅の位置を動かして、棒を水平につり合わせる。棒には目もりがつけてあり、分銅の位置によって、ものの重さがわかる。

上皿てんびん

てこのつり合いを利用して重さをはかる道具。支点からのきょりが等しいところに皿があるため、一方に重さをはかりたいものを、もう一方に分銅をのせ、左右の重さが等しくなれば、てんびんが水平につり合って、はかりたいものの重さがわかる。

もくじ

理科6年

東京書籍版
新編 新しい理科

教科書ぴったりトレーニング

▶ 3分でまとめ動画

【写真提供】
アフロ／NNP／ガステック／コーベット・フォトエージェンシー／シンコーフォト／PIXTA／フォトライブラリー

1. 物の燃え方と空気

①物が燃え続けるには 1

学習日　月　日

めあて
集気びんの中でろうそくを燃やし続ける方法を確認しよう。

教科書 11〜15ページ　答え 2ページ

次の(　)にあてはまる言葉をかこう。

1 集気びんの中でろうそくを燃やし続けるには、どうすればよいのだろうか。　教科書 11〜15ページ

▶底のない集気びんの上や下に(①　　　　)をつくって、ろうそくを燃やし続ける方法を調べる。

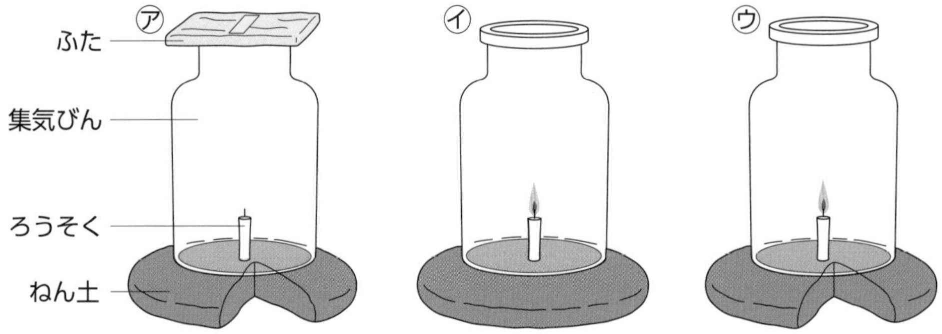
㋐
㋑
㋒
ふた
集気びん
ろうそく
ねん土

- 下に(①)をつくった㋐では、ろうそくの火は、(②　　　　)。
- 上に(①)をつくった㋑では、ろうそくの火は、(③　　　　)。
- 上と下に(①)をつくった㋒では、ろうそくの火は、(④　　　　)。

▶底のない集気びんの(①)に線こうのけむりを近づけて、(⑤　　　　)の動き方を調べる。

火のついた
線こう

▶㋑と㋒では、集気びんの(⑥　　　　)に線こうのけむりが吸《す》いこまれ、集気びんの(⑦　　　　)に出ていった。

▶物が燃え続けるには、常に(⑧　　　　)が入れかわる必要がある。

▶空気は、ちっ素《そ》、酸素《さんそ》、二酸化炭素《にさんかたんそ》などの(⑨　　　　)が混じり合ってできている。

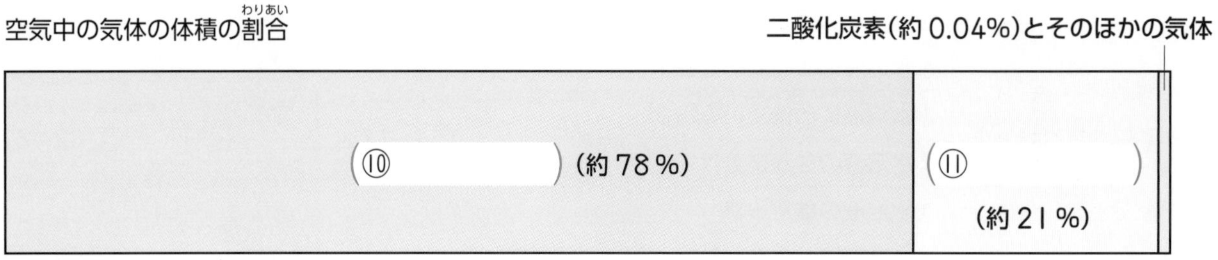
空気中の気体の体積の割合《わりあい》
二酸化炭素(約 0.04%)とそのほかの気体
(⑩　　　　)(約78%)
(⑪　　　　)
(約21%)

ここがだいじ!
①物が燃え続けるには、常に空気が入れかわる必要がある。
②空気は、ちっ素《そ》、酸素《さんそ》、二酸化炭素《にさんかたんそ》などの気体が混じり合ってできている。

ぴたトリビア　ふたをしたびんの中にある火のついたろうそくはやがて火が消えますが、酸素のすべてが使われるわけではありません。

1. 物の燃え方と空気

①物が燃え続けるには 1

教科書 11～15ページ　答え 2ページ

1 図のように、集気びんやねん土、ふたなどを使って、ろうそくの燃え方を調べました。

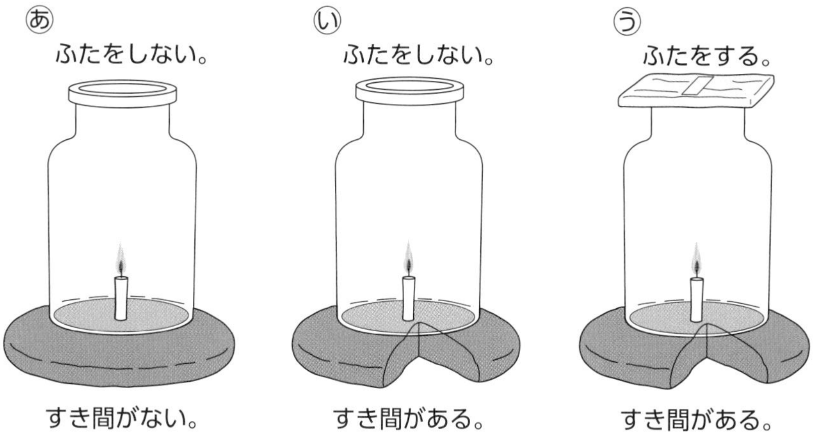
あ
ふたをしない。
すき間がない。
い
ふたをしない。
すき間がある。
う
ふたをする。
すき間がある。

(1) ろうそくの火が、最初に消えるのはどれですか。あ～うから選びましょう。

（　　　）

(2) 集気びんの上や下のすき間に、火のついた線こうを近づけました。けむりが集気びんの中に入らないのはどれですか。正しいもの２つに○をつけましょう。

ア（　　）あの集気びんの上のすき間に線こうを近づけたとき。

イ（　　）いの集気びんの上のすき間に線こうを近づけたとき。

ウ（　　）いの集気びんの下のすき間に線こうを近づけたとき。

エ（　　）うの集気びんの下のすき間に線こうを近づけたとき。

(3) 物が燃え続けるには、どのようなことが必要ですか。次の文の（　　）にあてはまる言葉をかきましょう。

> 物が燃え続けるには、常に（　　　　　）が入れかわる必要がある。

2 空気中の気体の体積の割合《わりあい》をグラフにまとめました。

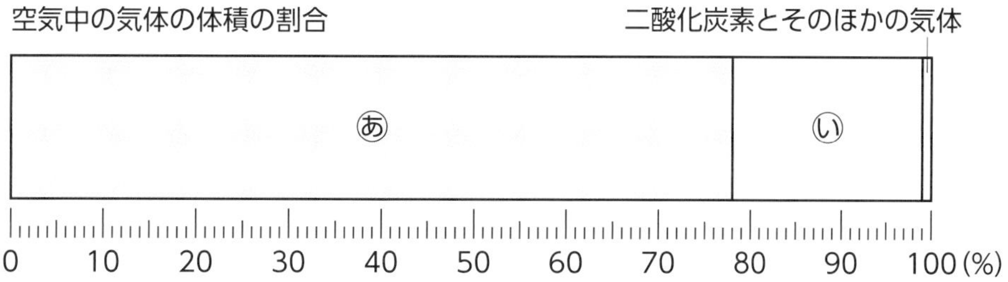
空気中の気体の体積の割合
二酸化炭素とそのほかの気体
あ
い
0 10 20 30 40 50 60 70 80 90 100(%)

(1) 図のようなグラフを何といいますか。正しいものに○をつけましょう。

ア（　　）折れ線グラフ

イ（　　）棒《ぼう》グラフ

ウ（　　）帯グラフ

エ（　　）円グラフ

(2) 空気中にふくまれている気体あ、いは、それぞれ何ですか。

あ（　　　　　）

い（　　　　　）

ヒント **1** (1) 空気の入れかわりがないと、ろうそくの火は消えます。

1. 物の燃え方と空気

①物が燃え続けるには 2

めあて
物を燃やすはたらきのある気体を確認しよう。

教科書 15〜17ページ　答え 3ページ

次の(　)にあてはまる言葉をかこう。

1 物を燃やすはたらきのある気体は、ちっ素、酸素、二酸化炭素のうちのどれだろうか。 教科書 15〜17ページ

▶空気は、(①　　　　　　)(体積の割合《わりあい》で約78%)、(②　　　　　　)(体積の割合で約21%)、(③　　　　　　)(体積の割合で約0.04%)などの気体が混じり合ってできている。

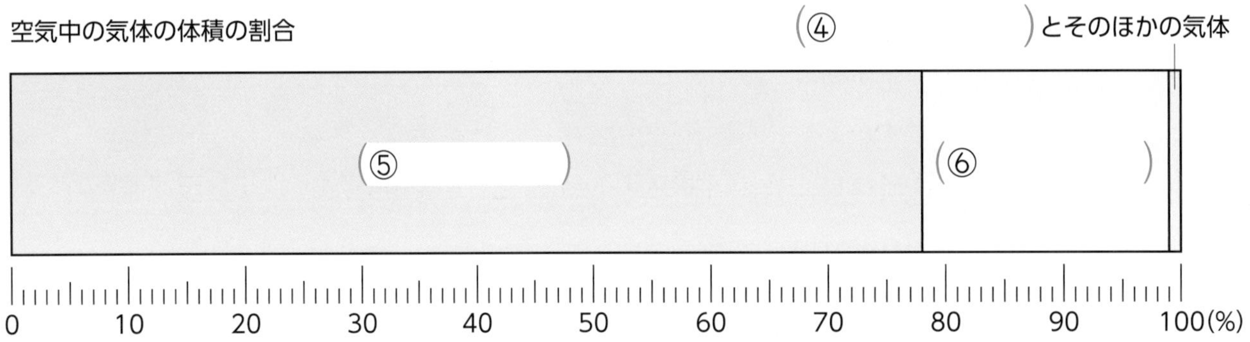
空気中の気体の体積の割合
(④　　　　)とそのほかの気体
(⑤　　　　)
(⑥　　　　)
0
10
20
30
40
50
60
70
80
90
100(%)

▶気体の集気びんへの入れ方
- (⑦　　　　)で満たした集気びんを水中で逆さにする。
- 集気びんの(⑧　　　　)分目まで気体を入れ、(⑨　　　　)をしてとり出す。

空気中にふくまれている水蒸気《すいじょうき》の体積は、除《のぞ》いて考えているんだね。

▶物を燃やすはたらきのある気体を調べる。

集気びんに入れた気体	 ふた ちっ素 水	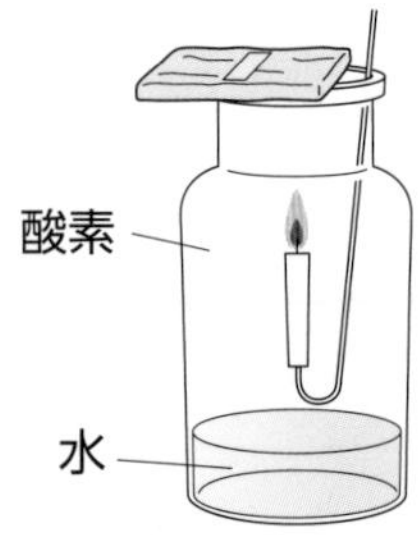 酸素 水	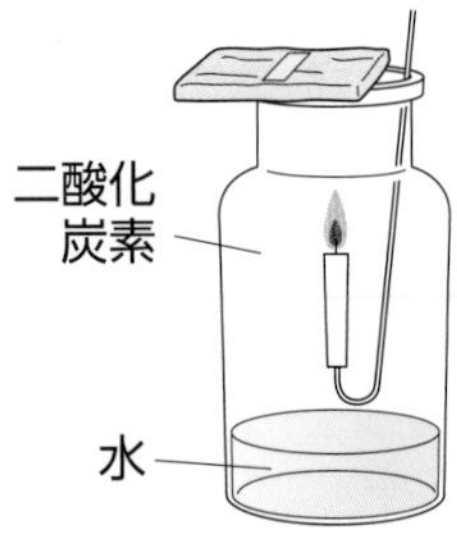 二酸化炭素 水
ろうそくの火(燃えたか消えたか。)	(⑩　　　　)	(⑪　　　　)	(⑫　　　　)

▶(⑬　　　　　　)には、物を燃やすはたらきがある。
▶(⑭　　　　　　)や(⑮　　　　　　)には、物を燃やすはたらきはない。

ここが、だいじ!
①酸素には、物を燃やすはたらきがある。
②ちっ素や二酸化炭素には、物を燃やすはたらきはない。

ぴたトリビア 物が燃えるためには、酸素、燃える物、適切な温度が必要です。どれか1つでもとり除《のぞ》けば、火を消すことができます。

ぴったり2 練習

学習日　　月　　日

1. 物の燃え方と空気

①物が燃え続けるには 2

教科書 15～17ページ　答え 3ページ

1 空気中の気体の体積の割合《わりあい》を、帯グラフにまとめました。

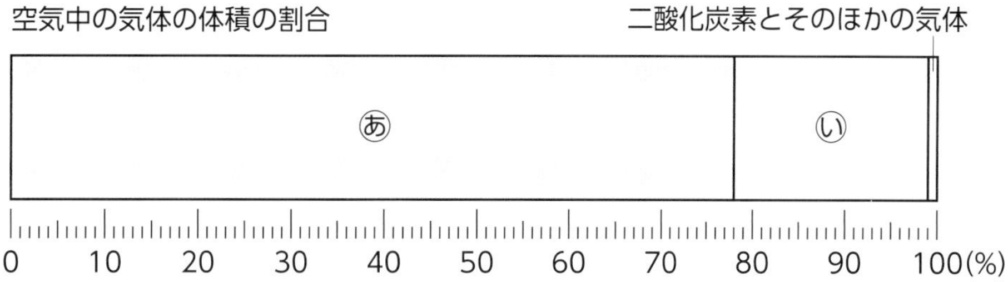
空気中の気体の体積の割合
二酸化炭素とそのほかの気体
あ
い
0
10
20
30
40
50
60
70
80
90
100(%)

(1) 空気中にいちばん多くふくまれている気体あは何ですか。

(　　　　　)

(2) 空気中にふくまれている気体あ、いで、物を燃やすはたらきがあるのはどちらですか。記号で答えましょう。

(　　　　　)

2 ボンベに入っている気体を集めて、物を燃やすはたらきがあるかどうかを調べました。

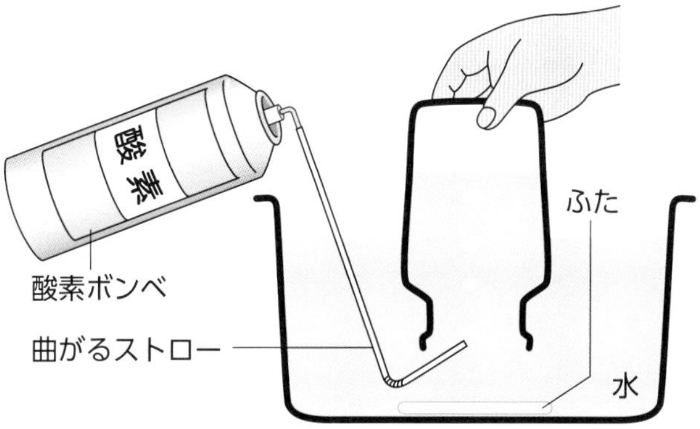
酸素
ふた
酸素ボンベ
曲がるストロー
水

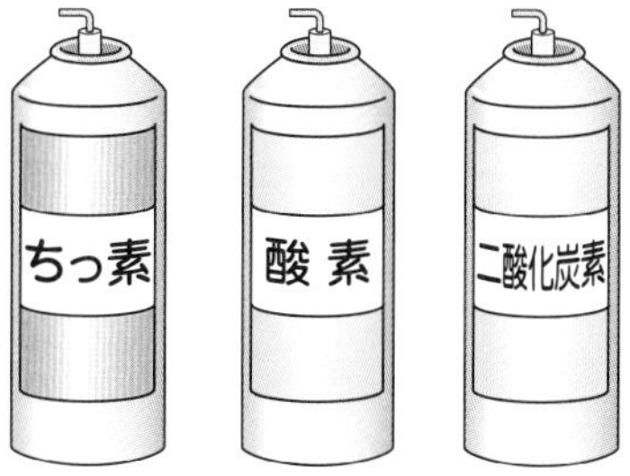
ちっ素
酸素
二酸化炭素

調べる気体

(1) 集気びんには、気体をどれくらい集めますか。正しいものに○をつけましょう。

ア(　　)集気びんの２～３分目まで気体を集める。

イ(　　)集気びんの５分目まで気体を集める。

ウ(　　)集気びんの７～８分目まで気体を集める。

エ(　　)集気びんからあふれるほど気体を集める。

(2) ちっ素、酸素、二酸化炭素が入った集気びんに、火のついているろうそくを入れて、ふたをしました。ろうそくの火が激《はげ》しく燃えた気体は何ですか。正しいものに○をつけましょう。

ア(　　)ちっ素　　イ(　　)酸素　　ウ(　　)二酸化炭素

(3) 物を燃やすはたらきがある気体には○を、物を燃やすはたらきがない気体には×を、それぞれつけましょう。

ア(　　)ちっ素　　イ(　　)酸素　　ウ(　　)二酸化炭素

ぴったり1
準備

1. 物の燃え方と空気

②空気の変化

学習日　　月　　日

めあて
物が燃える前後で、空気はどのように変わるのかを確認しよう。

教科書　18～22ページ　　答え　4ページ

次の(　　)にあてはまる言葉をかこう。

1 物が燃える前と物が燃えた後で、空気は、どのように変わるのだろうか。　教科書　18～22ページ

▶気体検知管で調べる。

- (①　　　　　)を使うと、空気中の酸素や二酸化炭素の(②　　　　　)の割合《わりあい》をはかることができる。
- (③　　　　　)用検知管は、熱くなるので、ゴムのカバーの部分を持つ。
- (④　　　　　)用検知管には、0.03～1%用と0.5～8%用がある。
- ろうそくが燃えると、空気中の(⑤　　　　　)の体積の割合が小さくなる。

酸素の体積の割合

燃える前の空気　21%ぐらい

燃えた後の空気　17%ぐらい

二酸化炭素の体積の割合

燃える前の空気　0.04%ぐらい

燃えた後の空気　3%ぐらい

▶酸素センサーで調べる。

- 酸素センサーで、それぞれの集気びんの中の空気にふくまれる(⑥　　　　　)の体積の(⑦　　　　　)を調べる。
- 燃える前の空気と燃えた後の空気で、表示された数値《すうち》が大きいのは(⑧　　　　　)の空気である。

▶石灰水《せっかいすい》で調べる。

- (⑨　　　　　)に二酸化炭素を通すと、白くにごる。
- 石灰水を集気びんに入れ、(⑩　　　　　)をしっかりとおさえて、ふる。
- 燃える(⑪　　　　　)の空気では、石灰水が変化しなかった。
- 燃えた(⑫　　　　　)の空気では、石灰水が白くにごった。
- 石灰水が白くにごったことから、ろうそくが燃えた後の空気では、(⑬　　　　　)がふえたことがわかる。

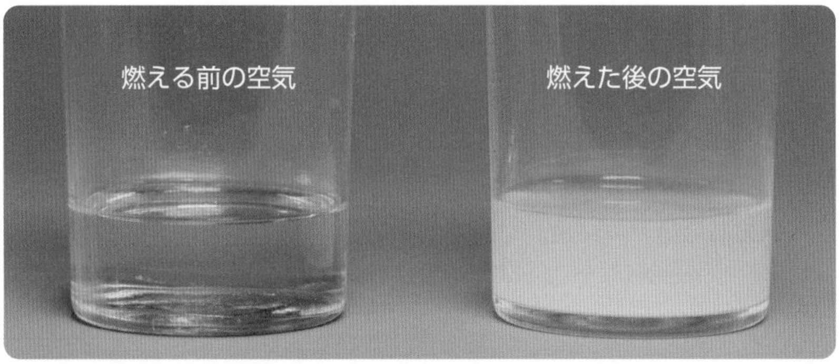

▶物が燃えると、空気中の(⑭　　　　　)の一部が使われて、(⑮　　　　　)ができる。

ここが、だいじ!
①空気の変化は、気体検知管や酸素センサー、石灰水《せっかいすい》を使って調べることができる。
②物が燃えると、空気中の酸素の一部が使われて、二酸化炭素ができる。

ぴたトリビア　鉄などの金属も燃えます。ただし、燃えるときに、酸素は使われますが、二酸化炭素はできません。

ぴったり2 練習

1. 物の燃え方と空気

②空気の変化

学習日　月　日

教科書 18～22ページ　答え 4ページ

1 ろうそくが燃える前と燃えた後の空気を、㋐～㋒の気体検知管を使って調べました。

(1) 気体検知管を使うと、何を調べることができますか。正しいものに○をつけましょう。

ア(　　)気体の体積

イ(　　)気体の体積の割合《わりあい》

ウ(　　)気体の重さ

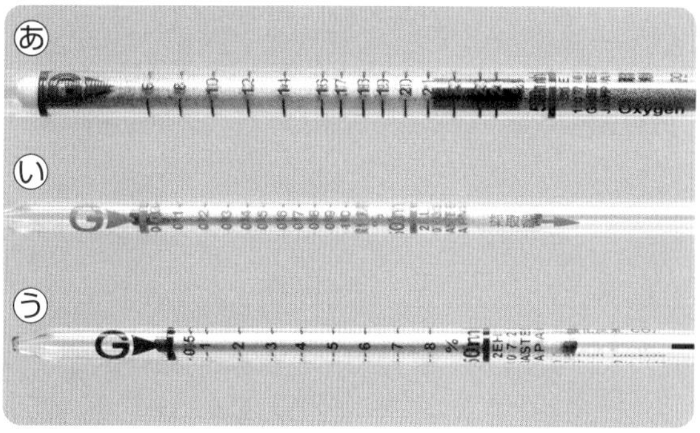

(2) それぞれの気体検知管のうち、酸素を調べるためのものは㋐～㋒のどれですか。(　　　)

(3) ろうそくが燃えた後の空気にふくまれる気体の量は、燃える前と比べて、どのように変わりますか。それぞれ、正しいものに○をつけましょう。

①酸素　ア(　　)減る。　イ(　　)変わらない。　ウ(　　)ふえる。

②二酸化炭素　ア(　　)減る。　イ(　　)変わらない。　ウ(　　)ふえる。

2 酸素センサーで、燃える前の空気と燃えた後の空気を調べました。

(1) 酸素センサーは、空気中にふくまれる何の気体の体積の割合を調べることができますか。正しいものに○をつけましょう。

ア(　　)ちっ素　イ(　　)酸素　ウ(　　)二酸化炭素

(2) 燃える前の空気と燃えた後の空気を酸素センサーで調べたとき、表示された数値《すうち》が小さいのはどちらですか。正しいものに○をつけましょう。

ア(　　)燃える前の空気　イ(　　)燃えた後の空気

3 ろうそくが燃える前と燃えた後の空気を、石灰水《せっかいすい》を使って調べました。

(1) 図のように、集気びんの中でろうそくを燃やして、火が消えたらろうそくをとり出し、ふたをして集気びんを軽くふると、石灰水はどうなりますか。正しいものに○をつけましょう。

ア(　　)青むらさき色になる。

イ(　　)白くにごる。

ウ(　　)ほとんど変わらない。

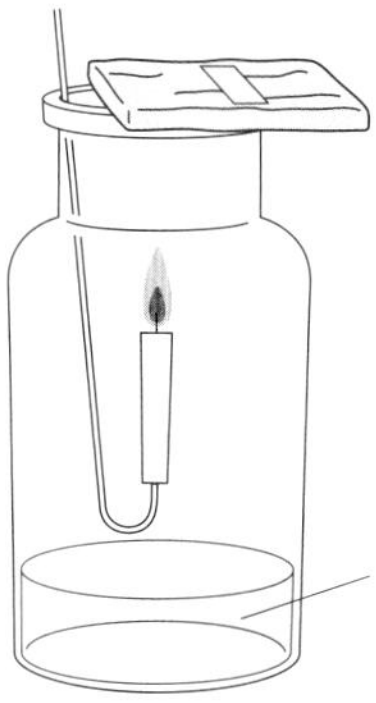

石灰水

(2) 石灰水の色の変化から、量の変化がわかる気体はどれですか。正しいものに○をつけましょう。

ア(　　)ちっ素　イ(　　)酸素　ウ(　　)二酸化炭素

(3) ろうそくが燃えた後、(2)の気体の量はどうなりましたか。正しいものに○をつけましょう。

ア(　　)減った。　イ(　　)変わらなかった。　ウ(　　)ふえた。

ぴったり3
確かめのテスト

1. 物の燃え方と空気

時間 30 分

／100

合格 70 点

教科書 10〜25ページ　答え 5ページ

1 **3本の集気びんにそれぞれちっ素、酸素、二酸化炭素を入れ、写真のように火のついたろうそくを入れてふたをしました。**

1つ4点(12点)

(1) 火のついたろうそくが激《はげ》しく燃えたのは、どの気体ですか。正しいものに○をつけましょう。

ア(　　)ちっ素

イ(　　)酸素

ウ(　　)二酸化炭素

(2) (1)のろうそくをそのままにしておくと、火はどうなりますか。

(　　　　　　　　)

(3) 次の文の(　　)にあてはまる言葉をかきましょう。

ちっ素や二酸化炭素には、物を燃やすはたらきが(　　　　　　)。

2 **気体検知管を使って、物が燃える前と物が燃えた後の気体の体積の割合《わりあい》を調べました。**

技能　1つ7点(28点)

(1) 右の図は、この実験で使った気体検知管のようすを表したものです。

①図の気体検知管で調べた気体は何ですか。　(　　　　　　)

②㋐の目《め》盛《も》りは、何%と読みますか。

(　　　　　　)

③物が燃えた後の気体検知管は、㋐、㋑のどちらですか。　(　　　)

㋐
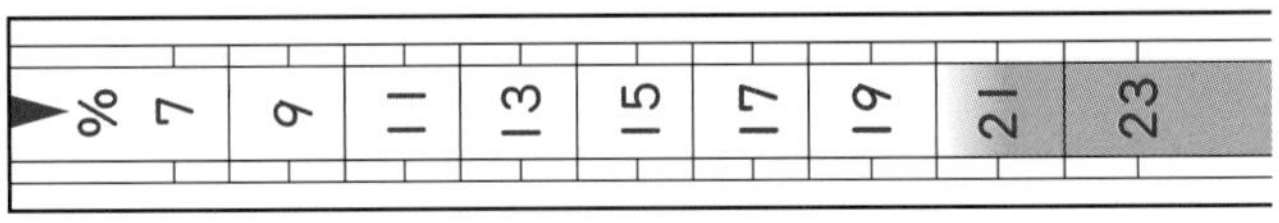

㋑
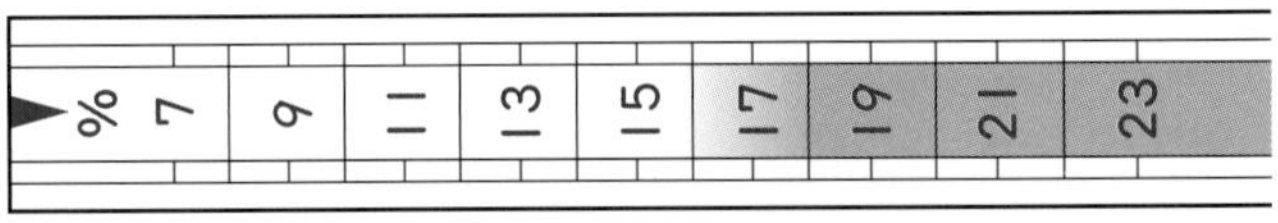

(2) 別のグループが調べた気体検知管は、右のように、ななめに色が変わりました。この目盛りはどのように読みとればよいですか。正しいものに○をつけましょう。

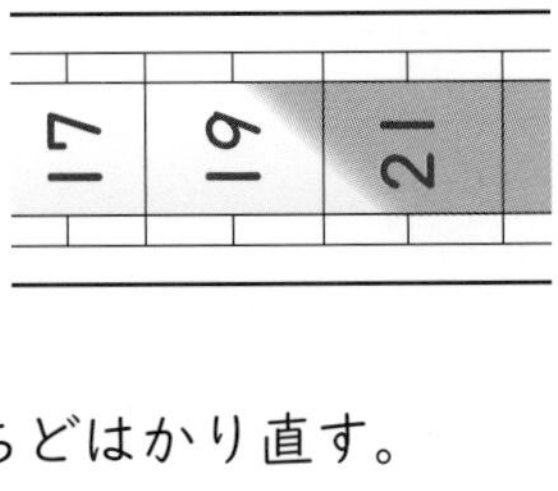

ア(　　)19%と読みとる。　　**イ**(　　)20%と読みとる。

ウ(　　)21%と読みとる。　　**エ**(　　)読みとれないので、もういちどはかり直す。

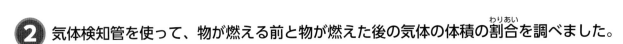

よく出る

3 物が燃える前と燃えた後の気体の体積の割合の変化をグラフにまとめました。

1つ6点(30点)

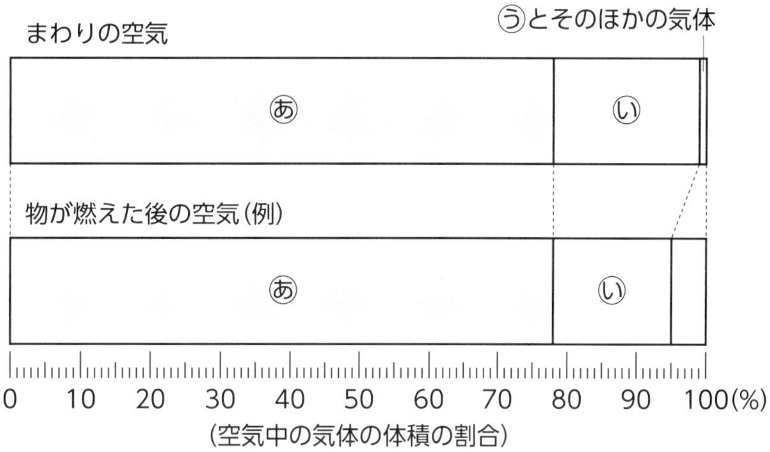
まわりの空気
㋒とそのほかの気体
㋐
㋑
物が燃えた後の空気(例)
㋐
㋑
0 10 20 30 40 50 60 70 80 90 100(%)
(空気中の気体の体積の割合)

(1) 物が燃える前と物が燃えた後で、体積の割合が変わらない気体㋐は何ですか。(　　　)

(2) 物が燃えた後で、体積の割合が減っている気体㋑は何ですか。(　　　)

(3) 物が燃えた後で、体積の割合がふえている気体㋒は何ですか。(　　　)

(4) 物を燃やすはたらきのある気体は、㋐～㋒のどれですか。(　　　)

(5) 石灰水《せっかいすい》を白くにごらせるはたらきのある気体は、㋐～㋒のどれですか。(　　　)

できたらスゴイ!

4 はるかさんたちは、キャンプファイヤーを計画しています。

思考・表現　1つ10点(30点)

(1) はるかさんたちは、物が燃える条件について、意見を出し合いました。このなかに、一人だけ、まちがった意見を出している人がいます。その人に○をつけましょう。

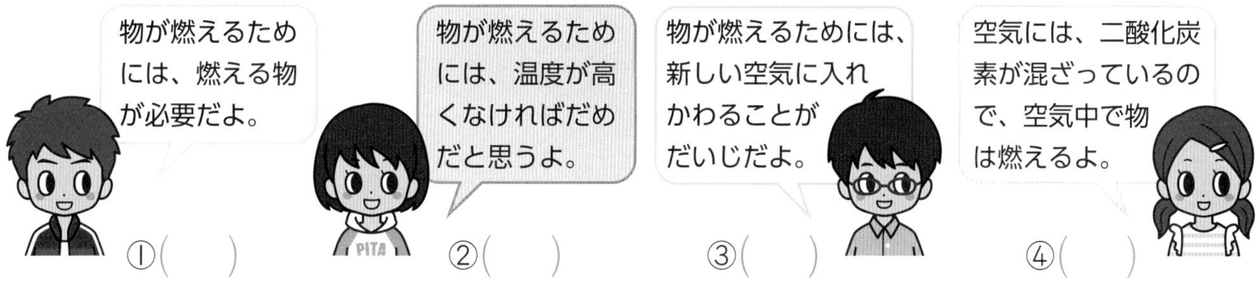
物が燃えるためには、燃える物が必要だよ。
物が燃えるためには、温度が高くなければだめだと思うよ。
物が燃えるためには、新しい空気に入れかわることがだいじだよ。
空気には、二酸化炭素が混ざっているので、空気中で物は燃えるよ。
PITA

①(　　)　②(　　)　③(　　)　④(　　)

(2) キャンプファイヤーをするときの、まきの積み方を考えます。

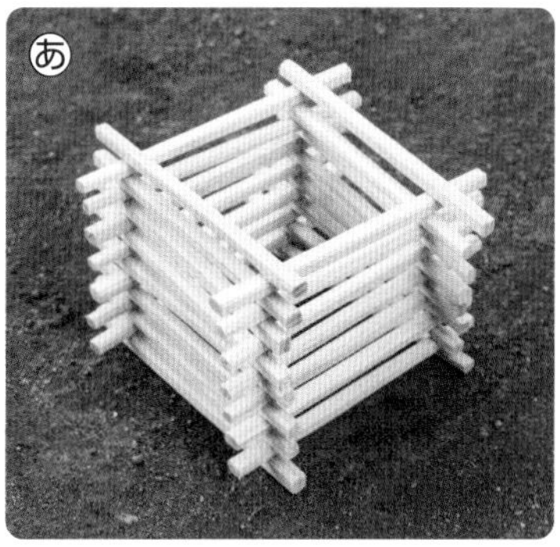
㋐

㋑

①よく燃えるまきの積み方は、㋐、㋑のどちらですか。(　　　)

② 記述 ①で、そのまきの積み方を選んだのはなぜですか。物がよく燃える条件とのかかわりがわかるようにかきましょう。

(　　　　　　　　　　　　　　　　　　)

2. 動物のからだのはたらき

①食べ物のゆくえ 1

めあて ご飯は、だ液によって別の物に変化するのかを確認しよう。

教科書 27～31ページ　答え 6ページ

次の(　)にあてはまる言葉をかくか、あてはまるものを○でかこもう。

1 ご飯は、だ液によって別の物に変化するのだろうか。

教科書 27～31ページ

▶だ液がでんぷんを変化させるか調べる。

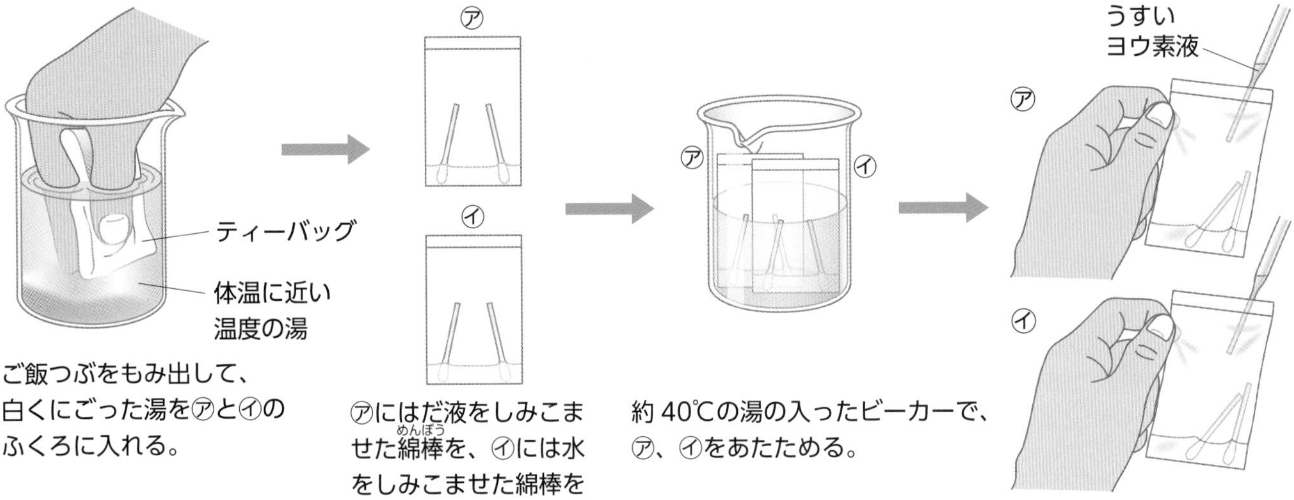
ティーバッグ
体温に近い温度の湯
㋐
㋑
うすいヨウ素液

ご飯つぶをもみ出して、白くにごった湯を㋐と㋑のふくろに入れる。

㋐にはだ液をしみこませた綿棒《めんぼう》を、㋑には水をしみこませた綿棒を入れる。

約 40℃の湯の入ったビーカーで、㋐、㋑をあたためる。

㋐、㋑にヨウ素液を入れる。

- ご飯つぶを約(①　　　　)℃の湯にもみ出し、白くにごった湯を㋐と㋑のふくろに入れる。
- ㋐にはだ液をしみこませた綿棒を、㋑には水をしみこませた綿棒を入れ、㋐と㋑を約 40 ℃の湯の入ったビーカーで、5 分ぐらいあたためる。
- ㋐にヨウ素液を入れると、ヨウ素液の色が(② 変化した ・ 変化しなかった)。このことから、だ液を入れた㋐には、でんぷんが(③ ある ・ ない)ことがわかる。
- ㋑にヨウ素液を入れると、ヨウ素液の色が(④ 変化した ・ 変化しなかった)。このことから、だ液を入れなかった㋑には、でんぷんが(⑤ ある ・ ない)ことがわかる。
- ご飯にふくまれるでんぷんは、口《くち》の中で、(⑥　　　　)によって(⑦ 別の物 ・ いらない物)に変化する。

▶食べ物が、歯などで細かくされたり、(⑥)などでからだに吸収《きゅうしゅう》されやすい(⑧　　　　)に変えられたりすることを、(⑨　　　　)という。

▶だ液のように、食べ物を消化するはたらきをもつ液を、(⑩　　　　)という。

ヨウ素液は、でんぷんを青むらさき色に変える性質があるよ。

ここが だいじ!

①ご飯にふくまれるでんぷんは、口の中で、だ液によって別の物に変化する。
②食べ物が細かくされたり、からだに吸収《きゅうしゅう》されやすい養分に変えられたりすることを消《しょう》化《か》という。

ぴたトリビア 養分はからだをつくる材料となったり、からだを動かすエネルギーとして使われたりします。

学習日　　月　　日

2. 動物のからだのはたらき

①食べ物のゆくえ 1

教科書 27〜31ページ　答え 6ページ

1 だ液によってでんぷんが変化するかどうかを調べました。

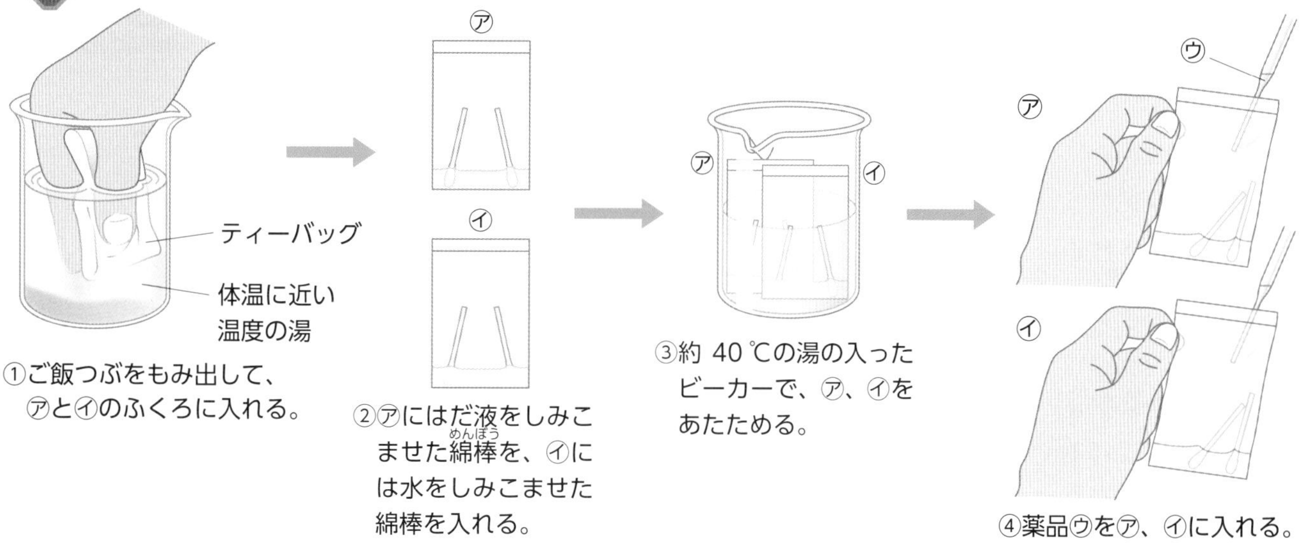

(1) ④で、でんぷんがあるかどうかを調べるために使った薬品㋒を何といいますか。

（　　　　　　）

(2) 薬品㋒をでんぷんの入った液に入れると、何色に変化しますか。

（　　　　　　）

(3) 薬品㋒を㋐と㋑に入れたとき、色が変化しなかったのはどちらですか。

（　　）

(4) この実験から、でんぷんは、だ液によって、別の物に変化したといえますか、いえませんか。

（　　　　）

2 食べ物が口の中でどのように変化するかを調べました。

(1) 食べ物が歯などで細かくされたり、だ液などでからだに吸収されやすい養分に変えられたりすることを、何といいますか。

（　　　　）

(2) だ液のように、食べ物をからだに吸収されやすい養分に変えるはたらきをもつ液を、何といいますか。

（　　　　）

(3) だ液のはたらきについて、正しいものに○をつけましょう。

ア（　　）食べ物をかみくだいたり、すりつぶしたりする。
イ（　　）食べ物にふくまれるでんぷんを別の物に変化させる。
ウ（　　）食べ物にふくまれるでんぷんをそのままにしておく。

ヒント **1** (3)、(4) でんぷんがあれば、ヨウ素液の色は変化しますが、でんぷんがなければ、ヨウ素液の色は変化しません。

学習日　　月　　日

めあて
食べ物は、どのように消化・吸収されていくのかを確認しよう。

教科書　31〜33ページ　答え　7ページ

次の（　）にあてはまる言葉をかこう。

1 口《くち》から入った食べ物は、その後どのようにして消化《しょうか》され、吸収《きゅうしゅう》されていくのだろうか。　教科書　31〜33ページ

▶口から入った食べ物は、食道、（①　　　　）、（②　　　　）へと運ばれながら、消化液のはたらきによって消化される。

▶消化された食べ物の養分は、水とともに、主に（③　　　　）で吸収され、（③）を通る血管から、血液にとり入れられて全身《ぜんしん》に運ばれる。

▶小腸《しょうちょう》で吸収されなかった物は、（④　　　　）に運ばれて、さらに水が吸収され、残りはこう門からふんとしてからだの外に出される。

▶口からこう門までの食べ物の通り道を、（⑤　　　　）という。

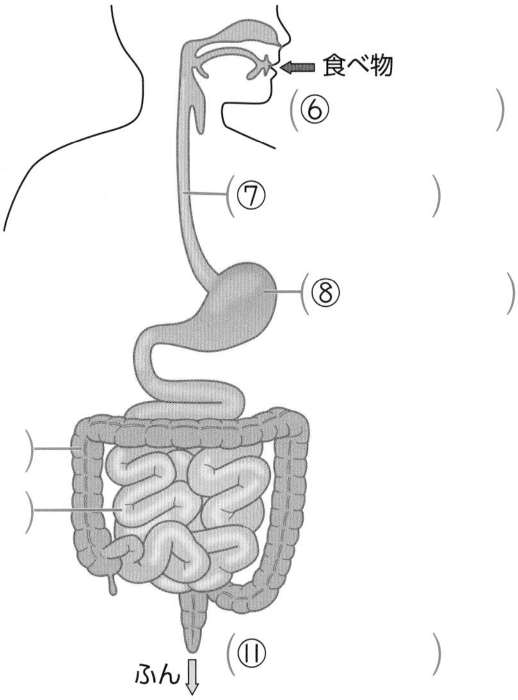
食べ物
（⑥　　　　）
（⑦　　　　）
（⑧　　　　）
（⑨　　　　）
（⑩　　　　）
（⑪　　　　）
ふん

▶小腸で吸収された養分は、（⑫　　　　）によって（⑬　　　　）に運ばれる。

▶肝臓《かんぞう》は、運ばれてきた養分の一部を一時的にたくわえ、必要なときに、全身に送り出すはたらきをしている。

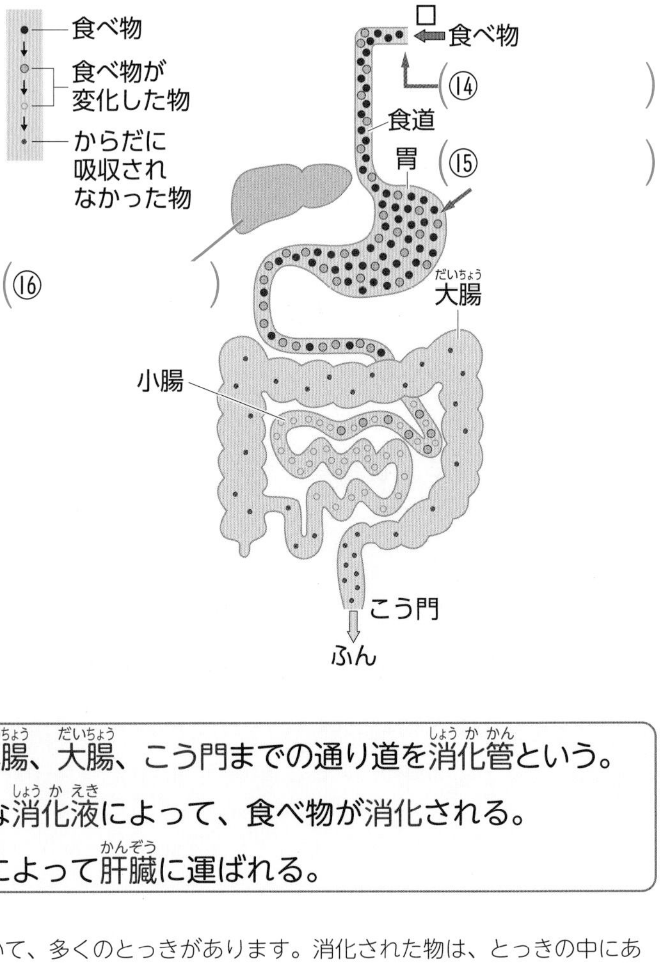
食べ物
食べ物が変化した物
からだに吸収されなかった物
口
食べ物
（⑭　　　　）
食道
胃
（⑮　　　　）
大腸《だいちょう》
（⑯　　　　）
小腸
こう門
ふん

⑭、⑮には、出される消化液をかこう。

ここが だいじ!

①食べ物が通る、口、食道、胃《い》、小腸《しょうちょう》、大腸《だいちょう》、こう門までの通り道を消化管《しょうかかん》という。
②消化管では、だ液や胃液のような消化液《しょうかえき》によって、食べ物が消化される。
③小腸で吸収《きゅうしゅう》された養分は、血液によって肝臓《かんぞう》に運ばれる。

ぴたトリビア 小腸の内側はひだになっていて、多くのとっきがあります。消化された物は、とっきの中にある細い血管で吸収《きゅうしゅう》されます。

2. 動物のからだのはたらき

①食べ物のゆくえ 2

教科書 31〜33ページ　答え 7ページ

1 図は、人のからだの一部を表したものです。

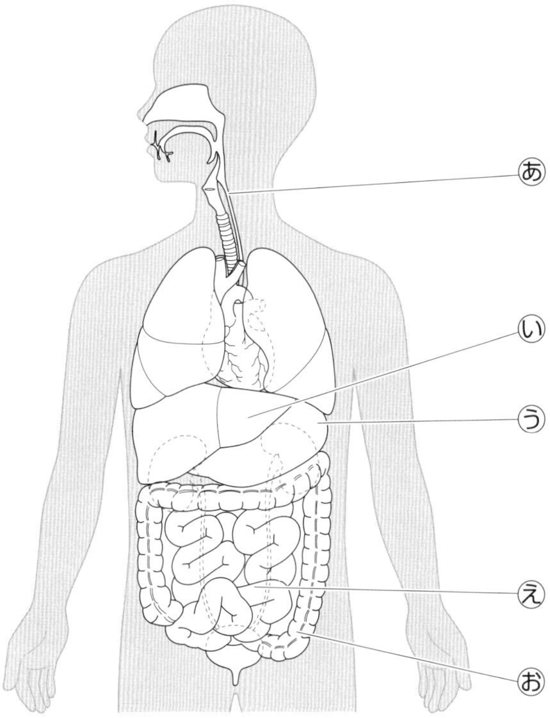
あ
い
う
え
お

(1) あ〜おの名前をかきましょう。

あ(　　　　　　)
い(　　　　　　)
う(　　　　　　)
え(　　　　　　)
お(　　　　　　)

(2) 図で、消化管はどこですか。その部分を色でぬりつぶしましょう。

2 人のからだに入った食べ物は、消化管を通る間に変化して、吸収《きゅうしゅう》されます。

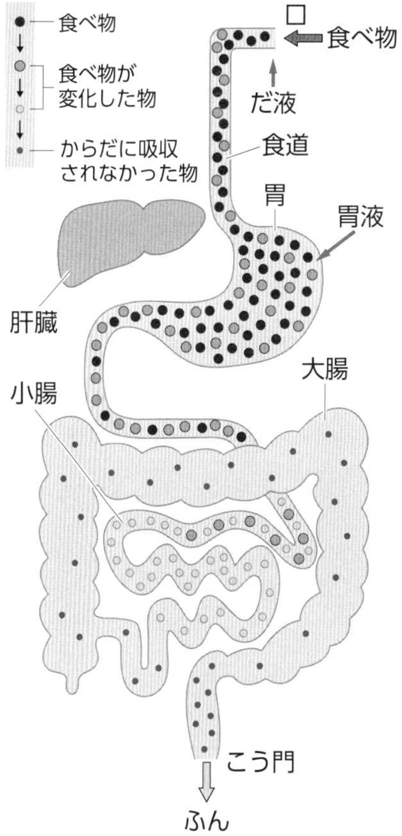
食べ物
食べ物が変化した物
からだに吸収されなかった物
□
食べ物
だ液
食道
胃
胃液
肝臓
大腸
小腸
こう門
ふん

(1) 食べ物が、歯などで細かくされたり、だ液などでからだに吸収されやすい養分に変えられたりすることを何といいますか。(　　　　　　)

(2) だ液や胃液《いえき》のように、食べ物をからだに吸収されやすい養分に変えるはたらきをもつ液を何といいますか。

(　　　　　　)

(3) だ液がはたらく、食べ物にふくまれている養分は何ですか。

(　　　　　　)

(4) 食べ物にふくまれていた養分は、主にどこで吸収されますか。正しいものに○をつけましょう。

ア(　　)食道　イ(　　)胃　ウ(　　)小腸《しょうちょう》
エ(　　)大腸《だいちょう》　オ(　　)肝臓《かんぞう》

(5) (4)で吸収された養分が、血液によって運ばれ、たくわえられるのはどこですか。正しいものに○をつけましょう。

ア(　　)食道　イ(　　)胃　ウ(　　)小腸
エ(　　)大腸　オ(　　)肝臓

ヒント　1 肝臓は消化管ではありません。

ぴったり1
準備

2. 動物のからだのはたらき
②吸《す》う空気とはく空気

学習日　　月　　日

めあて
人やほかの動物は、空気を吸って何をとり入れているのかを確認しよう。

教科書　34〜37ページ　答え　8ページ

次の（　）にあてはまる言葉をかくか、あてはまるものを○でかこもう。

1 人やほかの動物は、空気を吸って、空気中の何をとり入れているのだろうか。　教科書　34〜37ページ

▶はき出した空気は、吸う空気とどこかちがうのか調べる。
- ふくろに息をふきこんでから石灰水《せっかいすい》を入れて、ふくろをよくふると、石灰水が（①　　　　）。
- 吸う空気とはき出した空気を酸素用検知管で調べると、目《め》盛《も》りの値《あたい》が小さいのは、（②　吸う空気　・　はき出した空気　）であった。
- 吸う空気とはき出した空気を二酸化炭素用検知管で調べると、目盛りの値が小さいのは、（③　吸う空気　・　はき出した空気　）であった。

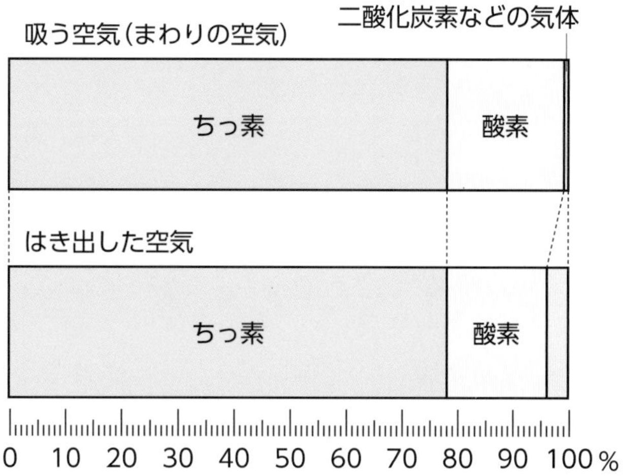

吸う空気（まわりの空気）
二酸化炭素などの気体
ちっ素
酸素
はき出した空気
ちっ素
酸素
0　10　20　30　40　50　60　70　80　90　100％

吸う空気とはき出した空気の変化の例
（空気中の気体の体積の割合《わりあい》）

- 人は、空気を吸ったり、はき出したりして、空気中の（④　　　　）の一部をとり入れ、（⑤　　　　）をはき出す。
- 生物が、酸素をとり入れ、二酸化炭素を出すことを、（⑥　　　　）という。

▶肺《はい》のはたらき
- 鼻や口《くち》から入った空気は、（⑦　　　　）を通って、左右の（⑧　　　　）に入る。
- 肺に入った空気中の（⑨　　　　）の一部は、肺の中の（⑩　　　　）を流れる血液にとり入れられ、血液からは、（⑪　　　　）が出される。
- 二酸化炭素を多くふくんだ空気は、気管を通って、鼻や（⑫　　　　）からはき出される。

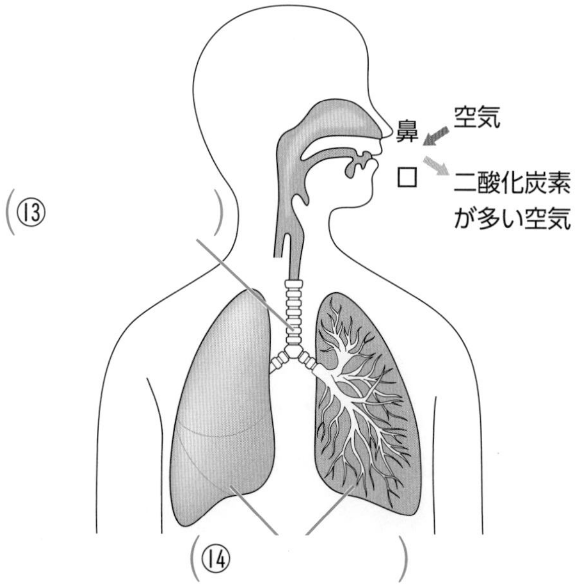

（⑬　　　　）
鼻
空気
口
二酸化炭素が多い空気
（⑭　　　　）

ここが、だいじ！
①人は、空気中の酸素の一部をとり入れ、二酸化炭素をはき出している。
②生物が、酸素をとり入れ、二酸化炭素を出すことを、呼吸《こきゅう》という。
③鼻や口から入った空気は、気管を通って、肺《はい》に入る。

ぴたトリビア
多くのこん虫の胸《むね》や腹《はら》には「気門《きもん》」という穴《あな》があります。こん虫はこの気門から空気をとり入れて呼吸《こきゅう》しています。

2. 動物のからだのはたらき

②吸《す》う空気とはく空気

1 気体検知管と石灰水《せっかいすい》を使って、吸う空気とはき出した空気のちがいを調べます。表の㋐と㋑は「吸う空気」と「はき出した空気」のいずれかを表しています。

	気体検知管 ①	気体検知管 ②
㋐		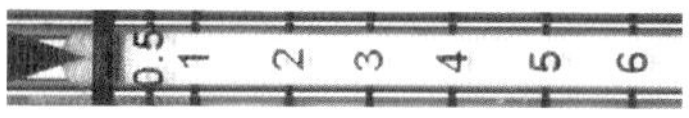
㋑	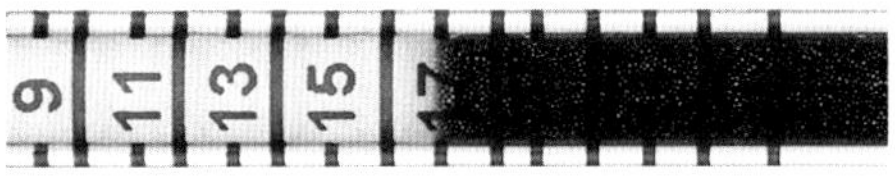	

(1) 気体検知管 ①、② は、何という気体を調べるためのものですか。それぞれ答えましょう。

①(　　　　　　)　②(　　　　　　)

(2) 「はき出した空気」の結果を示しているのは、㋐、㋑のどちらですか。

(　　　)

(3) ㋑の空気が入ったふくろに、石灰水を入れてよくふります。石灰水はどうなりますか。

(　　　　　　)

(4) この結果から、呼吸《こきゅう》によってからだにとり入れられた気体は何だといえますか。

(　　　　　　)

2 人のからだに入った空気は、肺《はい》で酸素や二酸化炭素のやりとりをします。

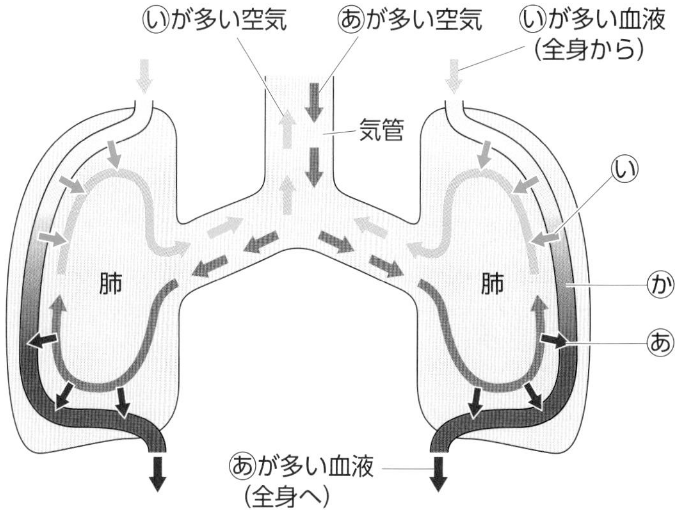

(1) 人の肺で、空気から血液にわたされる気体Ⓐは何ですか。正しいものに○をつけましょう。

ア(　　)ちっ素
イ(　　)酸素
ウ(　　)二酸化炭素
エ(　　)水蒸気《すいじょうき》

(2) 人の肺で、血液から空気にわたされる気体Ⓘは何ですか。正しいものに○をつけましょう。

ア(　　)ちっ素　イ(　　)酸素
ウ(　　)二酸化炭素　エ(　　)水蒸気

(3) 肺に通っている、血液が流れている管《くだ》㋕を何といいますか。

(　　　　　　)

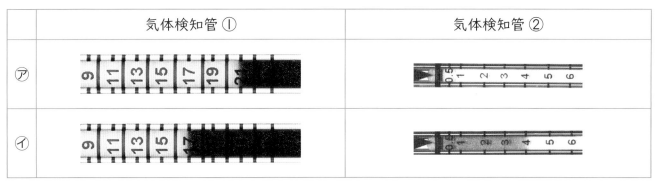

ぴったり1 準備

3分でまとめ

2. 動物のからだのはたらき

③血液のはたらき

学習日　　月　　日

めあて
血液は、からだの中をどのように流れているのかを確認しよう。

教科書 38〜41ページ　答え 9ページ

次の(　　)にあてはまる言葉をかこう。

1 血液は、からだの中を、どのように流れて、養分や酸素などを運んでいるのだろうか。 教科書 38〜40ページ

▶(①　　　　　)から吸収《きゅうしゅう》された養分や、(②　　　　　)でとり入れられた酸素は、(③　　　　　)によって全身に運ばれる。

▶(③)は、(④　　　　　)のはたらきによって全身に送られ、再び(④)にもどってくる。

▶血液を送り出すときの心臓《しんぞう》の動き(拍動《はくどう》)が、(⑤　　　　　)を伝わっていくので、手首や首などで、それを感じることができ、これを(⑥　　　　　)という。

▶血液は、からだのすみずみまで張りめぐらされた(⑦　　　　　)の中を流れ、全身をめぐりながら、養分、(⑧　　　　　)、二酸化炭素などを運ぶはたらきをしている。

▶血液は、(⑨　　　　　)から送り出され、血液によって運ばれた(⑩　　　　　)や酸素は、からだの各部分で、いらなくなった物や(⑪　　　　　)と入れかわる。血液は再び(⑨)にもどり、さらに肺に運ばれて、そこで(⑪)が酸素と入れかわる。

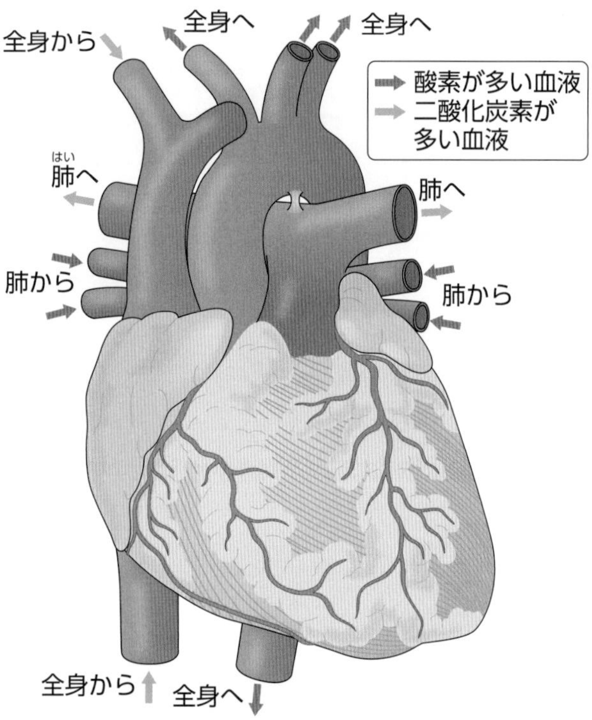
全身から
全身へ
全身へ
酸素が多い血液
二酸化炭素が多い血液
肺《はい》へ
肺へ
肺から
肺から
全身から
全身へ

2 からだの中でいらなくなった物は、どのようにしてからだの外に出されるのだろうか。 教科書 41ページ

▶からだじゅうをかけめぐっている血液が(①　　　　　)を通ると、からだの中でいらなくなった物がとり除《のぞ》かれる。

▶とり除かれた物は、(②　　　　　)としてからだの外に出される。

▶腎臓《じんぞう》のはたらきによってつくられたにょうは、(③　　　　　)に一時的にためられる。

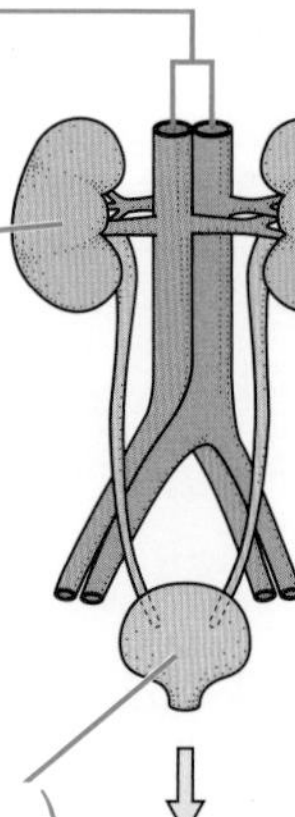
(④　　　　　)
(⑤　　　　　)
(⑥　　　　　)
にょう

ここが だいじ!
①血液は、心臓《しんぞう》から送り出され、血管を通って、全身に運ばれる。
②血液は、全身をめぐりながら、養分、酸素、二酸化炭素などを運んでいる。
③いらなくなった物は、腎臓《じんぞう》でつくられたにょうとしてからだの外に出される。

ぴたトリビア　血液は液体のようですが、「赤血球《せっけっきゅう》」などの固形成分もふくまれます。赤血球には酸素を運ぶはたらきがあります。

ぴったり2

練習

2. 動物のからだのはたらき

③血液のはたらき

学習日　月　日

教科書 38〜41ページ　答え 9ページ

1 図は、人のからだの一部を表したものです。

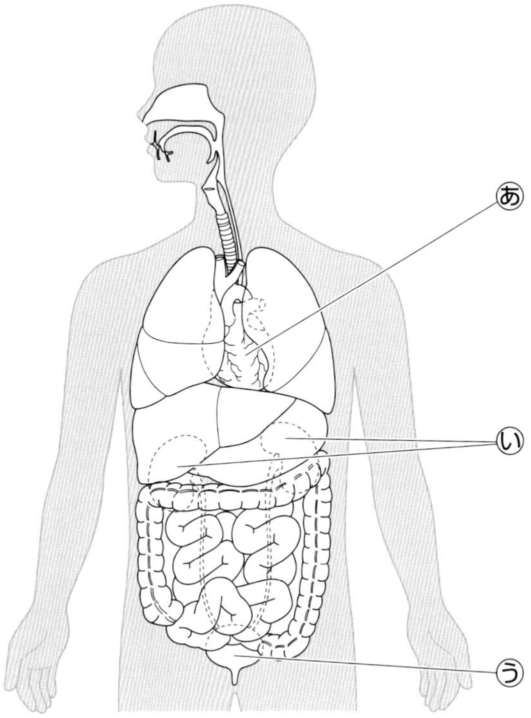

(1) あ〜うの名前をかきましょう。

あ(　　　　　　)
い(　　　　　　)
う(　　　　　　)

(2) あが血液を送り出す動きは、血管を伝わり、手首や首などで感じることができます。これを何といいますか。

(　　　　　　)

(3) 図で、にょうをつくったりためたりするのに関係する部分はどこですか。その部分を色でぬりつぶしましょう。

2 図は、人のからだの一部を表しています。

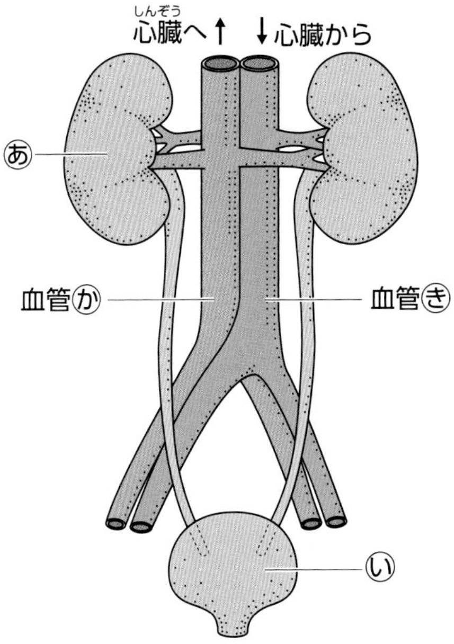

(1) あのはたらきは何ですか。正しいものに○をつけましょう。

ア(　　)にょうをたくわえる。
イ(　　)養分をたくわえる。
ウ(　　)にょうをつくる。
エ(　　)血液を送り出す。

(2) いのはたらきは何ですか。正しいものに○をつけましょう。

ア(　　)にょうをたくわえる。
イ(　　)養分をたくわえる。
ウ(　　)にょうをつくる。
エ(　　)血液を送り出す。

(3) 血管きを流れている血液と比べて、図の血管かを流れている血液の中で、あのはたらきにより特に少なくなっている物は何ですか。正しいものに○をつけましょう。

ア(　　)いらなくなった物　　イ(　　)酸素
ウ(　　)二酸化炭素　　エ(　　)養分

ヒント ❷ 青と赤で表されているのは血管です。血液によって、不要な物はあに運ばれます。

2. 動物のからだのはたらき

④人のからだのつくり

学習日　　月　　日

めあて
人のからだのしくみについて、確認しよう。

教科書 42ページ　答え 10ページ

次の(　　)にあてはまる言葉をかこう。

1 臓器《ぞうき》は、からだの中のどこにあるのだろうか。

教科書 42ページ

▶胃《い》や小腸《しょうちょう》、肺《はい》、心臓《しんぞう》などのように、からだの中で、生きるために必要なはたらきをしている部分を(①　　　　)という。

骨《ほね》は一部しかえがいていないよ。

前から見たようす　　　後ろから見たようす

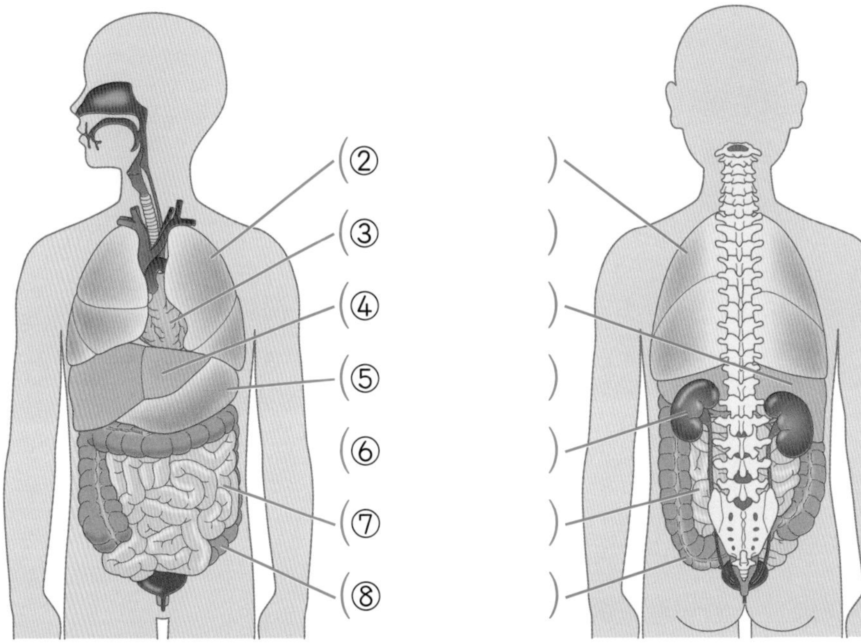

(②　　　)
(③　　　)
(④　　　)
(⑤　　　)
(⑥　　　)
(⑦　　　)
(⑧　　　)

2 人のからだのしくみについて考えよう。

教科書 42ページ

▶右の図で、消化管を黄色でぬりましょう。

▶口《くち》からとり入れられた食べ物は、(①　　　　)を通って(②　　　　)から(③　　　　)に入る。ここで、消化された養分は水とともに吸収《きゅうしゅう》され、吸収された養分は(④　　　　)に運ばれる。

▶右の図で、気管をうすい青色でぬりましょう。また、酸素を多くふくむ血液が流れている血管を赤色、二酸化炭素を多くふくむ血液が流れている血管を青色でぬりましょう。

▶からだの各部分でいらなくなった物は、(⑤　　　　)によって、(⑥　　　　)に運ばれる。ここで、いらなくなった物がとり除《のぞ》かれて、(⑦　　　　)がつくられ、(⑧　　　　)に一時的にためられる。

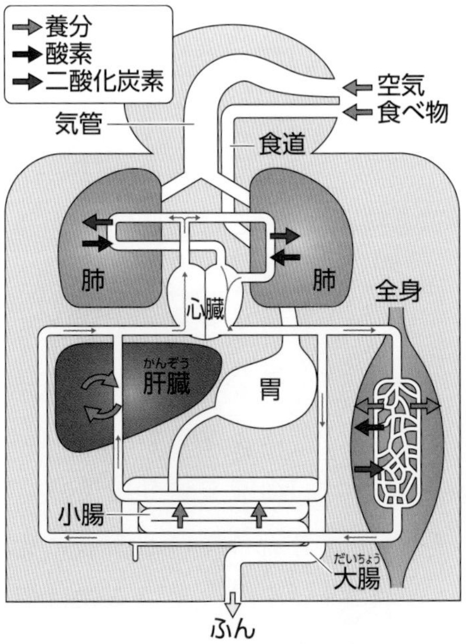

養分
酸素
二酸化炭素
空気
食べ物
気管
食道
肺
肺
心臓
全身
肝臓《かんぞう》
胃
小腸
大腸《だいちょう》
ふん

ここが、だいじ!

①からだの中で、生きるために必要なはたらきをしている部分を、臓器《ぞうき》という。

②人やほかの動物は、からだの中のさまざまな臓器がたがいにかかわり合いながらはたらくことで、生きている。

ぴたトリビア
昔の日本では、人の内臓《ないぞう》には体調や心の状態を変化させる虫がすみついているという考えがありました。「虫の知らせ」などの慣用句はその考え方のなごりという説があります。

2. 動物のからだのはたらき

④人のからだのつくり

教科書 42ページ　答え 10ページ

1 図は、人の臓器《ぞうき》を表しています。

(1) あ～きの名前をかきましょう。

あ（　　　　　）
い（　　　　　）
う（　　　　　）
え（　　　　　）
お（　　　　　）
か（　　　　　）
き（　　　　　）

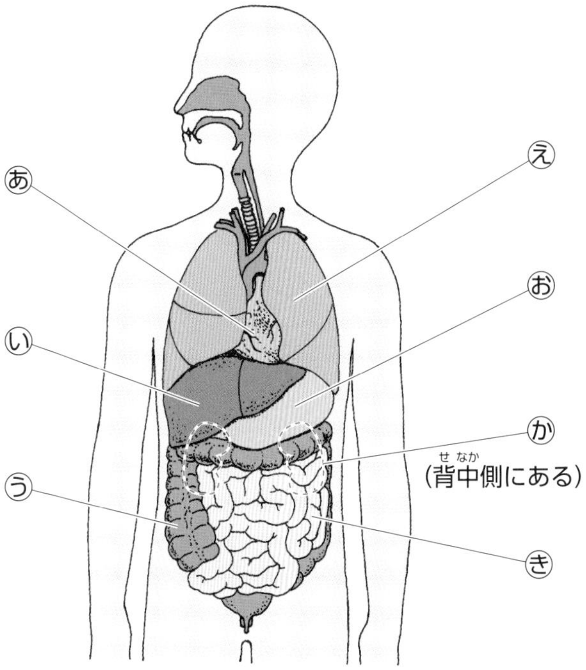

(2) 消化管はどれですか。あ～きから3つ選びましょう。

（　　　）（　　　）（　　　）

(3) 人の臓器につながっていて、酸素や養分、二酸化炭素などを運んでいる管《くだ》は何ですか。

（　　　　　）

2 図は、全身の血液の流れを表したものです。

(1) 図の➡は、→と比べて、どのような血液の流れを表していますか。正しいものに○をつけましょう。

ア（　　）養分を多くふくむ血液
イ（　　）酸素を多くふくむ血液
ウ（　　）二酸化炭素を多くふくむ血液
エ（　　）からだの各部分でいらなくなった物を多くふくむ血液

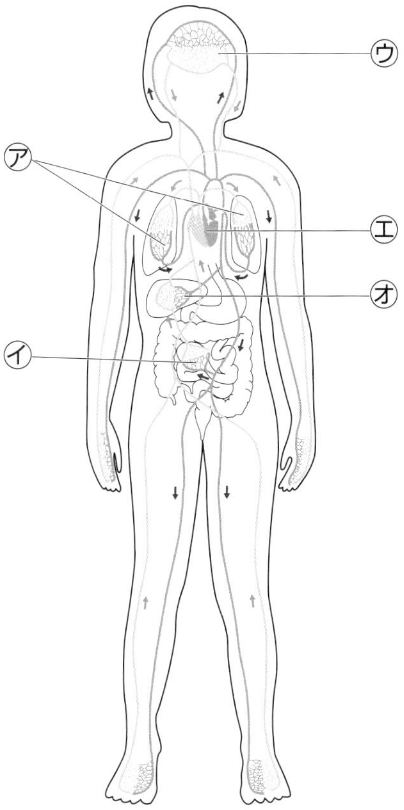

(2) 血液を送り出している臓器はどれですか。㋐～㋔から1つ選び、その記号と名前をかきましょう。

記号（　　　）　名前（　　　　　）

(3) 消化された養分を吸収《きゅうしゅう》している臓器はどれですか。㋐～㋔から1つ選び、その記号と名前をかきましょう。

記号（　　　）　名前（　　　　　）

(4) 吸収した養分を一時的にたくわえている臓器はどれですか。㋐～㋔から1つ選び、その記号と名前をかきましょう。　記号（　　　）　名前（　　　　　）

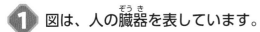

2. 動物のからだのはたらき

時間 30 分
／100
合格 70 点

教科書 26～45ページ　答え 11ページ

よく出る

1 ご飯つぶを湯にもみ出して２本の試験管㋐、㋑にとり、図のような実験をしました。

技能　1つ6点(18点)

(1) だ液を入れていない㋐と、だ液を入れた㋑の２本の試験管をつけた水の温度は約何℃ですか。正しいものに○をつけましょう。

ア(　　)約 20 ℃　　イ(　　)約 40 ℃
ウ(　　)約 60 ℃　　エ(　　)約 80 ℃

(2) 記述 この実験を、(1)の温度で行ったのはなぜですか。

(　　　　　　　　　　　　　　　　　　　　)

(3) (1)の温度であたためた後、㋐と㋑の２本の試験管に薬品㋕を加えると、㋐だけが青むらさき色になりました。薬品㋕は何ですか。

(　　　　　　　　)

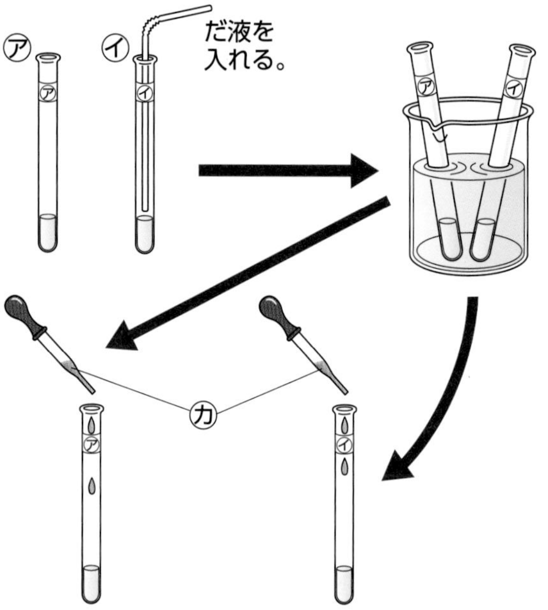
㋐
㋑
だ液を
入れる。
㋕

2 吸《す》う空気とはき出した空気のちがいについて調べました。

1つ6点(30点)

(1) 石灰水《せっかいすい》を加えたあと、ふくろをよくふりました。㋐と㋑の石灰水の色は、それぞれどうなりましたか。

㋐(　　　　　　　　)
㋑(　　　　　　　　)

(2) 吸う空気とはき出した空気が入ったふくろを、それぞれ気体検知管で調べました。酸素と二酸化炭素の体積の割合《わりあい》が大きいのはそれぞれどちらですか。

酸素(　　　　　　　　)
二酸化炭素(　　　　　　　　)

(3) 記述 この実験から、はき出した空気は、吸う空気と比べてどんなちがいがあるといえますか。

思考・表現

(　　　　　　　　　　　　　　　　　　　　)

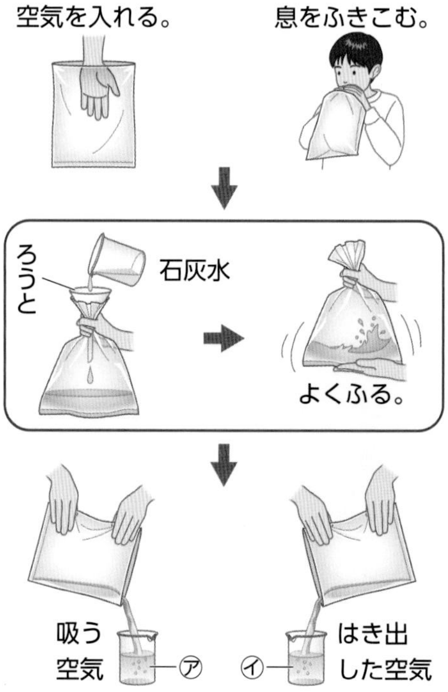
空気を入れる。
息をふきこむ。
ろうと
石灰水
よくふる。
吸う
空気
㋐
㋑
はき出
した空気

❸ 図は、人のからだのつくりを表しています。

1つ2点(28点)

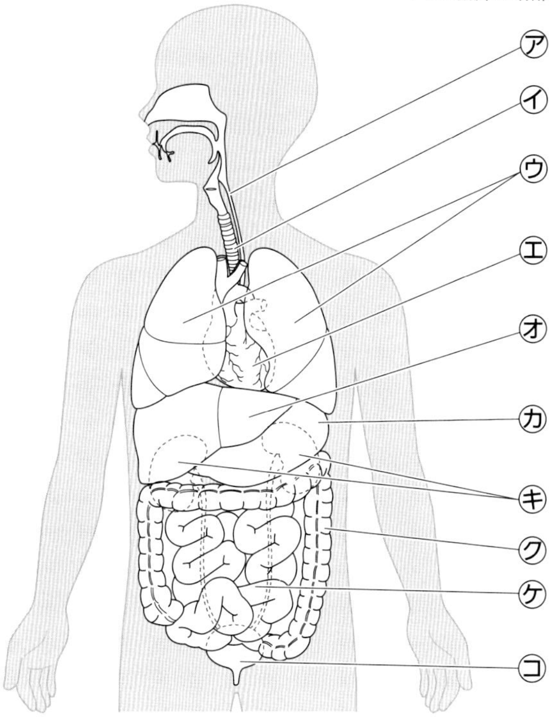

(1) 次の臓器《ぞうき》は、それぞれ㋐～㋙のどれですか。それぞれ１つずつ選びましょう。

①胃《い》(　　　)　②肺《はい》(　　　)
③肝臓《かんぞう》(　　　)　④心臓《しんぞう》(　　　)
⑤腎臓《じんぞう》(　　　)　⑥小腸《しょうちょう》(　　　)
⑦大腸《だいちょう》(　　　)　⑧気管(　　　)
⑨食道(　　　)　⑩ぼうこう(　　　)

(2) 口《くち》からこう門までの食べ物の通り道を何といいますか。(　　　　　)

(3) だ液によって消化される養分は何ですか。(　　　　　)

(4) 生き物が酸素をとり入れ、二酸化炭素を出すことを何といいますか。(　　　　　)

(5) 腎臓でつくられ、ぼうこうにためられる物は何ですか。(　　　　　)

できたらスゴイ!

❹ 図のように、人の臓器は血管でつながっていて、血液は矢印の向きに流れています。

思考・表現　1つ8点(24点)

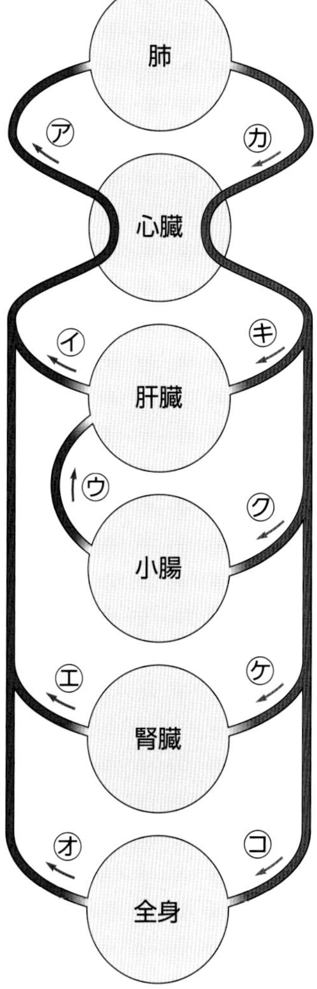

(1) 食べ物を食べた後、いちばん早く養分が多くなる血管はどこですか。正しいものに○をつけましょう。

ア(　　)㋐　イ(　　)㋑　ウ(　　)㋒　エ(　　)㋓
オ(　　)㋔　カ(　　)㋕　キ(　　)㋖　ク(　　)㋗
ケ(　　)㋘　コ(　　)㋙

(2) 酸素をいちばん多くふくむ血液が、流れている血管はどこですか。正しいものに○をつけましょう。

ア(　　)㋐　イ(　　)㋑　ウ(　　)㋒　エ(　　)㋓
オ(　　)㋔　カ(　　)㋕　キ(　　)㋖　ク(　　)㋗
ケ(　　)㋘　コ(　　)㋙

(3) いらなくなった物がふくまれている割合が、いちばん小さい血液が流れている血管はどこですか。正しいものに○をつけましょう。

ア(　　)㋐　イ(　　)㋑　ウ(　　)㋒　エ(　　)㋓
オ(　　)㋔　カ(　　)㋕　キ(　　)㋖　ク(　　)㋗
ケ(　　)㋘　コ(　　)㋙

ふりかえり
❶の問題がわからなかったときは、10ページの❶にもどってたしかめましょう。
❹の問題がわからなかったときは、18ページの❷にもどってたしかめましょう。

ぴったり1 準備

3分でまとめ

学習日　月　日

3. 植物のからだのはたらき

①植物の水の通り道

めあて
植物のからだの水の通り道を確認しよう。

教科書 47～52ページ　答え 12ページ

次の(　)にあてはまる言葉をかこう。

1 根からとり入れられた水は、植物のからだのどこを通って、全体に運ばれるのだろうか。　教科書 47～50ページ

▶植物のからだの、水の通り道を調べる。

くき(縦《たて》)　くき(横)

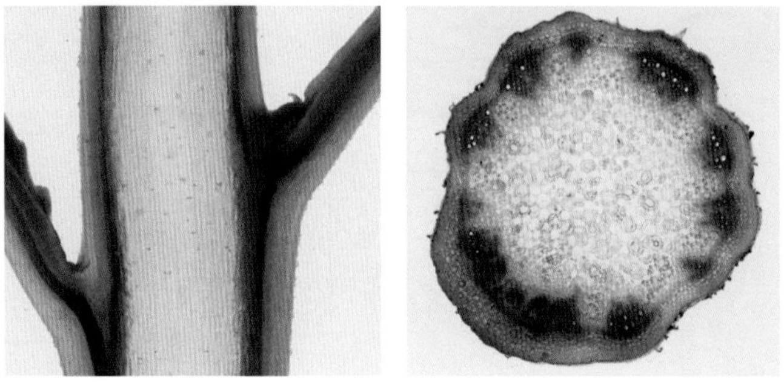

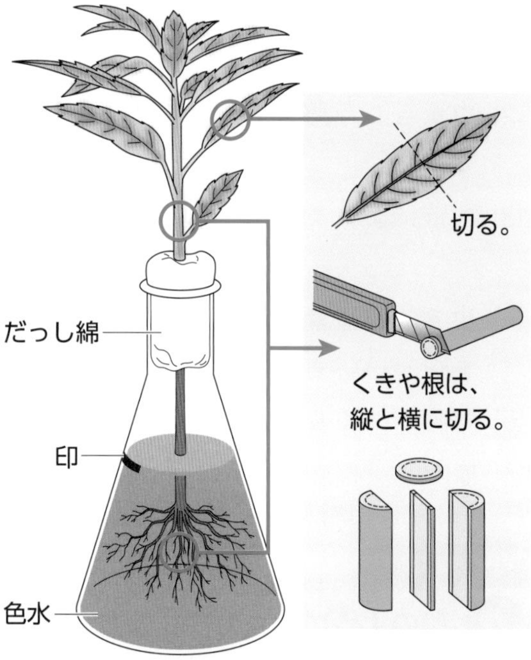

だっし綿
印
色水
切る。
くきや根は、
縦と横に切る。

▶植物の根、くき、葉には、(①　　　　　)の通り道があり、(②　　　　　)から取り入れられた(①)は、ここを通って、植物のからだ全体に運ばれる。

2 植物のからだを通って根から葉まで運ばれた水は、その後どうなるのだろうか。　教科書 51～52ページ

▶水が葉などから出ているか調べる。

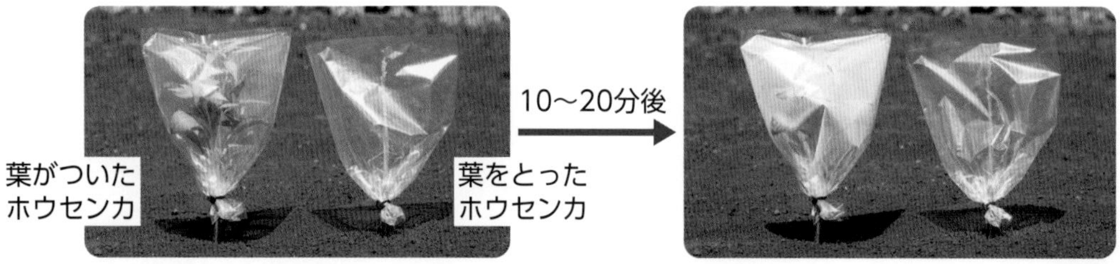

葉がついた
ホウセンカ
葉をとった
ホウセンカ
10～20分後

▶(①　　　　　)がついた植物のほうが、ふくろの内側がくもった。
→ふくろの内側に、(②　　　　　)が多くついた。
▶根から(③　　　　　)を通ってきた(④　　　　　)は、主に(⑤　　　　　)から(⑥　　　　　)となって出ていく。
▶(⑦　　　　　)には、水蒸気《すいじょうき》が出ていくあながある。
▶植物のからだの中の水が、水蒸気となって出ていくことを、(⑧　　　　　)という。

くもりは
小さな水の
つぶだね。

ここが、だいじ！
①植物の根、くき、葉には、水の通り道がある。
②根からくきを通ってきた水は、主に葉から水蒸気《すいじょうき》となって出ていく。
③植物のからだの中の水が、水蒸気となって出ていくことを、蒸散《じょうさん》という。

ぴたトリビア 動物のからだに吸収《きゅうしゅう》された水は、にょう以外にも、皮ふから出たり、息をはき出すときに水蒸《すいじょう》気《き》として体外に出たりもしています。

ぴったり2 **練習**

学習日　　月　　日

3. 植物のからだのはたらき

①植物の水の通り道

教科書 47～52ページ　答え 12ページ

1 **ホウセンカをほり上げ、赤い色水に入れて、どのように染《そ》まるかを調べました。**

(1) この実験で、色水の量は、どうなりましたか。正しいものに○をつけましょう。

ア(　　)ふえた。　イ(　　)減った。　ウ(　　)変わらない。

(2) 色水で染まるのはどの部分ですか。正しいものに○をつけましょう。

ア(　　)根の外側の部分だけが染まる。
イ(　　)根は染まるが、くきと葉は染まらない。
ウ(　　)根とくきは染まるが、葉は染まらない。
エ(　　)根もくきも葉も染まる。

(3) 色水の通り道はどこにありますか。正しいものに○をつけましょう。

ア(　　)根とくきと葉の全体を通るので、決まった通り道はない。
イ(　　)根だけにあって、くきや葉にはない。
ウ(　　)根とくきにはあるが、葉にはない。
エ(　　)根からくき、葉へとつながった通り道がある。

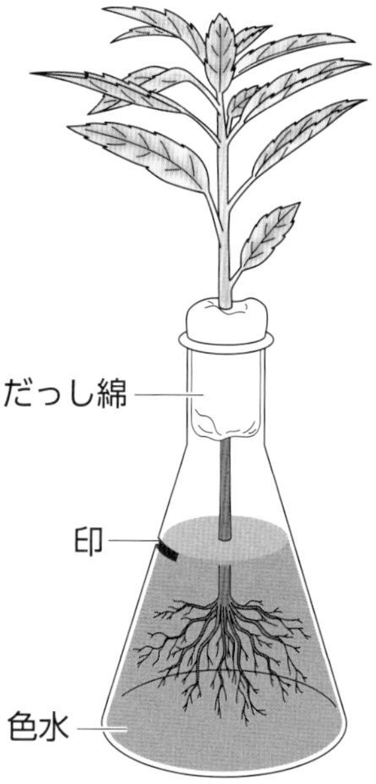

2 **葉がついたホウセンカ㋐と、葉をとったホウセンカ㋑に、それぞれポリエチレンのふくろをかぶせました。**

(1) 10～20分ぐらいたってから、それぞれのふくろの内側を観察したときのようすはどうでしたか。正しいものに○をつけましょう。

ア(　　)㋐も㋑も水てきが多くついた。
イ(　　)㋐は水てきが多くついたが、㋑は水てきがあまりつかなかった。
ウ(　　)㋐は水てきがあまりつかなかったが、㋑は水てきが多くついた。
エ(　　)㋐も㋑も水てきがあまりつかなかった。

(2) 根からとり入れられた水は、主にどこから出ていきますか。

(　　　　　　)

(3) 植物のからだの中の水は、何となって出ていきますか。

(　　　　　　)

(4) (3)になって植物のからだから水が出ていくことを、何といいますか。

(　　　　　　)

ぴったり1 準備

3. 植物のからだのはたらき

②植物と日光のかかわり

学習日　月　日

めあて
植物の葉に日光が当たると、でんぷんができるのかを確認しよう。

教科書 53～56ページ　答え 13ページ

次の（　）にあてはまる言葉をかこう。

1 植物の葉に日光が当たると、でんぷんができるのだろうか。　教科書 53～56ページ

- 植物の葉に日光を当てる前に、㋐、㋑、㋒を区別できるように、葉に（①　　　　）を入れる。
- 植物の葉に（②　　　　）が当たらないように、（③　　　　）を使って、葉におおいをする。
- 葉のでんぷんの調べ方

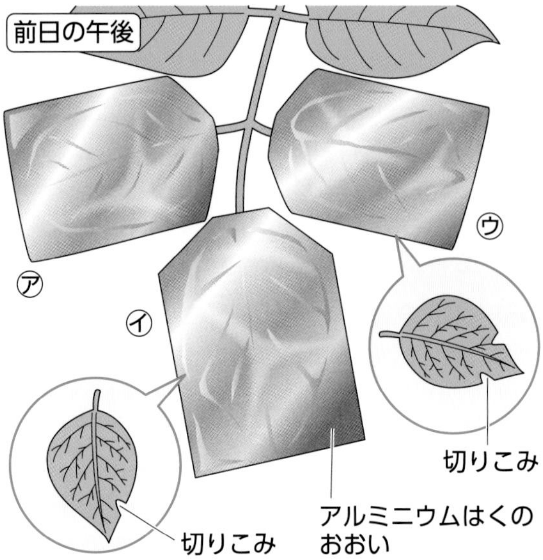

前日の午後
㋐
㋑
㋒
切りこみ
切りこみ
アルミニウムはくのおおい

❶（④　　　　）で葉の緑色をぬいて調べる方法…葉を（⑤　　　　）につけてやわらかくし、湯であたためた（④）に葉を入れて、葉の（⑥　　　　）をとかし出す。その葉を湯で洗《あら》ってから、うすいヨウ素液にひたす。

❷（⑦　　　　）で調べる方法…2枚《まい》のろ紙で葉をはさみ、さらに（⑧　　　　）の板にはさんで、（⑨　　　　）に葉の形が写るまで、木づちで軽くたたく。葉をはがしたろ紙を湯につけて洗ってから、うすいヨウ素液にひたす。

- 植物の葉に（⑩　　　　）が当たると、（⑪　　　　）ができる。
- 植物は、（⑫　　　　）するための（⑬　　　　）（でんぷん）を、自分でつくっている。

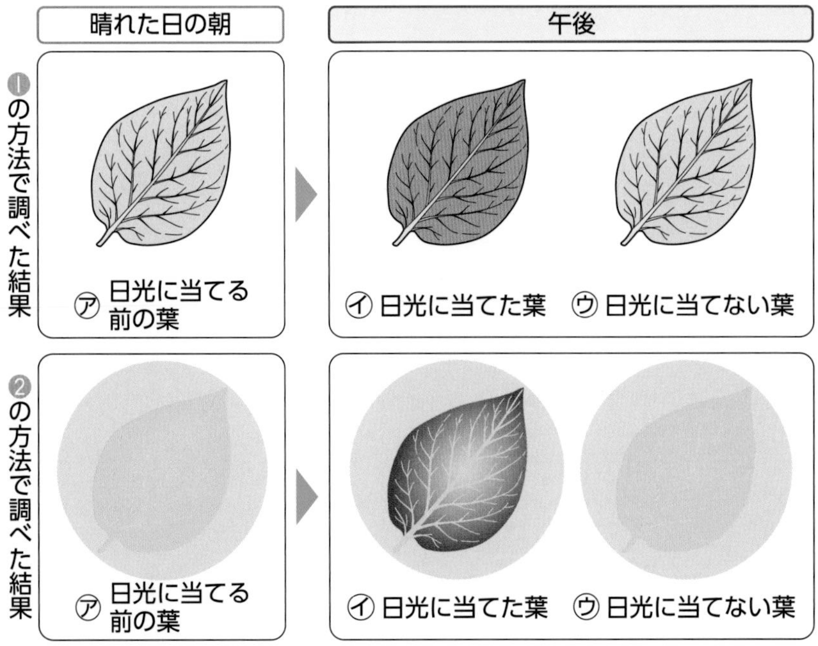

晴れた日の朝
午後
❶の方法で調べた結果
㋐日光に当てる前の葉
㋑日光に当てた葉
㋒日光に当てない葉
❷の方法で調べた結果
㋐日光に当てる前の葉
㋑日光に当てた葉
㋒日光に当てない葉

朝には、でんぷんがなかったよ。

ここが、だいじ！
①植物の葉に日光が当たると、でんぷんができる。
②植物は、成長するための養分（でんぷん）を、自分でつくっている。

ぴたトリビア　植物の葉に日光が当たるとでんぷんができるはたらきを「光合成《こうごうせい》」といいます。

学習日　　月　　日

3. 植物のからだのはたらき

②植物と日光のかかわり

教科書 53〜56ページ　答え 13ページ

1 植物の葉に日光が当たるとでんぷんができるか調べるため、図のようにして、午後にジャガイモの葉の一部をアルミニウムはくでおおいました。

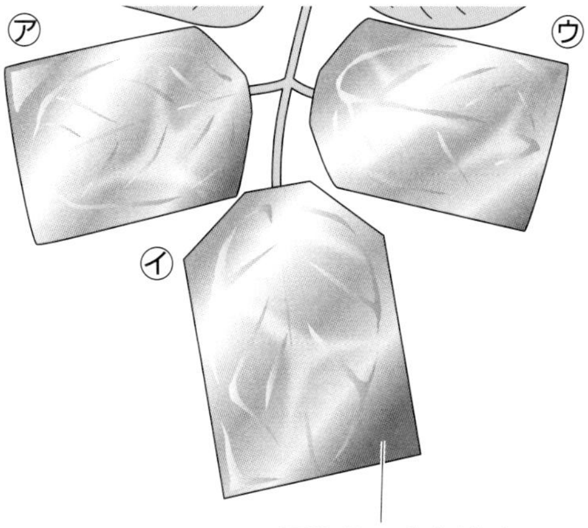

(1) この実験準備は、どのような日にしましたか。正しいものに○をつけましょう。

ア(　　)雨が降(ふ)った日
イ(　　)次の日に雨が降りそうな日
ウ(　　)よく晴れた日
エ(　　)次の日に晴れそうな日

(2) 次の日に、それぞれ条件を変えて、ヨウ素液に葉をつけたときの㋐、㋑、㋒の変化を調べます。葉の緑色をとかし出すため、何に葉を入れるとよいですか。正しいものに○をつけましょう。

ア(　　)ふっとうしたお湯
イ(　　)氷水
ウ(　　)あたためたエタノール
エ(　　)冷やしたエタノール

(3) 表のようにして、ジャガイモの葉の変化を調べました。この実験で、でんぷんができたのはどれですか。正しいものに○をつけましょう。

ア(　　)㋐
イ(　　)㋑
ウ(　　)㋒

午後	次の日の朝	☀	4〜5時間後
㋐ 	→ アルミニウムはくをはずし、でんぷんがあるかどうか調べる。		
㋑ 	→ 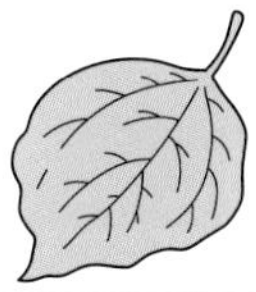 アルミニウムはくをはずす。	→ 日光に当てる。	でんぷんがあるかどうか調べる。
㋒ 	→  そのまま。	→ 日光に当てる。	アルミニウムはくをはずし、でんぷんがあるかどうか調べる。

(4) この実験で、葉にでんぷんができるのに必要なものは何ですか。

(　　　　　　　　　　)

ヒント 1 アルミニウムはくは、日光をさえぎります。

3. 植物のからだのはたらき

時間 30 分
／100
合格 70 点

教科書 46〜59ページ　答え 14ページ

1 **ヒメジョオンをほり上げ、土を洗《あら》い落として、色水に入れました。** 1つ7点(21点)

(1) ヒメジョオンは、どこから水をとり入れますか。正しいものに○をつけましょう。

ア(　　)葉
イ(　　)くき
ウ(　　)根
エ(　　)葉、くき、根の全体

(2) 時間がたつにつれて、色水の量はどうなりますか。正しいものに○をつけましょう。

ア(　　)ふえる。
イ(　　)減る。
ウ(　　)変わらない。

(3) じゅうぶんに時間がたつと、ヒメジョオンのからだのどの部分が染《そ》まりましたか。正しいものに○をつけましょう。

ア(　　)根だけが染まる。
イ(　　)根とくきが染まる。
ウ(　　)根とくきと葉が染まる。

よく出る

2 **葉がついたホウセンカ㋐と、葉をとったホウセンカ㋑に、それぞれふくろをかぶせました。10〜20分後に㋐、㋑のふくろの内側のようすを観察しました。** 1つ7点(35点)

(1) ㋐のふくろはどうなりますか。正しいものに○をつけましょう。

ア(　　)変化しない。
イ(　　)しぼむ。
ウ(　　)白くくもる。

(2) ㋑のふくろはどうなりますか。正しいものに○をつけましょう。

ア(　　)水てきが多くつく。
イ(　　)水てきはあまりつかない。

(3) (1)、(2)からどのようなことがわかりますか。次の文の(　　)にあてはまる言葉をかきましょう。

根からくきを通ってきた水は、主に(①　　　　)から(②　　　　)となって出ていく。このように植物のからだから水が出ていくことを(③　　　　)という。

❸ 植物を調べる実験に使う液を、㋐～㋓から選びましょう。

技能　1つ6点(24点)

① 植物のからだの中の水の通り道を見やすくする液

(　　　)

② 葉の緑色をとかし出す液

(　　　)

③ エタノールにつけた葉を洗う液

(　　　)

④ でんぷんができたことを確かめる液

(　　　)

㋐湯　㋑色水　㋒うすいヨウ素液
㋓エタノール

湯につけて
やわらかくした葉
②
湯
③で洗ってから、④にひたす。

できたらスゴイ！

❹ 植物のからだのはたらきについて考えましょう。

思考・表現　1つ10点(20点)

(1) ジャガイモの葉は、上から見ると、できるだけ重なり合わないようについています。このようなつき方は、ジャガイモが何を受けとるのに役立ちますか。正しいものに○をつけましょう。

ア(　　)空気
イ(　　)光(日光)
ウ(　　)肥料
エ(　　)水

(2) 記述　タンポポは、中心の根がまっすぐに深くのび、そこからたくさんの根が枝分かれしてのびています。このような根ののび方は、根が植物のからだを地面に固定するほかに、どのようなことに役立ちますか。

(　　　　　　　　　　　　　　　　)

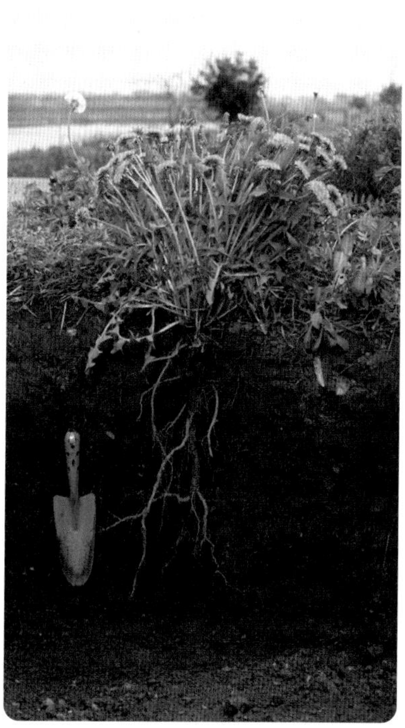

ふりかえり
❷の問題がわからなかったときは、22 ページの 2 にもどってたしかめましょう。
❹の問題がわからなかったときは、22 ページの 1 と 24 ページの 1 にもどってたしかめましょう。

4. 生き物どうしのかかわり

①食べ物をとおした生き物のかかわり

めあて
生き物どうしは、どのようにかかわり合っているのかを確認しよう。

教科書　61～67ページ　答え　15ページ

次の(　)にあてはまる言葉をかこう。

1 私たち生き物は、食べ物をとおして、どのようにかかわり合っているのだろうか。　教科書　61～67ページ

- 生き物どうしは、「食べる」「食べられる」という関係で、くさりのようにつながっている。このような、生き物どうしのつながりを、(①　　　)という。
- 動物の食べ物のもとをたどると、(②　　　)に行き着く。
- (③　　　)は、(④　　　)に当たると、(⑤　　　)をつくり、それを使って成長する。
- (⑥　　　)は、自分で養分をつくることができないので、(⑦　　　)やほかの動物を食べて、その中にふくまれる(⑧　　　)をとり入れる。

食物連鎖《しょくもつれんさ》の例

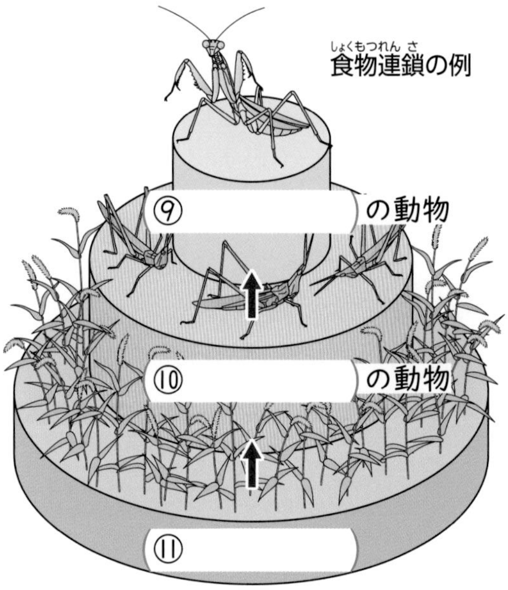

- 水の中の小さな生き物の名前を、□から選んでかこう。

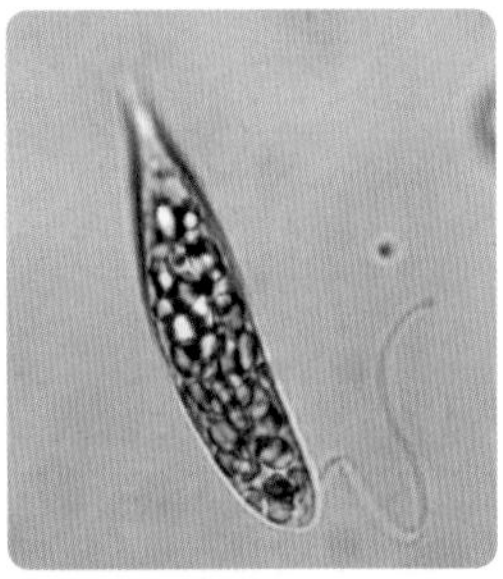
(⑫　　　)

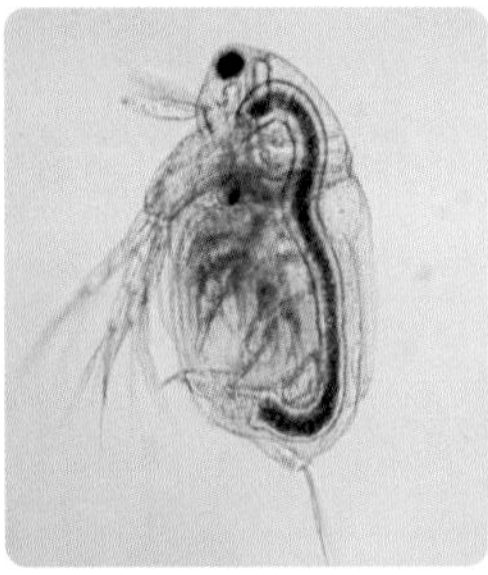
(⑬　　　)

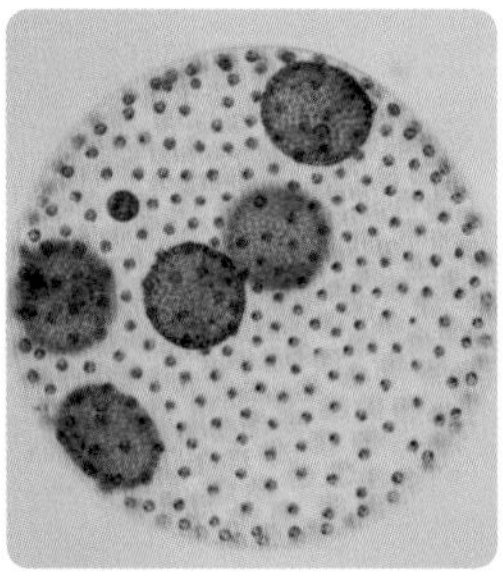
(⑭　　　)

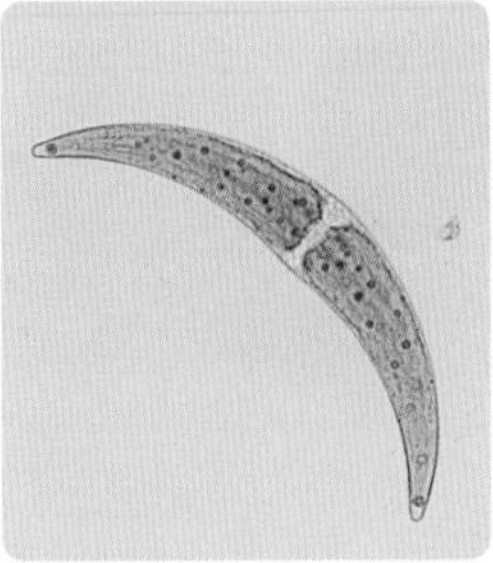
(⑮　　　)

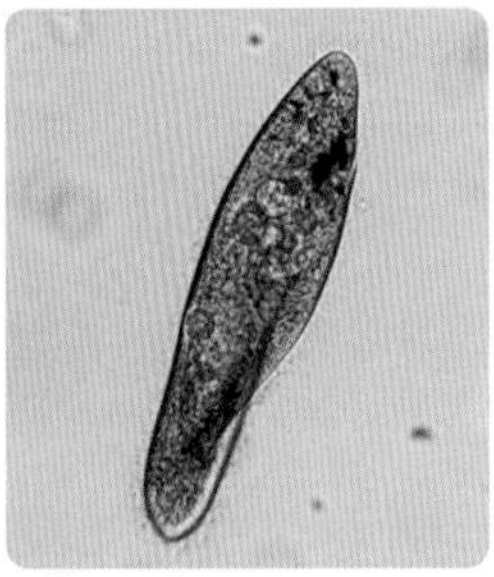
(⑯　　　)

ゾウリムシ	ミカヅキモ	ミジンコ
ミドリムシ	ボルボックス	

どの環境《かんきょう》でも、
生き物どうしは「食べる」
「食べられる」という関係で
つながっているよ。

ここがだいじ!
①生き物どうしの「食べる」「食べられる」というつながりのことを食物連鎖《しょくもつれんさ》という。
②ほかの動物を食べる動物を肉食の動物、植物を食べる動物を草食の動物という。

ぴたトリビア　多くの動物はいろいろな植物や動物を食べます。このため、1種類の生物が多くの食物連鎖《しょくもつれんさ》に関係し、食物連鎖は複雑にからみ合っています。

ぴったり2 練習

学習日　月　日

4. 生き物どうしのかかわり

①食べ物をとおした生き物のかかわり

教科書 61〜67ページ　答え 15ページ

1 生き物どうしは、「食べる」「食べられる」という関係でつながっています。

(1) 右の図は、生き物どうしのつながりをまとめたもので、ⓘはⓐを食べ、ⓤはⓘを食べることを表しています。ⓐ〜ⓤは、それぞれ、次の①〜③のどの生き物に当てはまりますか。

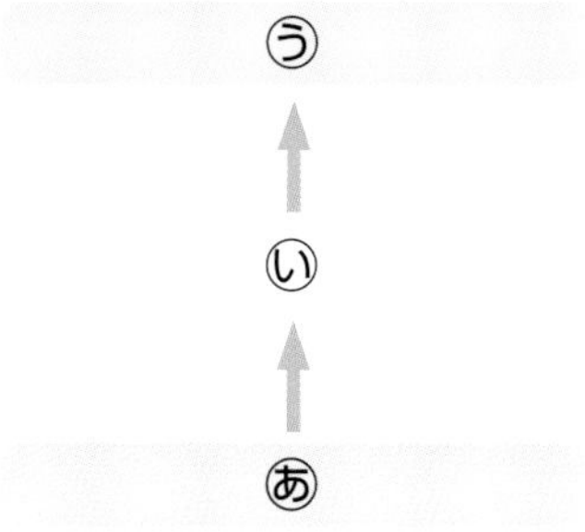

①植物　(　　　)

②植物を食べる動物　(　　　)

③ほかの動物を食べる動物　(　　　)

(2) 植物を食べる動物、ほかの動物を食べる動物をそれぞれ何といいますか。

①植物を食べる動物　(　　　　　)

②ほかの動物を食べる動物　(　　　　　)

(3) 生き物どうしの、「食べる」「食べられる」という関係は、くさりのようにつながっています。このような、生き物どうしのつながりのことを何といいますか。

(　　　　　)

2 池や川などの水の中の小さな生き物を観察しました。次の生き物の名前をかきましょう。

ⓐ
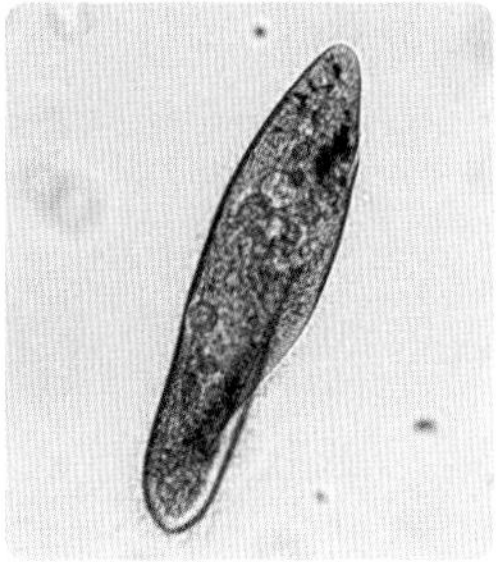

ⓘ
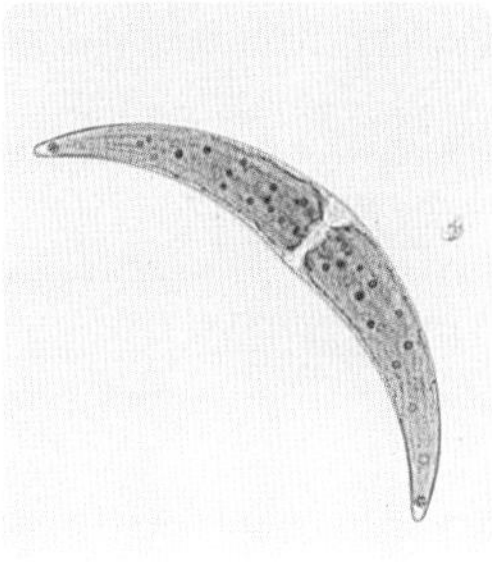

ⓤ
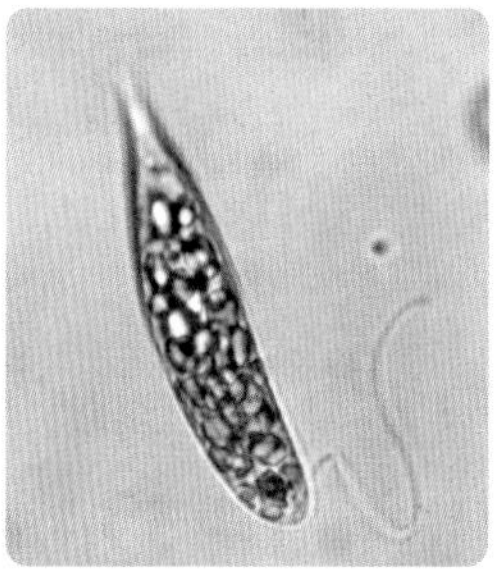

ⓔ
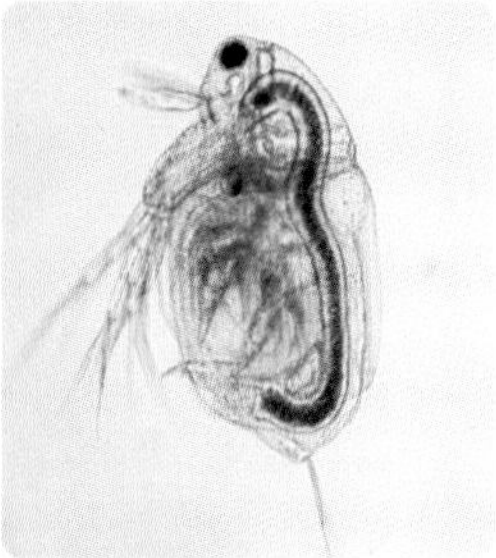

ⓞ
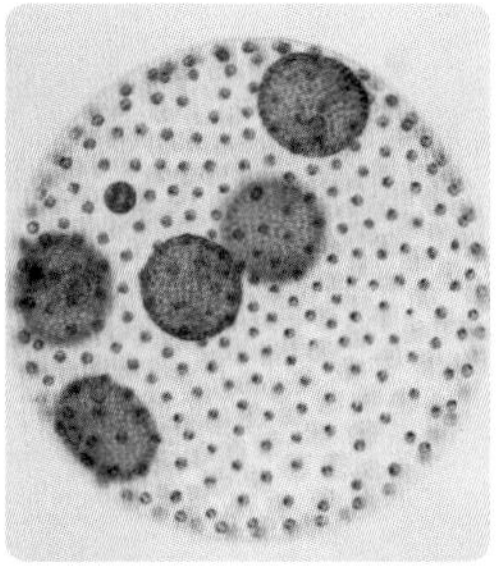

ⓐ(　　　　　)　ⓘ(　　　　　)　ⓤ(　　　　　)

ⓔ(　　　　　)　ⓞ(　　　　　)

ぴったり1 準備

4. 生き物どうしのかかわり

②空気をとおした生き物どうしのかかわり

学習日　　月　　日

めあて 植物が、空気中に酸素を出しているのかを確認しよう。

教科書 68～70ページ　答え 16ページ

次の(　)にあてはまる言葉をかくか、あてはまるものを○でかこもう。

1 植物が、空気中に酸素を出しているのだろうか。　教科書 68～70ページ

▶(① 晴れた ・ くもりの)日の午前中に、植物に(②　　　　)をかぶせて息をふきこむ。

…ふきこんだ息には、空気中よりも(③　　　　)や水蒸気《すいじょうき》が多くふくまれている。

▶植物を、1時間ぐらい(④　　　　)に当てる。

●酸素の体積の割合《わりあい》の変化(結果の例)

初め

17%ぐらい

1時間後

20%ぐらい

…酸素の体積の割合は(⑤ ふえた ・ 減った)。

●二酸化炭素の体積の割合の変化

(0.5～8%用気体検知管)(結果の例)

初め

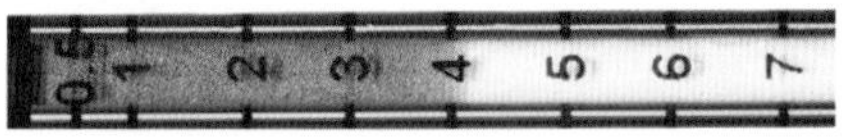

4%ぐらい

1時間後

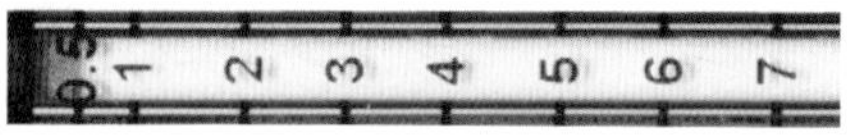

0.5%ぐらい

…二酸化炭素の体積の割合は(⑥ ふえた ・ 減った)。

▶植物は、(⑦　　　　)に当たると、(⑧　　　　)をとり入れて、(⑨　　　　)を出す。

▶人やほかの動物、植物は、(⑩　　　　)をとおして、たがいにかかわり合って生きている。

ここが、だいじ!
①植物は、日光に当たると、二酸化炭素をとり入れて、酸素を出す。
②人やほかの動物、植物は、空気をとおして、たがいにかかわり合って生きている。

ぴたトリビア 日光に当たって植物が出す酸素の量は、二酸化炭素の割合《わりあい》や光の強さ、温度などによって変わってきます。

4. 生き物どうしのかかわり

②空気をとおした生き物どうしのかかわり

教科書　68〜70ページ　答え　16ページ

1 気体検知管を使って、植物の気体の出し入れについて調べました。

(1) 息をふきこむのは、ふくろの中に、何をふやすためですか。正しいものに○をつけましょう。

ア(　　)ちっ素
イ(　　)酸素
ウ(　　)二酸化炭素
エ(　　)水蒸気《すいじょうき》

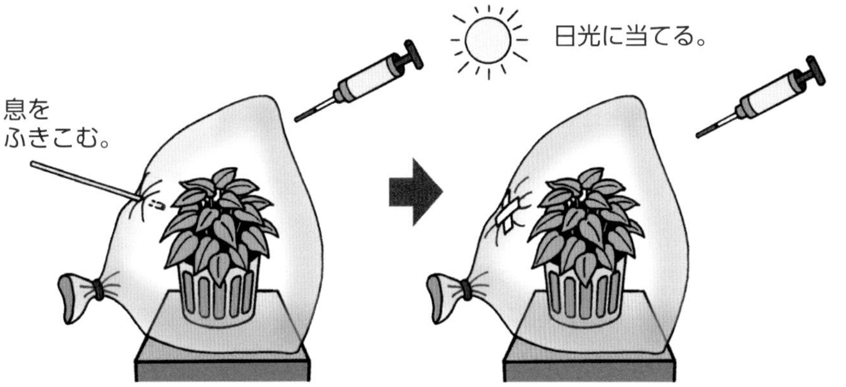

(2) この実験は、どんな日の午前中にやるとよいですか。正しいものに○をつけましょう。

ア(　　)雨の日　イ(　　)くもりの日　ウ(　　)晴れの日　エ(　　)風の強い日

(3) 日光に当てると、ふくろの中の酸素と二酸化炭素の体積の割合《わりあい》はどのように変化しましたか。それぞれ、正しいものに○をつけましょう。

①酸素　ア(　　)ふえた。　イ(　　)減った。　ウ(　　)変わらない。
②二酸化炭素　ア(　　)ふえた。　イ(　　)減った。　ウ(　　)変わらない。

2 次のとき、空気中からとり入れる(使われる)気体と出す(できる)気体は、酸素と二酸化炭素のどちらですか。

(1) 物が燃える。
①使われる気体
(　　　　　　)
②できる気体
(　　　　　　)

(2) 人が呼吸《こきゅう》する。
①とり入れる気体
(　　　　　　)
②出す気体
(　　　　　　)

(3) 動物が呼吸する。
①とり入れる気体
(　　　　　　)
②出す気体
(　　　　　　)

(4) 植物に日光を当てる。
①とり入れる気体
(　　　　　　)
②出す気体
(　　　　　　)

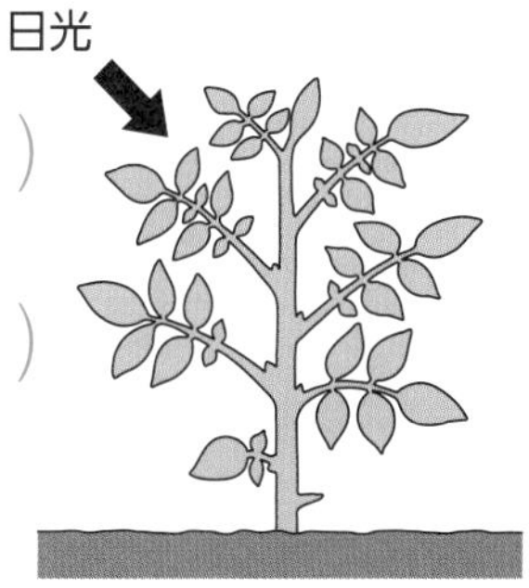

ヒント　1 吸《す》う空気(まわりの空気)よりはき出した空気のほうが、酸素が少なく、二酸化炭素が多いことを、「2. 動物のからだのはたらき」で学習しました。

4. 生き物どうしのかかわり

③生き物と水とのかかわり

めあて
生き物は、水とどのようにかかわって生きているのかを確認しよう。

教科書 71～72ページ　答え 17ページ

次の（　）にあてはまる言葉をかこう。

1 生き物は、水とどのようにかかわって生きているのだろうか。

教科書 71～72ページ

- 人やほかの動物、植物のからだには、多くの（①　　　　　）がふくまれていて、これによってからだの（②　　　　　）を保ち、生きている。
- （①）の中で生活している生き物もいる。

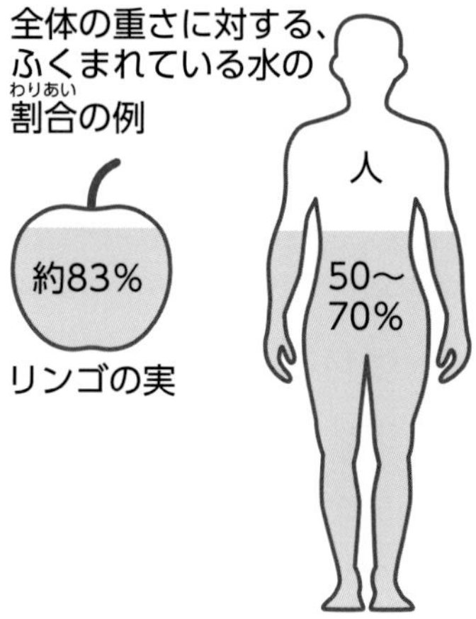

- 植物や動物をオレンジ色、酸素を赤色、二酸化炭素を青色、水を水色でぬり分けてみよう。

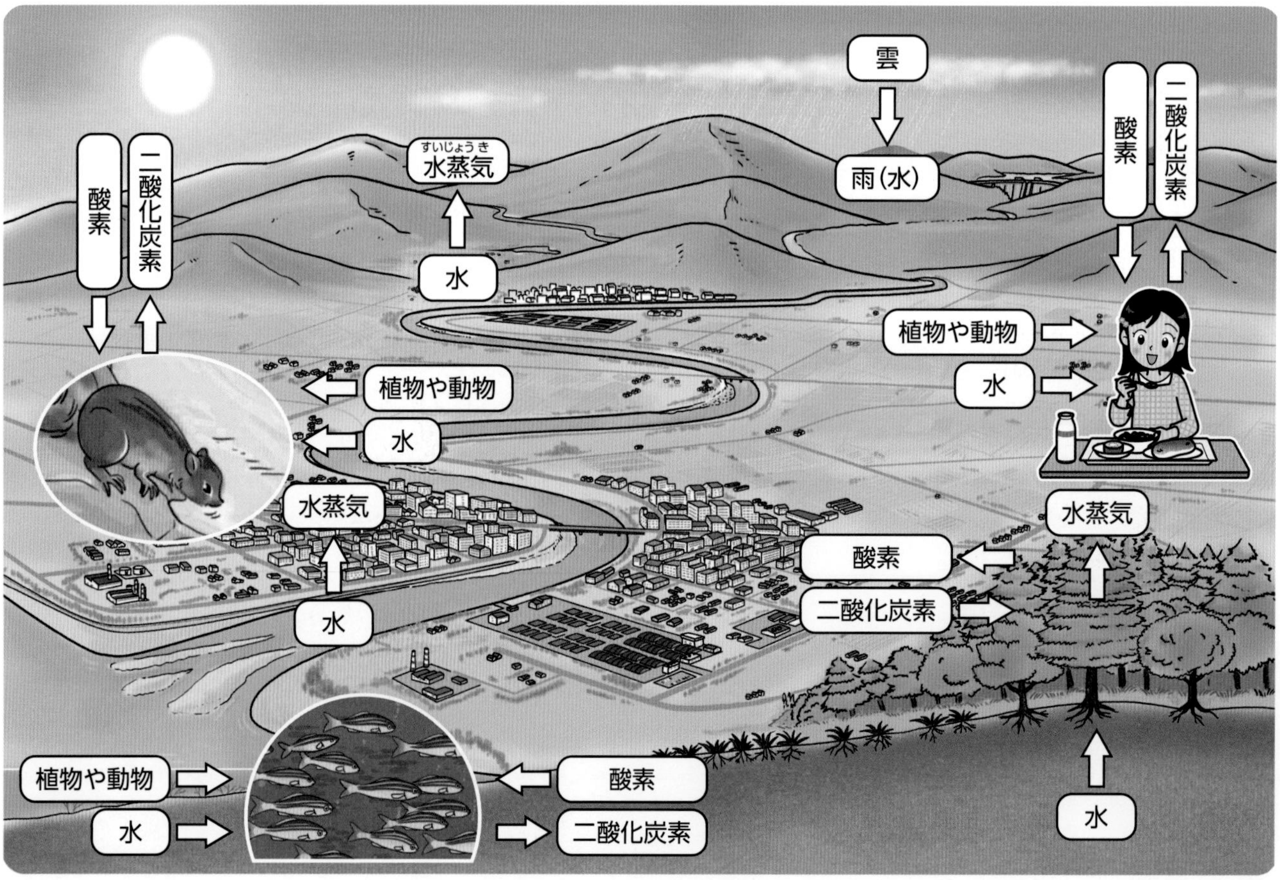

ここがだいじ！ ①生き物のからだには、多くの水がふくまれていて、水によってからだのはたらきを保ち、生きている。

ぴたトリビア　地球上にある水の 97% 以上は海にあります。水は地球のすべての生物の命を支える大切なものです。

ぴったり2 練習

学習日　　月　　日

4. 生き物どうしのかかわり

③生き物と水とのかかわり

教科書 71～72ページ　答え 17ページ

1 人と水のかかわりについてふり返りましょう。

(1) 人が飲んだ水は、主にどこから吸収《きゅうしゅう》されますか。正しいものに○をつけましょう。

ア(　　)食道　　イ(　　)胃《い》　　ウ(　　)小腸《しょうちょう》
エ(　　)肝臓《かんぞう》　　オ(　　)腎臓《じんぞう》

(2) 人のからだ全体に対する、ふくまれている水の割合《わりあい》はどれくらいですか。正しいものに○をつけましょう。

ア(　　)約20％　　イ(　　)約40％
ウ(　　)約60％　　エ(　　)約80％

2 生き物と環境《かんきょう》とのかかわりについて調べました。

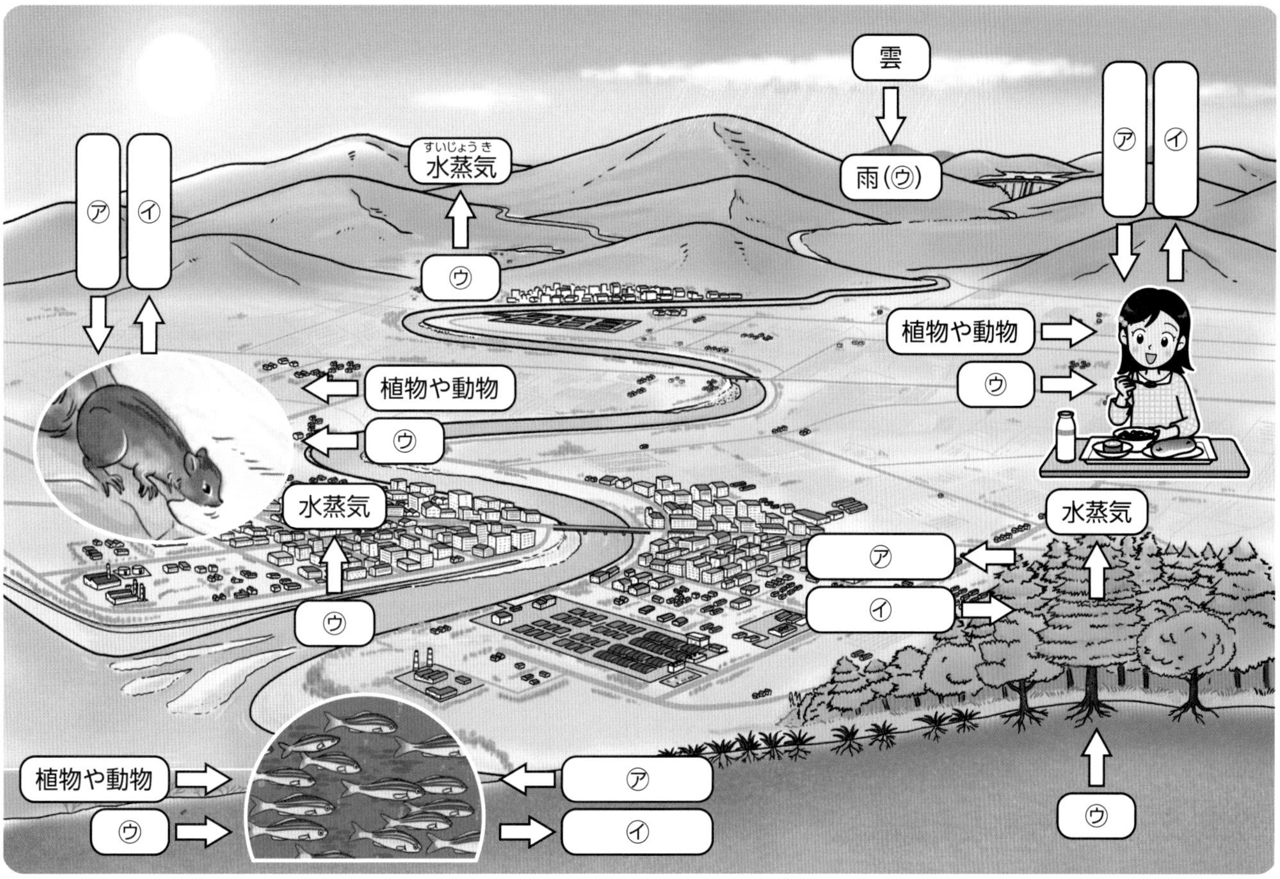

(1) 酸素は、図の㋐～㋒のどれですか。　(　　　)
(2) 二酸化炭素は、図の㋐～㋒のどれですか。　(　　　)
(3) 水は、図の㋐～㋒のどれですか。　(　　　)

ヒント ❷ 動物は呼吸《こきゅう》だけを行いますが、植物は呼吸を行うほかに、日光に当たると二酸化炭素をとり入れて酸素を出します。

ぴったり3
確かめのテスト
4. 生き物どうしのかかわり

時間 30 分
／100
合格 70 点

教科書 60～75ページ　答え 18ページ

よく出る

1 生き物は、図のような「食べる」「食べられる」の関係でつながっています。 1つ5点（30点）

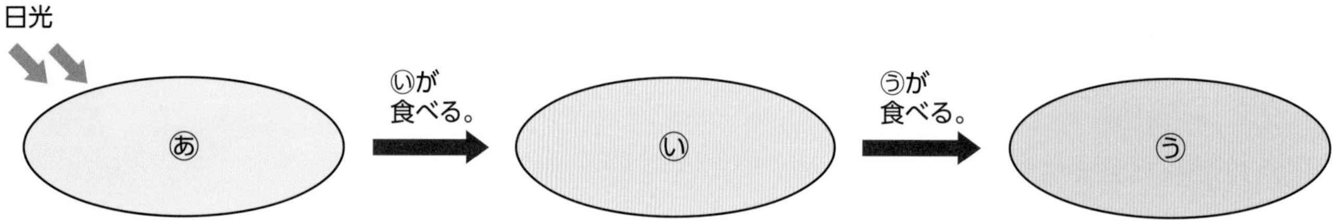

日光
あ
いが
食べる。
い
うが
食べる。
う

(1) 「食べる」「食べられる」の関係による、生き物どうしのつながりのことを何といいますか。

（　　　　　　　　　）

(2) 図のいは、どのような生き物ですか。正しいものに○をつけましょう。

ア（　　）草食の動物　　イ（　　）肉食の動物　　ウ（　　）植物

(3) 自分で養分をつくることができる生き物は、どのような生き物ですか。正しいものに○をつけましょう。

ア（　　）草食の動物　　イ（　　）肉食の動物　　ウ（　　）植物

(4) ①～③ は池や川などの水の中の小さな生き物です。それぞれの名前をかきましょう。

①
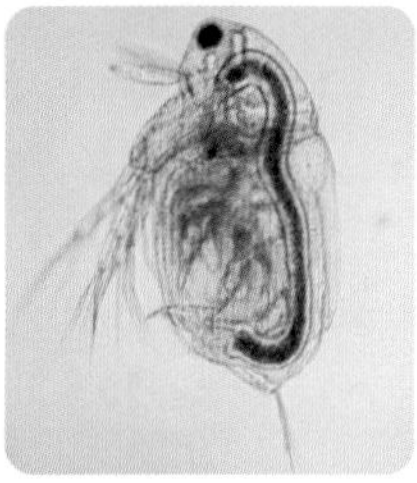
②
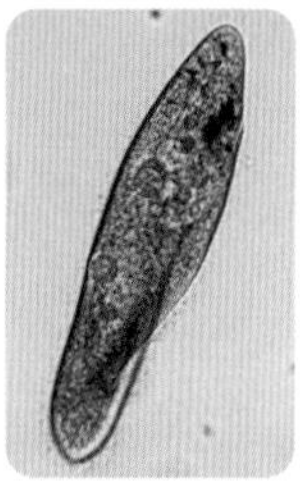
③
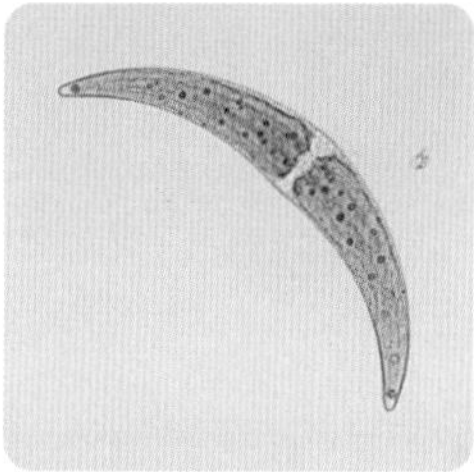

①（　　　　　　　　）
②（　　　　　　　　）
③（　　　　　　　　）

2 コマツナに日光を当てたときのようすを、図のようにして調べました。 1つ8点（16点）

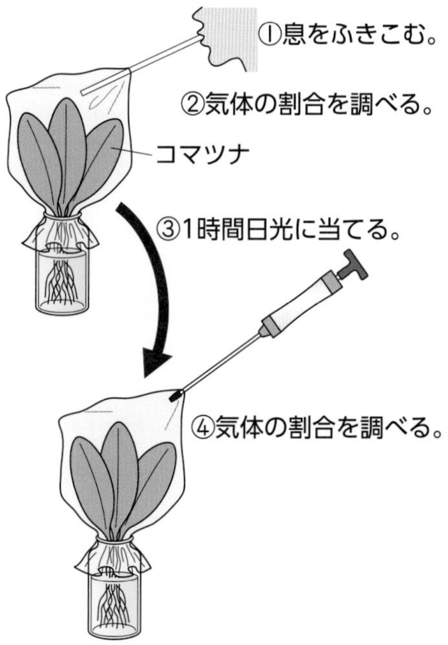

①息をふきこむ。
②気体の割合を調べる。
コマツナ
③1時間日光に当てる。
④気体の割合を調べる。

(1) 息をふきこんだのは、ふくろの中の空気の割合《わりあい》をどのようにするためですか。正しいものに○をつけましょう。

ア（　　）二酸化炭素と水蒸気《すいじょうき》の割合をふやすため。
イ（　　）二酸化炭素の割合をふやすため。
ウ（　　）水蒸気の割合をふやすため。
エ（　　）酸素の割合を減らすため。

(2) 記述 コマツナに日光を当てると、ふくろの中の気体の割合はどうなりますか。 思考・表現

（　　　　　　　　　　　　　　　　）

❸ 生き物と環境《かんきょう》のかかわりについて考えました。

1つ10点(30点)

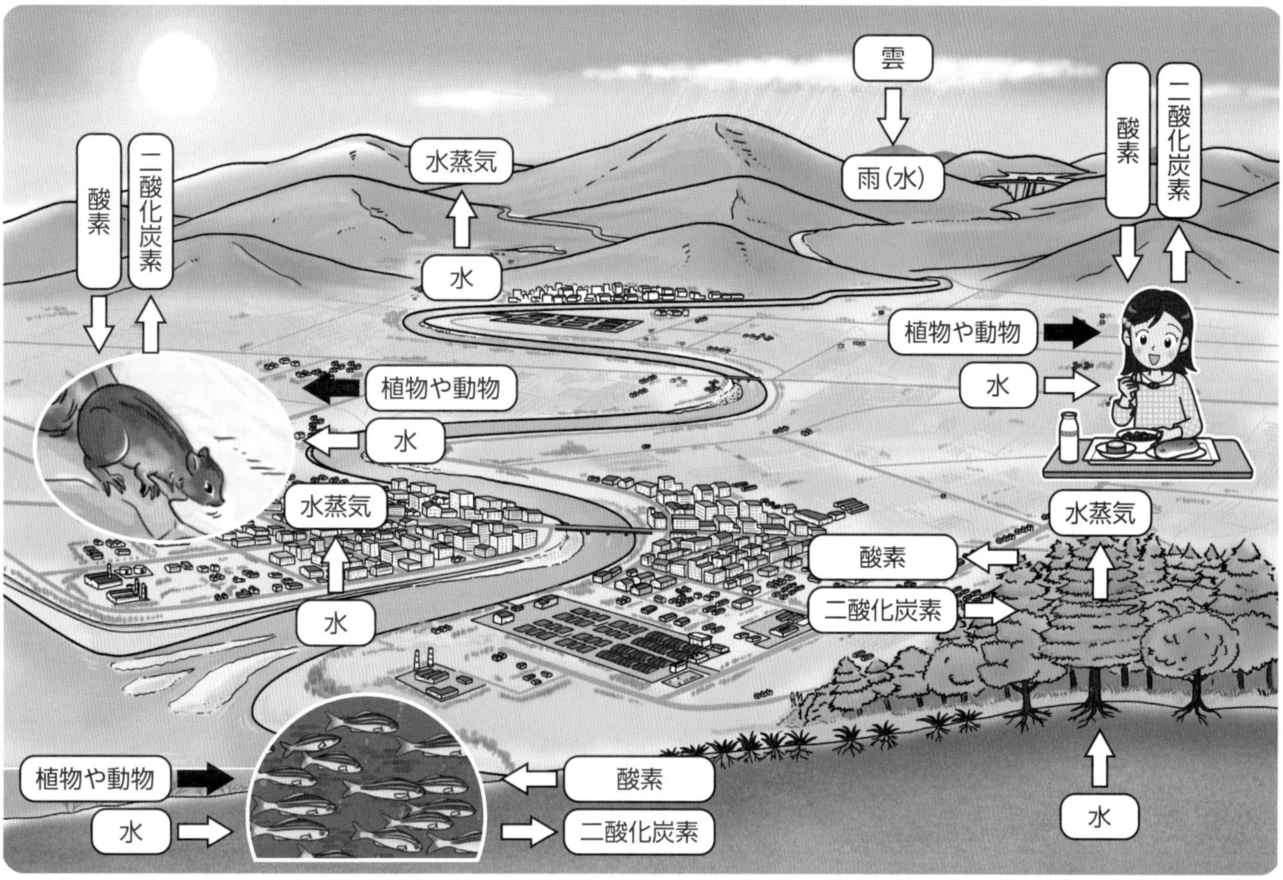

(1) 図の黒い矢印は、植物や動物の何という関係をあらわしていますか。

(　　　　　　　　　　)

(2) 記述 動物の呼吸《こきゅう》について、酸素、二酸化炭素という言葉を使って説明しましょう。

(　　　　　　　　　　)

(3) 記述 植物が日光に当たったときのようすについて、酸素、二酸化炭素という言葉を使って説明しましょう。

(　　　　　　　　　　)

この本の終わりにある「夏のチャレンジテスト」をやってみよう！

できたらスゴイ！

❹ 水辺には、いろいろな動物が集まってきます。

思考・表現　1つ8点(24点)

カバ、ヒグマ、シマウマが水辺にいるのはなぜですか。それぞれ、下の㋐～㋒から、いちばんよくあてはまるものを１つずつ選びましょう。

①カバ(　　　)　②ヒグマ(　　　)

③シマウマ(　　　)

㋐水を飲むため。　㋑食べ物をとるため。

㋒すみかにしているため。

ふりかえり
❶の問題がわからなかったときは、28ページの❶にもどってたしかめましょう。
❹の問題がわからなかったときは、28ページの❶にもどってたしかめましょう。

5. 月の形と太陽

①月の形の見え方 1

学習日　　月　　日

めあて
月の形は、どのように変わっていくのかを確認しよう。

教科書 79～82ページ　答え 19ページ

次の(　)にあてはまる言葉をかくか、あてはまるものを〇でかこもう。

1 月の形は、どのように変わっていくのだろうか。

教科書 79～82ページ

- 月は、自ら(①　　　　)を出さないが、(②　　　　)の光を(③　　　　)して、光っているように見える。
- 月も太陽も、(④　　　　)形をしている。
- 月は、日によって形が(⑤ 変わって ・ 変わらずに)見える。
- 日ぼつ直後の月の形と位置を調べる。
  - 日ぼつ直後に見える月の形と位置、(⑥　　　　)を観察する。
  - (⑦　　　　)がしずんだ位置も記録する。
  - 数日後と、さらにその数日後に、同じ場所で観察する。
  - 月の高さは、にぎりこぶし何個分かで調べる。

月

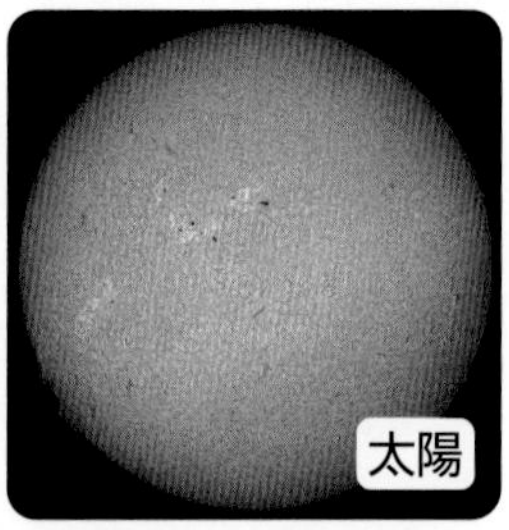
太陽

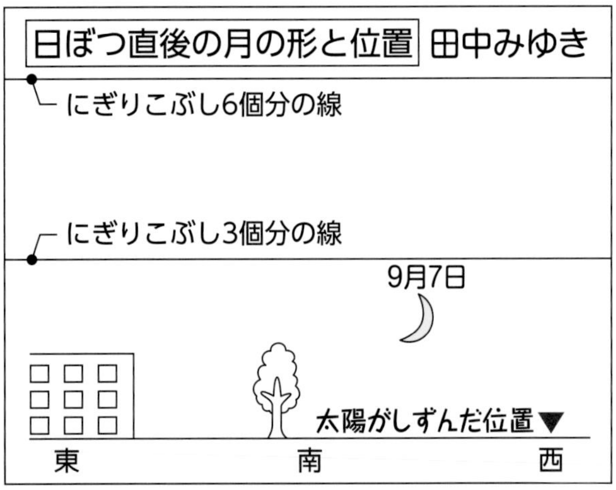
日ぼつ直後の月の形と位置
田中みゆき
にぎりこぶし6個分の線
にぎりこぶし3個分の線
9月7日
太陽がしずんだ位置▼
東
南
西

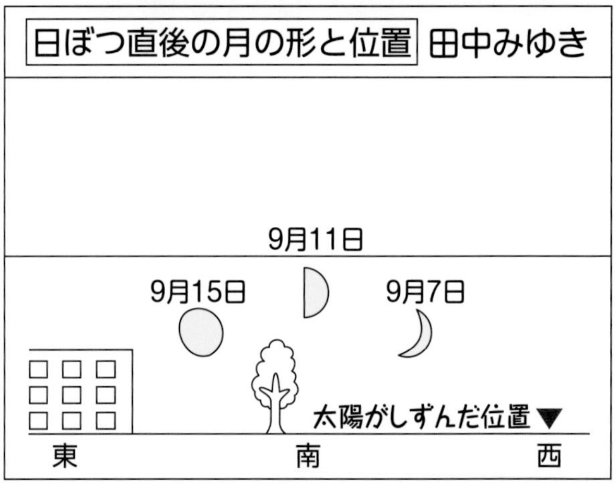
日ぼつ直後の月の形と位置
田中みゆき
9月11日
9月15日
9月7日
太陽がしずんだ位置▼
東
南
西

- 日ぼつ直後に見える月は、明るく光って見える部分が、少しずつ(⑧ ふえて ・ 減って)いく。
- 月の光って見える側に、(⑨　　　　)がある。

ここが だいじ!
①日ぼつ直後に見える月は、明るく光って見える部分が、少しずつふえていく。
②月の光って見える側に、太陽がある。

ぴたトリビア
月の表面には、「クレーター」とよばれる円形のくぼみが多く見られます。大きいものでは、直径500km以上もあり、石や岩などが月にぶつかってできたと考えられています。

5. 月の形と太陽

①月の形の見え方 1

教科書 79〜82ページ　答え 19ページ

1 月と太陽についてまとめましょう。

(1) 月の見え方について、正しいものに○をつけましょう。

ア（　　）いつも同じ形に見える。

イ（　　）光って見えるところと、暗く見えるところがある。

ウ（　　）全体が同じ色に見える。

(2) 月と太陽は、自ら光を出していますか。正しいものに○をつけましょう。

ア（　　）月も太陽も、自ら光を出している。

イ（　　）太陽だけが、自ら光を出している。

ウ（　　）月だけが、自ら光を出している。

(3) 月や太陽は、どのような形をしていますか。

（　　　　　）

2 同じ場所で、9月7日と9月11日に、日ぼつ直後の月の形と位置を調べました。

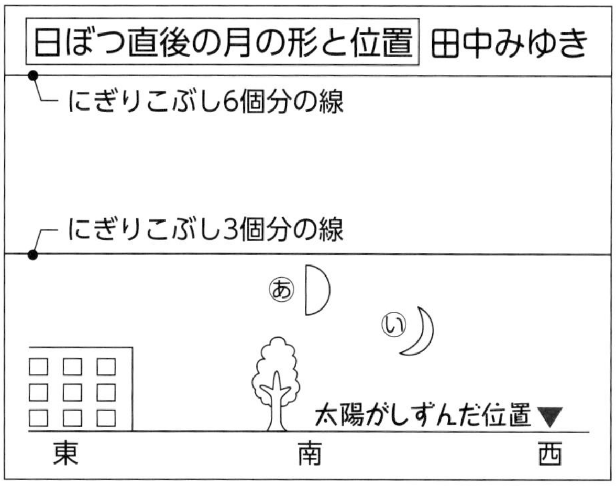

(1) 9月7日の記録は、あ、いのどちらですか。　（　　　）

(2) 9月15日の日ぼつ直後に月を観察しました。月の明るく光って見える部分の大きさは、9月11日と比べて、どのようになりますか。正しいものに○をつけましょう。

ア（　　）光って見える部分は、少しふえている。

イ（　　）光って見える部分は、少し減っている。

ウ（　　）光って見える部分は、ほとんど変わらない。

(3) 9月15日に見られた月の光って見える側は、図のどちらですか。正しいものに○をつけましょう。

ア（　　）図の左側　　イ（　　）図の右側　　ウ（　　）図の正面

ヒント　**2** 月も、太陽と同じような動きをします。

ぴったり1 準備

5. 月の形と太陽

①月の形の見え方 2

学習日　　月　　日

めあて
月の形が、日によって変わって見えるのはどうしてかを確認しよう。

教科書 82〜86ページ　答え 20ページ

次の（　）にあてはまる言葉をかこう。

1 月の形が、日によって変わって見えるのは、どうしてだろうか。 教科書 82〜86ページ

▶ボールに光を当てて、月の形の見え方を調べる。

それぞれ、何に
見立てているのかな。

（①　　　　　）→ （②　　　　　）

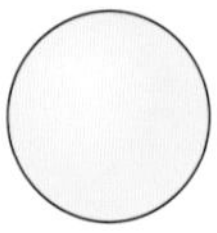（③　　　　　）→ （④　　　　　）

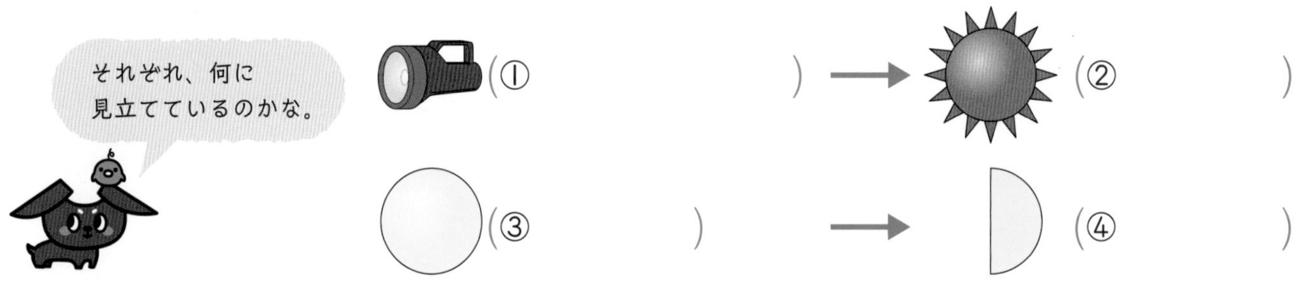

▶右の図で、太陽の光が当たっている月の部分を、黄色でぬりましょう。

▶（⑤　　　　　）のときは、月が太陽の側にあるので、地球からは見えない。

▶（⑥　　　　　）は、地球から見て、月が太陽の反対側にあるときに見える。

▶太陽と月の位置関係は、約（⑦　　　　　）かけてもとにもどるため、地球から見た月の（⑧　　　　　）も、約１か月でもとにもどる。

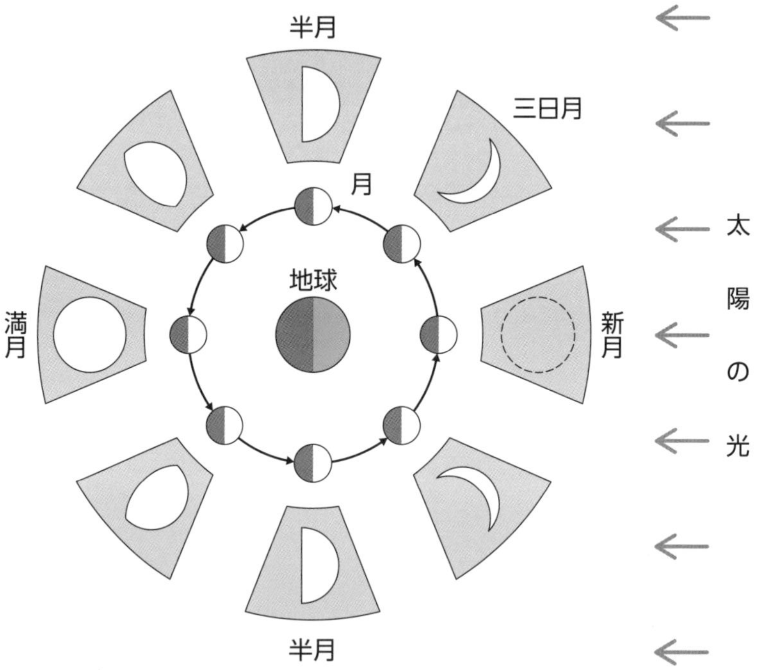

半月
三日月
月
地球
満月
新月
半月
太陽の光

▶月の形が、日によって変わって見えるのは、（⑨　　　　　）と（⑩　　　　　）の位置関係が毎日少しずつ変わっていくため、（⑪　　　　　）の光が当たって明るく見える部分が、少しずつ変わるからである。

ここがだいじ！
①月の形が、日によって変わって見えるのは、太陽と月の位置関係が毎日少しずつ変わり、太陽の光が当たって明るく見える部分が変わるからである。

ぴたトリビア
地球は太陽のまわりを回っていて、「わく星」といいます。そのわく星のまわりを回っている月のような天体を「衛星《えいせい》」といいます。

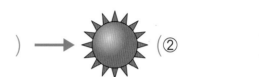

5. 月の形と太陽

①月の形の見え方 2

学習日　月　日

教科書 82〜86ページ　答え 20ページ

1 図のようにして、月の形の見え方を調べました。

(1) かい中電灯は何に見立てていますか。正しいものに○をつけましょう。

ア(　　)太陽　**イ**(　　)地球
ウ(　　)月

(2) ボールは何に見立てていますか。正しいものに○をつけましょう。

ア(　　)太陽　**イ**(　　)地球
ウ(　　)月

2 図は、月と太陽の、地球に対する位置関係を表したものです。

(1) ㋐の位置関係にあった月が、次に㋐の位置関係になるのはどのくらい後ですか。正しいものに○をつけましょう。

ア(　　)約1週間後　**イ**(　　)約2週間後
ウ(　　)約3週間後　**エ**(　　)約1か月後

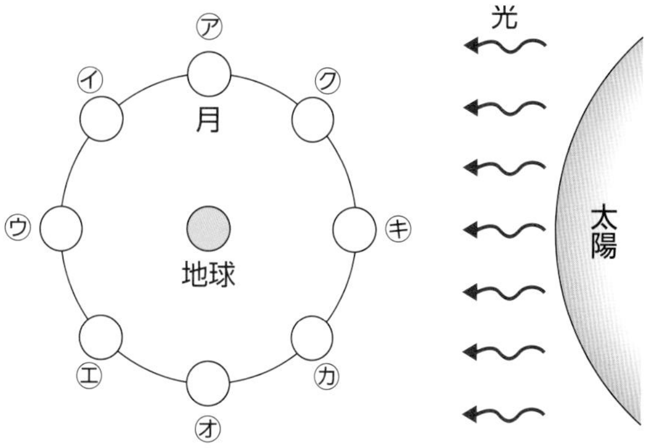

(2) 次の①〜⑧の月は、どの位置関係にあるときに見られますか。図の㋐〜㋗から、それぞれ1つずつ選びましょう。

①(　　)　②(　　)　③(　　)　④(　　)

⑤(　　)　⑥(　　)　⑦(　　)　⑧(　　)

ヒント　**2** 太陽の光が当たっている側が光って見えます。

ぴったり3 確かめのテスト

5. 月の形と太陽

時間 30 分

／100

合格 70 点

教科書 78〜89ページ　答え 21ページ

1 月と太陽の特ちょうについて答えましょう。

1つ6点(30点)

(1) しゃ光プレートで観察するのは太陽だけで、月のときは使わないでよいのはなぜですか。正しいものに○をつけましょう。

ア(　　)月を観察するときは、まわりが暗いから。

イ(　　)月は、太陽と比べて色が白いから。

ウ(　　)月は、太陽ほど明るくないから。

(2) 次の①〜④のうち、月と太陽の両方にあてはまるものに◎、太陽だけにあてはまるものに○、月だけにあてはまるものに△、両方ともあてはまらないものに×をつけましょう。

①自ら強い光を放っている。　(　　　)

②自ら光を出さない。　(　　　)

③球形をしている。　(　　　)

④星座《せいざ》をつくっている。　(　　　)

よく出る

2 ボールにライトの光を当てて、ボールが明るく見える部分の形を調べました。

技能

1つ6点(30点)

(1) 図の実験から、月の形の見え方を考えることができます。それぞれを何に見立てていますか。

①ボール　(　　　　　)　②ライト　(　　　　　)

(2) 次のそれぞれの月は、図の㋐〜㋒のどれで表されますか。

①新月《しんげつ》　(　　　)　②満月　(　　　)　③半月　(　　　)

できたらスゴイ!

3 江戸《えど》時代の歌人《かじん》、与謝蕪村《よさぶそん》は、現在の兵庫《ひょうご》県にある山で、次のような俳句《はいく》をよみました。ただし、ここでいう菜の花とは、アブラナのことを指すとします。 思考・表現　1つ10点(40点)

菜の花や　月は東に　日は西に

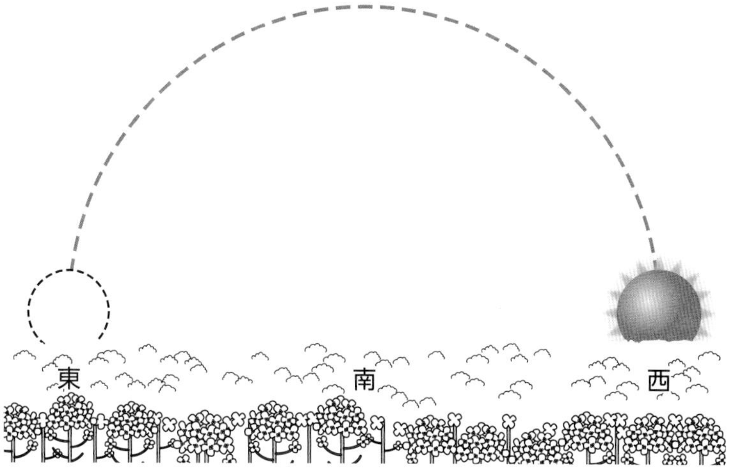

(1) この俳句がよまれた季節はいつと考えられますか。正しいものに○をつけましょう。

ア(　　)春
イ(　　)夏
ウ(　　)秋
エ(　　)冬

(2) このように、月が東、太陽が西に見られることは、どのくらいありますか。正しいものに○をつけましょう。

ア(　　)1週間に1回くらい
イ(　　)1か月に1回くらい
ウ(　　)1年に1回くらい

(3) この俳句がよまれた時刻《じこく》はいつごろと考えられますか。正しいものに○をつけましょう。

ア(　　)午前6時ごろ
イ(　　)午前9時ごろ
ウ(　　)正午ごろ
エ(　　)午後3時ごろ
オ(　　)午後6時ごろ

(4) この俳句がよまれたときに見られた月の形は、どれと考えられますか。正しいものに○をつけましょう。

ア(　　)　イ(　　)　ウ(　　)　エ(　　)　オ(　　)

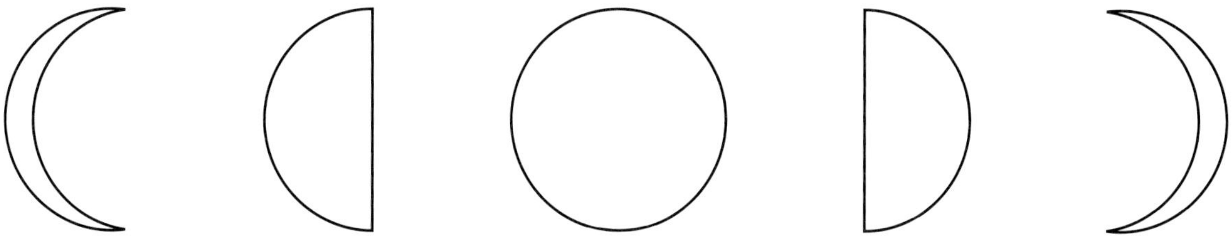

ふりかえり
2の問題がわからなかったときは、38ページの1にもどってたしかめましょう。
3の問題がわからなかったときは、36ページの1と38ページの1にもどってたしかめましょう。

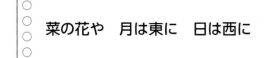

6. 大地のつくり

①大地をつくっている物 1

学習日　　月　　日

めあて
がけのようすや、しま模様をつくっている物を確認しよう。

教科書　91～93ページ　答え　22ページ

次の(　　)にあてはまる言葉をかこう。

1 がけのようすや、しま模様《もよう》をつくっている物を調べよう。　教科書　91～93ページ

▶がけのようすを調べる。
- がけ全体のようすや、しま模様がどのような物でできているかを調べる。
- 安全に注意して、(⑦　　　　)ところ以外に、行ってはいけない。
- しま模様をつくっている物を採取するときは、(⑧　　　　)をする。
- しま模様をつくっている物を採取できる場合には、(⑨　　　　)な量だけ採取する。

がけを観察するときの服装《ふくそう》

▶がけのしま模様をつくっている物を調べる。
- がけから採取してきた物について、色や形、大きさを(⑩　　　　)などで観察する。

▶火山からふき出された物である(⑪　　　　)を調べる。
- 火山灰《かざんばい》を入れ物に入れて(⑫　　　　)を加え、指でこすって洗《あら》ってから、にごった(⑫)を流す。(⑫)がきれいになるまで、くり返す。

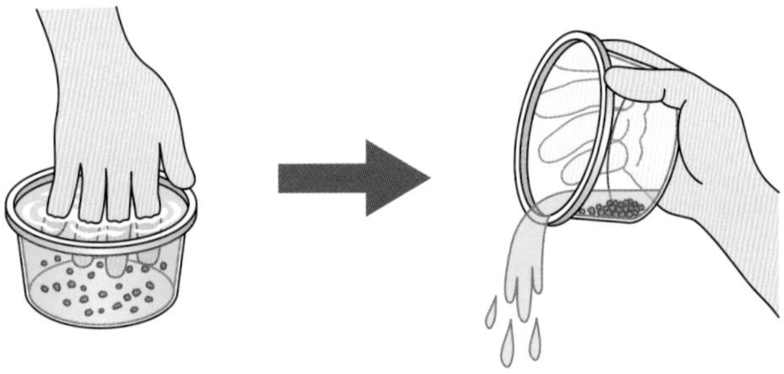

- 残ったつぶをペトリ皿に移して、かんそうさせ、(⑬　　　　)けんび鏡や、かいぼうけんび鏡でつぶを観察する。

▶(⑭　　　　)試料(地下のようすを知るために、機械で地面の下の土をほり出したもの)にかかれた深さをもとに、積み重なり方やふくまれる物をくわしく調べる。

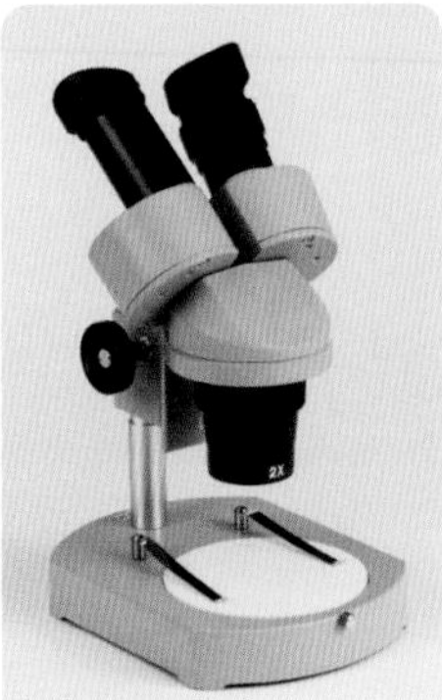

ここが、だいじ!
①がけ全体のようすや、しま模様《もよう》がどのような物でできているかを調べる。

ぴたトリビア
火山灰《かざんばい》は、火山の地下にあるマグマがふき出すときに発ぽうしてできた細かい破片《はへん》のことです。木や紙などを燃やしてできる灰とはちがいます。

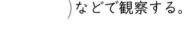

6. 大地のつくり

①大地をつくっている物 1

学習日　月　日

教科書　91〜93ページ　答え　22ページ

1 **あるがけの観察をしました。**

(1) このときの服装《ふくそう》について、正しいものに○、まちがったものに×をつけましょう。

ア(　　)ぼうしをかぶった。
イ(　　)半そでの服を着た。
ウ(　　)必要な物は、手さげかばんに入れた。
エ(　　)両手に軍手をはめた。
オ(　　)長ズボンをはいた。
カ(　　)サンダルをはいた。

(2) しま模様《もよう》をつくっている物を採取しました。

①このときに使った物は何ですか。正しいものに○をつけましょう。

ア(　　)しゃ光プレート　イ(　　)保護めがね　ウ(　　)サングラス

②どれくらいの量を採取しましたか。正しいものに○をつけましょう。

ア(　　)一人１個ずつ採取した。
イ(　　)持ち帰れる限度いっぱいまで採取した。
ウ(　　)むやみに採取せず、必要な量だけ採取した。

2 **がけのしま模様をつくっている物を調べました。**

(1) 火山からふき出された物を、何といいますか。

(　　　　　　)

(2) (1)を観察する前にしたことは何ですか。正しいものに○をつけましょう。

ア(　　)水に入れてうかんだ物を集める。
イ(　　)細かくすりつぶす。
ウ(　　)水でよく洗《あら》う。

(3) 積み重なり方やふくまれる物を調べるために使う、地下のようすを知るために、機械で地面の下の土をほり出した物を、何といいますか。

(　　　　　　)

6. 大地のつくり

①大地をつくっている物 2

学習日　　月　　日

めあて
がけがしま模様に見えるのはどうしてかを確認しよう。

教科書　94〜95ページ　答え　23ページ

次の(　　)にあてはまる言葉をかこう。

1 がけがしま模様《もよう》に見えるのは、どうしてだろうか。　教科書 94〜95ページ

つぶが大きい ←→ つぶが小さい

(①　　　　)

つぶの大きさが
2 mm以上

(②　　　　)

つぶの大きさが
0.06 mm〜2 mm

(③　　　　)

つぶの大きさが
0.06 mm以下

▶がけがしま模様になって見えるのは、(④　　　　)や(⑤　　　　)、(⑥　　　　)などがちがうれき、砂《すな》、どろ、火山灰《かざんばい》などが、層《そう》になって積み重なっているからである。

▶れき、砂、どろ、火山灰などの、いろいろなつぶが層になって重なった物を、(⑦　　　　)という。

▶(⑦)は、がけの表面だけでなく、(⑧　　　　)にも広がっている。

▶地層の中のれきは、(⑨　　　　)を帯びていて、川原《かわら》で見られるれきの形と似ていることがある。

▶地層の中には、ごつごつとした(⑩　　　　)石や、小さな(⑪　　　　)がたくさんあいた石が、混じっていることがある。

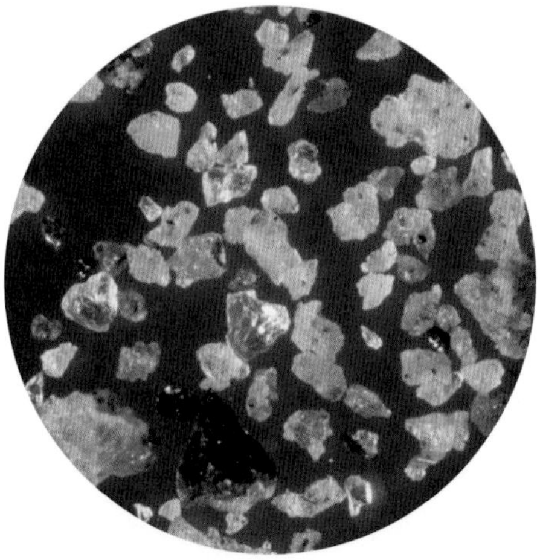

ここが、だいじ!
①色、形、大きさなどがちがうつぶでできた物が、層《そう》になって重なった物を地層《ちそう》という。
②地層のそれぞれの層は、れき、砂《すな》、どろ、火山灰《かざんばい》などでできている。

ぴたトリビア　どろのうち、1/16mm〜1/256mm のものを「シルト」、1/256mm 以下のものを「ねん土《ど》」といいます。

ぴったり2 **練習**

6. 大地のつくり

①大地をつくっている物 2

学習日　　月　　日

教科書 94〜95ページ　答え 23ページ

1 **図のような、しま模様《もよう》に見えるがけを観察しました。**

(1) このがけは、れき、砂《すな》、どろが積み重なってできています。これらをつぶの大きさが大きい順にならべましょう。

(　　　　　)→(　　　　　)→(　　　　　)

(2) つぶの大きさが２mm以上のものは何ですか。正しいものに○をつけましょう。

ア(　　)れき　　**イ**(　　)砂　　**ウ**(　　)どろ

(3) つぶの大きさが0.06mm〜２mmのものは何ですか。正しいものに○をつけましょう。

ア(　　)れき　　**イ**(　　)砂　　**ウ**(　　)どろ

2 **あるがけのしま模様を調べると、図のようになっていました。**

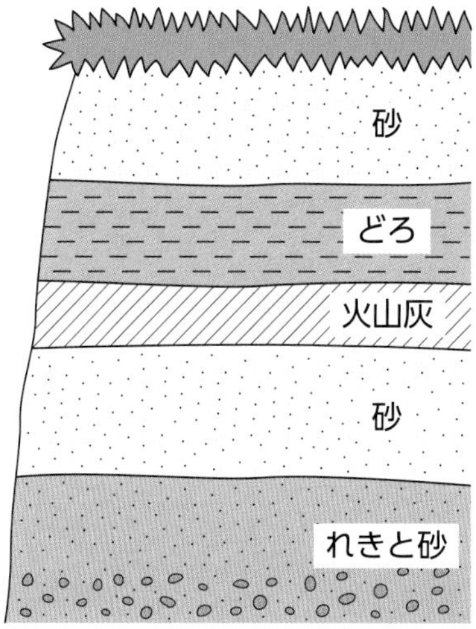

(1) 図のようなしま模様が見られたのはなぜですか。正しいもの１つに○をつけましょう。

ア(　　)色やつぶの大きさがちがう物が、層《そう》になって積み重なっているから。

イ(　　)つぶのかたさがちがう物が、層になって積み重なっているから。

ウ(　　)それぞれのつぶによって、層になって積み重なる厚さがちがうから。

(2) それぞれの層は、どのように積み重なっていましたか。正しいほうに○をつけましょう。

ア(　　)表面だけが、層のように重なって見える。

イ(　　)つぶの重なりは、おくにも広がっている。

(3) 図のように、砂、どろ、火山灰《かざんばい》、れきなどの層が重なった物を何といいますか。

(　　　　　)

ぴったり1 準備

6. 大地のつくり

②地層《ちそう》のでき方 1

学習日　　月　　日

めあて
流れる水のはたらきによってどのように地層ができるのかを確認しよう。

教科書 96～99ページ　答え 24ページ

次の(　　)にあてはまる言葉をかくか、あてはまるものを○でかこもう。

1 流れる水のはたらきによって、どのようにして、地層ができるのだろうか。　教科書 96～99ページ

▶といを使った実験

- 砂《すな》やどろをふくむ土を水で水そうに流しこむと、つぶが(① 大きい ・ 小さい)砂の層の上に、つぶが(② 大きい ・ 小さい)どろの層ができる。
- 土を2回流しこむと、(③ 一組 ・ 二組)の層ができる。

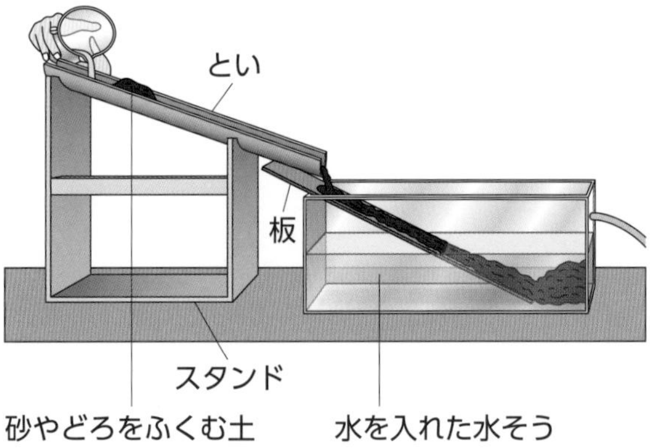

▶空きびんを使った実験

- 砂やどろをふくむ土と水をびんに入れてふってしばらく置くと、つぶの(④　　　　)ごとに層ができる。

大きいつぶが速くしずむんだね。

空きびんを使った実験

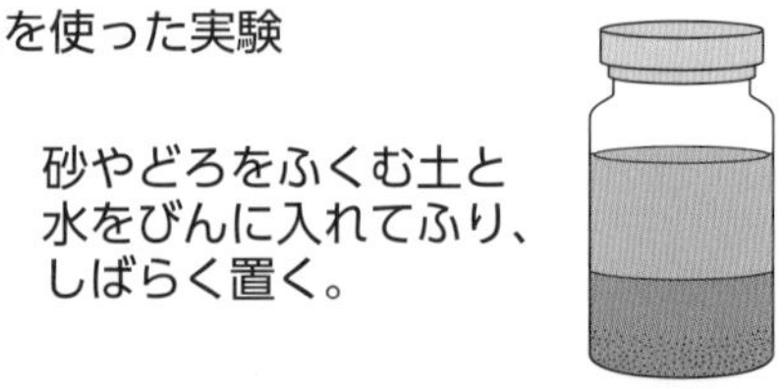

▶(⑤　　　　)のはたらきで土が運搬《うんぱん》されると、色やつぶの(⑥　　　　)がちがう、れき、砂、どろなどが層になって堆積《たいせき》し、それがくり返されて(⑦　　　　)ができる。

▶地層をつくっている物が、その上に(⑧　　　　)した物の重みで、長い年月をかけて固まると、岩石になる。

- (⑨　　　　)…多くのれきが(⑩　　　　)などとともに固められてできた岩石。
- (⑪　　　　)…砂が固まってできた岩石。
- (⑫　　　　)…どろなどの細かいつぶが固まってできた岩石。

ここが、だいじ！

①水のはたらきで運搬《うんぱん》されたれき、砂《すな》、どろなどが堆積《たいせき》して地層《ちそう》ができる。
②地層をつくっている物が、その上に堆積した物の重みで、長い年月をかけて固まると、れき岩や砂岩《さがん》、でい岩などの岩石になる。

ぴたトリビア　地層《ちそう》は、長い年月の間に大きな力がはたらき、かたむいたり、曲がったりすることがあります。

1 水を流して、砂《すな》やどろをふくむ土を、水そうの水の中に流しこみました。

(1) 水そうにしずんだ土はどのようになりましたか。正しいものに○をつけましょう。

ア(　　)
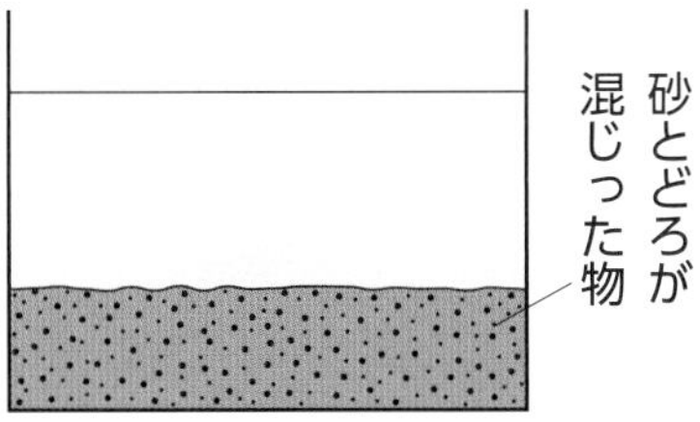

イ(　　)
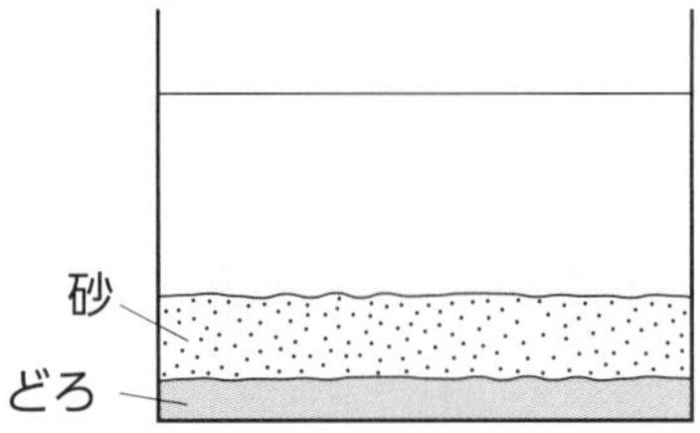

ウ(　　)
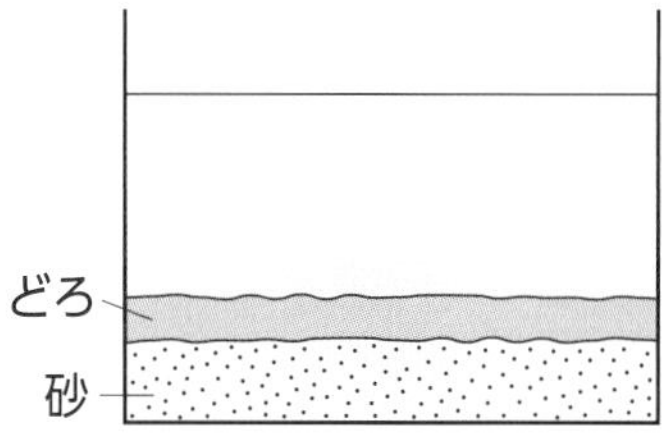

(2) 土がしずんだら、もういちど水を流して、土を流しこみました。土の積もり方はどのようになりましたか。正しいものに○をつけましょう。

ア(　　)最初に流しこんだ土の上に積み重なる。
イ(　　)最初に流しこんだ土の下に積み重なる。
ウ(　　)最初に流しこんだ土と混じり合う。

(3) 水そうの水は、何に見立てることができますか。正しいものに○をつけましょう。

ア(　　)雨や雪の水　イ(　　)川の水　ウ(　　)海や湖の水

2 ある地層に、つぶの大きさのちがう岩石あ～うが見られました。

(1) 岩石あ～うを、それぞれ何といいますか。

あ多くのれきが砂などとともに固まってできた岩石　(　　　　　)
い同じような大きさのつぶの砂が固まってできた岩石　(　　　　　)
うどろなどの細かいつぶが固まってできた岩石　(　　　　　)

(2) あに見られるれきには、どのような特ちょうがありますか。正しいものに○をつけましょう。

ア(　　)角ばって、ごつごつしている。　イ(　　)角がとれてまるみを帯びている。
ウ(　　)つぶの大きさがそろっている。　エ(　　)どれも同じような色をしている。

(3) 岩石あ～うは、どのようにしてできましたか。正しいものに○をつけましょう。

ア(　　)流れる水の重みで、おし固められてできた。
イ(　　)それぞれの上に堆積《たいせき》した物の重みで、固まってできた。
ウ(　　)火山が噴火《ふんか》したときに、流れ出た物が冷え固まってできた。

ヒント ❶ つぶが大きいほど、速くしずみます。

学習日　　月　　日

めあて
化石のでき方や、火山のはたらきについて確認しよう。

教科書 100〜102ページ　答え 25ページ

次の（　）にあてはまる言葉をかこう。

1 化石は、どのようにしてできるのだろうか。

教科書 100ページ

▶大昔の生き物のからだや生き物がいたあとなどが残った物を、（①　　　　　）といい、地層の中から魚や貝、木の葉などの（①）が見つかることがある。

アンモナイトの化石

木の葉の化石

貝の化石がふくまれた地層

▶化石は、生き物のからだが、（②　　　　　）や（③　　　　　）でうまることでできる。

化石のでき方

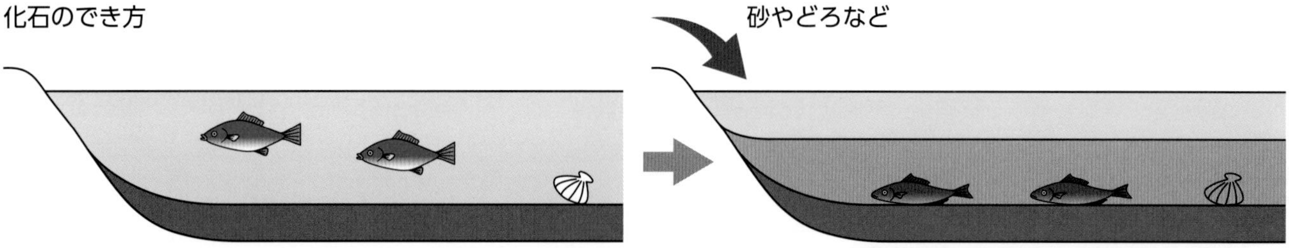

生き物のからだが、砂やどろでうまる。

2 火山のはたらきによって、どのようにして、地層ができるのだろうか。

教科書 101〜102ページ

▶火山のはたらきでできた地層は、火山からふき出された（①　　　　　）などが、（②　　　　　）してできる。

▶火山のはたらきでできた大地には、火山からふき出された（③　　　　　）で、おおわれているところがある。

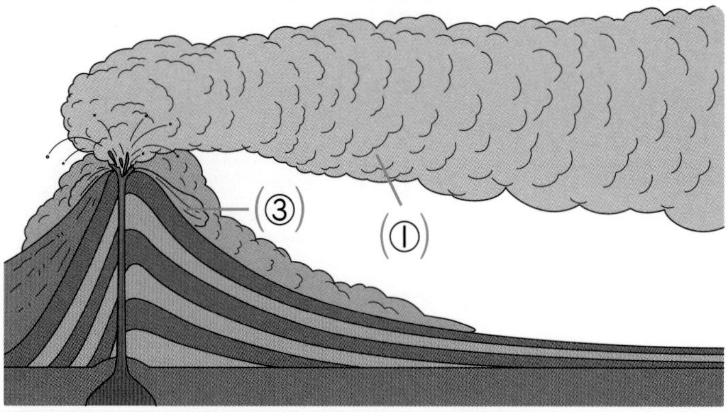

ここが、だいじ！
①大昔の生き物のからだや生き物がいたあとなどが残った物を、化石《かせき》という。
②火山のはたらきでできた地層は、火山灰《かざんばい》などが、堆積《たいせき》してできる。

ぴたトリビア　化石には、例えば花粉の化石のように、けんび鏡で見ないとわからない小さな化石もあります。

6. 大地のつくり

②地層《ちそう》のでき方 2

1 写真は、地層の中から見つかった物です。

(1) 大昔の生き物のからだや生き物がいたあとなどが残った物を何といいますか。

（　　　　　　）

(2) 写真は何の(1)ですか。正しいものに○をつけましょう。

ア（　）魚　　イ（　）アンモナイト

ウ（　）木の葉

(3) (1)はどのようにしてできますか。正しいものに○をつけましょう。

ア（　）流れる水がけずってできる。

イ（　）火山灰《かざんばい》が堆積《たいせき》してできる。

ウ（　）砂やどろでうまってできる。

2 図は、火山が噴火《ふんか》するようすを表しています。

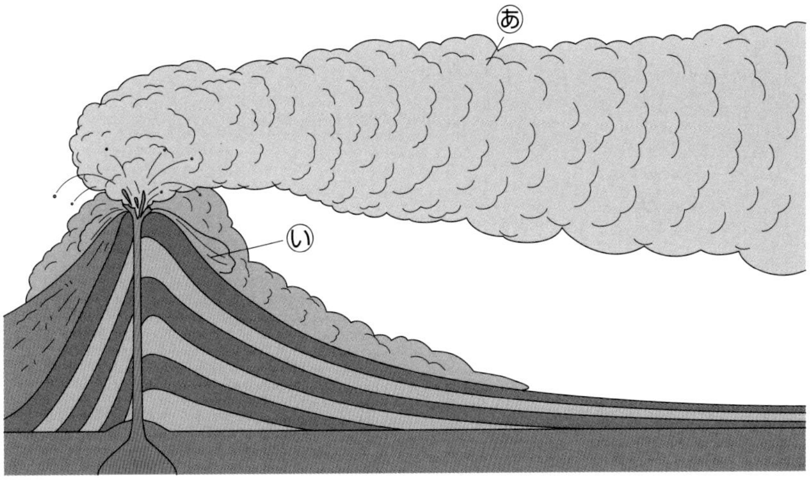

(1) 火山からふき出されたあは、風によって運ばれ、地面などに堆積して地層をつくります。あは何ですか。

（　　　　　　）

(2) いは、火山からふき出されて流れていき、冷え固まって大地をおおうことがあります。いは何ですか。

（　　　　　　）

(3) 火山のはたらきであが堆積してできた地層は、流れる水のはたらきでできた地層と比べて、どのような特ちょうがありますか。正しいほうに○をつけましょう。

ア（　）あが堆積してできた地層は、つぶがまるみを帯びている。

イ（　）あが堆積してできた地層は、つぶが角ばっている。

時間 30分

/100

合格 70点

教科書 90〜105ページ 答え 26ページ

よく出る

1 あるがけを観察したところ、次のような結果が得られました。

1つ6点(36点)

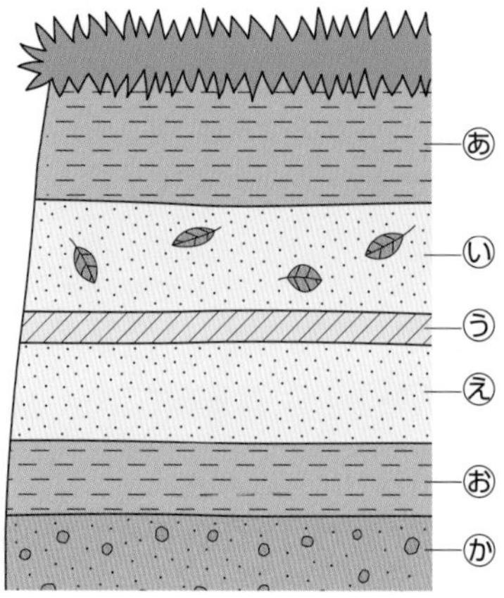

あどろの層《そう》だった。

い砂《すな》の層で、木の葉が見つかった。

うこの層の土を採取し、水でよく洗《あら》って、かいぼうけんび鏡で見ると、右のように、いろいろな色や形のつぶが見られた。

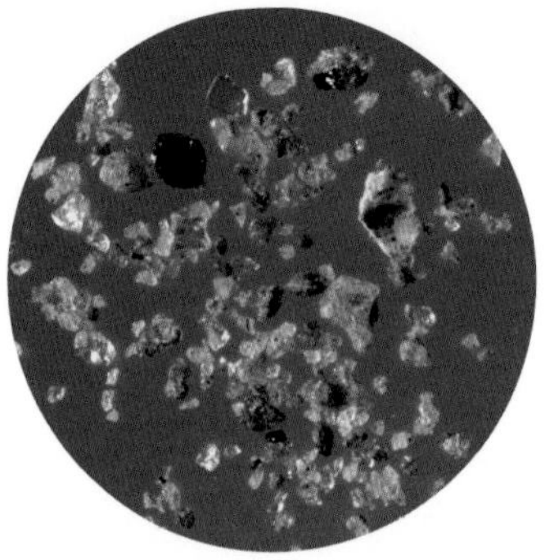

え砂の層だった。

おどろの層だった。

か砂とれきが混じった層だった。

(1) このがけに見られたしま模様《もよう》のことを何といいますか。　(　　　　)

(2) え、お、かの層をつくっている岩石を、それぞれ何といいますか。

え(　　　　)　お(　　　　)　か(　　　　)

(3) いの層に見られた木の葉のように、大昔の生き物のからだや、生き物がいたあとなどが残った物を何といいますか。　(　　　　)

(4) うの層をつくっていた物は、大昔の火山の噴火《ふんか》によってふき出された物でした。うの層をつくっていた物は何ですか。　(　　　　)

2 同じ地域《ちいき》の3つの場所あ〜うの地下の土をほり出して調べると、図のようになりました。

技能　1つ6点(18点)

(1) 3つの場所の層の重なり方を比べると、どのようになっていましたか。正しいものに○をつけましょう。

ア(　　)重なる順序と層の厚さが同じである。

イ(　　)重なる順序が同じで層の厚さがちがう。

ウ(　　)重なる順序がちがって層の厚さが同じ。

(2) 図のかときの層のつぶの大きさを、ア〜ウからそれぞれ選びましょう。

ア0.06 mm以下

イ0.06 mm〜2 mm

ウ2 mm以上

か(　　　　)

き(　　　　)

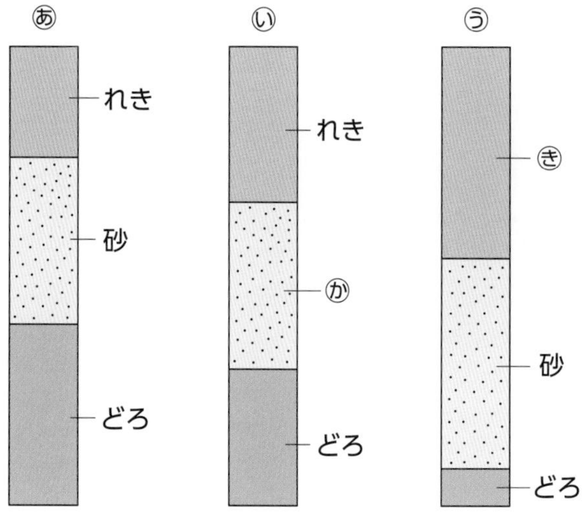

学習日　　月　　日

よく出る

3 川の流れによって、土が堆積《たいせき》するようすを、図のようにして調べました。

1つ8点(16点)

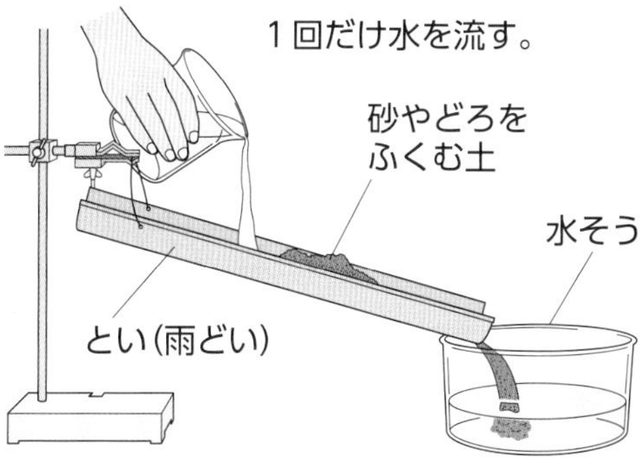
1回だけ水を流す。
砂やどろを
ふくむ土
水そう
とい(雨どい)

(1) 水そうに流れこんだ土は、どのように堆積しましたか。正しいものに○をつけましょう。　**技能**

ア(　　)上の方には砂が多く堆積し、下の方にはどろが多く堆積した。

イ(　　)上の方にはどろが多く堆積し、下の方には砂が多く堆積した。

ウ(　　)砂とどろがうすい層をつくって、何層にも堆積した。

エ(　　)砂とどろが混ざり合って堆積した。

(2) 記述 実際の川で流れる水の量がふえ、土の運搬《うんぱん》がふえるのは、どのようなときですか。

思考・表現

(　　　　　　　　　　　　　　　　　　　　)

できたらスゴイ!

4 図は、火山が噴火するようすと火山の断面を表したものです。

思考・表現

1つ10点(30点)

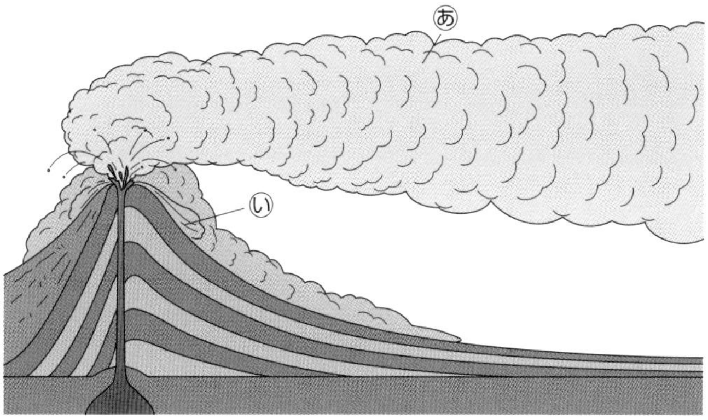
あ
い

(1) 記述 図では、あが左から右に流れ、あらゆる向きには流れていません。このように、あが運ばれるのはなぜですか。

(　　　　　　　　　　　　　　　　　　　　)

(2) 火山には、図のようなしま模様ができているものがあります。このしま模様はどのようにしてできましたか。正しいものに○をつけましょう。

ア(　　)れき、砂、どろが堆積してできた。

イ(　　)いが流れて冷え固まった上に、あが堆積することをくり返してできた。

ウ(　　)火山からふき出された物が、雨などに流されてできた。

(3) 記述 火山のはたらきで堆積したつぶの、水のはたらきで堆積したつぶとのちがいを説明しましょう。

(　　　　　　　　　　　　　　　　　　　　)

ふりかえり
1の問題がわからなかったときは、44ページの1と48ページの1にもどってたしかめましょう。
4の問題がわからなかったときは、48ページの2にもどってたしかめましょう。

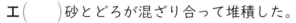

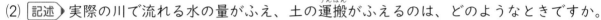

ぴったり1 準備

3分でまとめ

7.変わり続ける大地

①地震《じしん》や火山の噴火《ふんか》と大地の変化

学習日　月　日

めあて
地震や火山の噴火による大地のようすの変化を確認しよう。

教科書 107～111ページ　答え 27ページ

次の（　）にあてはまる言葉をかこう。

1 地震や火山の噴火によって、大地のようすは、どのように変化するのだろうか。　教科書 107～111ページ

▶地層の（①　　　　）がずれると、地震が起きる。

▶地震が起きると、（②　　　　）が生じたり、（③　　　　）がくずれたりして、大地のようすが変化することがある。

地震で現れた断層《だんそう》

地震でくずれた山

▶（④　　　　）が噴火すると、火口から、（⑤　　　　）や（⑥　　　　）がふき出され、大地がおおわれたり、新たに大地ができたりして、大地のようすが変化することがある。

噴火でできた昭和新山《しょうわしんざん》

桜島《さくらじま》の噴火でできた土地

ここがだいじ！
①地層がずれている部分を断層《だんそう》といい、断層がずれると地震《じしん》が起こる。
②地震や火山の噴火《ふんか》によって、大地のようすが変化することがある。

ぴたトリビア　火山の噴火《ふんか》で「カルデラ」とよばれる広くて大きなくぼ地ができることがあり、そのくぼ地に水がたまって湖になったものは、「カルデラ湖」とよびます。

ぴったり2 練習

7. 変わり続ける大地

①地震《じしん》や火山の噴火《ふんか》と大地の変化

学習日　　月　　日

教科書 107〜111ページ　答え 27ページ

1 火山と、1900年以降《いこう》に起きた主な地震の場所を、地図上にまとめました。

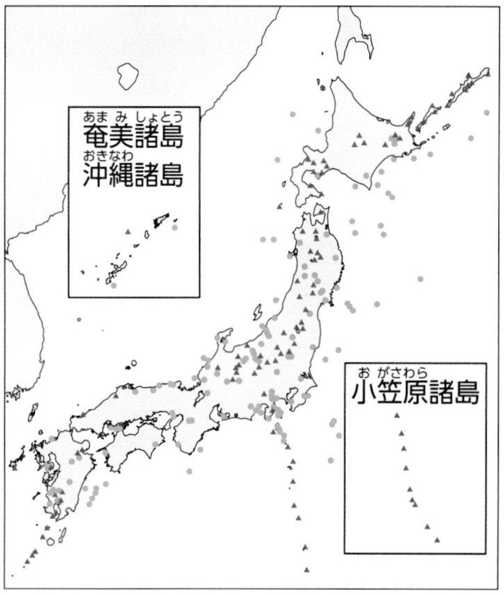

(1) ▲が表しているのはどちらですか。正しいほうに〇をつけましょう。

ア(　　)火山の場所

イ(　　)地震が起きた場所

(2) 火山と地震が起きた場所について、どのようなことがわかりますか。正しいものに〇をつけましょう。

ア(　　)日本列島では、火山の噴火や地震は起こらない。

イ(　　)日本列島では、地震は起こるが、火山の噴火は起こらない。

ウ(　　)日本列島では、火山の噴火や地震がよく起こっている。

2 あるがけに、写真のような地層《ちそう》のずれが見られました。

(1) 写真のような、地層のずれを何といいますか。

(　　　　　　　)

(2) 過去に、大地がずれて、地層のずれができたとき、何が起こったと考えられますか。正しいものに〇をつけましょう。

ア(　　)台風

イ(　　)地震

ウ(　　)火山の噴火

3 桜島《さくらじま》はたびたび噴火し、火口から多くの物をふき出しています。

(1) 火口から流れ出し、そのまわりの大地をおおっている物を何といいますか。

(　　　　　　　)

(2) 火口から大量の水蒸気《すいじょうき》に混じってふき出され、広いはん囲に堆積《たいせき》する細かいつぶを何といいますか。

(　　　　　　　)

ぴったり1

準備

7.変わり続ける大地

②私《わたし》たちのくらしと災害

学習日　　月　　日

めあて
地震や火山の噴火による災害やその備えについて確認しよう。

教科書 112〜119ページ　答え 28ページ

次の（　）にあてはまる言葉をかこう。

1 地震《じしん》や火山の噴火《ふんか》によってどのような災害が起きるのだろうか。

教科書 112〜113ページ

地震でくずれた道路

火山の噴火物で建物などがおおわれたようす

- 地震や火山の噴火によって、さまざまな（①　　　）が起き、私たちのくらしにえいきょうをおよぼすことがある。
- 地震によって、（②　　　）とよばれる大きな波が起こることがある。
- うめ立て地などの砂地《すなち》で大きな地震が起きると、土地が液体のようになることがあり、これを（③　　　）という。

2 地震や火山の噴火による災害に備えよう。

教科書 114〜119ページ

- 地震や火山の噴火などによる災害が起きる区域《くいき》を予測して地図に表した物を（①　　　）という。
- 地震が起きたときに、各地のゆれの大きさを予想しできる限り早く知らせる情報《じょうほう》を、（②　　　）という。
- 災害が起きたときに備え、ひなん場所を示す標識がまちなかに設置されている。

ここが、だいじ！
①地震《じしん》や火山の噴火《ふんか》によって災害が起き、私《わたし》たちのくらしにえいきょうをおよぼす。
②地震や火山の噴火による災害に備えるために、ハザードマップやきん急地震速《きゅうじしんそく》報《ほう》、ひなん場所を示す標識などのとり組みが行われている。

ぴたトリビア
火山活動や地震《じしん》はひ害だけでなく、温泉《おんせん》やわき水、美しい景観などをもたらし、生活を豊かにすることもあります。

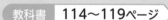

7. 変わり続ける大地

②私《わたし》たちのくらしと災害

1 地震《じしん》や火山の噴火《ふんか》によって、さまざまな災害が起きます。

(1) 地震が起きたときに起こることがある大きな波を、何といいますか。

(　　　　　　)

(2) 地震が起きたときに、うめ立て地などの砂地《すなち》が液体のようになることを何といいますか。

(　　　　　　)

2 災害に備える方法について調べました。

(1) 地震や火山の噴火などによる災害が起きる区域《くいき》を予測して地図に表したものを、何といいますか。

(　　　　　　)

(2) きん急《きゅう》地震《じしん》速報《そくほう》について説明した、次の文の(　　)にあてはまる言葉をかきましょう。

> (①　　　　　　)が起きたときに、各地の(②　　　　　　)の大きさを予想し、できる限り早く知らせる(③　　　　　　)である。

(3) きん急ひなん場所を利用するじょうきょうについて、正しいものに○をつけましょう。

ア(　　)災害が起きたとき、健康な人だけが利用できる。
イ(　　)災害が起きたとき、だれでも利用できる。
ウ(　　)災害が起きたとき、体が不自由な人だけが利用できる。
エ(　　)災害が起きたとき、けがを負った人だけが利用できる。

3 火山活動や地震による大地の活動で災害が発生することもある一方で、多くのめぐみももたらされています。

㋐川があふれてこう水が起こる。　㋑火山の熱を利用して発電する。
㋒火山灰《かざんばい》や溶岩《ようがん》で町がうもれる。　㋓強風で建物がこわれる。

(1) 火山活動による災害について、[　　]から選びましょう。

(　　　　　　)

(2) 火山活動によってもたらされるめぐみの利用について、[　　]から選びましょう。

(　　　　　　)

7.変わり続ける大地

時間 30 分
／100
合格 70 点

教科書 106〜119ページ　答え 29ページ

よく出る

1 あるところで、写真のような地層《ちそう》のずれが地表に見られました。　1つ10点(30点)

(1) このような地層のずれを何といいますか。

(　　　　　)

(2) このような、地層のずれができたときに起こることは何ですか。

(　　　　　)

(3) (2)で答えたことが、海底の地下で起こると、大きな波が生じることがあります。このような波を何といいますか。

(　　　　　)

2 図は、有珠山《うすざん》の噴火《ふんか》にともなって昭和新山《しょうわしんざん》ができたときの記録です。　1つ10点(30点)

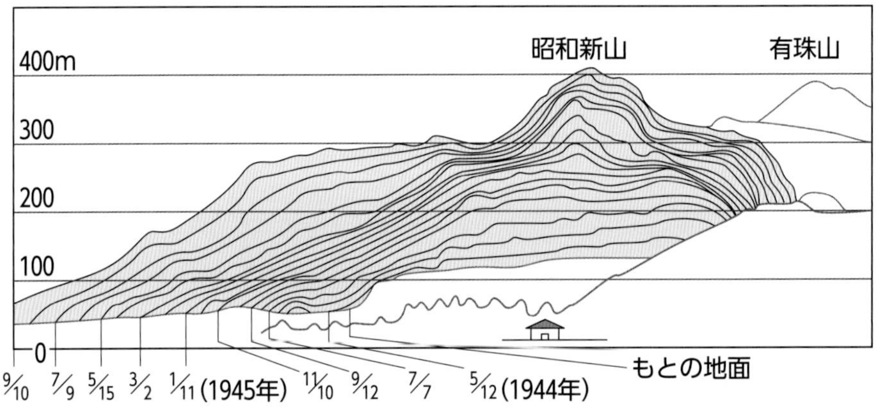

(1) 図は、1944年の5月12日から、1945年の9月10日の約16か月間に記録されたものです。この間に昭和新山の山頂《さんちょう》になった部分はおよそ何m高くなりましたか。正しいものに○をつけましょう。

ア(　　) 410ｍ　イ(　　) 280ｍ　ウ(　　) 130ｍ

(2) 記述 この記録は、三松正夫《みまつまさお》さんがかいた物で、ミマツダイヤグラムとよばれています。三松さんは、観察をするときに、糸を水平にはり、その糸と昭和新山を重ねながら、毎日記録をつけました。三松さんが、糸を水平にはったのはなぜですか。　思考・表現

(　　　　　　　　　　　　　　　　　　　　)

(3) 有珠山や昭和新山は、どのようになったと考えられますか。正しいものに○をつけましょう。

ア(　　) 1946年以降《いこう》は噴火せず、今後も噴火することはない。

イ(　　) 1946年以降は噴火していないが、今後、噴火することがありうる。

ウ(　　) 1946年以降も何度か噴火しており、今後も噴火が続いていく。

できたらスゴイ!

3 富士山《ふじさん》は 1707 年に噴火していて、これを宝永《ほうえい》大噴火とよんでいます。

1つ10点(40点)

(1) 富士山のすそ野には、写真のように大地が広がり、そこには、いろいろな生き物も生活しています。すそ野の大地をおおっている物は、主に何ですか。正しいものに○をつけましょう。

ア(　　)川などの水が運んだ土

イ(　　)富士山がふき出した火山灰《かざんばい》

ウ(　　)富士山がふき出した溶岩《ようがん》

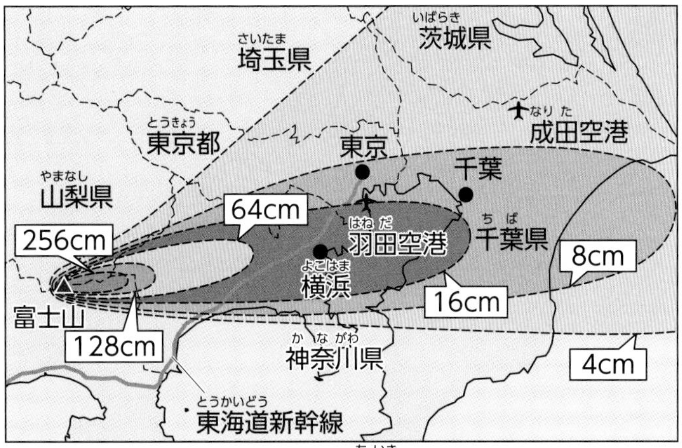

宝永大噴火の火山灰が積もった地域《ちいき》と厚さ(cm)

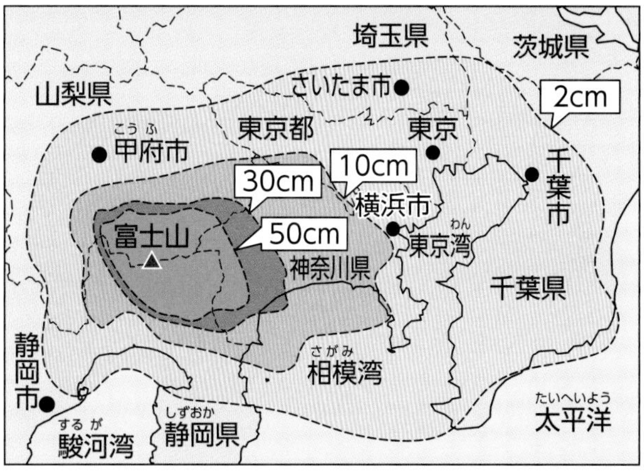

火山灰が積もると予想される地域と厚さ

(2) 上の左の図は、宝永大噴火でふき出した火山灰の積もり方を表したもので、右の図は、宝永大噴火と同じくらいの噴火が富士山に起こったとしたときの火山灰の積もり方を予想して表したものです。

①右の図のように、火山灰の積もり方を予想し、そのひ害を考えて表した地図を何といいますか。(　　　　　　　　)

②図のように、火山灰が、富士山の西側よりも東側に大きく広がるのはなぜですか。正しいものに○をつけましょう。　**思考・表現**

ア(　　)富士山の火口が、東側を向いているから。

イ(　　)富士山の火口が、西側を向いているから。

ウ(　　)火山灰は小さくて軽いので、上空までふき上げられ、西からふく風に流されるから。

エ(　　)天気が雲の移動にそって西から東へ変わっていくから。

(3) 記述 富士山が噴火したときの、溶岩の広がり方は、火山灰と比べてどうなると考えられますか。広がる地域《ちいき》の広さと、その向きがわかるように説明しましょう。　**思考・表現**

(　　　　　　　　　　　　　　　　　　　　　　　　)

ふりかえり
1 の問題がわからなかったときは、52 ページの 1 と 54 ページの 1 にもどってたしかめましょう。
3 の問題がわからなかったときは、52 ページの 1 と 54 ページの 2 にもどってたしかめましょう。

8. てこのはたらきとしくみ

①てこのはたらき 1

3分でまとめ

学習日　　月　　日

めあて
てこを使った、重い物の持ち上げ方を確認しよう。

教科書 121〜124ページ　答え 30ページ

次の(　)にあてはまる言葉をかこう。

1 てこを使って、できるだけ小さい力で重い物を持ち上げるには、どのようにしたらよいのだろうか。 教科書 121〜124ページ

▶棒《ぼう》のある１点を支えにして、棒の一部に力を加え、物を持ち上げたり、動かしたりするものを、(①　　　　　)という。

(②　　　　　)　(③　　　　　)　(④　　　　　)

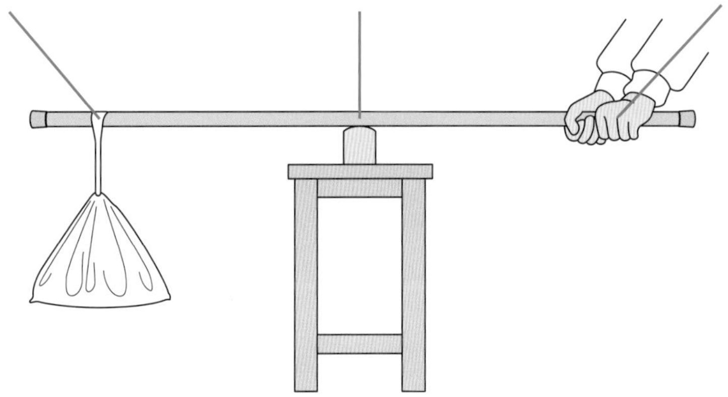

- (①)には、(⑤　　　　　)(棒を支える位置)、(⑥　　　　　)(力を加える位置)、(⑦　　　　　)(おもりの位置、仕事をする位置)がある。

▶てこを使っておもりを持ち上げ、手ごたえを調べる。

- 支点《してん》と(⑧　　　　　)の間のきょりを変える。
- 支点と(⑨　　　　　)の間のきょりを変える。

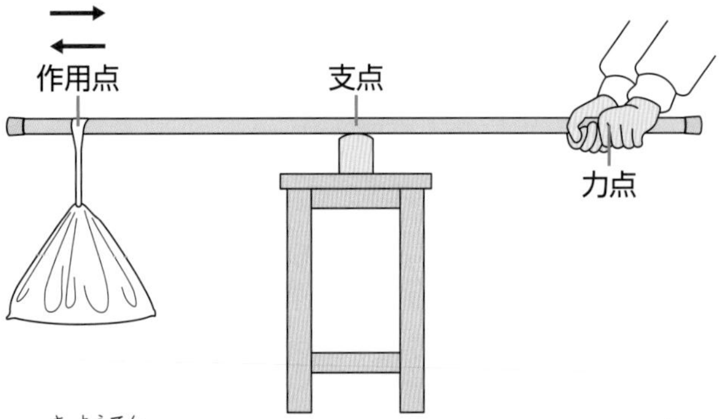

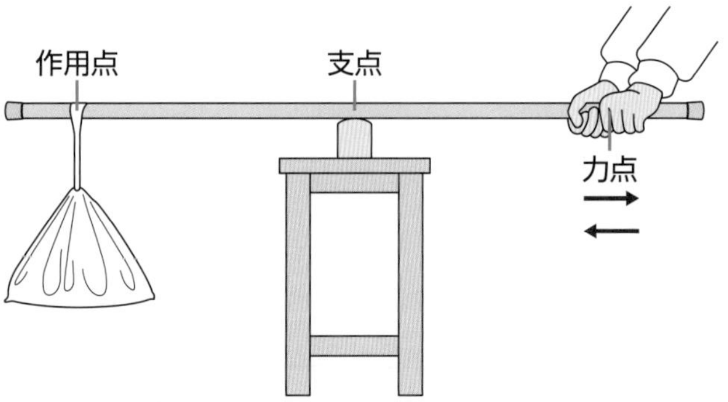

- 作用点《さようてん》を支点に近づけると、手ごたえが(⑩　　　　　)なった。
- 力点《りきてん》を支点から遠ざけると、手ごたえが(⑪　　　　　)なった。

▶てこを使っておもりを持ち上げるとき、支点と作用点の間のきょりを(⑫　　　　　)すると、小さい力でおもりを持ち上げることができる。

▶てこを使っておもりを持ち上げるとき、支点と力点の間のきょりを(⑬　　　　　)すると、小さい力でおもりを持ち上げることができる。

ここが だいじ!

①てこには、棒《ぼう》を支える支点《してん》、力を加える力点《りきてん》、仕事をする作用点《さようてん》がある。
②支点と作用点の間のきょりを短く、支点と力点の間のきょりを長くすると、小さい力でおもりを持ち上げられる。

ぴたトリビア てこのしくみを利用すると、そのままでは動かすことができない重い物も、人の力で動かすことができます。

8. てこのはたらきとしくみ

①てこのはたらき 1

1 図のように、棒《ぼう》を使って、おもりを持ち上げます。

(1) 図のように、棒を使って物を持ち上げたり、動かしたりするものを何といいますか。（　　　　）

(2) (1)で答えたものには、次の３つの位置があります。それぞれ、図のあ～うのどれですか。

①棒を支える位置（　　）

②力を加える位置（　　）

③おもりの位置（　　）

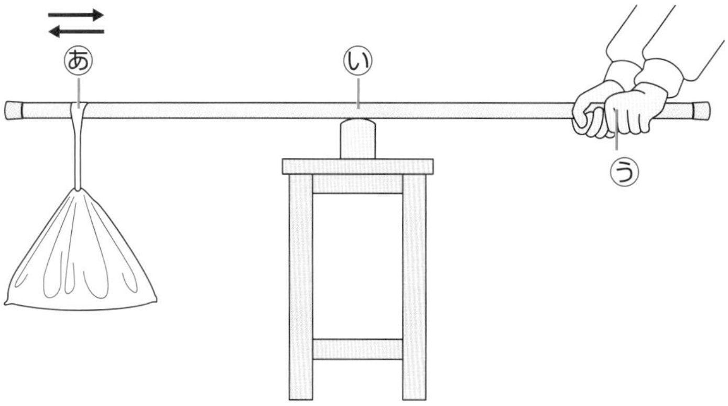

(3) 図のあ～うをそれぞれ何といいますか。

あ（　　　　）　い（　　　　）　う（　　　　）

2 てこを使って、おもりを持ち上げたときの手ごたえを調べました。

(1) いとあのきょりを変えるとき、動かしてよい点はどれですか。正しいものに○をつけましょう。

ア（　）あ　　イ（　）い

ウ（　）う

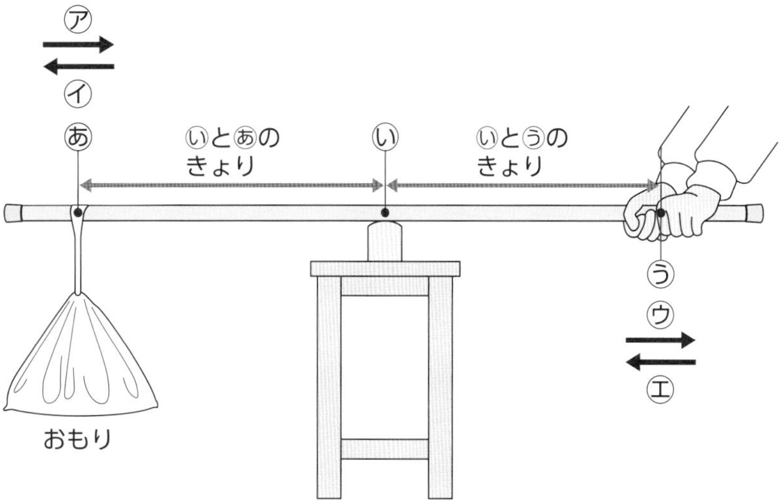

(2) いとあのきょりを変えて調べました。おもりを持ち上げたときの手ごたえは、それぞれどうなりましたか。

①あを㋐の向きに動かした。（　　　　）

②あを㋑の向きに動かした。（　　　　）

(3) いとうのきょりを変えて調べました。おもりを持ち上げたときの手ごたえは、それぞれどうなりましたか。

①うを㋒の向きに動かした。（　　　　）

②うを㋓の向きに動かした。（　　　　）

(4) てこを使い、同じおもりを小さい力で持ち上げるには、いとあのきょりと、いとうのきょりをそれぞれどのようにしたらよいですか。正しいほうを１つずつ選び、○をつけましょう。

①いとあのきょり　ア（　）長くする。　イ（　）短くする。

②いとうのきょり　ア（　）長くする。　イ（　）短くする。

ヒント ❷ 同じ棒を使っていて、支点《してん》の位置は棒の真ん中にあります。棒のはしや支点からのきょりを見て、どの位置を変えているか考えます。

8. てこのはたらきとしくみ

①てこのはたらき 2
②てこが水平につり合うとき

学習日　　月　　日

めあて
てこが水平につり合うときのきまりを確認しよう。

教科書 125～130ページ　答え 31ページ

次の(　　)にあてはまる言葉をかこう。

1 てこが水平につり合うときには、どのようなきまりがあるのだろうか。

教科書 125～130ページ

- 力の大きさは、(① 　　　　　)で表すことができる。
- 実験用てこは、左右のうでの長さが(② 　　　　　)になっていて、おもりをつるさないときには、(③ 　　　　　)につり合う。
- てこをかたむけるはたらきは、(④ 　　　　　)の大きさ(おもりの重さ)×支点《してん》からの(⑤ 　　　　　)(おもりの位置)で表すことができる。

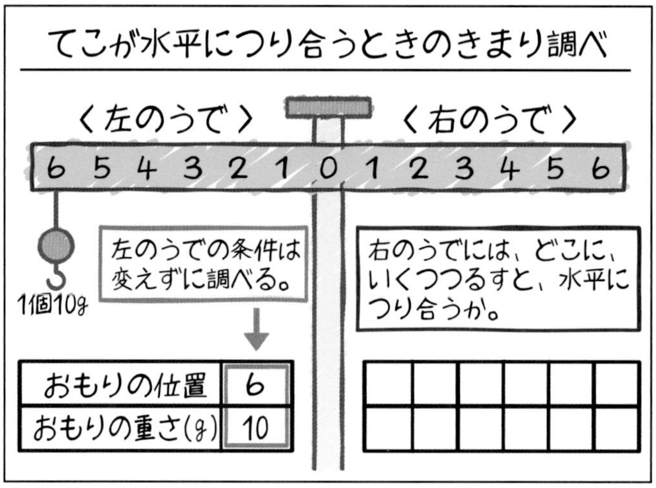
てこが水平につり合うときのきまり調べ
〈左のうで〉
〈右のうで〉
6 5 4 3 2 1 0 1 2 3 4 5 6
1個10g
左のうでの条件は変えずに調べる。
右のうでには、どこに、いくつつるすと、水平につり合うか。
おもりの位置 6
おもりの重さ(g) 10

- てこが水平につり合うときのきまりは、次の式で表すことができる。

[左のうでのてこをかたむけるはたらき]	=	[右のうでのてこをかたむけるはたらき]
(⑥ 　　　　)の大きさ×支点からのきょり (おもりの重さ)　　(おもりの位置)	=	力の大きさ × 支点からの(⑦ 　　　　) (おもりの重さ)　　(おもりの位置)

- 水平に支えられた棒《ぼう》の支点から左右同じきょりの位置に物をつるして、棒が水平につり合ったとき、左右につるした物の重さは(⑧ 　　　　　)である。このきまりを利用している道具を(⑨ 　　　　　)という。

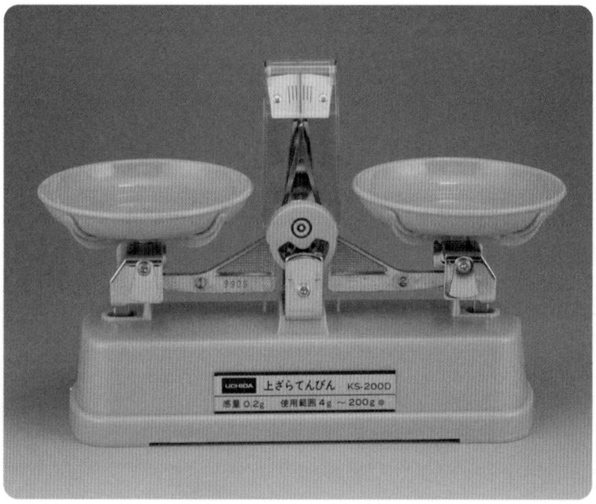
上ざらてんびん KS-200D

てんびんは、てこの応用なんだね。

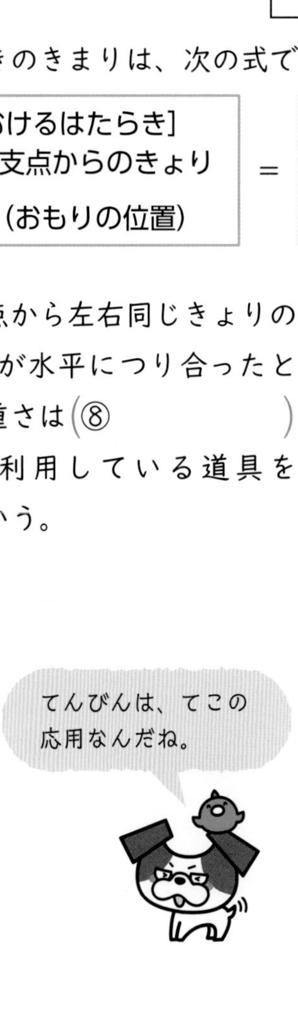

ここが だいじ!
①てこをかたむけるはたらきは、次のように表される。
力の大きさ(おもりの重さ)×支点《してん》からのきょり(おもりの位置)

ぴたトリビア
上皿《うわざら》てんびんは、左右のうでの長さが同じなので、左右に同じ重さのものをのせると水平につり合うことを利用して、重さをはかる道具です。

学習日　　月　　日

8. てこのはたらきとしくみ

①てこのはたらき 2

②てこが水平につり合うとき

教科書 125〜130ページ　答え 31ページ

1 左のうでにおもりをつるした実験用てこの右のうでをおして、水平にしました。それぞれ、手ごたえが大きいほうに○をつけましょう。

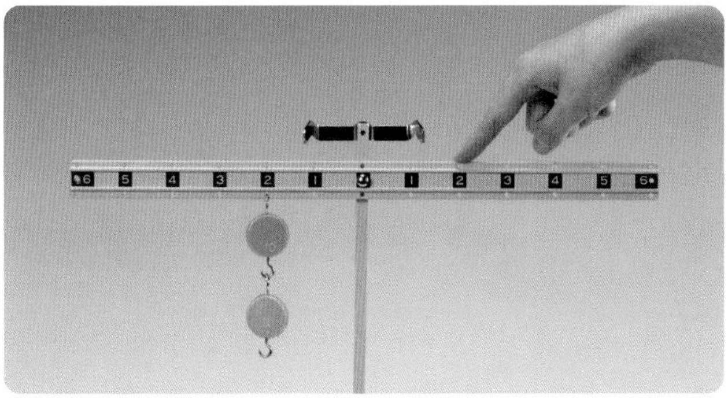

(1) ア(　　)　　イ(　　)

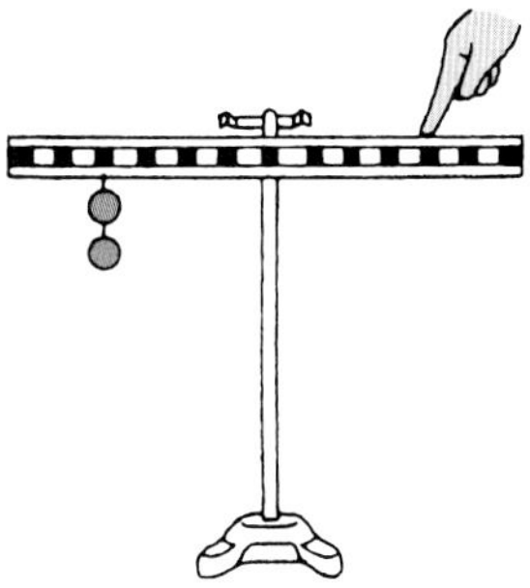

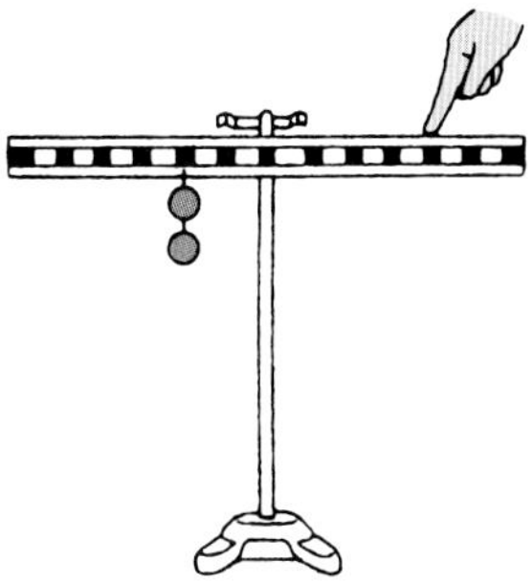

(2) ア(　　)　　イ(　　)

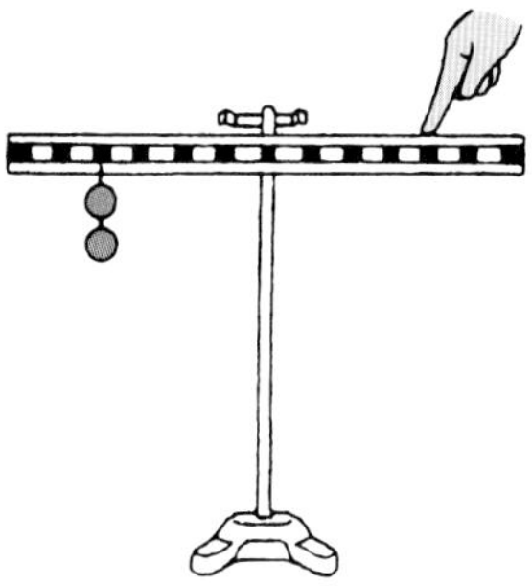

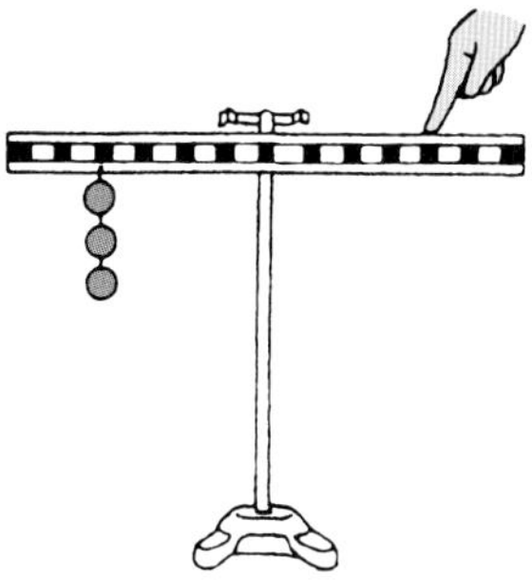

(3) ア(　　)　　イ(　　)

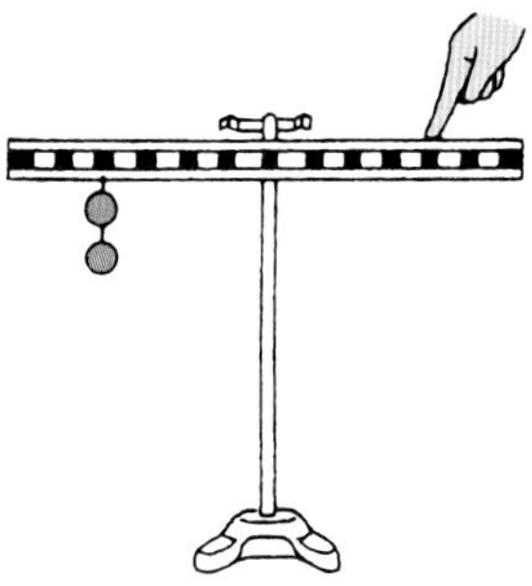

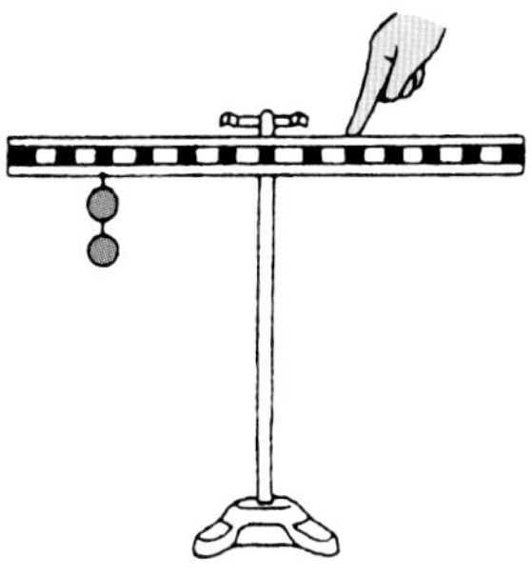

2 実験用てこが水平につり合う重さを調べました。表にあてはまる数字をかきましょう。

(1) 左のうでの6の位置に、10gのおもりをつるしたとき。

	左のうで	右のうで				
おもりの位置	6	1	2	3	6	
おもりの重さ(g)	10					

(2) 左のうでの6の位置に、20gのおもりをつるしたとき。

	左のうで	右のうで				
おもりの位置	6	1	2	3	4	6
おもりの重さ(g)	20					

(3) 左のうでの6の位置に、30gのおもりをつるしたとき。

	左のうで	右のうで				
おもりの位置	6	1	2	3		
おもりの重さ(g)	30					

8. てこのはたらきとしくみ

③てこを利用した道具

学習日　　月　　日

めあて　てこを利用した道具のしくみを確認しよう。

教科書　131〜132ページ　答え　32ページ

次の（　）にあてはまる言葉をかくか、あてはまるものを○でかこもう。

1 てこを利用した道具は、どのようなしくみになっているのだろうか。

教科書　131〜132ページ

▶ 支点《してん》が力点《りきてん》と作用点《さようてん》の間にあるてこ

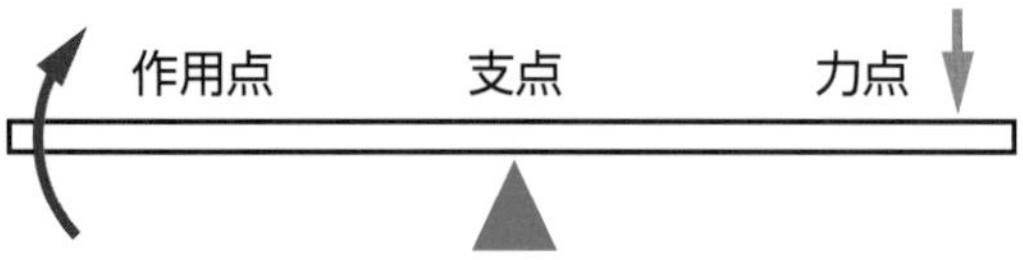

作用点
支点
力点

（①　　　）（②　　　）（③　　　）

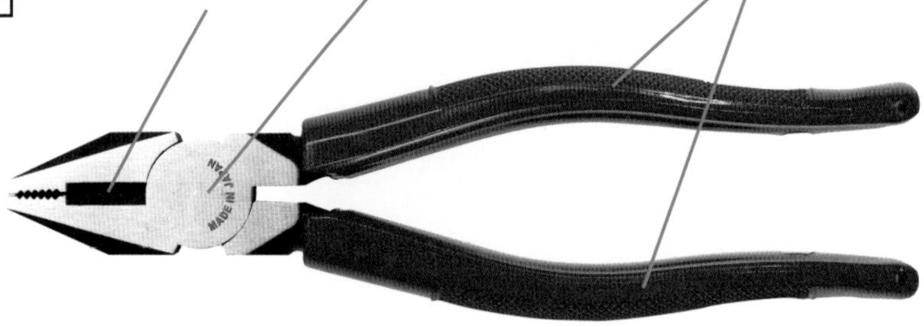

MADE IN JAPAN

● 支点から作用点までのきょりより、支点から力点までのきょりが（④ 長い・短い ）。このため、作用点に加わる力が、力点に加えた力より大きくなるので、（⑤ 大きい・小さい ）力で作業できる。

▶ 作用点が支点と力点の間にあるてこ

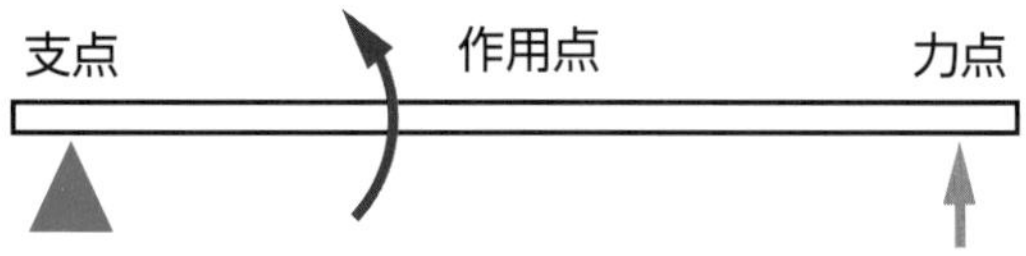

支点
作用点
力点

（⑥　　　）（⑦　　　）（⑧　　　）

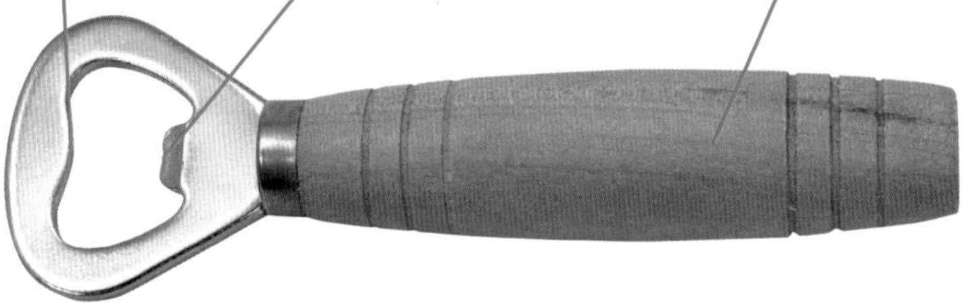

● 支点から作用点までのきょりより、支点から力点までのきょりが（⑨ 長い・短い ）。このため、作用点に加わる力が、力点に加えた力より大きくなるので、（⑩ 大きい・小さい ）力で作業できる。

▶ 力点が支点と作用点の間にあるてこ

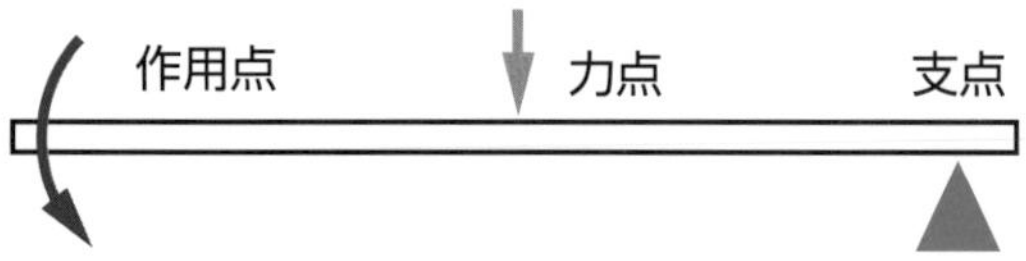

作用点
力点
支点

（⑪　　　）（⑫　　　）（⑬　　　）

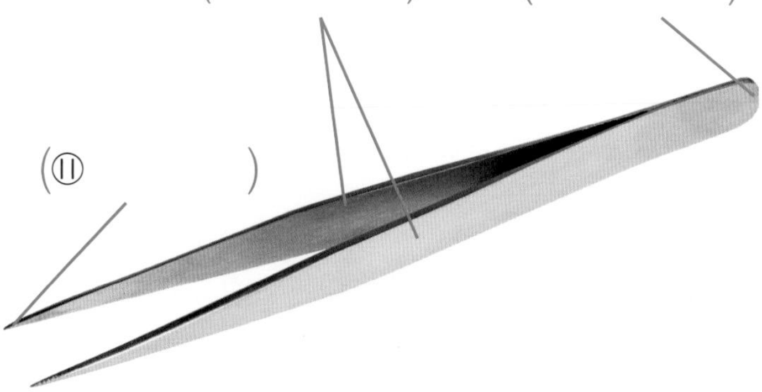

● 支点から力点までのきょりより、支点から作用点までのきょりが（⑭ 長い・短い ）。このため、作用点に加わる力が、力点に加えた力より小さくなるので、（⑪）にはたらく力を（⑮ 大きく・小さく ）調整して作業できる。

ここがだいじ！　①それぞれの道具の使い道や使い方に合わせて、てこのしくみが利用されている。

ぴたトリビア　ドライバーやドアノブのように、太い部分に力を加えて回すと細い部分に大きな力がはたらくしくみを、「輪《りん》じく」といいます。

ぴったり2 練習

8. てこのはたらきとしくみ

③てこを利用した道具

学習日　　月　　日

教科書 131〜132ページ　答え 32ページ

1 身のまわりの、てこを利用した道具を調べました。

(1) 次のてこを利用した道具の ①〜⑨ は、それぞれ、支点《してん》、力点《りきてん》、作用点《さようてん》のどれですか。

ペンチ　①(　　　　)　②(　　　　)　③(　　　　)

せんぬき　④(　　　　)　⑤(　　　　)　⑥(　　　　)

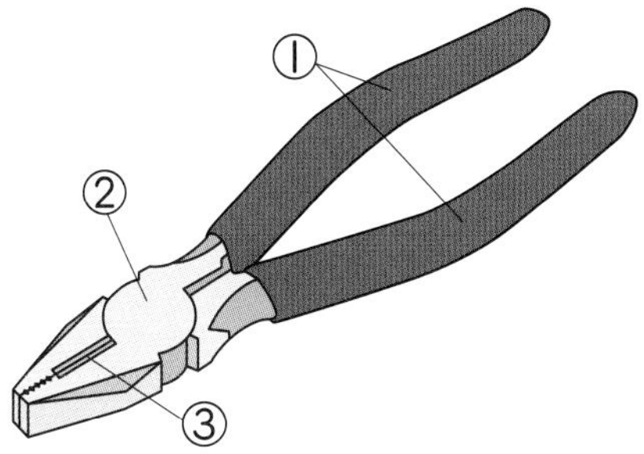

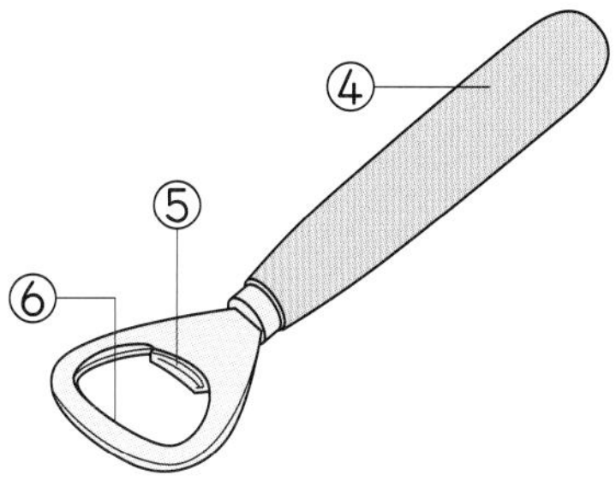

ピンセット

⑦(　　　　)　⑧(　　　　)　⑨(　　　　)

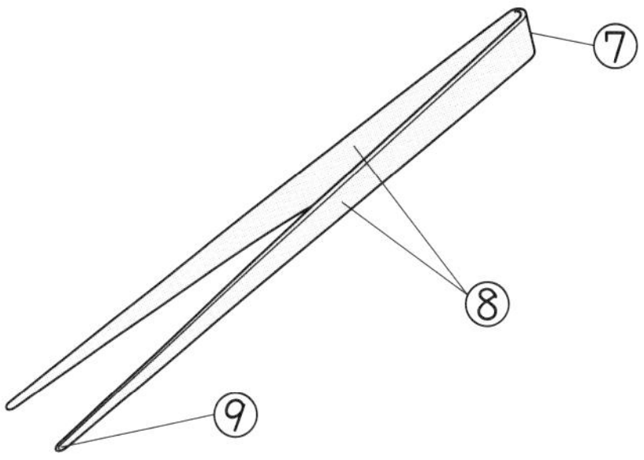

(2) ペンチの説明として正しくなるように、次の文の(　　)にあてはまる言葉をかきましょう。

支点から作用点までのきょりより、支点から力点までのきょりが(①　　　　)ため、(②　　　　)力で作業できる。

(3) ピンセットの説明として、正しいほうに○をつけましょう。

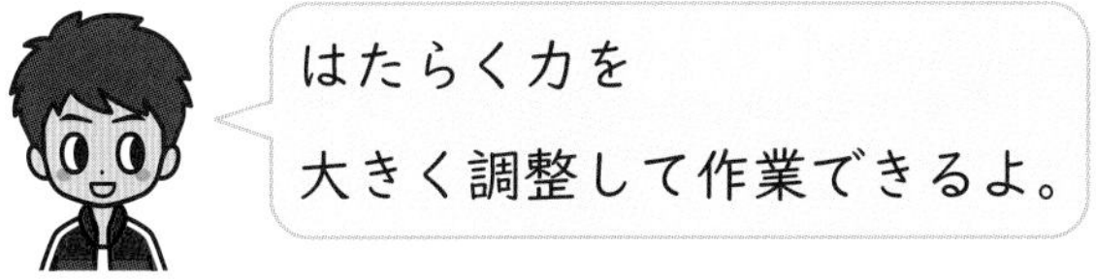

はたらく力を
大きく調整して作業できるよ。

①(　　)

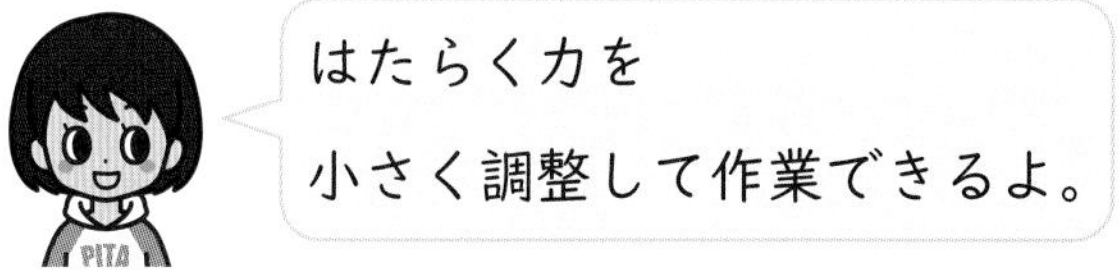

はたらく力を
小さく調整して作業できるよ。

②(　　)

ぴったり3
確かめのテスト
8. てこのはたらきとしくみ

時間 30 分

／100

合格 70 点

教科書 120〜135ページ　答え 33ページ

よく出る

1 図のように、棒《ぼう》を使って、おもりを持ち上げました。　1つ6点(30点)

(1) 図のように、棒などを使って、物を持ち上げたり、動かしたりするものを何といいますか。

(　　　　)

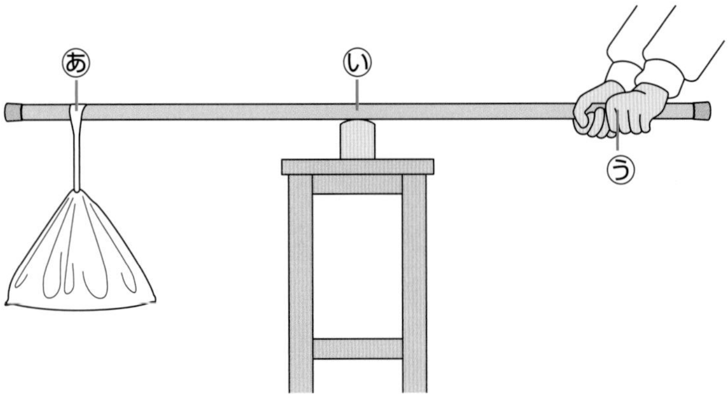

(2) 図で、棒におもりをつり下げて持ち上げる位置あ、棒を支える位置い、棒に力を加える位置うをそれぞれ何といいますか。

あ(　　　　)
い(　　　　)
う(　　　　)

(3) 手でおし下げるかわりに、いからあまでのきょりと同じきょりの位置に物をつるして棒が水平につり合ったとき、左右につるした物の重さは同じです。このきまりを利用した道具は何ですか。

(　　　　)

よく出る

2 図のように、実験用てこの左のうでの4の位置に、10gのおもりを3個つるしました。

技能　1つ10点(30点)

(1) 10gのおもり2個を右のうでにつるして水平につり合わせるには、1〜6のうち、どの位置に、おもりをつるせばよいですか。

(　　　　)

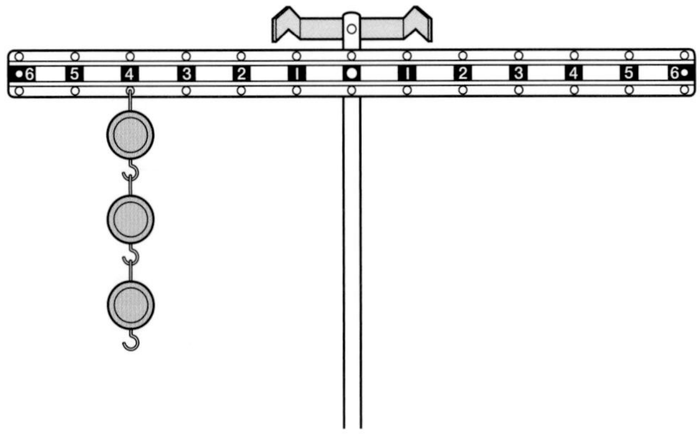

(2) 右のうでの2の位置におもりをつるして水平につり合わせるには、10gのおもりを何個つるせばよいですか。

(　　　　)

(3) 右のうでの3の位置を指でおして、うでを水平につり合わせました。このとき、指がうでをおしている力の大きさは、何g分のおもりの重さと同じですか。

(　　　　)

できたらスゴイ！

3 はさみには、洋ばさみ（はさみ）と和ばさみ（糸切りばさみ）があります。　思考・表現

1つ8点（40点）

⑴ 洋ばさみと和ばさみの持つところと切るところを、支点《してん》に対して、それぞれ何といいますか。

①持つところ

（　　　　　）

②切るところ

（　　　　　）

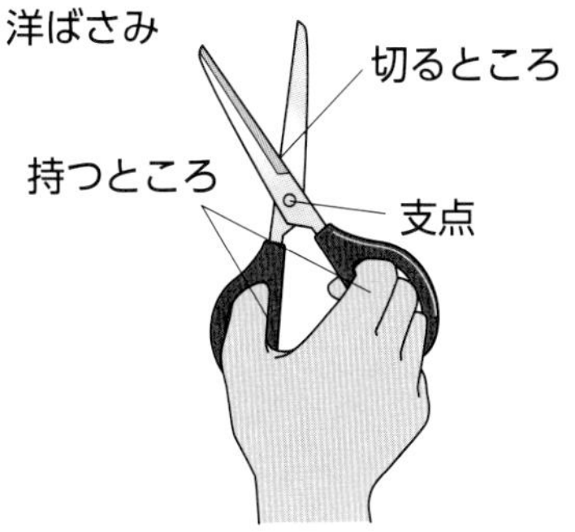
洋ばさみ
切るところ
持つところ
支点

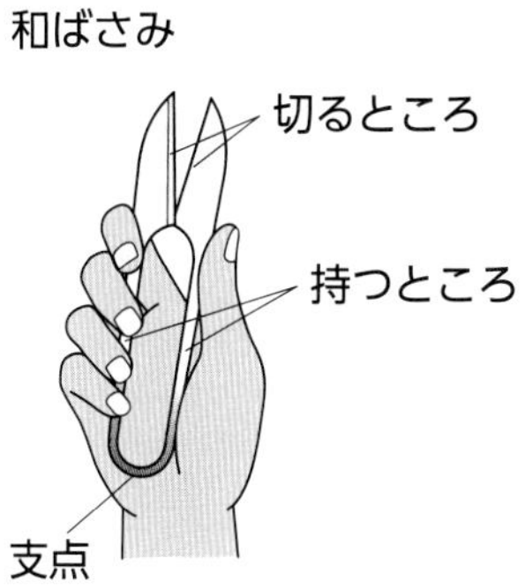
和ばさみ
切るところ
持つところ
支点

⑵ 記述 洋ばさみで紙などを切るとき、どのようにすると、楽に切ることができますか。

（　　　　　　　　　　　　　　　　　　　　　　　　　　　　）

⑶ 和ばさみで糸などを切るとき、加えた力と比べて、切る力の大きさはどのようになりますか。正しいものに○をつけましょう。

ア（　　）加えた力と比べて、切る力の大きさは小さくなる。

イ（　　）加えた力と比べて、切る力の大きさは大きくなる。

ウ（　　）加えた力と切る力の大きさは、同じになる。

⑷ てこを利用した道具として、てこのしくみが和ばさみと同じ物はどれですか。正しいものに○をつけましょう。

ア（　　）ペンチ

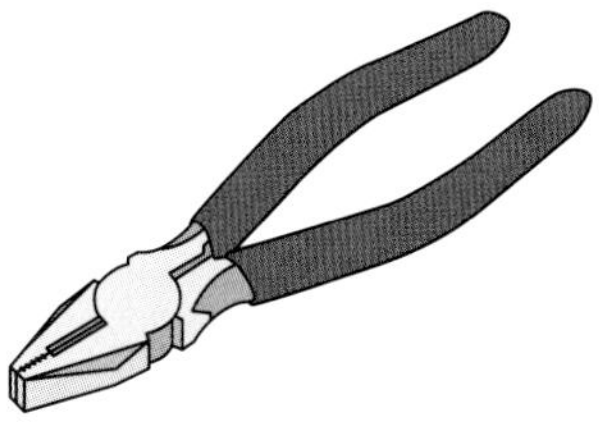

イ（　　）ピンセット

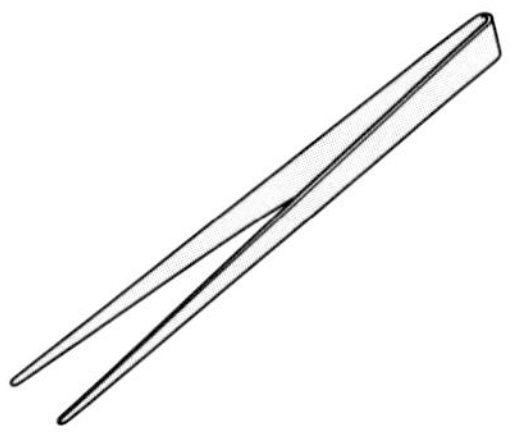

ウ（　　）くぎぬき

エ（　　）せんぬき

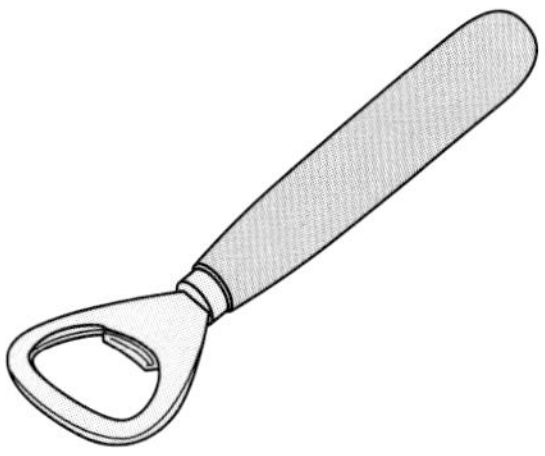

ふりかえり
❶の問題がわからなかったときは、58ページの❶と60ページの❶にもどってたしかめましょう。
❸の問題がわからなかったときは、62ページの❶にもどってたしかめましょう。

ぴったり1 準備

3分でまとめ

9. 電気と私《わたし》たちのくらし

①電気をつくる

学習日　　月　　日

めあて
自分たちで、発電することはできるのかを確認しよう。

教科書 137〜141ページ　答え 34ページ

次の（　）にあてはまる言葉をかくか、あてはまるものを○でかこもう。

1 自分たちで、発電《はつでん》することはできるのだろうか。　教科書 137〜141ページ

- 電気をつくることを、（①　　　　）という。
- 手回し発電機や光電池《こうでんち》（太陽電池）で電気をつくり、つくった電気を利用する。
  - 手回し発電機は、ハンドルを回すと（②　　　　）のじくが回り、（③　　　　）する。

（④　　　　）極《きょく》　（⑤　　　　）極

手回し発電機で
発電することが
できるんだね。

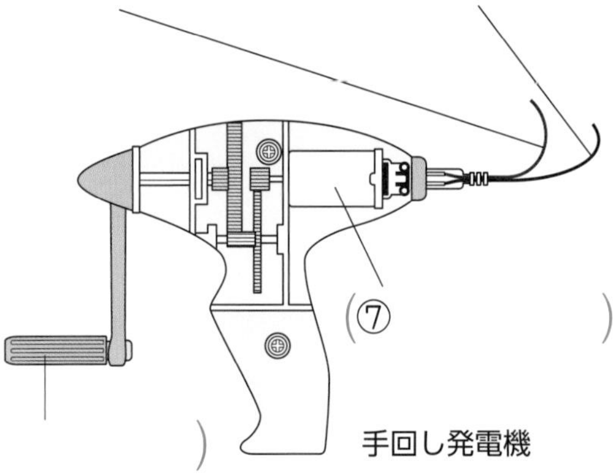

（⑦　　　　）

（⑥　　　　）

手回し発電機

光電池（太陽電池）

- ハンドルをゆっくり回すと、明かりが（⑧　ついた　・　つかなかった　）。
- ハンドルを速く回すと、ゆっくり回したときよりも、（⑨　明るく　・　暗く　）なった。
- ハンドルを回していないと、明かりが（⑩　ついた　・　つかなかった　）。
- 光電池に（⑪　　　　）を当てると、発電する。
- 光を弱く当てると、明かりが（⑫　ついた　・　つかなかった　）。
- 光を強く当てると、弱く光を当てたときよりも、（⑬　明るく　・　暗く　）なった。
- 光を当てていないと、明かりが（⑭　ついた　・　つかなかった　）。

▶手回し発電機のハンドルを速く回したり、光電池に光を強く当てたりすると、電気のはたらきが（⑮　　　　）なる。

ここが だいじ!

①電気をつくることを発電《はつでん》という。

②手回し発電機のハンドルを回したり、光電池に光を当てたりすると、発電することができる。

ぴたトリビア　火力発電は、燃料を燃やして水を水蒸気《すいじょうき》に変えて、その水蒸気で発電機を回転させて発電するしくみです。

9. 電気と私《わたし》たちのくらし

①電気をつくる

1 手回し発電機で電気をつくり、つくった電気を利用しました。

(1) 電気をつくることを何といいますか。

（　　　）

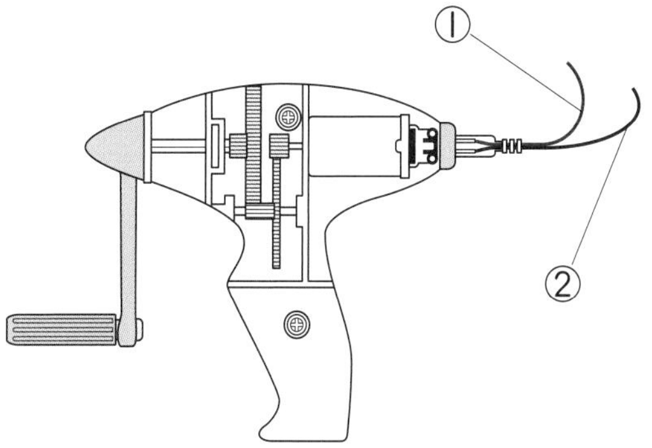

(2) 手回し発電機の中にはある器具が入っていて、ハンドルを回すと、その器具のじくが回って電気がつくられます。この器具を何といいますか。

（　　　）

(3) 手回し発電機に豆電球をつなぎ、ハンドルを回したところ、明かりがつきました。ここで、ハンドルを回すのをやめると、豆電球の明かりはどうなるでしょうか。

（　　　）

(4) ①、②はそれぞれ手回し発電機の＋極《プラスきょく》または－極《マイナスきょく》です。それぞれどちらの極を表しているか、答えましょう。　①（　　）極　②（　　）極

2 光電池《こうでんち》で電気をつくり、つくった電気を利用しました。

(1) 光電池で電気をつくるには、光電池に何を当てるとよいですか。

（　　　）

(2) 光電池と豆電球をつなぎ、電気をつくり、豆電球のようすを調べました。①～③のようにすると、豆電球のようすはどうなりましたか。次の[　]から選びましょう。

明かりがつかなかった。　明かりがついた。
より明るい明かりがついた。

①(1)を弱く当てたとき　（　　　）
②(1)を強く当てたとき　（　　　）
③(1)を当てていないとき　（　　　）

ヒント　1 (3) 手回し発電機は、ハンドルを回してじくが回っているときに電気がつくられます。

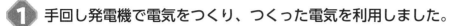

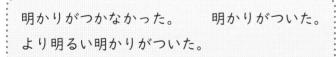

9. 電気と私《わたし》たちのくらし

②電気の利用

学習日　　月　　日

めあて
つくった電気は、何に変えて利用できるのかを確認しよう。

教科書 142〜144ページ　答え 35ページ

次の(　)にあてはまる言葉をかくか、あてはまるものを○でかこもう。

1 つくった電気は、何に変えて利用することができるのだろうか。

教科書 142〜144ページ

▶(①)や充電《じゅうでん》式電池(充電池)などを使うと、つくった電気をためることができる。

▶電気をためることを、(④　　　　)または(⑤　　　　)という。

- 電気をためるとき、コンデンサーの(⑥　　　　)たんしと手回し発電機の＋《プラス》極を、コンデンサーの(⑦　　　　)たんしと手回し発電機の(⑧　　　　)極をそれぞれつなぐ。
- 電熱線の発熱を調べるときは、アルミニウムはくに(⑨　　　　)をはった物を割《わ》りばしではさみ、電熱線にそっとのせ、(⑨)の色の変化を調べる。

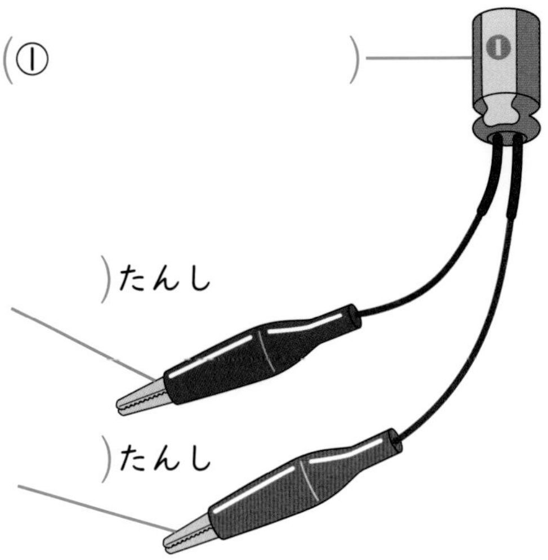
(①　　　　)
(②　　　　)たんし
(③　　　　)たんし

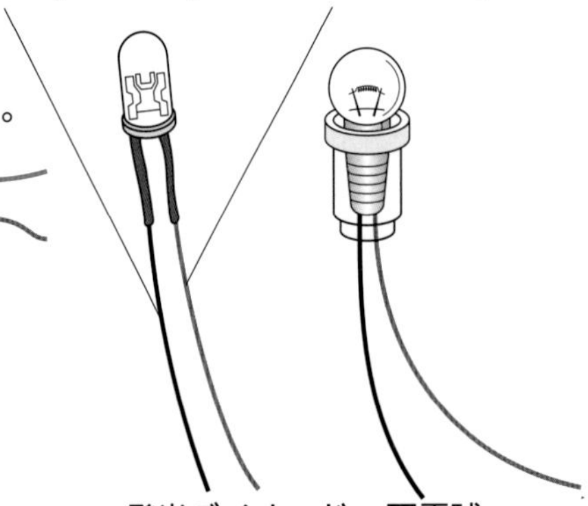
(⑩　　　　)極
(⑪　　　　)極
発光ダイオード…明かりがつく。
豆電球…明かりがつく。

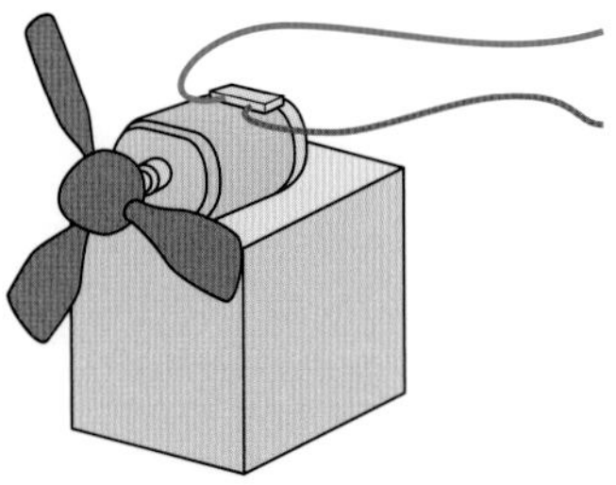
モーター…回る(運動する)。

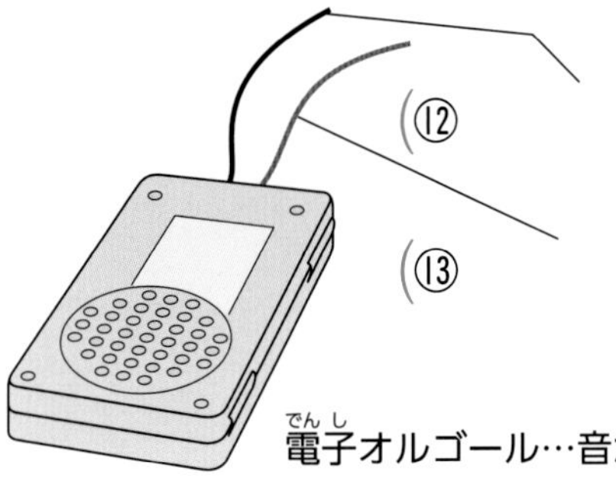
(⑫　　　　)極
(⑬　　　　)極
電子《でんし》オルゴール…音が出る。

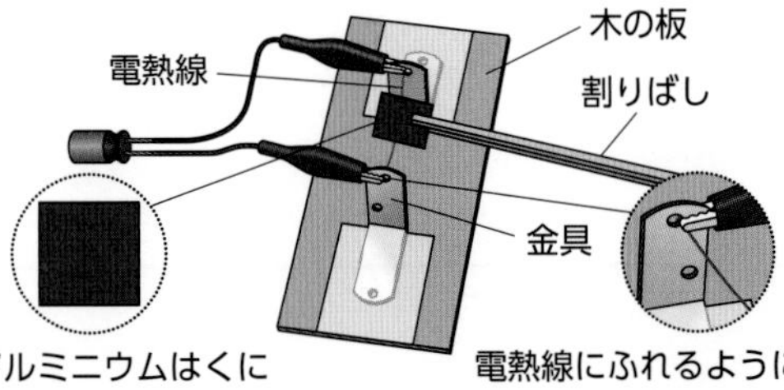
電熱線
木の板
割りばし
金具
アルミニウムはくに
示温シールをはった物
電熱線にふれるように、
クリップをはさむ。

- 豆電球／発光ダイオード…(⑭ 光った ・ 光らなかった)。
- 電子オルゴール…音が(⑮ 出た ・ 出なかった)。
- モーター…プロペラが(⑯ 回った ・ 回らなかった)。
- 電熱線…発熱(⑰ した ・ しなかった)。

ここが、だいじ!
①コンデンサーや充電《じゅうでん》式電池(充電池)などを使い、つくった電気をためることを、蓄電《ちくでん》(充電《じゅうでん》)という。
②電気は、光、音、運動、熱などに変えて、利用することができる。

ぴたトリビア
電灯に明かりをつけるとあたたかくなるように、電灯は電気を光だけでなく熱にも変かんしています。

学習日　　月　　日

9. 電気と私《わたし》たちのくらし

②電気の利用

教科書 142〜144ページ　答え 35ページ

1 図のようにしてから、手回し発電機のハンドルを回し、器具ⓐに電気をためます。

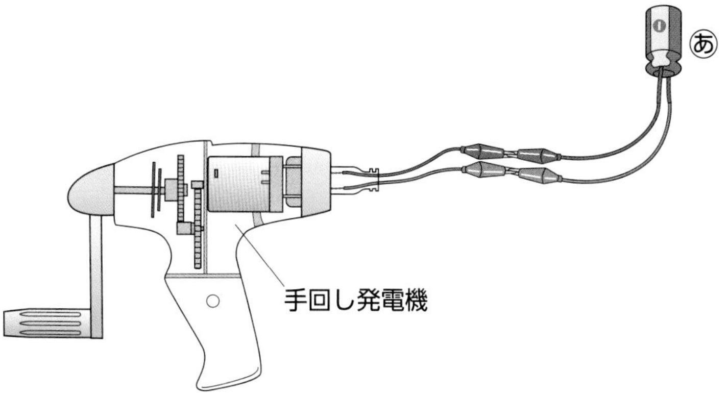

(1) 電気をためる器具ⓐは何ですか。

(　　　　　　　　　)

(2) 電気をためることを何といいますか。

(　　　　　　　　　)

(3) 器具ⓐを手回し発電機につなぐとき、つなぎ方を、どのようにすればよいですか。正しいものに○をつけましょう。

ア(　　)手回し発電機の＋《プラス》極と器具ⓐの＋たんし、手回し発電機の−《マイナス》極と器具ⓐの−たんしをつなぐ。

イ(　　)手回し発電機の＋極と器具ⓐの−たんし、手回し発電機の−極と器具ⓐの＋たんしをつなぐ。

ウ(　　)手回し発電機のどちらの極に、器具ⓐのどちらのたんしをつないでもよい。

2 電気をためたコンデンサーをいろいろな器具につなぎ、つないだ器具が利用できるか調べました。

(1) コンデンサーを①〜④の器具にそれぞれつなぐと、どうなりましたか。次の[　]から選びましょう。同じものを2回使ってもよいです。

光った。　音が出た。　プロペラが回った。

① 豆電球　(　　　　　　　　)

② 発光ダイオード　(　　　　　　　　)

③ 電子《でんし》オルゴール　(　　　　　　　　)

④ モーター　(　　　　　　　　)

①
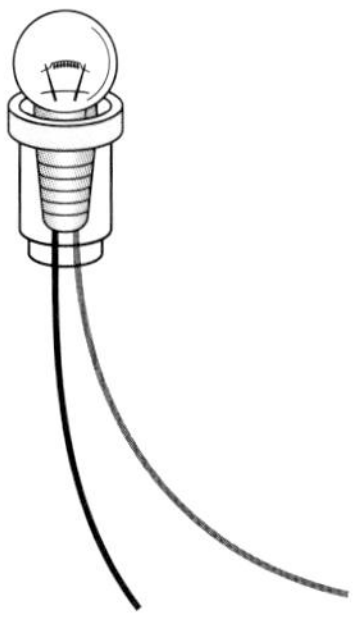

②

③
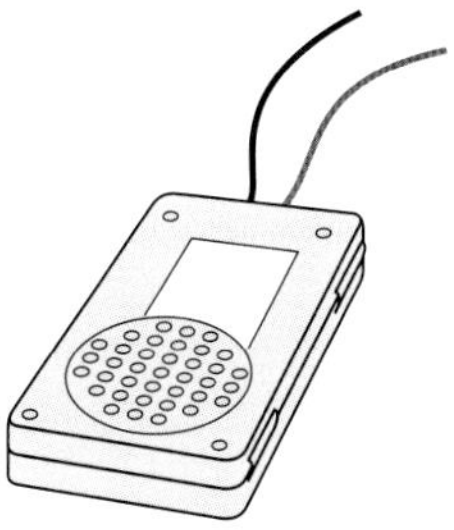

④

(2) この実験から、電気についてわかったことは何ですか。(　　)にあてはまる言葉をかきましょう。

電気は、(①　　　　　　)や(②　　　　　　)、運動などに変えて、利用することができる。

9. 電気と私《わたし》たちのくらし

③電気の有効利用

④電気を利用した物をつくろう

学習日　月　日

めあて
豆電球と発光ダイオードの、使う電気の量のちがいを確認しよう。

教科書 145〜150ページ　答え 36ページ

次の(　)にあてはまる言葉をかくか、あてはまるものを○でかこもう。

1 豆電球と発光ダイオードでは、使う電気の量にちがいがあるのだろうか。

教科書 145〜150ページ

- 手回し発電機を同じ回数だけ回して、コンデンサーに電気をため、豆電球と発光ダイオードの明かりをつけると、発光ダイオードのほうが、(① 長い ・ 短い)時間、明かりがつく。
- 豆電球より発光ダイオードのほうが、使う電気の量が(②　　　　)。
- 電気を効率的に使うためのくふう
  - 街灯
    昼の間に(③　　　　)に日光が当たって発電した電気をためて、夜になると、その電気を使って自動で明かりがつく。明るくなると、自動で明かりが(④　　　　)。
  - エスカレーター
    人が近づくと、自動で動きだす。人が遠ざかってしばらくすると、自動で(⑤　　　　)。
- コンピューターへの手順や指示を(⑥　　　　)という。
- (⑥)をつくることを(⑦　　　　)という。
- 自動でついたり消えたりする明かりは、人が近くにいることを感知する(⑧　　　　)と、コンピューターが使われている。

ここが、だいじ！

①豆電球より発光ダイオードのほうが、使う電気の量が少ない。

②コンピューターへの手順や指示(プログラム)をつくることをプログラミングという。

ぴたトリビア 電気は、光や熱、音、運動などに変かんしやすく、導線(電線)で送りやすいので、おもなエネルギーとして利用されています。

ぴったり2 練習

学習日 月 日

9. 電気と私《わたし》たちのくらし

③電気の有効利用
④電気を利用した物をつくろう

教科書 145〜150ページ　答え 36ページ

1 電気を効率的に使うため、私たちは身のまわりでいろいろなくふうをしています。

(1) コンデンサーに同じ量の電気をためて、豆電球と発光ダイオードにそれぞれつなぎました。明かりが長い時間ついたのはどちらですか。
( )

(2) 豆電球と発光ダイオードを比べて、使う電気の量が少ないのはどちらですか。
( )

(3) エスカレーターには、人が近づくと自動で動きだすものがあります。電気を効率的に使うためには、人が遠ざかってしばらくしたときにどうなるようにすればよいですか。
( )

(4) 街灯には、昼の間に発電した電気をためて、夜になると、その電気を使って自動で明かりがつくものがあります。昼の間に電気を発電するために使われる、日光を当てると発電する器具を何といいますか。
( )

2 私たちの身のまわりに見られる、多くの電気製品には、コンピューターが利用されています。

(1) 電気製品には、電気を効率的に使うためにくふうされている物があります。例えば、コンピューターと、人が近くにいることを感知するための物が利用されています。感知するための物を何といいますか。
( )

(2) コンピューターは、人があらかじめ入力した指示に従《したが》って動きます。このようなコンピューターへの指示を何といいますか。
( )

(3) (2)をつくることを何といいますか。
( )

9. 電気と私《わたし》たちのくらし

時間 30 分

／100

合格 70 点

教科書 136〜153ページ　答え 37ページ

よく出る

1 図の器具㋐〜㋓に電流を流して、そのはたらきを調べました。

1つ5点(30点)

(1) かん電池や電源《でんげん》につなぐときに、つなぐ向きが決まっている器具はどれとどれですか。㋐〜㋓から選びましょう。　技能

（　　　　　）と（　　　　　）

(2) ㋐〜㋓は、電気を何に変えて利用していますか。正しいものに、それぞれ○をつけましょう。

㋐ア（　）光　イ（　）音
　ウ（　）熱　エ（　）運動
㋑ア（　）光　イ（　）音
　ウ（　）熱　エ（　）運動
㋒ア（　）光　イ（　）音
　ウ（　）熱　エ（　）運動
㋓ア（　）光　イ（　）音
　ウ（　）熱　エ（　）運動

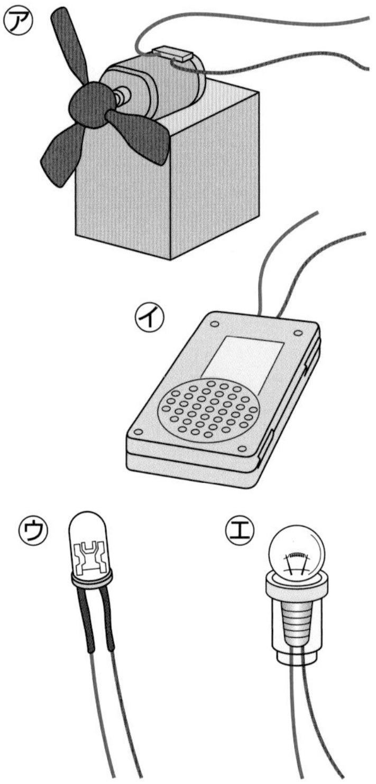

2 器具あのハンドルを回して電気をつくり、器具いに電気をためました。

1つ5点(30点)

(1) 電気をつくることを何といいますか。（　　　　　）

(2) 電気をためることを何といいますか。（　　　　　）

(3) 器具あ、いをそれぞれ何といいますか。

あ（　　　　　）
い（　　　　　）

(4) 電気をためた器具いに電子《でんし》オルゴールをつなぐと、電子オルゴールはどうなりますか。

（　　　　　）

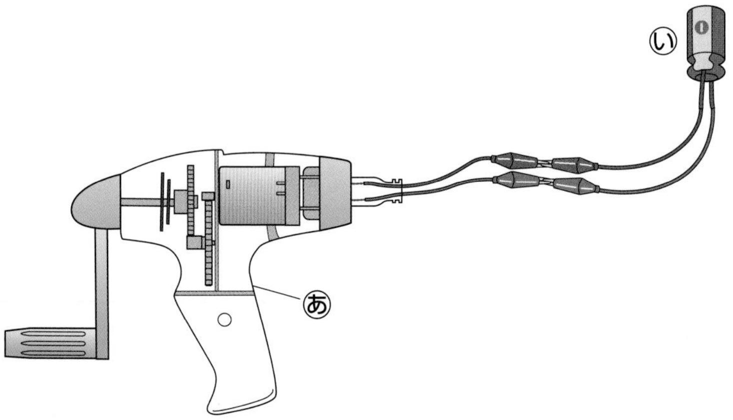

(5) 同じ量の電気をためた器具いに、豆電球と発光ダイオードをそれぞれつなぎ、明かりがついていた時間を比べたところ、一方は2分以上ついていましたが、もう一方は30秒ほどで消えてしまいました。どちらが発光ダイオードの結果ですか。

（　　　　　）

3 トイレでは、人が入ると自動的に明かりがついたり、人がじゃ口に手をかざすと水が自動的に出て、手を引っこめると水が止まるようになっていたりする物があります。

1つ5点(20点)

(1) トイレで使われている、人の体や動きを感知する物は何ですか。正しいものに〇をつけましょう。

ア(　　)コンピューター
イ(　　)発光ダイオード
ウ(　　)コンデンサー
エ(　　)センサー

(2) 水が自動で出るように指示を出している物は何ですか。正しいものに〇をつけましょう。

ア(　　)コンピューター　　イ(　　)発光ダイオード
ウ(　　)コンデンサー　　エ(　　)センサー

(3) (2)のものは、人があらかじめ入力した手順や指示に従《したが》って動きます。この指示を何といいますか。

(　　　　　　)

(4) (3)の指示をつくることを何といいますか。

(　　　　　　)

できたらスゴイ!

4 信号機にはこれまで電球が多く使われていましたが、発光ダイオードを使った物に、交かんされてきています。

1つ20点(20点)

記述 電球を発光ダイオードにかえると、火力発電所で使われる石油や石炭、天然ガスの量を減らすことができると考えられています。そのように考えられているのはなぜですか。

思考・表現

(　　　　　　　　　　　　　　　　　　　　)

この本の終わりにある「冬のチャレンジテスト」をやってみよう！

ふりかえり
3の問題がわからなかったときは、68ページの1にもどってたしかめましょう。
4の問題がわからなかったときは、70ページの1にもどってたしかめましょう。

10. 水溶液《すいようえき》の性質とはたらき

①水溶液にとけている物 1

めあて
5種類の水溶液には、どのようなちがいがあるのかを確認しよう。

教科書 155〜158ページ　答え 38ページ

次の（　）にあてはまる言葉をかこう。

1 5種類の水溶液には、どのようなちがいがあるのだろうか。

教科書 155〜158ページ

▶水溶液の調べ方

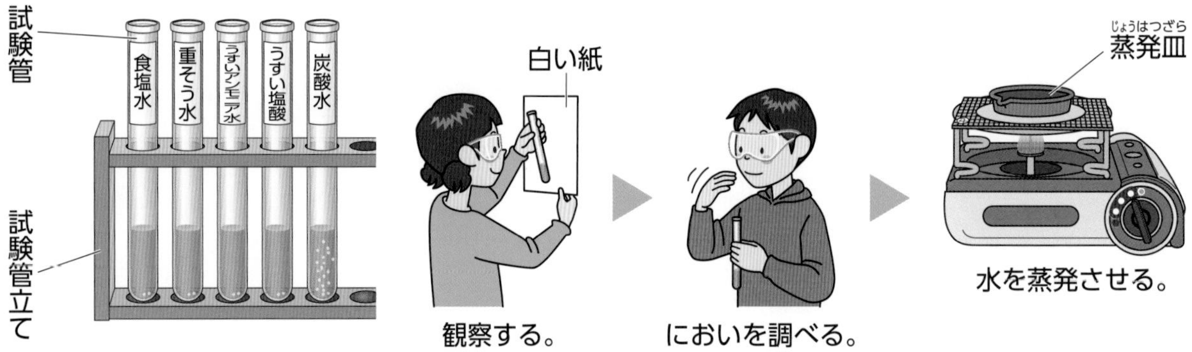

観察する。　▶　においを調べる。　▶　水を蒸発させる。

● においを調べるときは、気体をじかに吸《す》いこまないように、手で（①　　　）ようにしてにおいをかぐ。

● 水溶液が少し残っているぐらいで、火を（②　　　）。

▶5種類の水溶液のちがい

水溶液		食塩水	重そう水	うすいアンモニア水	うすい塩酸	炭酸水
見た目		（③　　）	とう明	とう明	（④　　）	とう明であわが出ていた。
におい		なし	（⑤　　）	つんとしたにおい	（⑥　　）	（⑦　　）
水を蒸発させたとき	におい	（⑧　　）	（⑨　　）	（⑩　　）	（⑪　　）	（⑫　　）
水を蒸発させたとき	残る物	白い物が残った	（⑬　　）	何も残らなかった	（⑭　　）	（⑮　　）

▶食塩水、重そう水から水を蒸発させると白い物（固体）が残るのは、これらの水溶液に（⑯　　　）がとけているからである。

▶上の表の5種類の水溶液のうち、（⑰　　　）と（⑱　　　）は、固体がとけた水溶液である。

ここがだいじ！

①食塩水、重そう水から水を蒸発《じょうはつ》させると白い物（固体）が残るのは、これらの水溶液に固体がとけているからである。

②食塩水と重そう水は、固体がとけた水溶液《すいようえき》である。

ぴたトリビア　ふつうの雨は、空気中の二酸化炭素がとけてうすい炭酸水になっています。

10. 水溶液《すいようえき》の性質とはたらき

①水溶液にとけている物 1

1 食塩水、重そう水、うすいアンモニア水、うすい塩酸、炭酸水のちがいを調べました。

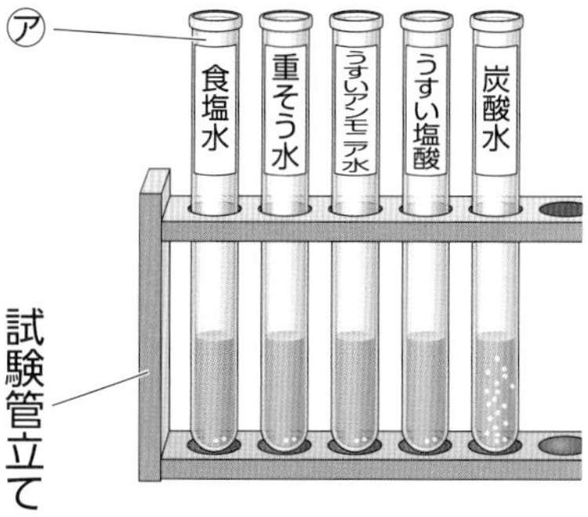

(1) それぞれの水溶液が入っている入れ物㋐を何といいますか。

（　　　　　）

(2) あわが出ている水溶液はどれですか。正しいものに○をつけましょう。

ア（　）食塩水　イ（　）重そう水
ウ（　）うすいアンモニア水　エ（　）うすい塩酸
オ（　）炭酸水

(3) 水溶液のにおいはどのように調べますか。正しいものに○をつけましょう。

ア（　）気体をじかに吸《す》いこむように、鼻でにおいを吸いこむ。
イ（　）気体をじかに吸いこむように、手であおぐようにしてにおいをかぐ。
ウ（　）気体をじかに吸いこまないように、鼻でにおいを吸いこむ。
エ（　）気体をじかに吸いこまないように、手であおぐようにしてにおいをかぐ。

(4) つんとしたにおいがする水溶液はどれですか。あてはまるもの2つに○をつけましょう。

ア（　）食塩水　イ（　）重そう水　ウ（　）うすいアンモニア水
エ（　）うすい塩酸　オ（　）炭酸水

(5) それぞれの水溶液を蒸発皿《じょうはつざら》に少量ずつとり、熱して、水を蒸発させます。このとき、水はどのように蒸発させますか。正しいものに○をつけましょう。

ア（　）火を強くして、すばやく全部蒸発させる。
イ（　）弱い火で、ゆっくり全部蒸発させる。
ウ（　）弱い火でゆっくり蒸発させ、少し残っているぐらいで火を消す。

(6) 水を蒸発させると白い固体が残る水溶液はどれですか。あてはまるもの2つに○をつけましょう。

ア（　）食塩水　イ（　）重そう水　ウ（　）うすいアンモニア水
エ（　）うすい塩酸　オ（　）炭酸水

(7) 水を蒸発させると何も残らない水溶液はどれですか。あてはまるものすべてに○をつけましょう。

ア（　）食塩水　イ（　）重そう水　ウ（　）うすいアンモニア水
エ（　）うすい塩酸　オ（　）炭酸水

10. 水溶液《すいようえき》の性質とはたらき

①水溶液にとけている物 2

学習日　　月　　日

めあて
炭酸水には、何がとけているのかを確認しよう。

教科書 159～160ページ　答え 39ページ

次の（　）にあてはまる言葉をかこう。

1 炭酸水には、何がとけているのだろうか。

教科書 159～160ページ

▶炭酸水から出るあわを調べる。

㋐線こうで調べる。　㋑石灰水《せっかいすい》で調べる。

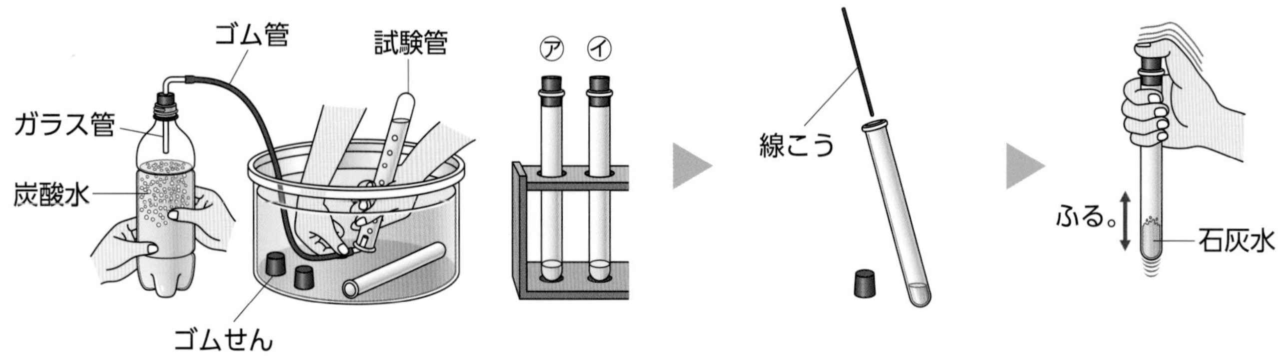

あわを集める。

- ㋐の試験管に、火のついた線こうを入れると、線こうの火は（①　　　　　　）。
- ㋑の試験管に、石灰水を入れてふると、石灰水は（②　　　　　　）。

▶炭酸水から出ているあわは、（③　　　　　　）だといえる。

▶水と二酸化炭素を入れたペットボトルをよくふると、ペットボトルが（④　　　　　　）。

▶（⑤　　　　）には、二酸化炭素がとけている。

▶水溶液には、炭酸水のように、（⑥　　　　　）がとけているものがある。

▶炭酸水、アンモニア水、塩酸から水を（⑦　　　　　　）させたとき、何も残らなかったのは、それらの水溶液には（⑧　　　　　　）がとけているからである。

ここがだいじ！
①炭酸水には、二酸化炭素がとけている。
②水溶液《すいようえき》には、気体がとけているものがある。

ぴたトリビア
固体で水にとけやすいものととけにくいものがあるように、気体にも水にとけやすいものととけにくいものがあります。

10. 水溶液《すいようえき》の性質とはたらき

①水溶液にとけている物 2

教科書 159〜160ページ　答え 39ページ

1 炭酸水にとけているものを調べました。

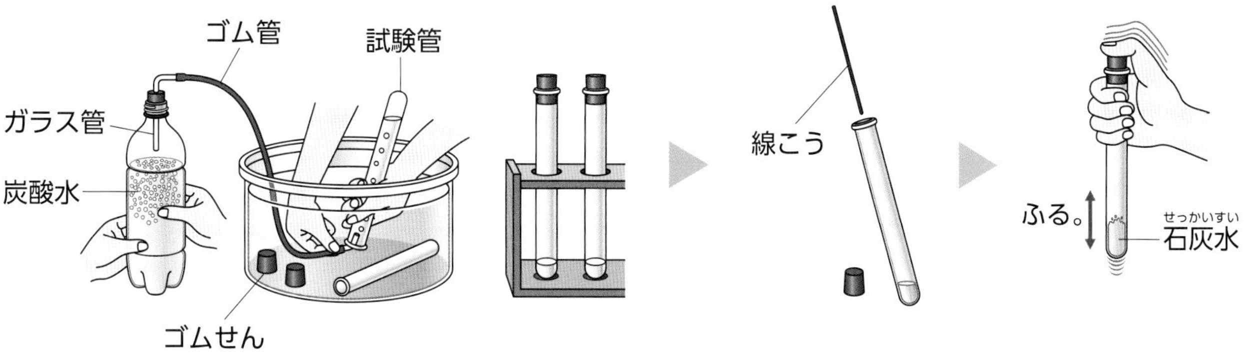

(1) 炭酸水から出るあわを試験管に集めて、その試験管に火のついた線こうを入れました。線こうの火はどうなりましたか。正しいものに○をつけましょう。

ア(　　)激《はげ》しく燃えた。　イ(　　)燃え続けた。　ウ(　　)消えた。

(2) 炭酸水から出るあわを試験管に集めて、その試験管に石灰水を入れてふりました。石灰水はどうなりましたか。(　　　　　　)

(3) この実験から、炭酸水には何がとけているといえますか。正しいものに○をつけましょう。

ア(　　)ちっ素　イ(　　)酸素　ウ(　　)二酸化炭素

2 ペットボトルに水と二酸化炭素を半分ずつ入れ、ふたをしてよくふりました。

(1) ふった後、ペットボトルはどうなりましたか。正しいものに○をつけましょう。

ア(　　)ペットボトルはふくらんだ。
イ(　　)ペットボトルはへこんだ。
ウ(　　)ペットボトルには変化が見られなかった。

(2) ふった後のペットボトルの中の液を、石灰水を入れたビーカーに少しずつ入れました。石灰水にはどのような変化が見られましたか。正しいものに○をつけましょう。

ア(　　)石灰水が、さかんにあわ立つようになった。
イ(　　)石灰水が白くにごった。
ウ(　　)石灰水には変化が見られなかった。

(3) 気体がとけている水溶液はどれですか。正しいもの3つに○をつけましょう。

ア(　　)食塩水　イ(　　)重そう水　ウ(　　)アンモニア水
エ(　　)塩酸　オ(　　)炭酸水

ぴったり1 準備

10. 水溶液《すいようえき》の性質とはたらき

②水溶液のなかま分け

学習日　　月　　日

めあて
リトマス紙を使った水溶液のなかま分けを確認しよう。

教科書 161～163ページ　答え 40ページ

次の(　　)にあてはまる言葉をかこう。

1 リトマス紙を使うと、水溶液をどのようになかま分けすることができるのだろうか。　教科書 161～163ページ

▶リトマス紙を使って、水溶液をなかま分けする。

水溶液・水	青色のリトマス紙	赤色のリトマス紙
水	変化しない。	変化しない。
食塩水	(①　　)	(②　　)
重そう水	(③　　)	青くなった。
うすいアンモニア水	(④　　)	(⑤　　)
うすい塩酸	(⑥　　)	(⑦　　)
炭酸水	(⑧　　)	(⑨　　)

▶水溶液をリトマス紙につけるときに使うガラス棒《ぼう》は、水溶液が混ざらないよう、調べる水溶液をかえるたびに新しい水で(⑩　　　)。その後、かわいた布でふく。

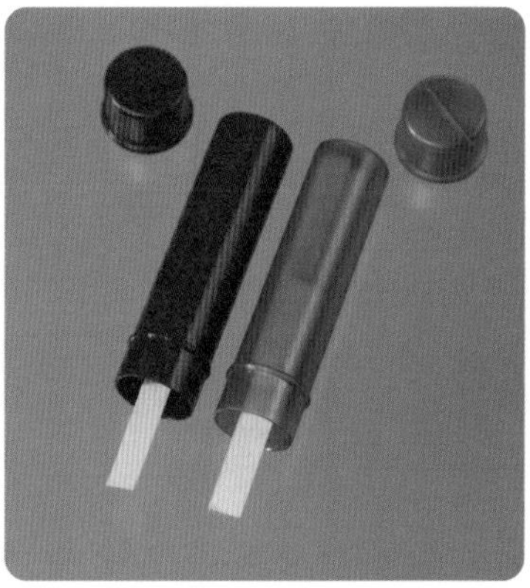

▶表の水溶液・水のなかま分け

- 青色のリトマス紙だけが赤く変わるもの
  …(⑪　　　)、(⑫　　　)
- 赤色のリトマス紙だけが青く変わるもの
  …(⑬　　　)、(⑭　　　)
- どちらの色のリトマス紙も変わらないもの
  …(⑮　　　)、(⑯　　　)

▶青色のリトマス紙だけを赤く変える水溶液の性質を、(⑰　　　)という。

▶青色のリトマス紙も赤色のリトマス紙も変えない水溶液の性質を、(⑱　　　)という。

▶赤色のリトマス紙だけを青く変える水溶液の性質を、(⑲　　　)という。

ここがだいじ!
①青色のリトマス紙の色を赤色に変える水溶液《すいようえき》の性質を、酸性という。
②赤色、青色どちらのリトマス紙の色も変えない水溶液の性質を、中性という。
③赤色のリトマス紙の色を青色に変える水溶液の性質を、アルカリ性という。

ぴたトリビア　リトマス紙には、リトマスゴケというコケからとれる色素が使われています。

10. 水溶液《すいようえき》の性質とはたらき

②水溶液のなかま分け

教科書　161〜163ページ　答え　40ページ

1 リトマス紙を使って、水溶液の性質を調べました。

(1) 水溶液をリトマス紙につけるときは、1回ごとにビーカーに入れた水で洗《あら》ったガラス棒《ぼう》を使いました。

①水は、リトマス紙の色を変えますか。正しいものに○をつけましょう。

ア(　　)青色のリトマス紙の色だけを変える。
イ(　　)赤色のリトマス紙の色だけを変える。
ウ(　　)リトマス紙の色は変えない。

②1回ごとに、ガラス棒を水で洗うのはなぜですか。正しいほうに○をつけましょう。

ア(　　)危険《きけん》な水溶液をうすめるため。
イ(　　)調べる水溶液が混ざらないようにするため。

(2) 食塩水、重そう水、うすいアンモニア水、うすい塩酸、炭酸水の性質を、リトマス紙で調べました。

①青色のリトマス紙の色だけを赤色に変えた水溶液を2つかきましょう。

(　　　　　　)(　　　　　　)

②赤色のリトマス紙の色だけを青色に変えた水溶液を2つかきましょう。

(　　　　　　)(　　　　　　)

③リトマス紙の色を変えなかった水溶液をかきましょう。

(　　　　　　)

2 リトマス紙を使って、酸性、中性、アルカリ性の水溶液について調べたところ、表のようになりました。①〜③はそれぞれ、酸性、中性、アルカリ性のうちどれですか。

水溶液の性質	①	②	③
リトマス紙の色の変化	青色のリトマス紙だけが赤く変わる。	どちらの色のリトマス紙も変わらない。	赤色のリトマス紙だけが青く変わる。
水溶液の例	うすい塩酸、炭酸水	水、食塩水	重そう水、うすいアンモニア水

①(　　　　　　)　②(　　　　　　)　③(　　　　　　)

10. 水溶液《すいようえき》の性質とはたらき

③水溶液のはたらき

めあて
水溶液に金属を変化させるものがあるのかを確認しよう。

教科書 164～170ページ　答え 41ページ

次の(　)にあてはまる言葉をかくか、あてはまるものを○でかこもう。

1 水溶液には、金属を変化させるものがあるのだろうか。

教科書 164～166ページ

- 水は、アルミニウムや鉄を(①　　　　)。
- 酸性の水溶液である塩酸は、アルミニウムや鉄を(②　　　　)。
- 塩酸には、アルミニウムや鉄などの(③　　　　)をとかすはたらきがある。

変化が見られなかった。

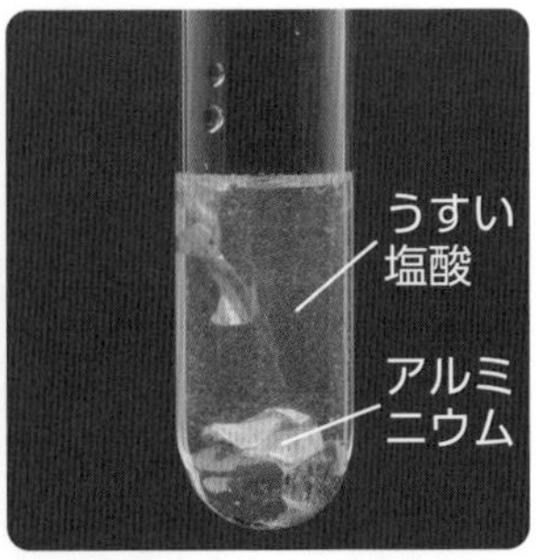

あわを出して、とけた。

2 塩酸にとけた金属は、どうなったのだろうか。

教科書 166～168ページ

- 塩酸に金属がとけた液を、熱して水を蒸発《じょうはつ》させると、(①　　　　)が出てくる。
- 出てきた固体と、もとの金属を比べると、その見た目は(②　同じ　・　ちがう　)。

塩酸に鉄がとけた液から出てきた固体を集めた物

3 金属がとけた液から出てきた固体は、もとの金属と同じ物なのだろうか。

教科書 168～170ページ

	アルミニウム	アルミニウムがとけた液から出てきた固体
色・つや	うすい銀色(つやがある。)	(①　　　　)(つやがない。)
塩酸を注いだとき	あわを出して、とけた。	あわを出さずに、とけた。
水を注いだとき	とけなかった。	(②　　　　)

- 塩酸に金属がとけた液から出てきた固体は、もとの金属と(③　同じ　・　ちがう　)物である。
- 水溶液には、金属を(④　　　　)物に変化させるものがある。

アルミニウムに塩酸を注いだとき

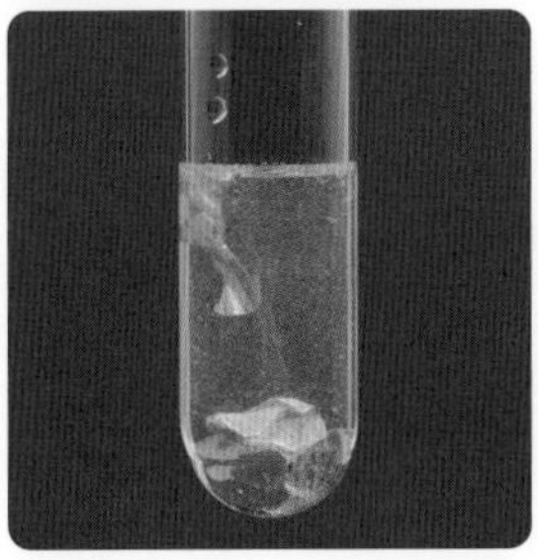

出てきた固体に塩酸を注いだとき

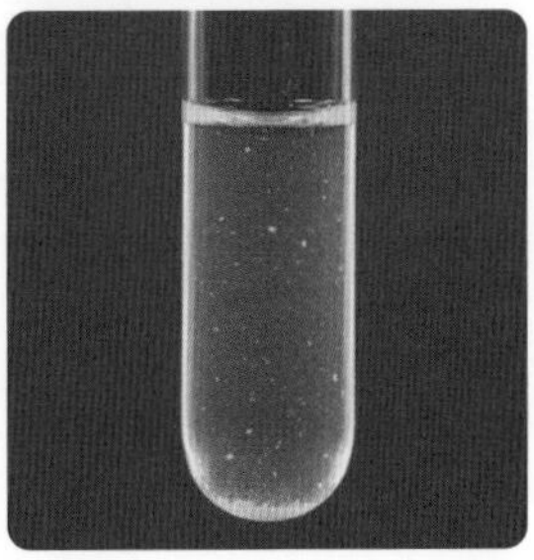

ここがだいじ!
①塩酸には、アルミニウムや鉄などの金属をとかすはたらきがある。
②水溶液《すいようえき》には、金属を別の物に変化させるものがある。

ぴたトリビア
水溶液《すいようえき》は、ふれたものを変化させることがあるので、保管する容器に何を使うかには注意が必要です。

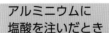

学習日　　月　　日

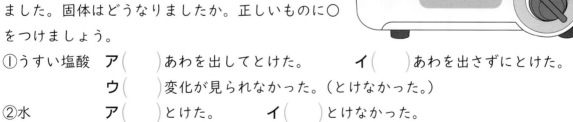

10. 水溶液（すいようえき）の性質とはたらき

③水溶液のはたらき

教科書 164〜170ページ　答え 41ページ

1 鉄（スチールウール）とアルミニウムはくを試験管に入れて、うすい塩酸と水をそれぞれ注ぎました。

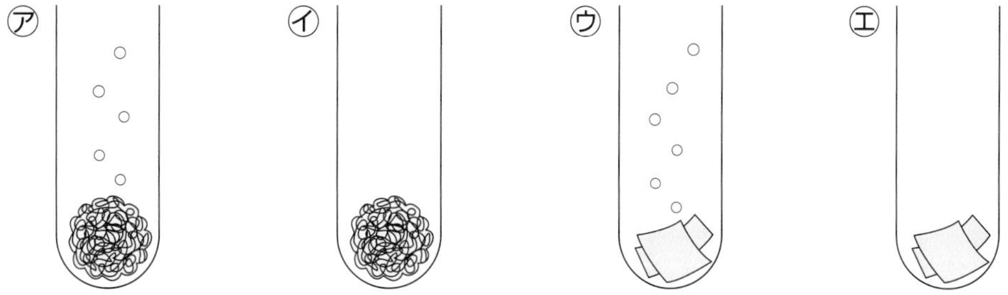

㋐ あわを出してとける。　㋑ 変化しない。　㋒ あわを出してとける。　㋓ 変化しない。

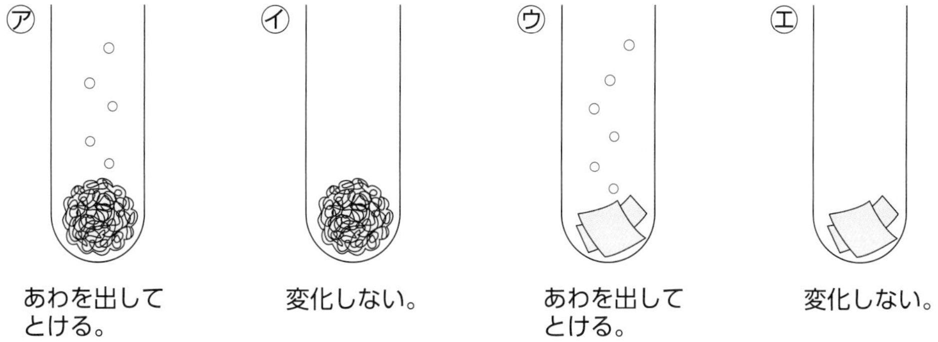

(1) うすい塩酸と水は、それぞれ何性ですか。正しいものに○をつけましょう。

①うすい塩酸　**ア**（　　）酸性　**イ**（　　）中性　**ウ**（　　）アルカリ性

②水　**ア**（　　）酸性　**イ**（　　）中性　**ウ**（　　）アルカリ性

(2) うすい塩酸を注いだ試験管はどれですか。㋐〜㋓から2つ選びましょう。

（　　　　）（　　　　）

2 塩酸にアルミニウムがとけた液を弱火で熱して、水を蒸発（じょうはつ）させました。

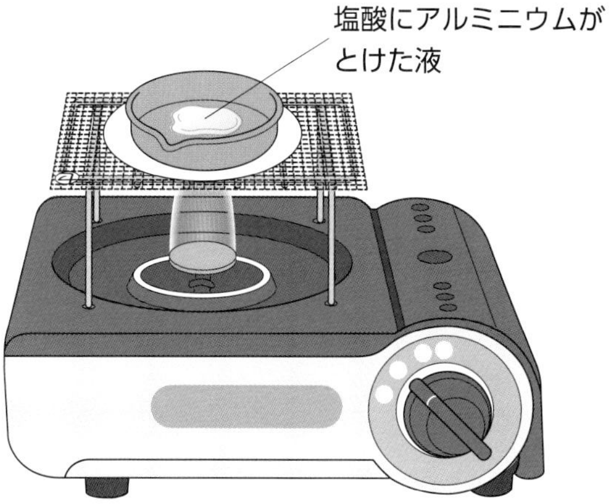

(1) 水を蒸発させると、固体が出てきました。出てきた固体の色は、何色でしたか。正しいものに○をつけましょう。

ア（　　）白色　**イ**（　　）赤色

ウ（　　）黄色　**エ**（　　）黒色

(2) アルミニウムをとかした液から出てきた固体を2本の試験管にとり、うすい塩酸と水をそれぞれ加えました。固体はどうなりましたか。正しいものに○をつけましょう。

①うすい塩酸　**ア**（　　）あわを出してとけた。　**イ**（　　）あわを出さずにとけた。

ウ（　　）変化が見られなかった。（とけなかった。）

②水　**ア**（　　）とけた。　**イ**（　　）とけなかった。

(3) (2)より、アルミニウムをとかした液から出てきた固体は、もとのアルミニウムと同じ物ですか、ちがう物ですか。

（　　　　）

ぴったり3
確かめのテスト

10. 水溶液《すいようえき》の性質とはたらき

時間 30 分

／100

合格 70 点

教科書 154〜173ページ　答え 42ページ

よく出る

1 炭酸水の性質について調べました。

1つ4点(16点)

(1) 炭酸水を蒸発皿《じょうはつざら》に少量とり、熱して水を蒸発させたときのようすとして正しいものに、○をつけましょう。

①(　　)

②(　　)

(2) 炭酸水から出るあわを試験管に集め、石灰水《せっかいすい》を入れて、よくふりました。石灰水はどうなりましたか。
(　　　　　　　　)

(3) 炭酸水から出るあわを試験管に集め、火のついた線こうを入れました。線こうの火はどうなりましたか。
(　　　　　　　　)

(4) 炭酸水は、何がとけた水溶液ですか。
(　　　　　　　　)

よく出る

2 リトマス紙を使い、水溶液の性質を調べました。

技能　1つ4点(24点)

(1) 次のような水溶液の性質を、それぞれ何といいますか。

①青色のリトマス紙の色だけを赤色に変える。
(　　　　　　　　)

②赤色のリトマス紙の色だけを青色に変える。
(　　　　　　　　)

③青色と赤色のどちらのリトマス紙の色も変えない。
(　　　　　　　　)

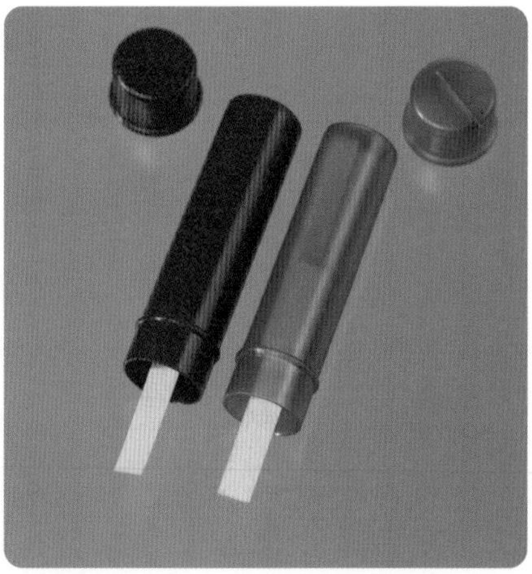

(2) 水溶液をリトマス紙につけるときに、器具㋐を使いました。

① 器具㋐は何ですか。　(　　　　　　　　)

② 記述 調べる水溶液を変えるときは、器具㋐をどうすればよいですか。

(　　　　　　　　　　　　　　　　)

(3) 記述 リトマス紙を使って、水の性質を調べました。水は、リトマス紙の色をどのように変えますか。

(　　　　　　　　　　　　　　　　)

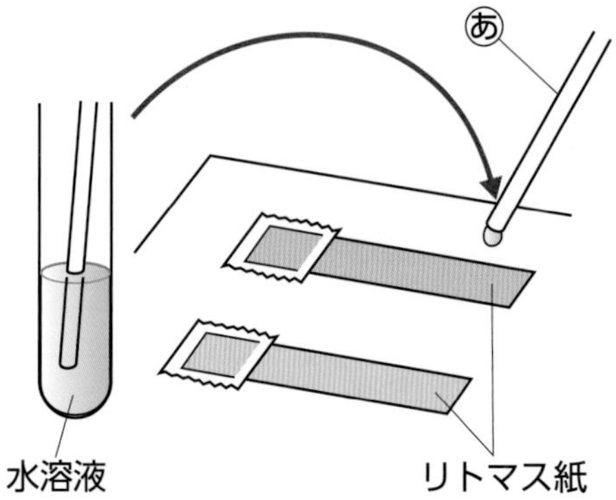

3 鉄（スチールウール）にうすい塩酸を加えたときのようすを調べました。

1つ5点(20点)

(1) 鉄にうすい塩酸を加えると、どうなりましたか。正しいものに○をつけましょう。

ア（　　）あわを出して、とけた。

イ（　　）あわを出さずに、とけた。

ウ（　　）とけなかった。

(2) (1)のあとの液を少量とり、熱して水を蒸発させると何が出てきましたか。

（　　　　　　）

(3) (2)で出てきた物に、うすい塩酸を加えたときのようすは、(1)と同じですか、ちがいますか。

（　　　　　　）

(4) 鉄と(2)で出てきた物は、同じ物ですか、ちがう物ですか。

（　　　　　　）

できたらスゴイ！

4 5種類の水溶液㋐～㋔の性質を調べました。表は、その結果をまとめたものです。

思考・表現　1つ8点(40点)

水溶液	㋐	㋑	㋒	㋓	㋔
色	なし	なし	なし	なし	なし
におい	なし	なし	なし	つんとしたにおい	つんとしたにおい
水を蒸発させたときのにおい	なし	なし	なし	つんとしたにおい	つんとしたにおい
水を蒸発させたときに残る物	白い物が残った。	白い物が残った。	何も残らなかった。	何も残らなかった。	何も残らなかった。
リトマス紙(青色)	変化しない。	変化しない。	少し赤くなった。	変化しない。	赤くなった。
リトマス紙(赤色)	青くなった。	変化しない。	変化しない。	青くなった。	変化しない。

水溶液㋐～㋔は、食塩水、重そう水、うすいアンモニア水、うすい塩酸、炭酸水のどれかであることがわかっています。水溶液㋐～㋔にあてはまる水溶液は、それぞれ何ですか。

㋐（　　　　　　）

㋑（　　　　　　）

㋒（　　　　　　）

㋓（　　　　　　）

㋔（　　　　　　）

ふりかえり
1の問題がわからなかったときは、76ページの1にもどってたしかめましょう。
4の問題がわからなかったときは、74ページの1と78ページの1にもどってたしかめましょう。

11. 地球に生きる

①人と環境《かんきょう》とのかかわり

めあて
人と環境のかかわり、およぼしているえいきょうを確認しよう。

教科書 175～178ページ　答え 43ページ

次の（　）にあてはまる言葉をかこう。

1 人は、くらしのなかで、環境とどのようにかかわり、どのようなえいきょうをおよぼしているのだろうか。　教科書 175～178ページ

▶空気とのかかわり

- 調理するために、ガスなどを（①　　　）。
- 自動車は、（②　　　）や軽油などを燃やして走る。
- 空気がよごれると、人の（③　　　）にひ害が出たり、動物や（④　　　）に害をあたえたりする。

▶水とのかかわり

- 食器など、いろいろな物を（⑤　　　）ときに水を使う。
- 工場では、さまざまなことに（⑥　　　）を利用する。
- 水がよごれて、（⑦　　　）や植物がすめなくなった場所がある。

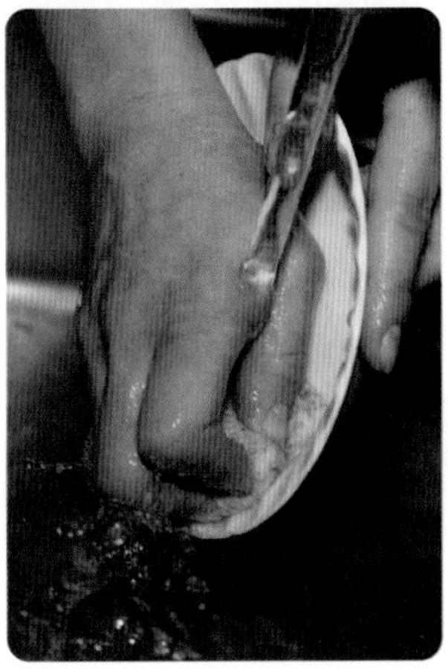

▶生き物とのかかわり

- （⑧　　　）の木を切って、くらしに利用している。
- （⑨　　　）をうめ立てた土地を利用している。
- 人のくらしに必要な農地やダムなどをつくるために、多くの木が切られたり、燃やされたりして、（⑩　　　）が減少した。

ここがだいじ！
①人の活動は、地球の空気や水、生き物、大地などの環境《かんきょう》にさまざまなえいきょうをおよぼしている。

ぴたトリビア
人が生活するうえで環境《かんきょう》にえいきょうをおよぼします。自分の生活の中で環境に多くの負担《ふたん》をかける行動がないか、考えてみましょう。

11. 地球に生きる

①人と環境《かんきょう》とのかかわり

学習日　　月　　日

教科書 175〜178ページ　答え 43ページ

1 人と環境とのかかわりや、人のくらしが環境におよぼすえいきょうについて調べました。

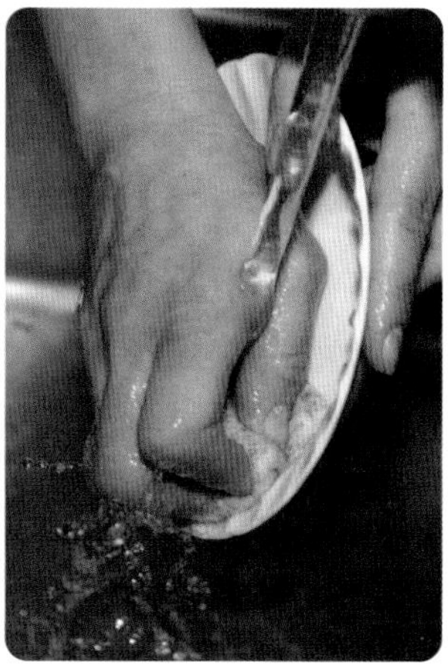

(1) 化石燃料の大量消費によって空気中に増加する気体が、近年の地球の気温が上がってきていることの主な原因だと考えられています。その気体とは何ですか。正しいものに○をつけましょう。

ア(　　)ちっ素
イ(　　)酸素
ウ(　　)二酸化炭素

(2) (1)のようになって北極海をおおう氷はどうなりますか。正しいものに○をつけましょう。

ア(　　)多くなる。
イ(　　)少なくなる。
ウ(　　)変わらない。

(3) 人はどのように水とかかわっているのかを説明した次の文の(　　)に、あてはまる言葉をかきましょう。

> いろいろな物を洗《あら》うときや、工場で水を利用しているが、水がよごれて(　　　　　　)や植物がすめなくなった場所がある。

(4) 右の写真は空から見た森林のようすです。このことについて説明した次の文の(　　)にあてはまる言葉をかきましょう。

> 人のくらしに必要な農地やダムなどをつくるために、多くの木が(①　　　　　)たり、(②　　　　　)たりして、森林が(③　　　　　)した。

11. 地球に生きる

②地球に生きる

学習日　　月　　日

めあて
これからも地球でくらし続けていくためのくふうや努力を確認しよう。

教科書 179〜182ページ　答え 44ページ

次の(　)にあてはまる言葉をかこう。

1 地球でくらし続けていくために、どのようなくふうをしたり、努力をしたりしているのだろうか。　教科書 179〜182ページ

▶空気におよぼすえいきょうを少なくする。

- 風のはたらきで発電する(①　　　　　)や、日光のはたらきで発電する(②　　　　　)、水力発電などをふやして、できるだけ(③　　　　　)を出さないようにしている。
- (④　　　　　)は、電気によってモーターを動かして走ることができる。

▶水におよぼすえいきょうを少なくする。

- よごれた水を、(⑤　　　　　)できれいにして、川にもどしている。

▶生き物がすむ環境(かんきょう)を守る。

- 山に(⑥　　　　　)を植えたり、川や(⑦　　　　　)をきれいにしたりする活動を行っている。

▶環境の大きな変化に対応する。

- (⑧　　　　　)のゆれで建物がくずれないように、補強(ほきょう)工事などをしている。
- ふえすぎた川の水をためて(⑨　　　　　)を防ぐ地下のしせつがつくられている。

ここが だいじ!

①環境(かんきょう)を守るために、風力発電や太陽光発電、電気自動車、下水処理場(げすいしょりじょう)などのくふうや努力がされている。

②環境の大きな変化に対応するために、建物の補強(ほきょう)工事やこう水を防ぐ地下のしせつをつくるなどのとり組みがされている。

ぴたトリビア 水素と酸素から電気のエネルギーをつくり出す発電装置(そうち)のことを「燃料電池」といい、燃料電池バスなどに利用されています。

ぴったり2 練習

11. 地球に生きる

②地球に生きる

学習日　　月　　日

教科書 179〜182ページ　答え 44ページ

1 環境《かんきょう》を守るための、人のくふうや努力について調べました。

(1) 風や日光のはたらきで発電することを、それぞれ何といいますか。

風（　　　　　　　）　日光（　　　　　　　）

(2) 電気によってモーターを動かして走る車を何といいますか。

（　　　　　　　）

(3) よごれた水をきれいにしてから川にもどしているしせつを、何といいますか。

（　　　　　　　）

(4) 生き物がすむ環境を守るためのくふうや努力について説明した次の文の（　）にあてはまる言葉をかきましょう。

山に（①　　　　　）を植えたり、（②　　　　　）や海岸をきれいにしたりする活動を行っている。

2 環境の大きな変化に対応するための、人のとり組みについて調べました。

(1) 地震《じしん》に対応するためのとり組みについて説明した次の文の（　）にあてはまる言葉をかきましょう。

地震のゆれで建物が（　　　　　　　）ようにするために、補強《ほきょう》工事をしている。

(2) 右の写真は、台風に対応するためのしせつの１つです。説明した次の文の（　）にあてはまる言葉をかきましょう。

台風によって地域《ちいき》にある小さな川で、（　　　　　　　）が起きそうになったときに防ぐ地下のしせつである。

11. 地球に生きる

時間 30 分

／100

合格 70 点

教科書 174〜182ページ　答え 45ページ

1 人と環境《かんきょう》とのかかわりや、環境を守るためのくふうなどについて、調べました。

1つ20点、(3)は全部できて20点(80点)

(1) 写真は、よごれた水をきれいにして川にもどしているしせつです。何といいますか。

(　　　　　　　　)

(2) 近年、地球の気温が上がってきていますが、このことによってどのようなことが心配されていますか。次の文の(　　)にあてはまる言葉をかきましょう。

北極海をおおう氷が年を追うごとに(①　　　　)なっていることや、海水面が(②　　　　)してある島全体がしずんでしまうことなどが心配されている。

(3) 生き物がすむ環境を守るためのとり組みとして、正しいもの2つに○をつけましょう。

ア(　　)海をうめ立てる。
イ(　　)川や海岸をきれいにする。
ウ(　　)多くの木を切る。
エ(　　)山に木を植える。

できたらスゴイ！

2 記述 写真は、補強《ほきょう》工事をしている学校の建物のようすです。なぜこのようなことをしているのか、理由をかきましょう。

思考・表現　1つ20点(20点)

(　　　　　　　　　　　　　　　　　　　　)

6年 理科のまとめ 学力診《しん》断《だん》テスト

月　日
名前

時間 40分　合格80点　／100　答え52ページ

1 上と下にすき間の開いたびんの中で、ろうそくを燃やしました。
1つ2点(12点)

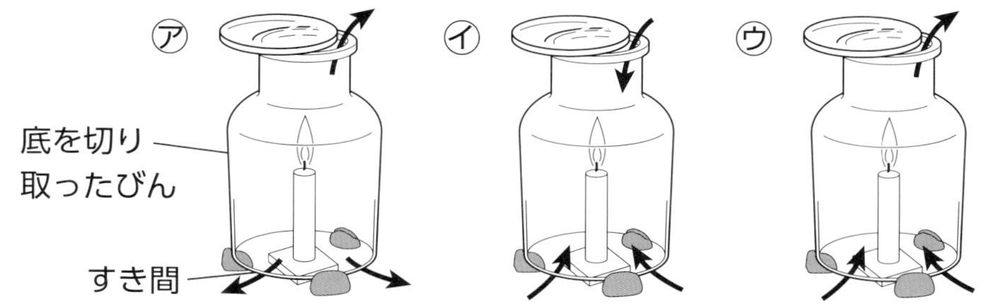

㋐
㋑
㋒
底を切り取ったびん
すき間

(1) びんの中の空気の流れを矢印で表すと、どうなりますか。正しいものを㋐～㋒から選んで、記号で答えましょう。
(　　)

(2) びんの上と下のすき間をふさぐと、ろうそくの火はどうなりますか。
(　　)

(3) (1)、(2)のことから、物が燃え続けるためにはどのようなことが必要であると考えられますか。
(　　)

(4) ろうそくが燃える前と後の空気の成分を比べて、①ふえる気体、②減る気体、③変わらない気体は、ちっ素、酸素、二酸化炭素のどれですか。それぞれ答えましょう。
①(　　)
②(　　)
③(　　)

2 人のからだのつくりについて調べました。
1つ2点、(1)は全部できて2点(8点)

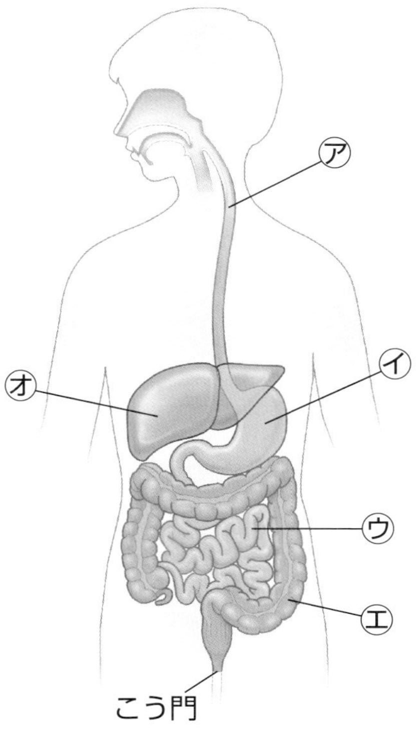

㋐
㋑
㋒
㋓
㋔
こう門

(1) ㋐～㋔のうち、食べ物が通る部分をすべて選び、記号で答えましょう。
(　　)

(2) 口から取り入れられた食べ物は、(1)で答えた部分を通る間に、からだに吸収《きゅうしゅう》されやすい養分に変化します。このはたらきを何といいますか。
(　　)

(3) ㋐～㋔のうち、吸収された養分をたくわえる部分はどこですか。記号とその名前を答えましょう。　記号(　　)　名前(　　)

3 水の入ったフラスコにヒメジョオンを入れ、ふくろをかぶせて、しばらく置きました。
1つ3点(12点)

綿をつめる。
モールでしばる。

(1) 15分後、ふくろの内側はどうなりますか。
(　　)

(2) 次の文の(　)にあてはまる言葉をかきましょう。
(1)のようになったのは、主に葉から、水が(　①　)となって出ていったからである。このようなはたらきを(　②　)という。
①(　　)　②(　　)

(3) ふくろをはずし、そのまま1日置いておくと、フラスコの中の水の量はどうなりますか。
(　　)

4 太陽、地球、月の位置関係と、月の形の見え方について調べました。
1つ3点(12点)

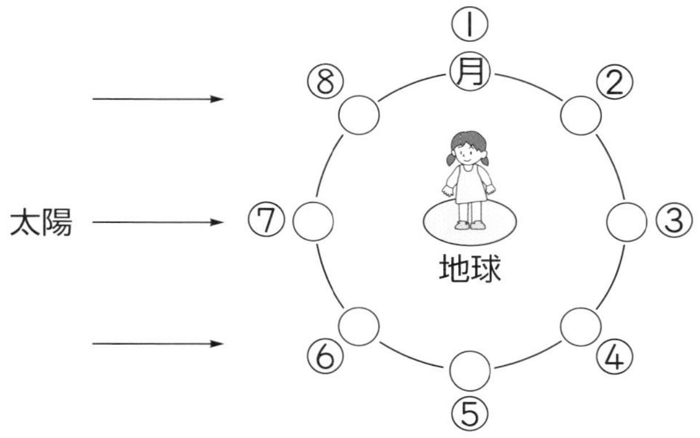

太陽
地球
月
①
②
③
④
⑤
⑥
⑦
⑧

(1) 月が①、③、⑥の位置にあるとき、月は、地球から見てどのような形に見えますか。㋐～㋗からそれぞれ選び、記号で答えましょう。

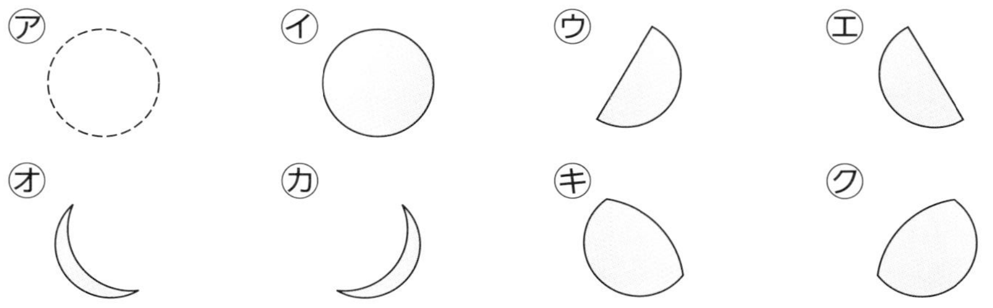

㋐
㋑
㋒
㋓
㋔
㋕
㋖
㋗

①(　　)　③(　　)　⑥(　　)

(2) 月が光って見えるのはなぜですか。理由をかきましょう。
(　　)

うらにも問題があります。

5 地層《ちそう》の重なり方について調べました。

1つ2点(8点)

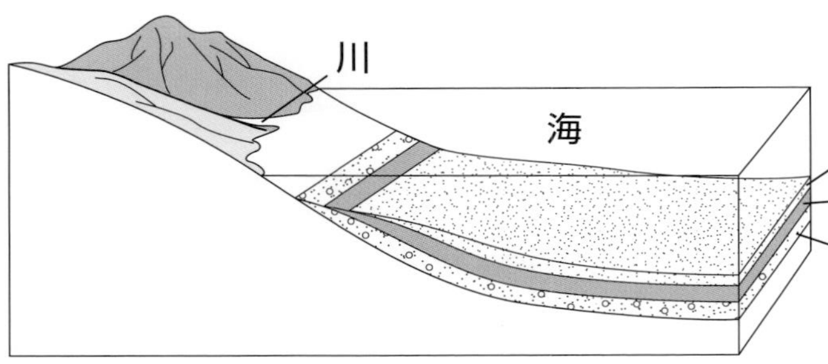
川
海
①の層
②の層
③の層

(1) ①～③の層には、れき、砂《すな》、どろのいずれかが積もっています。それぞれ何が積もっていると考えられますか。

①(　　　　)　②(　　　　)　③(　　　　)

(2) (1)のように積み重なるのは、つぶの何が関係していますか。

(　　　　)

6 水溶液《すいようえき》の性質を調べました。

1つ3点(12点)

(1) アンモニア水を、赤色、青色のリトマス紙につけると、リトマス紙の色はそれぞれどうなりますか。

①赤色のリトマス紙(　　　　)

②青色のリトマス紙(　　　　)

(2) リトマス紙の色が、(1)のようになる水溶液の性質を何といいますか。(　　　　)

(3) 炭酸水を加熱して水を蒸発《じょうはつ》させても、あとに何も残らないのはなぜですか。理由をかきましょう。

(　　　　)

7 空気を通した生物のつながりについて考えました。

1つ3点(9点)

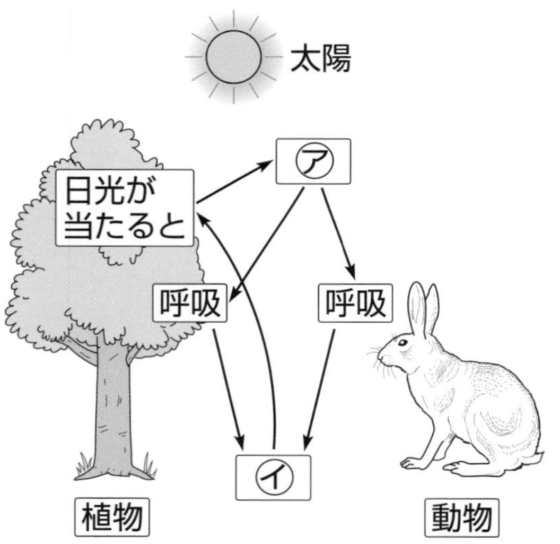
太陽
日光が
当たると
㋐
呼吸
呼吸
㋑
植物
動物

(1) ㋐、㋑の気体は、それぞれ何ですか。気体の名前を答えましょう。

㋐(　　　　)

㋑(　　　　)

(2) 植物も動物も呼吸《こきゅう》を行っていますが、地球上から酸素がなくならないのは、なぜですか。理由をかきましょう。

(　　　　)

活用力をみる

8 身のまわりのてこを利用した道具について考えました。

1つ3点(15点)

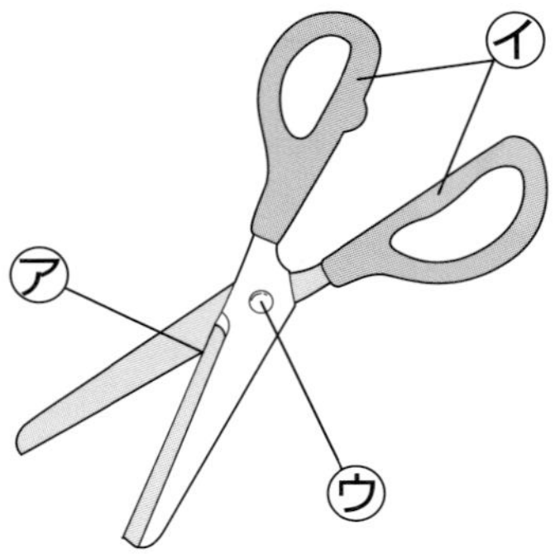
㋐
㋑
㋒

(1) はさみの支点、力点、作用点はそれぞれ、㋐～㋒のどれにあたりますか。

①支点　(　　)

②力点　(　　)

③作用点(　　)

(2) はさみで厚紙を切るとき、「㋐はの先」「㋑はの根もと」のどちらに紙をはさむと、小さな力で切れますか。正しいほうに○をつけましょう。

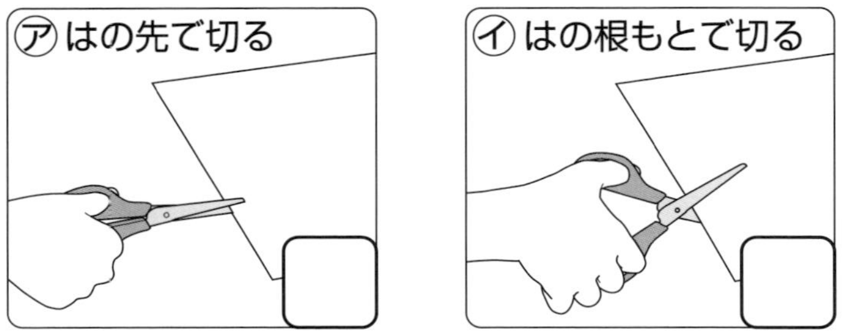
㋐はの先で切る
㋑はの根もとで切る

(3) (2)のように答えた理由をかきましょう。

(　　　　)

9 電気を利用した車のおもちゃをつくりました。

1つ4点(12点)

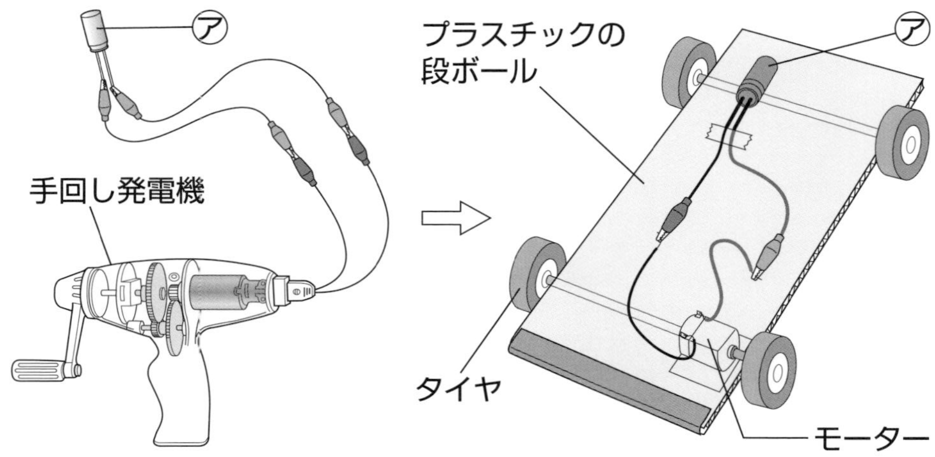
㋐
手回し発電機
プラスチックの
段ボール
㋐
タイヤ
モーター

(1) 手回し発電機で発電した電気は、たくわえて使うことができます。電気をたくわえることができる㋐の道具を何といいますか。(　　　　)

(2) 電気をたくわえた㋐をモーターにつないで、タイヤを回します。この車をより長い時間動かすには、どうすればよいですか。正しいほうに○をつけましょう。

①(　　)手回し発電機のハンドルを回す回数を多くして、㋐にたくわえる電気をふやす。

②(　　)手回し発電機のハンドルを回す回数を少なくして、㋐にたくわえる電気をふやす。

(3) 車が動くとき、㋐にたくわえられた電気は、何に変えられますか。(　　　　)

春のチャレンジテスト

教科書　154～182ページ

名前　　　　月　　日

時間 40分

知識・技能	思考・判断・表現	合格80点
／60	／40	／100

答え50ページ

知識・技能

1 食塩水、重そう水、アンモニア水、塩酸、炭酸水の性質をそれぞれ調べました。

1つ4点、(2)～(4)は全部できて4点(20点)

㋐食塩水　㋑重そう水　㋒アンモニア水　㋓塩酸　㋔炭酸水

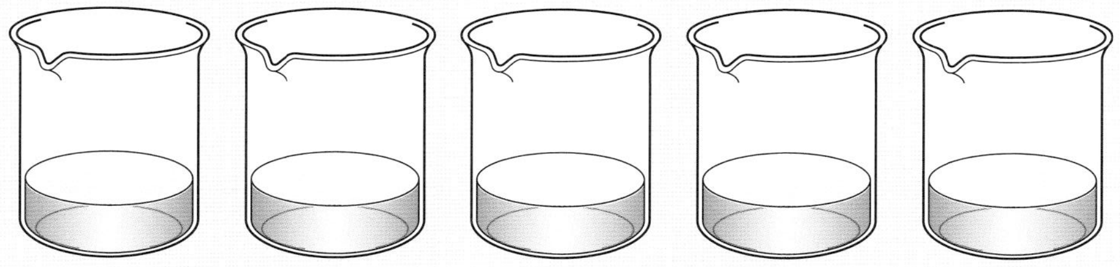

(1) 記述 水溶液《すいようえき》のにおいを調べるときは、水溶液を顔からはなして、どのようにしてにおいをかぎますか。

(　　　　　　　　)

(2) つんとしたにおいがあった水溶液はどれですか。㋐～㋔からすべて選びましょう。(　　　　)

(3) 水溶液を蒸発皿《じょうはつざら》に少量ずつとり、熱しました。水を蒸発させると、白い物が残ったのはどれですか。㋐～㋔からすべて選びましょう。

(　　　　)

(4) 水溶液をリトマス紙につけて、変化を調べました。青色のリトマス紙だけが赤く変わったのはどれですか。㋐～㋔からすべて選びましょう。(　　　　)

(5) 赤色のリトマス紙だけを青く変える水溶液の性質を、何といいますか。(　　　　)

2 アルミニウムをある液体に入れると、あわを出して、とけました。

1つ4点(8点)

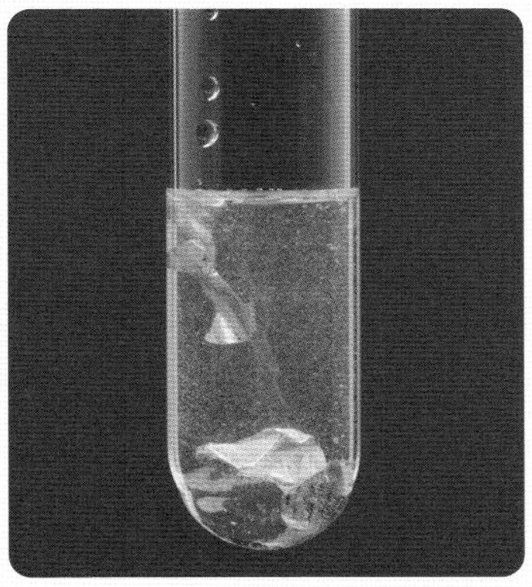

(1) ある液体とは何ですか。正しいほうに○をつけましょう。

ア(　)塩酸

イ(　)水

(2) アルミニウムがとけた液を弱火で熱して蒸発させると、白色をした、つやがない固体が出てきました。この固体は、もとのアルミニウムと同じ物ですか。それとも、ちがう物ですか。

(　　　　)

3 ペットボトルに水と二酸化炭素を半分ずつ入れ、ふたをしてよくふりました。

1つ4点(12点)

(1) ふった後、ペットボトルはどうなりましたか。

(　　　　)

(2) ふった後、ペットボトルの中の液を、石灰水に少しずつ入れました。このとき、石灰水はどうなりましたか。

(　　　　)

(3) ラムネは、固体(砂糖《さとう》)と気体(二酸化炭素)を水にとかしてつくった飲み物です。ラムネから水を蒸発させる実験では、固体(砂糖)と気体(二酸化炭素)のどちらがとけていることを調べることができますか。(　　　　)

4 リトマス紙のかわりに、BTB《ビーティービー》溶液で水溶液の性質を調べることができます。

1つ4点(12点)

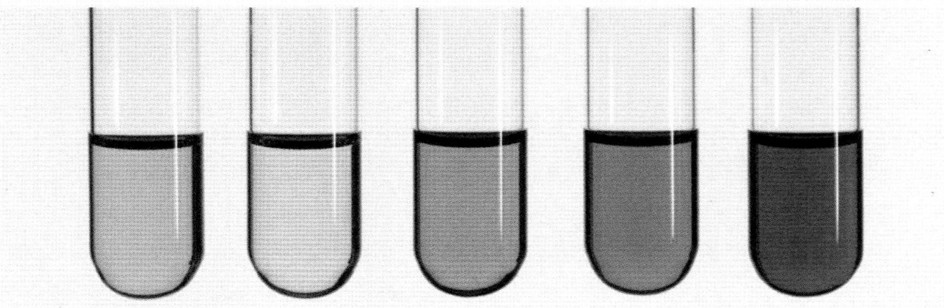

BTB溶液は、酸性では黄色、中性では緑色、アルカリ性では青色になります。リトマス紙を次のように変える水溶液は、それぞれBTB溶液の色を何色にしますか。

①青色のリトマス紙だけを赤く変える水溶液

(　　　　)

②赤色のリトマス紙だけを青く変える水溶液

(　　　　)

③青色のリトマス紙の色も赤色のリトマス紙の色も変えない水溶液

(　　　　)

うらにも問題があります。

5 人は、空気とかかわりながら生きています。

1つ4点(8点)

(1) 人は、空気から酸素をとり入れ、二酸化炭素をはき出しています。このはたらきを何といいますか。

(　　　　)

(2) 人は、自動車を動かしたり、電気をつくったりすることで、多くの酸素を使い、二酸化炭素を出しています。このときに燃やされる、石油や石炭、天然ガスのように、大昔に生きていた生き物のからだが変化してできた燃料をまとめて何といいますか。

(　　　　)

思考・判断・表現

6 信号機には電球が使われていましたが、発光ダイオードを使った物に、交かんされてきています。

1つ5点(10点)

(1) 電球は、長い時間つけておくととても熱くなりますが、発光ダイオードはつけておいてもほとんど熱くなりません。電気を効率的に光に変えて利用できるのは、電球と発光ダイオードのどちらですか。

(　　　　)

(2) 記述 信号機や照明器具などを電球から発光ダイオードに変えると、発電に使われる化石燃料を節約することができます。その理由をかきましょう。

(　　　　)

7 ①と②は、それぞれ発電のようすを表しています。

1つ5点(15点)

①

②

(1) ①、②は、それぞれ何を利用して発電していますか。

①(　　　　)　②(　　　　)

(2) 記述 化石燃料を燃やして発電する火力発電と比べ、①と②は環境《かんきょう》におよぼすえいきょうが少ないと考えられています。その理由をかきましょう。

(　　　　)

8 人が地球でくらし続けるためには、さまざまなとり組みが必要です。

1つ5点(15点)

(1) ある自然災害に備えて、右のように建物が補強《ほきょう》されています。備えている自然災害は何と考えられますか。正しいものに○をつけましょう。

ア(　)火山の噴火《ふんか》
イ(　)干《かん》ばつ
ウ(　)地震《じしん》
エ(　)台風

(2) 空気におよぼすえいきょうを少なくする乗り物として、電気によってモーターを動かして走る自動車が開発されています。このような自動車を、何といいますか。

(　　　　)

(3) 記述 どのような発電方法を進めていくと、環境におよぼすえいきょうが少なくなりますか。その理由とともに、説明しましょう。

(　　　　)

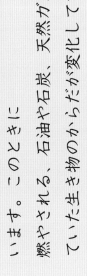

冬のチャレンジテスト

教科書　78〜153ページ

名前　　　　　　月　　日

時間　40分

知識・技能	思考・判断・表現	合格80点
／60	／40	／100

答え48ページ

知識・技能

1 **あるがけを観察したところ、図のような地層《ちそう》が見られました。** 1つ3点(12点)

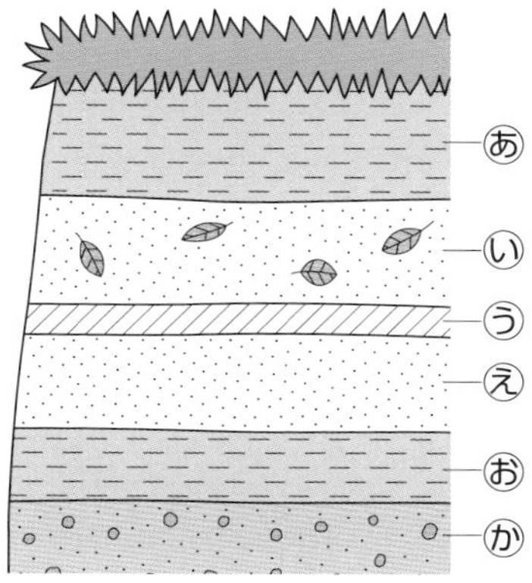

あどろの層だった。
い砂《すな》の層に木の葉があった。
う火山灰《かざんばい》の層だった。
え砂の層だった。
おどろの層だった。
か砂と＿＿＿が混じった層だった。

(1) あの層から採取した岩石は、どろなどの細かいつぶが固まってできていました。このような岩石を何といいますか。
（　　　　　）

(2) いの層にあった木の葉のように、大昔の生き物のからだや、生き物がいたあとなどが残った物を何といいますか。
（　　　　　）

(3) うの層は、火山灰が堆積《たいせき》してできていました。火山灰のつぶは、ほかの層のつぶと比べて、どのような特ちょうがありますか。正しいものに○をつけましょう。
ア（　）つぶが角ばっている。
イ（　）つぶがまるみを帯びている。
ウ（　）つぶが大きい。

(4) かの層を観察すると、大きさが2mm以上のつぶの間に砂が混じっていました。＿＿＿に当てはまるつぶの名前をかきましょう。　（　　　　　）

2 **あるがけに、写真のような地層のずれが見られました。** 1つ3点(9点)

(1) 写真のような地層のずれを何といいますか。
（　　　　　）

(2) 地層にずれが生じると、どのような現象が起きますか。正しいものに○をつけましょう。
ア（　）地震《じしん》
イ（　）台風
ウ（　）火山の噴火《ふんか》

(3) 海底の大地にずれが生じると起きることのある、大きな波を何といいますか。　（　　　　　）

3 **てこを使って、おもりを持ち上げたときの手ごたえを調べました。** 1つ2点(6点)

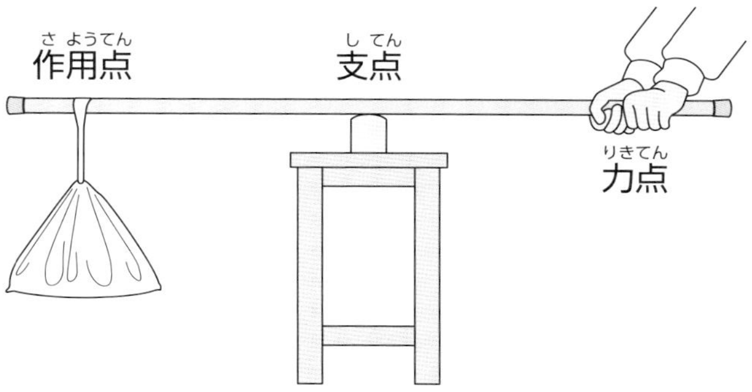

(1) より小さい力でおもりを持ち上げるには、てこをどうすればよいですか。正しいもの2つを選び、○をつけましょう。
ア（　）支点と作用点の間のきょりを長くする。
イ（　）支点と作用点の間のきょりを短くする。
ウ（　）支点と力点の間のきょりを長くする。
エ（　）支点と力点の間のきょりを短くする。

(2) 棒《ぼう》の支点から左右同じきょりに物をつるして、水平につり合うとき、つるした物の重さは同じです。このきまりを利用した道具を、何といいますか。　（　　　　　）

4 **実験用てこの左のうでの4の位置に、10gのおもりを3個つるしました。** 1つ3点(9点)

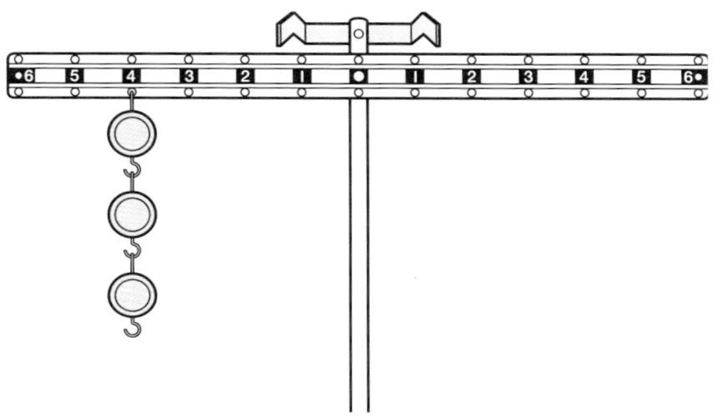

(1) 10gのおもり4個で水平につり合わせるには、右のうでの1〜6のどの位置につるせばよいですか。
（　　）

(2) 右のうでの6の位置に、10gのおもりを何個つるせば水平につり合いますか。　（　　　　　）

(3) 作用点が、支点と力点の間にある道具はどれですか。正しいものに○をつけましょう。

ア（　）くぎぬき

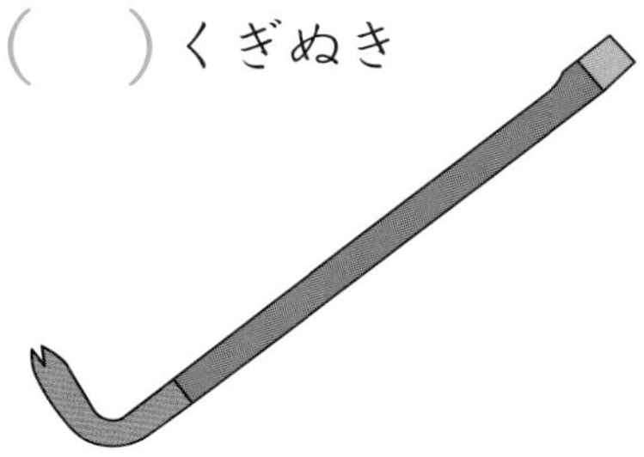

イ（　）ピンセット

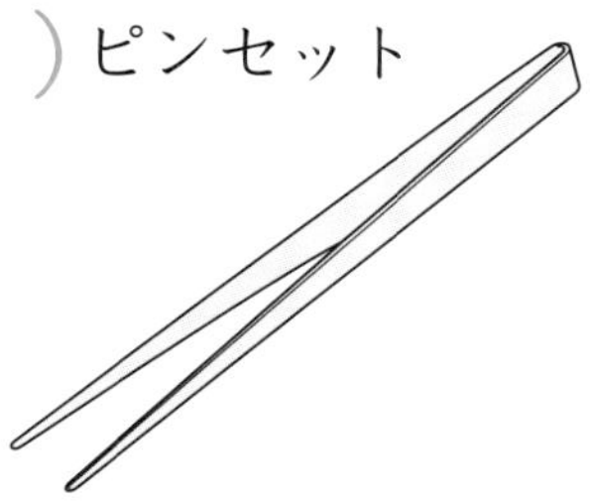

ウ（　）せんぬき

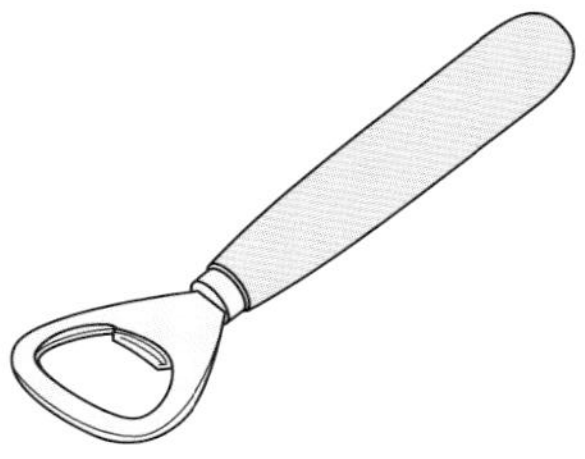

エ（　）ペンチ

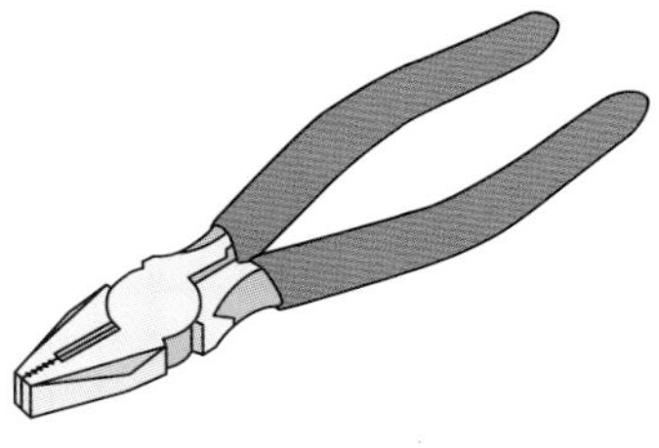

うらにも問題があります。

5 モーターと引き棒《ぼう》を使って図のような装置《そうち》を組み立て、電気をつくります。

1つ3点(9点)

(1) 電気をつくることを何といいますか。
（　　　　）

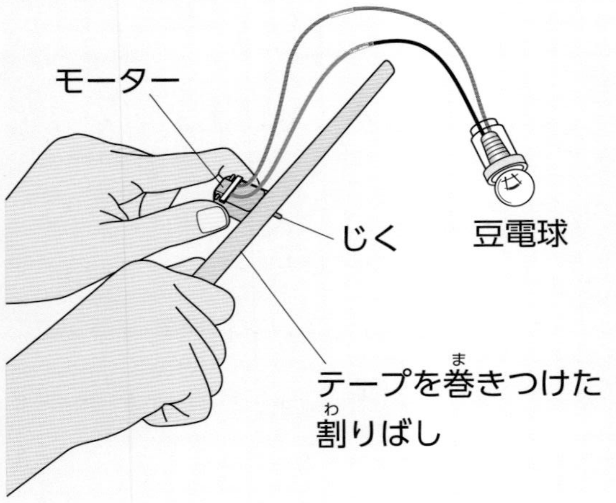

(2) 図の装置で、モーターをどのようにすると、豆電球に明かりがつきますか。正しいものに○をつけましょう。

ア（　）モーターのじくを割りばしにおしつける。
イ（　）モーターのじくを割りばしからはなす。
ウ（　）モーターのじくをすばやく回す。

(3) この実験では、モーターを使って電気をつくりました。これに対して、モーターを使わず、光を受けて電気をつくる器具を何といいますか。（　　　　）

6 手回し発電機に器具㋐～㋓をそれぞれつなぎ、ハンドルを回したときのようすを調べました。

1つ3点、(1)、(2)は全部できて3点(15点)

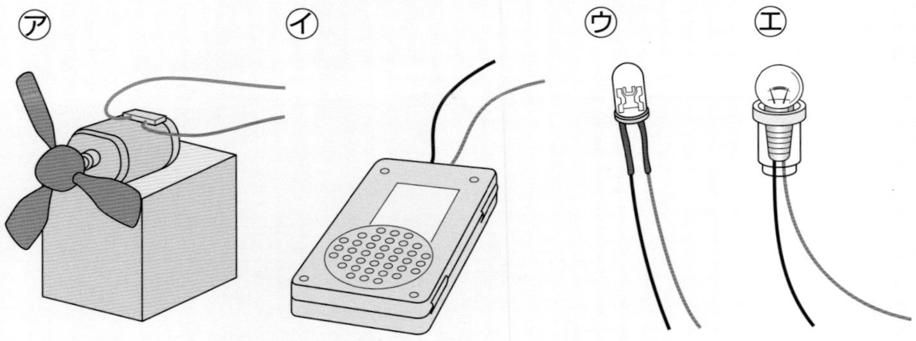

(1) ＋《プラス》極と－《マイナス》極につなぐ向きがあるのは、㋐～㋓のどれですか。2つ選びましょう。（　　と　　）

(2) 電気を光に変えて利用している器具は、㋐～㋓のどれですか。2つ選びましょう。（　　と　　）

(3) 電気を音に変えて利用している器具はどれですか。㋐～㋓から1つ選びましょう。（　　）

(4) 手回し発電機につなぐ器具を変えてハンドルを回すと、その手ごたえは変わりますか。（　　　　）

(5) 手回し発電機のハンドルを回して㋐のプロペラが回っているとき、ハンドルを回すのをやめると、㋐のプロペラはどうなりますか。正しいものに○をつけましょう。

ア（　）変わらずに回り続ける。
イ（　）ゆっくりになって回り続ける。
ウ（　）回らなくなる。

思考・判断・表現

7 月と太陽について答えましょう。

1つ7点(28点)

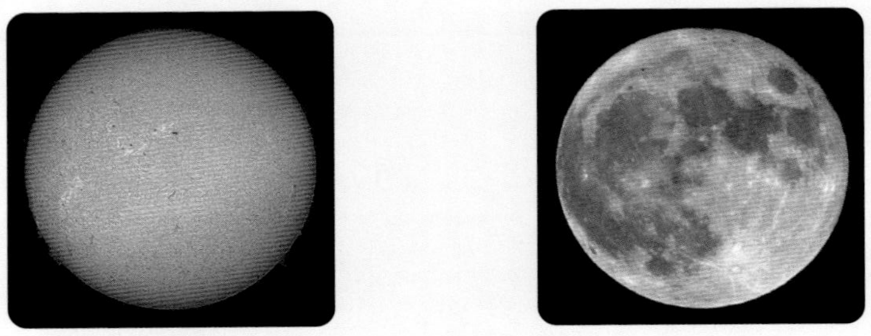

(1) 月や太陽はどのような形ですか。（　　　　）

(2) 記述 月は、自ら光を出しませんが、光っているように見えます。その理由をかきましょう。
（　　　　　　　　）

(3) 右の図は、月と太陽の、地球に対する位置関係を表したものです。次のときの月の位置は、図の㋐～㋗のどれですか。

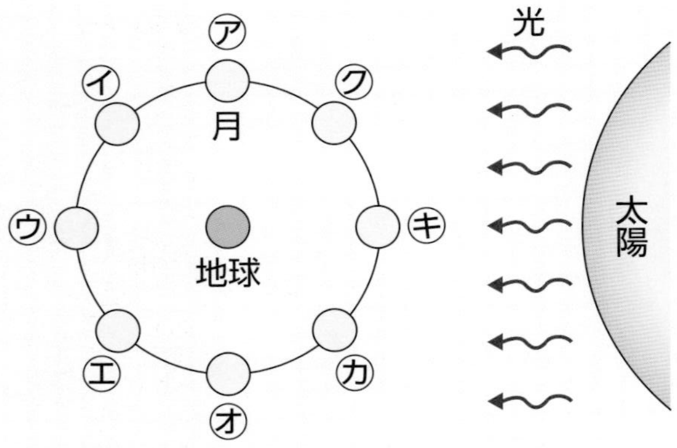

①満月のときの月の位置（　　）

②日ぼつ直後に、半月が南の空に見えたときの月の位置（　　）

8 図は、富士山《ふじさん》の噴火《ふんか》が起こったときの、火山灰《かざんばい》の積もり方を予想して、地図上に表したものです。

1つ4点(12点)

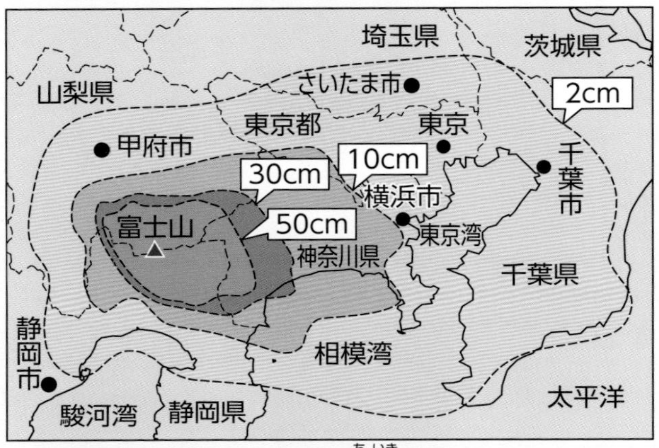

火山灰が積もると予想される地域《ちいき》と厚さ

(1) 火山灰のほかに、火口からふき出して、大地をおおう物をかきましょう。（　　　　）

(2) 火山灰の積もり方の予想などをもとに、ひ害予想を表した地図を何といいますか。（　　　　）

(3) 記述 火山灰が、西側よりも東側に大きく広がると予想されたのはなぜですか。その理由をかきましょう。
（　　　　　　　　）

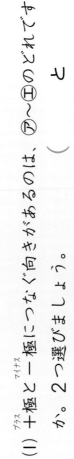

夏のチャレンジテスト

教科書　10～75ページ

名前　　月　日

時間 40分

知識・技能	思考・判断・表現	合格80点
／60	／40	／100

答え46ページ

知識・技能

1 ボンベの気体を集めて、その性質を調べました。

1つ4点(8点)

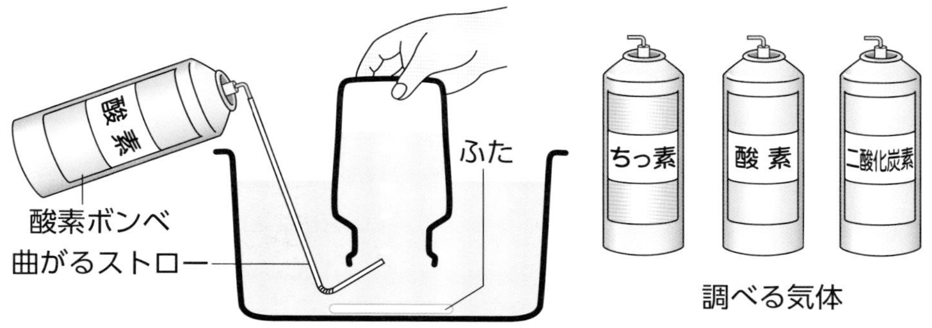

酸素
酸素ボンベ
曲がるストロー
ふた
ちっ素
酸素
二酸化炭素
調べる気体

(1) 空気中の体積の割合《わりあい》がいちばん大きいのは、ちっ素・酸素・二酸化炭素のどれですか。　(　　　　　)

(2) それぞれの気体を集めた集気びんに、火のついたろうそくを入れました。ろうそくが激《はげ》しく燃えるのは、ちっ素・酸素・二酸化炭素のどれですか。　(　　　　　)

2 ろうそくが燃える前と後の空気を、石灰水《せっかいすい》と気体検知管で調べました。

1つ5点、(3)は全部できて5点(15点)

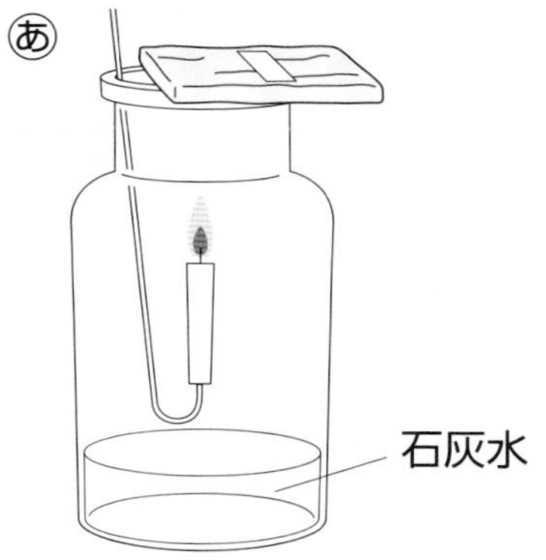

あ
石灰水

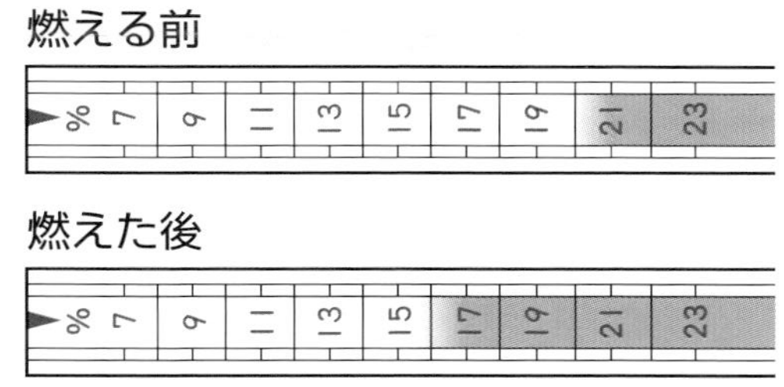

い
燃える前
% 7 9 11 13 15 17 19 21 23
燃えた後
% 7 9 11 13 15 17 19 21 23

(1) 記述　燃えた後にあのろうそくをとり出し、ふたをして集気びんを軽くふりました。石灰水はどうなりましたか。
(　　　　　　　　　　　　　　　　)

(2) いの気体検知管は、次のどの気体を調べたものですか。正しいものに○をつけましょう。

ア(　　)ちっ素　　イ(　　)二酸化炭素
ウ(　　)水蒸気《すいじょうき》　　エ(　　)酸素

(3) ろうそくが燃えた後の空気は、燃える前の空気に比べて、気体の体積の割合はどうなりましたか。正しいもの2つに○をつけましょう。

ア(　　)酸素の割合が大きくなった。
イ(　　)酸素の割合が小さくなった。
ウ(　　)二酸化炭素の割合が大きくなった。
エ(　　)二酸化炭素の割合が小さくなった。

3 ご飯つぶを湯にもみ出して、その液を試験管㋐、㋑に入れて、図のような実験をしました。

1つ5点(10点)

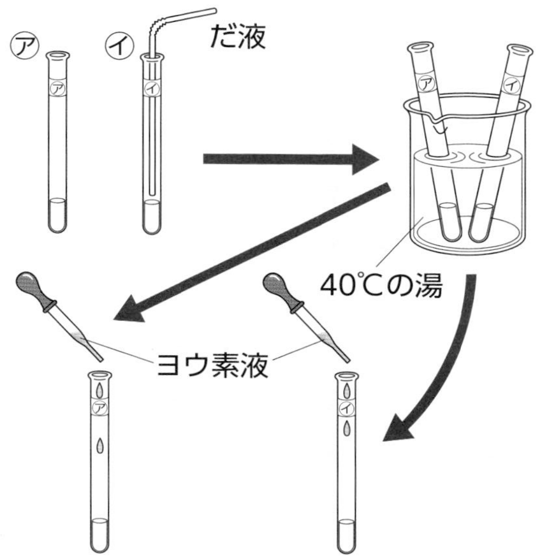

㋐
㋑
だ液
40℃の湯
ヨウ素液

(1) だ液のように、食べ物をからだに吸収《きゅうしゅう》しやすくする液を何といいますか。
(　　　　　)

(2) ㋐、㋑を湯であたためた後、ヨウ素液を入れると、液はどうなりましたか。正しいものに○をつけましょう。

ア(　　)㋐は青むらさき色になり、㋑は変化しなかった。
イ(　　)㋑は青むらさき色になり、㋐は変化しなかった。
ウ(　　)どちらの液も青むらさき色に変化した。
エ(　　)どちらの液も変化しなかった。

4 あといは、人の臓器《ぞうき》を表したものです。

1つ4点(12点)

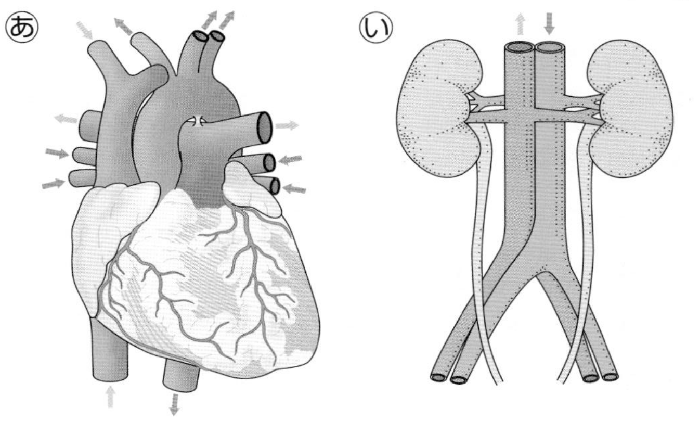

あ
い

(1) 臓器あは何ですか。　(　　　　　)

(2) ➡と➡は血液《けつえき》の流れを表しています。➡は、どのような血液の流れを表していますか。正しいものに○をつけましょう。

ア(　　)気管で、二酸化炭素を受けとった血液
イ(　　)肺《はい》で、二酸化炭素を受けとった血液
ウ(　　)気管で、酸素を受けとった血液
エ(　　)肺で、酸素を受けとった血液

(3) 臓器いは、どのようなはたらきをしていますか。正しいものに○をつけましょう。

ア(　　)いらない物をふくんだにょうをたくわえる。
イ(　　)いらない物をこしとってにょうをつくる。
ウ(　　)吸収された養分をたくわえる。
エ(　　)消化された養分を吸収する。

うらにも問題があります。

5 同じ植物のなえを２本用意し、一方は葉をとって、両方ともポリエチレンのふくろをかぶせました。　1つ3点(9点)

ふくろをかぶせる

ふくろをかぶせてから 20 分後

(1) 植物が、水をとり入れるのはどこからですか。正しいものに○をつけましょう。

ア（　）葉　**イ**（　）くき　**ウ**（　）根

エ（　）葉、くき、根の全部

(2) 20 分後、ふくろの内側の水てきのつき方を比べるとどうなっていましたか。正しいものに○をつけましょう。

ア（　）葉がついているほうが、多くついた。

イ（　）葉をとったほうが、多くついた。

ウ（　）どちらにも、同じようについた。

(3) 植物のからだの中の水が、水蒸《すいじょう》気《き》になって出ていくことを何といいますか。（　　　　）

6 図のようにして、生き物と空気とのかかわりを調べました。　1つ3点(6点)

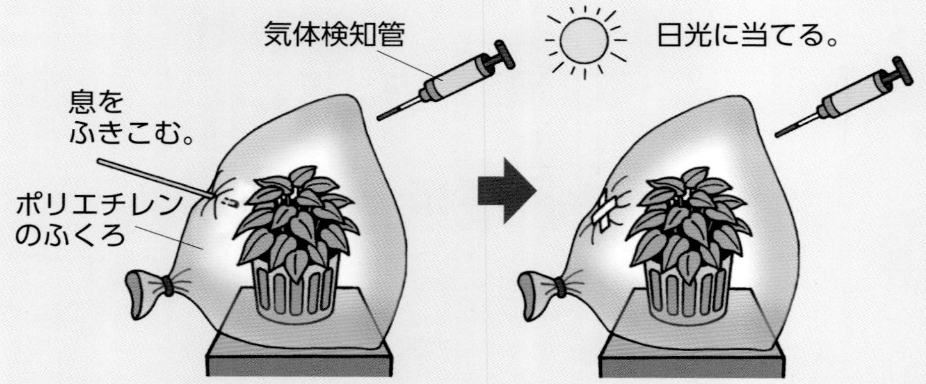

(1) 記述 息をふきこんだのは、ふくろの中の空気の割合《わりあい》をどのようにするためですか。

（　　　　　　　　　　）

(2) 図のように、植物に日光を当てる前と後で、ふくろの中の酸素と二酸化炭素の体積の割合の変化を調べました。正しいものに○をつけましょう。

ア（　）酸素がふえて、二酸化炭素が減る。

イ（　）二酸化炭素がふえて、酸素が減る。

ウ（　）酸素はふえるが、二酸化炭素は変わらない。

エ（　）二酸化炭素はふえるが、酸素は変わらない。

思考・判断・表現

7 ジャガイモの葉㋐～㋒を夕方にアルミニウムはくでおおい、次の表のような実験を行いました。　1つ5点(20点)

夕方	次の日の朝	☀	4～5時間後
㋐ →	アルミニウムはくをはずし、でんぷんがあるかどうか調べる。		
㋑ →	アルミニウムはくをはずす。	日光に当てる。 →	でんぷんがあるかどうか調べる。
㋒ →	そのまま。	日光に当てる。 →	アルミニウムはくをはずし、でんぷんがあるかどうか調べる。

(1) ジャガイモの葉を、アルミニウムはくでおおったのはなぜですか。正しいものに○をつけましょう。

ア（　）葉をやわらかくするため。

イ（　）実験する葉を区別するため。

ウ（　）葉に日光が当たるのを防ぐため。

エ（　）葉から水蒸気が出ていくのを防ぐため。

(2) 葉にでんぷんがあるかどうかを調べる前に、ある薬品を使って葉の緑色をぬきました。ある薬品とは何ですか。

（　　　　）

(3) 葉の緑色をぬいてヨウ素液にひたすと、青むらさき色に変化した葉は、㋐～㋒のどれですか。（　　）

(4) この実験からわかる、ジャガイモの葉がでんぷんをつくるために必要な物は何ですか。（　　　　）

8 下の図は、ある場所の、食べる生き物と食べられる生き物の数の関係を表しています。　1つ5点(20点)

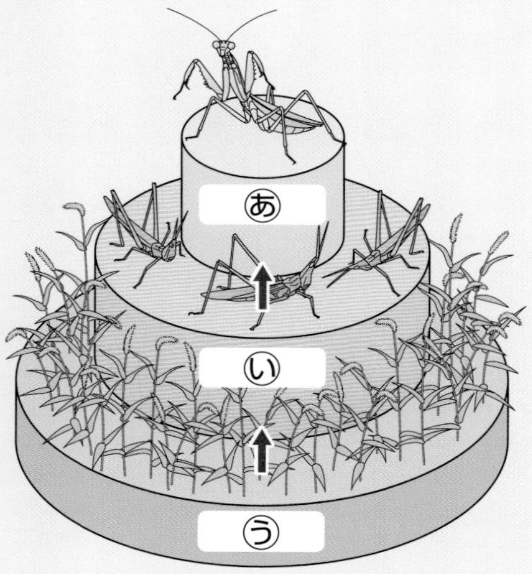

(1) 図のあは、どのような生き物ですか。正しいものに○をつけましょう。

ア（　）植物

イ（　）肉食の動物

ウ（　）草食の動物

(2) 自分で養分をつくることができる生き物は、あ～うのどれですか。

（　　）

(3) 生き物どうしは、「食べる」「食べられる」の関係で、くさりのようにつながっています。このようなつながりを、何といいますか。（　　　　）

(4) 右の写真は、海や川などの水の中にいる小さな生き物です。この生き物を、何といいますか。

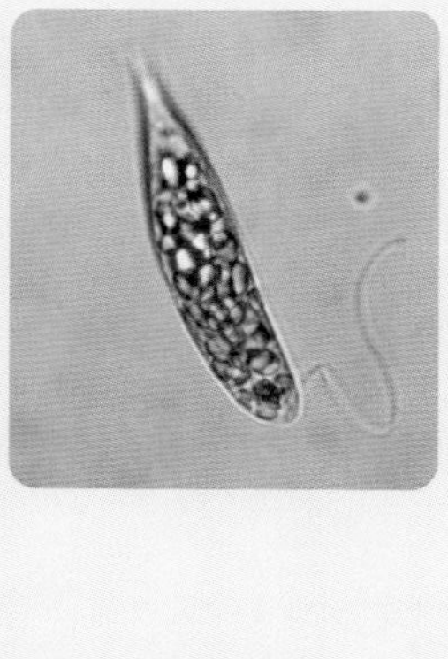

（　　　　）

教科書ぴったりトレーニング

丸つけラクラク解答

東京書籍版
理科６年

この「丸つけラクラク解答」は
とりはずしてお使《つか》いください。

「丸つけラクラク解答」では問題《もんだい》と同じ紙面《しめん》に、赤字で答えを書いています。

①問題がとけたら、まずは答え合わせをしましょう。

②まちがえた問題やわからなかった問題は、てびきを読んだり、教科書を読み返したりしてもう一度《いちど》見直しましょう。

おうちのかたへ では、次のようなものを示しています。

- 学習のねらいやポイント
- 他の学年や他の単元の学習内容とのつながり
- まちがいやすいことやつまずきやすいところ

お子様への説明や、学習内容の把握などにご活用ください。

見やすい答え

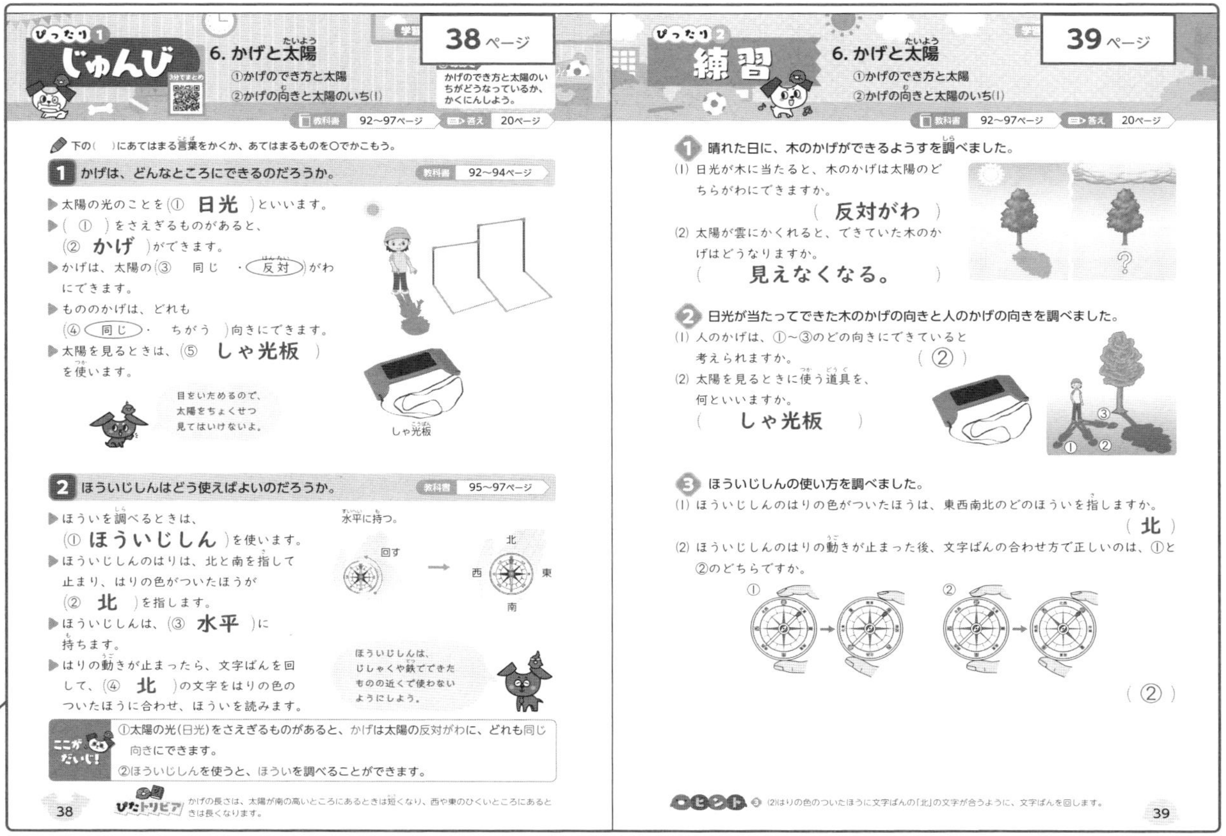
ぴったり1 じゅんび　6. かげと太陽《たいよう》　38ページ
①かげのでき方と太陽
②かげの向《む》きと太陽のいち(1)
かげのでき方と太陽のいちがどうなっているか、かくにんしよう。
教科書 92〜97ページ　答え 20ページ

下の(　)にあてはまる言葉《ことば》をかくか、あてはまるものを○でかこもう。

1 かげは、どんなところにできるのだろうか。　教科書 92〜94ページ
▶太陽の光のことを(① 日光)といいます。
▶(①)をさえぎるものがあると、(② かげ)ができます。
▶かげは、太陽の(③ 同じ ・ 反対)がわにできます。
▶もののかげは、どれも(④ 同じ ・ ちがう)向きにできます。
▶太陽を見るときは、(⑤ しゃ光板)を使《つか》います。
目をいためるので、太陽をちょくせつ見てはいけないよ。
しゃ光板《こうばん》

2 ほういじしんはどう使えばよいのだろうか。　教科書 95〜97ページ
▶ほういを調《しら》べるときは、(① ほういじしん)を使います。
▶ほういじしんのはりは、北と南を指して止まり、はりの色がついたほうが(② 北)を指します。
▶ほういじしんは、(③ 水平)に持ちます。
▶はりの動《うご》きが止まったら、文字ばんを回して、(④ 北)の文字をはりの色のついたほうに合わせ、ほういを読みます。
水平《すいへい》に持つ。　回す　北　西　東　南
ほういじしんは、じしゃくや鉄でできたものの近くで使わないようにしよう。

ここがだいじ！
①太陽の光(日光)をさえぎるものがあると、かげは太陽の反対がわに、どれも同じ向きにできます。
②ほういじしんを使うと、ほういを調べることができます。

ぴたトリビア　かげの長さは、太陽が南の高いところにあるときは短くなり、西や東のひくいところにあるときは長くなります。
38

ぴったり2 練習　6. かげと太陽《たいよう》　39ページ
①かげのでき方と太陽
②かげの向《む》きと太陽のいち(1)
教科書 92〜97ページ　答え 20ページ

1 晴れた日に、木のかげができるようすを調《しら》べました。
(1) 日光が木に当たると、木のかげは太陽のどちらがわにできますか。
(反対がわ)
(2) 太陽が雲にかくれると、できていた木のかげはどうなりますか。
(見えなくなる。)

2 日光が当たってできた木のかげの向きと人のかげの向きを調べました。
(1) 人のかげは、①〜③のどの向きにできていると考えられますか。 (②)
(2) 太陽を見るときに使う道具《どうぐ》を、何といいますか。
(しゃ光板)

3 ほういじしんの使い方を調べました。
(1) ほういじしんのはりの色がついたほうは、東西南北のどのほういを指《さ》しますか。
(北)
(2) ほういじしんのはりの動《うご》きが止まった後、文字ばんの合わせ方で正しいのは、①と②のどちらですか。
(②)

ヒント　3 (2)はりの色のついたほうに文字ばんの「北」の文字が合うように、文字ばんを回します。
39

39ページ　てびき

1 (1)かげは太陽《たいよう》の反対《はんたい》がわにできます。
(2)日光をさえぎるものがあると、かげができます。日光が当たらなければ、かげはできません。

2 (1)かげはどれも同じ向《む》きにできるため、人のかげは木のかげと同じ向きにできます。
(2)目をいためるので、ぜったいに太陽をちょくせつ見てはいけません。

3 (1)ほういじしんのはりの色がついたほうは、北を向いて止まります。
(2)ほういじしんのはりの動きが止まってから、文字ばんを回して、「北」の文字をはりの色のついたほうに合わせます。

くわしいてびき

おうちのかたへ

おうちのかたへ　6. かげと太陽
日光により影ができること、太陽が動くと影も動くこと、日なたと日かげではようすが違うことを学習します。太陽と影(日かげ)との関係が考えられるか、日なたと日かげの違いについて考えることができるか、などがポイントです。

※紙面はイメージです。

ぴったり1 準備

1. 物の燃え方と空気

①物が燃え続けるには 1

3分でまとめ

集気びんの中でろうそくを燃やし続ける方法を確認しよう。

教科書 11〜15ページ　答え 2ページ

次の(　)にあてはまる言葉をかこう。

1 集気びんの中でろうそくを燃やし続けるには、どうすればよいのだろうか。　教科書 11〜15ページ

▶底のない集気びんの上や下に(① **すき間**)をつくって、ろうそくを燃やし続ける方法を調べる。

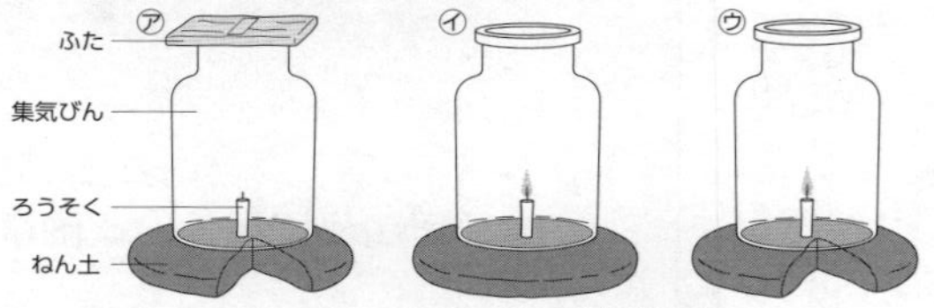

ふた
集気びん
ろうそく
ねん土
㋐
㋑
㋒

- 下に(①)をつくった㋐では、ろうそくの火は、(② **消えた**)。
- 上に(①)をつくった㋑では、ろうそくの火は、(③ **燃え続けた**)。
- 上と下に(①)をつくった㋒では、ろうそくの火は、(④ **燃え続けた**)。

▶底のない集気びんの(①)に線こうのけむりを近づけて、(⑤ **空気**)の動き方を調べる。

火のついた線こう

▶㋑と㋒では、集気びんの(⑥ **中**)に線こうのけむりが吸《す》いこまれ、集気びんの(⑦ **外**)に出ていった。

▶物が燃え続けるには、常に(⑧ **空気**)が入れかわる必要がある。

▶空気は、ちっ素《そ》、酸素《さんそ》、二酸化炭素《にさんかたんそ》などの(⑨ **気体**)が混じり合ってできている。

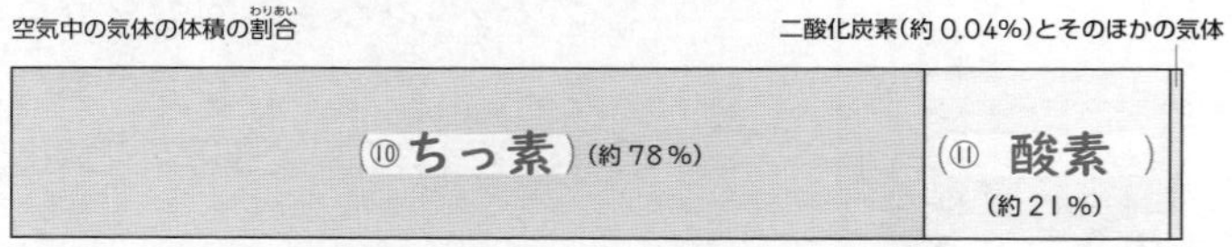

空気中の気体の体積の割合《わりあい》
二酸化炭素(約 0.04%)とそのほかの気体
(⑩ ちっ素)(約 78%)
(⑪ 酸素)
(約 21%)

ここがだいじ!
①物が燃え続けるには、常に空気が入れかわる必要がある。
②空気は、ちっ素《そ》、酸素《さんそ》、二酸化炭素《にさんかたんそ》などの気体が混じり合ってできている。

ぴたトリビア　ふたをしたびんの中にある火のついたろうそくはやがて火が消えますが、酸素のすべてが使われるわけではありません。

ぴったり2 練習

1. 物の燃え方と空気

①物が燃え続けるには 1

教科書 11〜15ページ　答え 2ページ

1 図のように、集気びんやねん土、ふたなどを使って、ろうそくの燃え方を調べました。

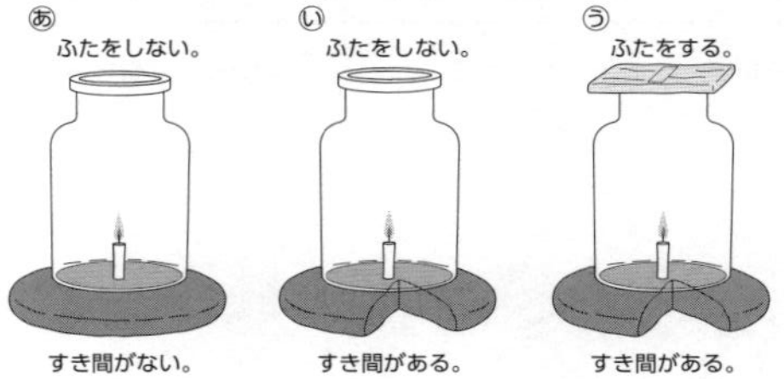

㋐ ふたをしない。
㋑ ふたをしない。
㋒ ふたをする。
すき間がない。
すき間がある。
すき間がある。

(1) ろうそくの火が、最初に消えるのはどれですか。㋐〜㋒から選びましょう。
(㋒)

(2) 集気びんの上や下のすき間に、火のついた線こうを近づけました。けむりが集気びんの中に入らないのはどれですか。正しいもの2つに○をつけましょう。

ア(　)㋐の集気びんの上のすき間に線こうを近づけたとき。
イ(○)㋑の集気びんの上のすき間に線こうを近づけたとき。
ウ(　)㋑の集気びんの下のすき間に線こうを近づけたとき。
エ(○)㋒の集気びんの下のすき間に線こうを近づけたとき。

(3) 物が燃え続けるには、どのようなことが必要ですか。次の文の(　)にあてはまる言葉をかきましょう。

物が燃え続けるには、常に(**空気**)が入れかわる必要がある。

2 空気中の気体の体積の割合《わりあい》をグラフにまとめました。

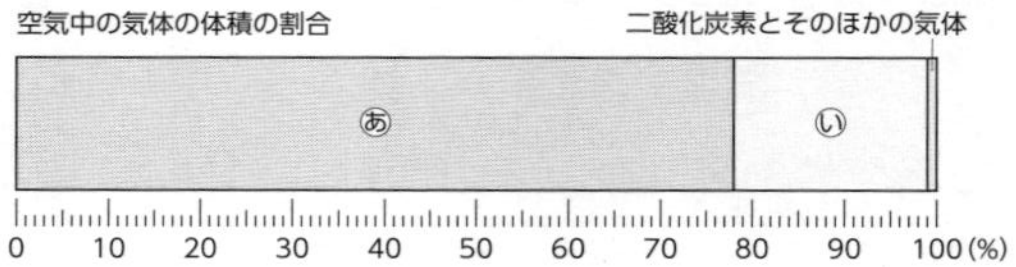

空気中の気体の体積の割合
二酸化炭素とそのほかの気体
㋐
㋑
0 10 20 30 40 50 60 70 80 90 100(%)

(1) 図のようなグラフを何といいますか。正しいものに○をつけましょう。

ア(　)折れ線グラフ
イ(　)棒《ぼう》グラフ
ウ(○)帯グラフ
エ(　)円グラフ

(2) 空気中にふくまれている気体㋐、㋑は、それぞれ何ですか。

㋐(**ちっ素**)
㋑(**酸素**)

ヒント　❶ (1) 空気の入れかわりがないと、ろうそくの火は消えます。

3ページ　**てびき**

❶ (1)空気が入れかわらないものの火が、最初に消えます。
(2)空気の動きは、次のようになります。
㋐…ろうそくの真上の空気はあたためられて上に動きます。その減った分だけ、空気が上から中に入っていきます。
㋑…上から出ていった空気の分だけ、下のすき間から空気が中に入っていきます。
㋒…あたためられた空気が上からたまっていき、下のすき間から空気は中に入っていきません。

❷ (1)空気中の気体の体積の割《わり》合《あい》は、帯グラフだけでなく、下のように、円グラフを使って表すこともできます。

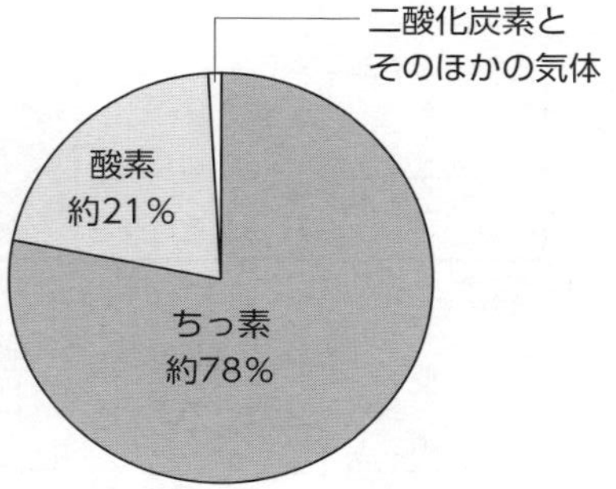

二酸化炭素とそのほかの気体
酸素
約21%
ちっ素
約78%

おうちのかたへ　1. 物の燃え方と空気

物が燃えるときの空気の変化を学習します。物が燃えるときには空気中の酸素の一部が使われて二酸化炭素ができること、空気には窒素、酸素、二酸化炭素などが含まれていて、酸素には物を燃やすはたらきがあることを理解しているか、気体検知管や石灰水などを使って空気の性質を調べることができるか、などがポイントです。

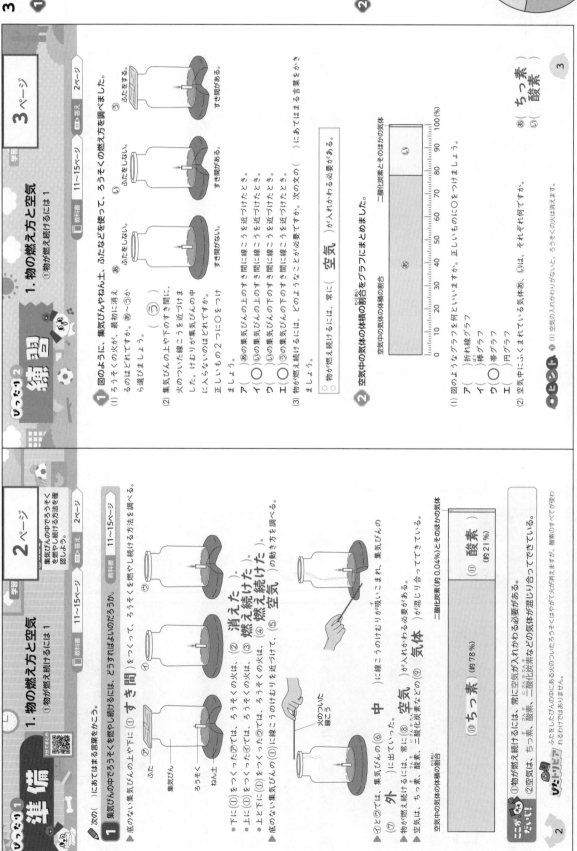

ぴったり1 準備

1. 物の燃え方と空気

①物が燃え続けるには 2

学習 4ページ

物を燃やすはたらきのある気体を確認しよう。

教科書 15~17ページ　答え 3ページ

次の(　)にあてはまる言葉をかこう。

1 物を燃やすはたらきのある気体は、ちっ素、酸素、二酸化炭素のうちのどれだろうか。　教科書 15~17ページ

▶空気は、(① ちっ素)(体積の割合《わりあい》で約78%)、(② 酸素)(体積の割合で約21%)、(③二酸化炭素)(体積の割合で約0.04%)などの気体が混じり合ってできている。

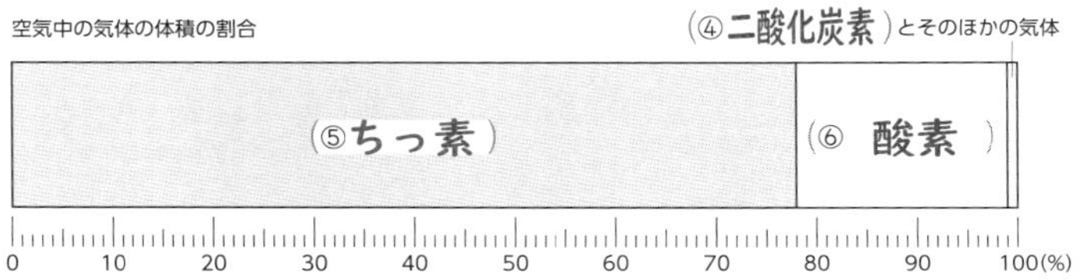

空気中の気体の体積の割合　(④二酸化炭素)とそのほかの気体

(⑤ちっ素)	(⑥ 酸素)	

0　10　20　30　40　50　60　70　80　90　100(%)

▶気体の集気びんへの入れ方

- (⑦ 水)で満たした集気びんを水中で逆さにする。
- 集気びんの(⑧ 7~8)分目まで気体を入れ、(⑨ ふた)をしてとり出す。

空気中にふくまれている水蒸気《すいじょうき》の体積は、除《のぞ》いて考えているんだね。

▶物を燃やすはたらきのある気体を調べる。

集気びんに入れた気体	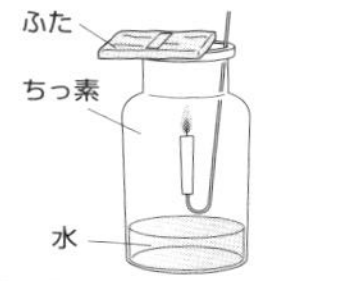 ふた ちっ素 水	 酸素 水	 二酸化炭素 水
ろうそくの火(燃えたか消えたか。)	(⑩ 消えた)	(⑪ 燃えた)	(⑫ 消えた)

▶(⑬ 酸素)には、物を燃やすはたらきがある。
▶(⑭ ちっ素)や(⑮二酸化炭素)には、物を燃やすはたらきはない。

ここがだいじ! ①酸素には、物を燃やすはたらきがある。
②ちっ素や二酸化炭素には、物を燃やすはたらきはない。

ぴたトリビア　物が燃えるためには、酸素、燃える物、適切な温度が必要です。どれか1つでもとり除《のぞ》けば、火を消すことができます。

ぴったり2 練習

1. 物の燃え方と空気

①物が燃え続けるには 2

学習 5ページ

教科書 15~17ページ　答え 3ページ

1 空気中の気体の体積の割合《わりあい》を、帯グラフにまとめました。

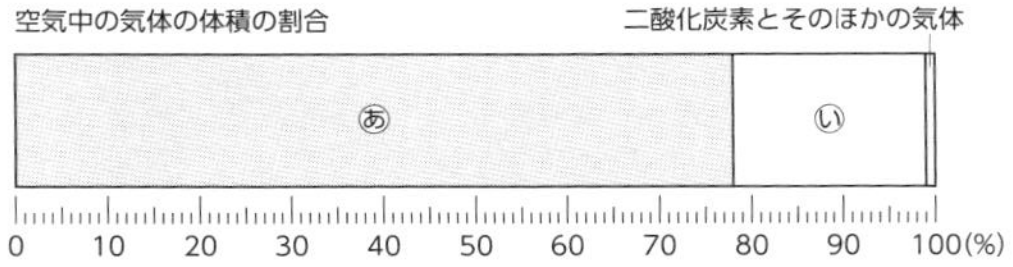

空気中の気体の体積の割合　二酸化炭素とそのほかの気体

あ	い	

0　10　20　30　40　50　60　70　80　90　100(%)

(1) 空気中にいちばん多くふくまれている気体あは何ですか。
(ちっ素)

(2) 空気中にふくまれている気体あ、いで、物を燃やすはたらきがあるのはどちらですか。記号で答えましょう。
(い)

2 ボンベに入っている気体を集めて、物を燃やすはたらきがあるかどうかを調べました。

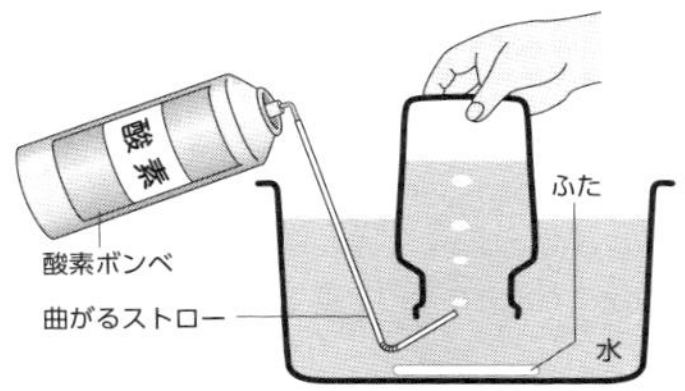

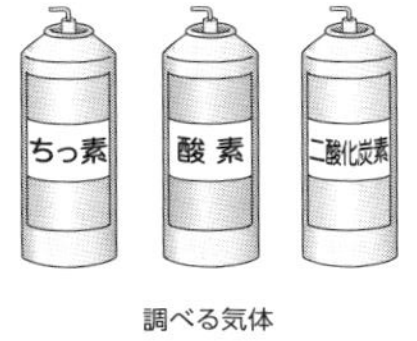

(1) 集気びんには、気体をどれくらい集めますか。正しいものに○をつけましょう。
ア(　)集気びんの2~3分目まで気体を集める。
イ(　)集気びんの5分目まで気体を集める。
ウ(○)集気びんの7~8分目まで気体を集める。
エ(　)集気びんからあふれるほど気体を集める。

(2) ちっ素、酸素、二酸化炭素が入った集気びんに、火のついているろうそくを入れて、ふたをしました。ろうそくの火が激《はげ》しく燃えた気体は何ですか。正しいものに○をつけましょう。
ア(　)ちっ素　イ(○)酸素　ウ(　)二酸化炭素

(3) 物を燃やすはたらきがある気体には○を、物を燃やすはたらきがない気体には×を、それぞれつけましょう。
ア(×)ちっ素　イ(○)酸素　ウ(×)二酸化炭素

5ページ てびき

1 (1)空気全体の体積の約78%はちっ素、約21%は酸素です。
(2)物を燃やすはたらきがある気体は、酸素です。

2 (1)集めた気体の中で、物を燃やす実験をするので、燃えて熱くなった物が落ちて、集気びんが割《わ》れないように、水を残します。
(2)、(3)物を燃やすはたらきがある気体は、酸素です。また、ちっ素や二酸化炭素には、物を燃やすはたらきはありません。

おうちのかたへ
燃やす物は木やろうそくなど(植物体)で、金属の燃焼は扱いません。また、物が燃えると、酸素が使われて(減って)、二酸化炭素ができる(増える)ことは扱いますが、重さ(質量)や原子の数による説明は扱いません。原子・分子による説明や化学変化については、中学校理科で学習します。

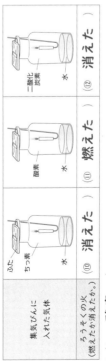

1. 物の燃え方と空気

②空気の変化

物が燃える前後で、空気はどのように変わるのかを確認しよう。

次の(　)にあてはまる言葉をかこう。

1 物が燃える前と物が燃えた後で、空気は、どのように変わるのだろうか。 教科書 18〜22ページ

▶気体検知管で調べる。

- (①**気体検知管**)を使うと、空気中の酸素や二酸化炭素の(②**体積**)の割合《わりあい》をはかることができる。
- (③**酸素**)用検知管は、熱くなるので、ゴムのカバーの部分を持つ。
- (④**二酸化炭素**)用検知管には、0.03〜1%用と0.5〜8%用がある。
- ろうそくが燃えると、空気中の(⑤**酸素**)の体積の割合が小さくなる。

酸素の体積の割合

燃える前の空気　21%ぐらい

燃えた後の空気　17%ぐらい

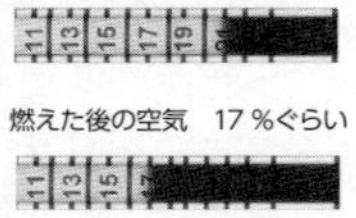

▶酸素センサーで調べる。

- 酸素センサーで、それぞれの集気びんの中の空気にふくまれる(⑥**酸素**)の体積の(⑦**割合**)を調べる。
- 燃える前の空気と燃えた後の空気で、表示された数値《すうち》が大きいのは(⑧**燃える前**)の空気である。

二酸化炭素の体積の割合

燃える前の空気　0.04%ぐらい

燃えた後の空気　3%ぐらい

▶石灰水《せっかいすい》で調べる。

- (⑨**石灰水**)に二酸化炭素を通すと、白くにごる。
- 石灰水を集気びんに入れ、(⑩**ふた**)をしっかりとおさえて、ふる。
- 燃える(⑪**前**)の空気では、石灰水が変化しなかった。
- 燃えた(⑫**後**)の空気では、石灰水が白くにごった。
- 石灰水が白くにごったことから、ろうそくが燃えた後の空気では、(⑬**二酸化炭素**)がふえたことがわかる。

▶物が燃えると、空気中の(⑭**酸素**)の一部が使われて、(⑮**二酸化炭素**)ができる。

ここがだいじ!
①空気の変化は、気体検知管や酸素センサー、石灰水《せっかいすい》を使って調べることができる。
②物が燃えると、空気中の酸素の一部が使われて、二酸化炭素ができる。

ぴたトリビア 鉄などの金属も燃えます。ただし、燃えるときに、酸素は使われますが、二酸化炭素はできません。

1. 物の燃え方と空気

②空気の変化

1 ろうそくが燃える前と燃えた後の空気を、あ〜うの気体検知管を使って調べました。

(1) 気体検知管を使うと、何を調べることができますか。正しいものに○をつけましょう。

ア(　)気体の体積
イ(○)気体の体積の割合《わりあい》
ウ(　)気体の重さ

(2) それぞれの気体検知管のうち、酸素を調べるためのものはあ〜うのどれですか。　(あ)

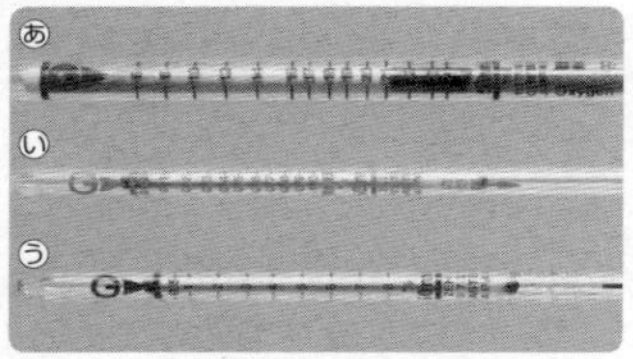

(3) ろうそくが燃えた後の空気にふくまれる気体の量は、燃える前と比べて、どのように変わりますか。それぞれ、正しいものに○をつけましょう。

①酸素　ア(○)減る。　イ(　)変わらない。　ウ(　)ふえる。
②二酸化炭素　ア(　)減る。　イ(　)変わらない。　ウ(○)ふえる。

2 酸素センサーで、燃える前の空気と燃えた後の空気を調べました。

(1) 酸素センサーは、空気中にふくまれる何の気体の体積の割合を調べることができますか。正しいものに○をつけましょう。

ア(　)ちっ素　イ(○)酸素　ウ(　)二酸化炭素

(2) 燃える前の空気と燃えた後の空気を酸素センサーで調べたとき、表示された数値《すうち》が小さいのはどちらですか。正しいものに○をつけましょう。

ア(　)燃える前の空気　イ(○)燃えた後の空気

3 ろうそくが燃える前と燃えた後の空気を、石灰水《せっかいすい》を使って調べました。

(1) 図のように、集気びんの中でろうそくを燃やして、火が消えたらろうそくをとり出し、ふたをして集気びんを軽くふると、石灰水はどうなりますか。正しいものに○をつけましょう。

ア(　)青むらさき色になる。
イ(○)白くにごる。
ウ(　)ほとんど変わらない。

石灰水

(2) 石灰水の色の変化から、量の変化がわかる気体はどれですか。正しいものに○をつけましょう。

ア(　)ちっ素　イ(　)酸素　ウ(○)二酸化炭素

(3) ろうそくが燃えた後、(2)の気体の量はどうなりましたか。正しいものに○をつけましょう。

ア(　)減った。　イ(　)変わらなかった。　ウ(○)ふえた。

7ページ　てびき

1 (1)、(2)気体検知管の種類によって、調べられる気体の種類と、体積の割合《わりあい》(こさ)のはん囲が決まっています。
あ酸素用検知管
い二酸化炭素用検知管(0.03〜1%用)
う二酸化炭素用検知管(0.5〜8%用)
(3)ろうそくが燃えると、空気中の酸素の一部が使われて、二酸化炭素ができます。

2 (2)燃えた後の空気は、燃える前の空気よりも酸素が少なくなります。

3 (1)石灰水《せっかいすい》に、二酸化炭素を通すと、白くにごります。このことから、気体中に二酸化炭素がふくまれているかどうかを調べることができます。
(2)、(3)ろうそくが燃える前の空気では変化しなかった石灰水が、ろうそくが燃えた後の空気では白くにごることから、二酸化炭素の量がふえたことがわかります。

ぴったり3
確かめのテスト
1. 物の燃え方と空気

8ページ

/100 合格70点

教科書 10～25ページ　答え 5ページ

1 3本の集気びんにそれぞれちっ素、酸素、二酸化炭素を入れ、写真のように火のついたろうそくを入れてふたをしました。　1つ4点(12点)

(1) 火のついたろうそくが激《はげ》しく燃えたのは、どの気体ですか。正しいものに○をつけましょう。

ア(　)ちっ素
イ(○)酸素
ウ(　)二酸化炭素

(2) (1)のろうそくをそのままにしておくと、火はどうなりますか。
(　消える。　)

(3) 次の文の(　)にあてはまる言葉をかきましょう。

ちっ素や二酸化炭素には、物を燃やすはたらきが(　ない　)。

2 気体検知管を使って、物が燃える前と物が燃えた後の気体の体積の割合《わりあい》を調べました。　技能　1つ7点(28点)

(1) 右の図は、この実験で使った気体検知管のようすを表したものです。

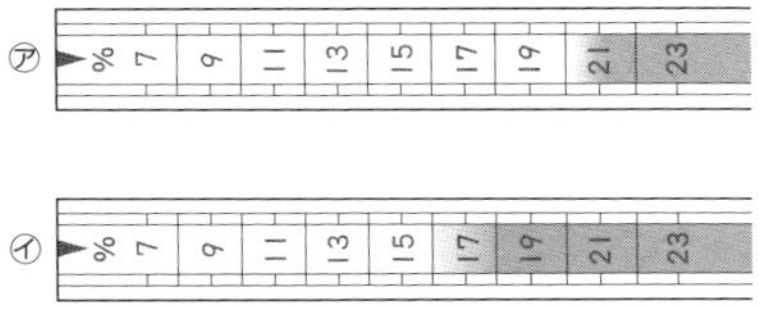
㋐
%
7
9
11
13
15
17
19
21
23
㋑
%
7
9
11
13
15
17
19
21
23

①図の気体検知管で調べた気体は何ですか。　(　酸素　)

②㋐の目盛《めも》りは、何%と読みますか。
(　21%　)

③物が燃えた後の気体検知管は、㋐、㋑のどちらですか。　(　㋑　)

(2) 別のグループが調べた気体検知管は、右のように、ななめに色が変わりました。この目盛りはどのように読みとればよいですか。正しいものに○をつけましょう。

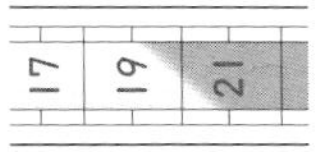
17
19
21

ア(　)19%と読みとる。　イ(○)20%と読みとる。
ウ(　)21%と読みとる。　エ(　)読みとれないので、もういちどはかり直す。

9ページ

学習

よく出る

3 物が燃える前と燃えた後の気体の体積の割合の変化をグラフにまとめました。　1つ6点(30点)

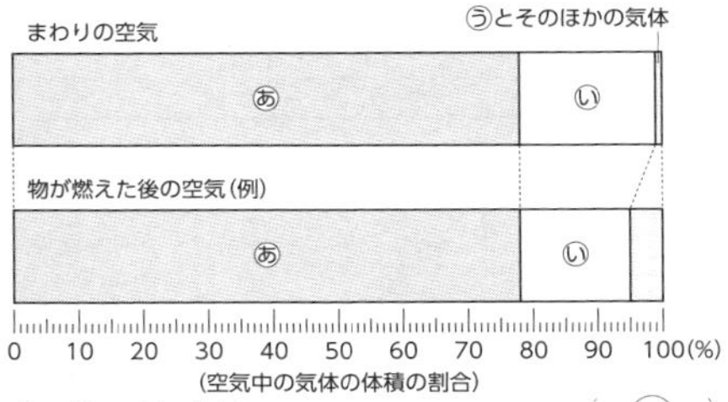
まわりの空気
㋒とそのほかの気体
㋐
㋑
物が燃えた後の空気(例)
㋐
㋑
0 10 20 30 40 50 60 70 80 90 100(%)
(空気中の気体の体積の割合)

(1) 物が燃える前と物が燃えた後で、体積の割合が変わらない気体㋐は何ですか。(　ちっ素　)

(2) 物が燃えた後で、体積の割合が減っている気体㋑は何ですか。
(　酸素　)

(3) 物が燃えた後で、体積の割合がふえている気体㋒は何ですか。
(二酸化炭素)

(4) 物を燃やすはたらきのある気体は、㋐～㋒のどれですか。　(　㋑　)

(5) 石灰水《せっかいすい》を白くにごらせるはたらきのある気体は、㋐～㋒のどれですか。　(　㋒　)

できたらスゴイ!

4 はるかさんたちは、キャンプファイヤーを計画しています。　思考・表現　1つ10点(30点)

(1) はるかさんたちは、物が燃える条件について、意見を出し合いました。このなかに、一人だけ、まちがった意見を出している人がいます。その人に○をつけましょう。

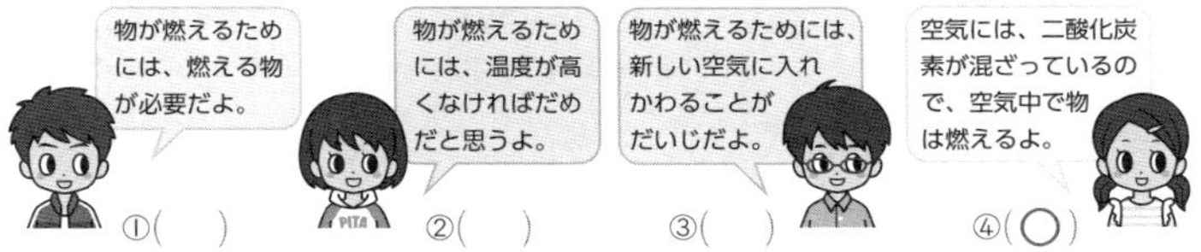
物が燃えるためには、燃える物が必要だよ。
物が燃えるためには、温度が高くなければだめだと思うよ。
物が燃えるためには、新しい空気に入れかわることがだいじだよ。
空気には、二酸化炭素が混ざっているので、空気中で物は燃えるよ。

①(　)　②(　)　③(　)　④(○)

(2) キャンプファイヤーをするときの、まきの積み方を考えます。

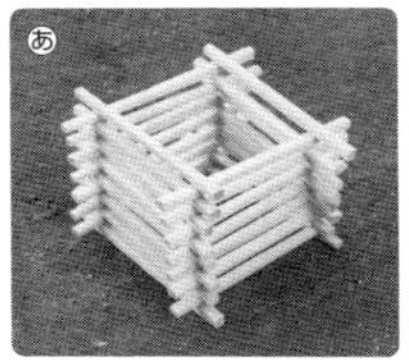
㋐

㋑

①よく燃えるまきの積み方は、㋐、㋑のどちらですか。　(　㋐　)

② 記述 ①で、そのまきの積み方を選んだのはなぜですか。物がよく燃える条件とのかかわりがわかるようにかきましょう。

(㋐の積み方にはすき間があるので、)どのまきにも、空気(酸素)が、よくいきわたるから。

ふりかえり
3の問題がわからなかったときは、4ページの1と6ページの1にもどってたしかめましょう。
4の問題がわからなかったときは、2ページの1と4ページの1にもどってたしかめましょう。

8～9ページ　てびき

1 (1)、(3)酸素には、物を燃やすはたらきがありますが、ちっ素や二酸化炭素には、物を燃やすはたらきはありません。

2 (1)①読みとれる気体の体積の割合《わりあい》から、酸素用であることがわかります。
②およそ20.6%から21.4%くらいの間で色が変わっているので、中間のこさの目盛《めも》りを読みます。
③物が燃えた後、酸素の体積の割合が小さくなります。
(2)ななめに色が変わっているときは、その中間の目盛りを読みます。

3 (1)～(3)空気は、ちっ素(全体の体積の約78%)、酸素(約21%)、二酸化炭素(約0.04%)などの気体が混じり合ってできています。
(4)物を燃やすはたらきのある気体は酸素です。
(5)石灰水《せっかいすい》を白くにごらせるはたらきのある気体は二酸化炭素です。

4 (1)空気中で物は燃えますが、二酸化炭素に物を燃やすはたらきはありません。
(2)(1)で話し合われたように、物が燃えるには、次の3つの条件がそろうことが必要です。
1. 燃える物がある。
2. 物が燃え出すほど温度が高くなっている。
3. 物が酸素にふれている。

ご飯は、だ液によって別の物に変化するのかを確認しよう。

教科書 27~31ページ　答え 6ページ

次の(　)にあてはまる言葉をかくか、あてはまるものを○でかこもう。

1 ご飯は、だ液によって別の物に変化するのだろうか。

教科書 27~31ページ

▶だ液がでんぷんを変化させるか調べる。

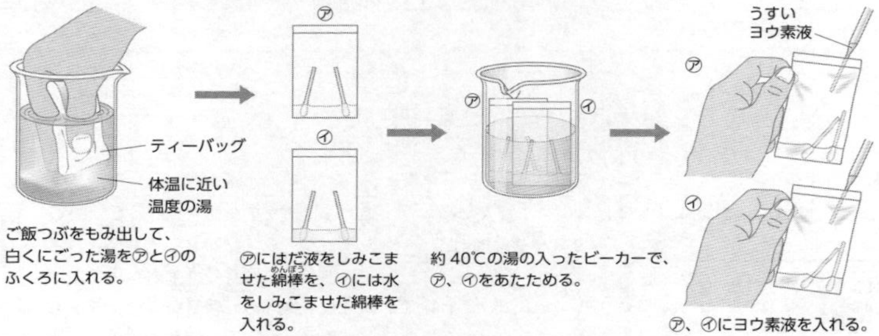

ティーバッグ
体温に近い温度の湯
ご飯つぶをもみ出して、白くにごった湯を㋐と㋑のふくろに入れる。
㋐
㋑
㋐にはだ液をしみこませた綿棒《めんぼう》を、㋑には水をしみこませた綿棒を入れる。
約 40℃の湯の入ったビーカーで、㋐、㋑をあたためる。
うすいヨウ素液
㋐、㋑にヨウ素液を入れる。

- ご飯つぶを約(① 40)℃の湯にもみ出し、白くにごった湯を㋐と㋑のふくろに入れる。
- ㋐にはだ液をしみこませた綿棒を、㋑には水をしみこませた綿棒を入れ、㋐と㋑を約 40℃の湯の入ったビーカーで、5分ぐらいあたためる。
- ㋐にヨウ素液を入れると、ヨウ素液の色が(② 変化した ・ 変化しなかった)。このことから、だ液を入れた㋐には、でんぷんが(③ ある ・ ない)ことがわかる。
- ㋑にヨウ素液を入れると、ヨウ素液の色が(④ 変化した ・ 変化しなかった)。このことから、だ液を入れなかった㋑には、でんぷんが(⑤ ある ・ ない)ことがわかる。
- ご飯にふくまれるでんぷんは、口《くち》の中で、(⑥ だ液)によって(⑦ 別の物 ・ いらない物)に変化する。

▶食べ物が、歯などで細かくされたり、(⑥)などでからだに吸収《きゅうしゅう》されやすい(⑧ 養分)に変えられたりすることを、(⑨ 消化)という。

▶だ液のように、食べ物を消化するはたらきをもつ液を、(⑩ 消化液)という。

ヨウ素液は、でんぷんを青むらさき色に変える性質があるよ。

ここがだいじ!
①ご飯にふくまれるでんぷんは、口の中で、だ液によって別の物に変化する。
②食べ物が細かくされたり、からだに吸収《きゅうしゅう》されやすい養分に変えられたりすることを消化《しょうか》という。

ぴたトリビア　養分はからだをつくる材料となったり、からだを動かすエネルギーとして使われたりします。

教科書 27~31ページ　答え 6ページ

1 だ液によってでんぷんが変化するかどうかを調べました。

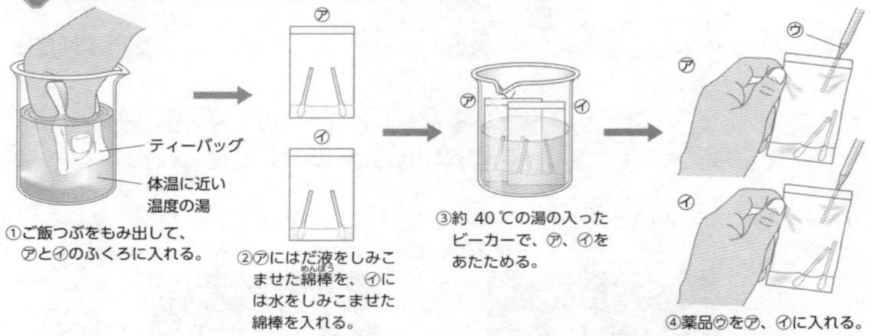

ティーバッグ
体温に近い温度の湯
①ご飯つぶをもみ出して、㋐と㋑のふくろに入れる。
㋐
㋑
②㋐にはだ液をしみこませた綿棒《めんぼう》を、㋑には水をしみこませた綿棒を入れる。
③約 40℃の湯の入ったビーカーで、㋐、㋑をあたためる。
㋒
④薬品㋒を㋐、㋑に入れる。

(1) ④で、でんぷんがあるかどうかを調べるために使った薬品㋒を何といいますか。
(ヨウ素液)

(2) 薬品㋒をでんぷんの入った液に入れると、何色に変化しますか。
(青むらさき色)

(3) 薬品㋒を㋐と㋑に入れたとき、色が変化しなかったのはどちらですか。
(㋐)

(4) この実験から、でんぷんは、だ液によって、別の物に変化したといえますか、いえませんか。
(いえる。)

2 食べ物が口《くち》の中でどのように変化するかを調べました。

(1) 食べ物が歯などで細かくされたり、だ液などでからだに吸収《きゅうしゅう》されやすい養分に変えられたりすることを、何といいますか。
(消化)

(2) だ液のように、食べ物をからだに吸収されやすい養分に変えるはたらきをもつ液を、何といいますか。
(消化液)

(3) だ液のはたらきについて、正しいものに○をつけましょう。
ア(　)食べ物をかみくだいたり、すりつぶしたりする。
イ(○)食べ物にふくまれるでんぷんを別の物に変化させる。
ウ(　)食べ物にふくまれるでんぷんをそのままにしておく。

ヒント　1 (3)、(4) でんぷんがあれば、ヨウ素液の色は変化しますが、でんぷんがなければ、ヨウ素液の色は変化しません。

11ページ　てびき

1 (1)、(2)ヨウ素液は、でんぷんを青むらさき色に変える性質があります。
(3)、(4)㋐と㋑を比べることで、でんぷんは、だ液によって、別の物に変化することがわかります。

2 (3)口《くち》の中で、食べ物は歯でかみくだかれ、だ液と混ざります。

おうちのかたへ
消化や吸収を扱っていますが、養分は「でんぷん」のみを扱い、「でんぷん」が変化することは扱いますが、何に分解されるかは扱いません。消化や吸収の詳しいしくみについては、中学校理科で学習します。

おうちのかたへ　2. 動物のからだのはたらき
人や動物の体のつくりと消化・吸収、呼吸、血液の循環のはたらきを学習します。ここでは、消化管を通る間に食べ物が消化・吸収されること、肺で酸素を取り入れ、二酸化炭素を排出していること、心臓のはたらきで血液は体内を巡り、養分や酸素、二酸化炭素を運ぶことを理解しているか、などがポイントです。

ぴったり1 準備

2. 動物のからだのはたらき

①食べ物のゆくえ 2

12ページ

学習 食べ物は、どのように消化・吸収されていくのかを確認しよう。

教科書 31～33ページ　答え 7ページ

次の（　）にあてはまる言葉をかこう。

1 口《くち》から入った食べ物は、その後どのようにして消化《しょうか》され、吸収《きゅうしゅう》されていくのだろうか。　教科書 31～33ページ

▶口から入った食べ物は、食道、（① 胃 ）、（② 小腸 ）へと運ばれながら、消化液のはたらきによって消化される。

▶消化された食べ物の養分は、水とともに、主に（③ 小腸 ）で吸収され、（③）を通る血管から、血液にとり入れられて全身《ぜんしん》に運ばれる。

▶小腸《しょうちょう》で吸収されなかった物は、（④ 大腸 ）に運ばれて、さらに水が吸収され、残りはこう門からふんとしてからだの外に出される。

▶口からこう門までの食べ物の通り道を、（⑤ 消化管 ）という。

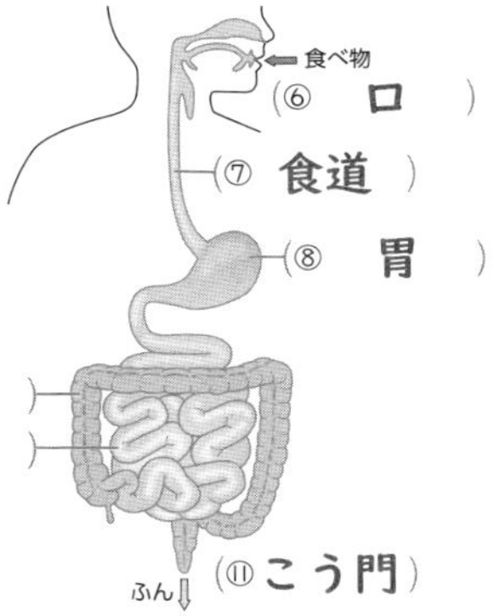

▶小腸で吸収された養分は、（⑫ 血液 ）によって（⑬ 肝臓 ）に運ばれる。

▶肝臓《かんぞう》は、運ばれてきた養分の一部を一時的にたくわえ、必要なときに、全身に送り出すはたらきをしている。

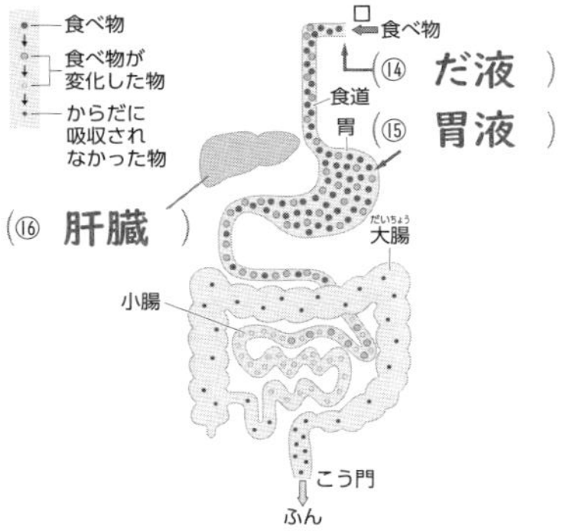

⑭、⑮には、出される消化液をかこう。

ここが だいじ！

①食べ物が通る、口、食道、胃《い》、小腸《しょうちょう》、大腸《だいちょう》、こう門までの通り道を消化管《しょうかかん》という。

②消化管では、だ液や胃液のような消化液《しょうかえき》によって、食べ物が消化される。

③小腸で吸収《きゅうしゅう》された養分は、血液によって肝臓《かんぞう》に運ばれる。

ぴたトリビア 小腸の内側はひだになっていて、多くのとっきがあります。消化された物は、とっきの中にある細い血管で吸収《きゅうしゅう》されます。

ぴったり2 練習

2. 動物のからだのはたらき

①食べ物のゆくえ 2

13ページ

教科書 31～33ページ　答え 7ページ

1 図は、人のからだの一部を表したものです。

(1) あ～おの名前をかきましょう。

あ（ 食道 ）
い（ 肝臓 ）
う（ 胃 ）
え（ 小腸 ）
お（ 大腸 ）

(2) 図で、消化管はどこですか。その部分を色でぬりつぶしましょう。

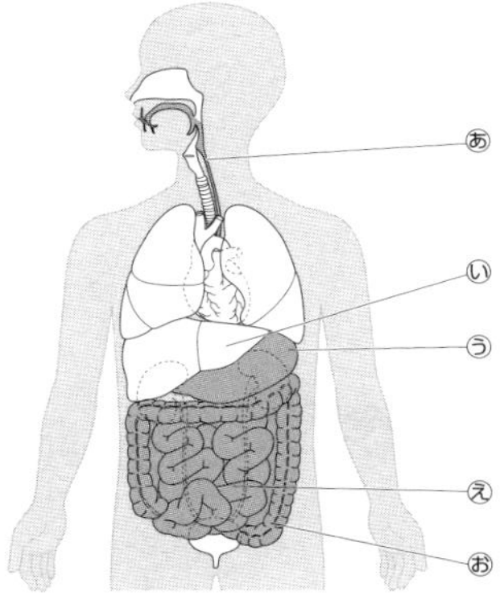

2 人のからだに入った食べ物は、消化管を通る間に変化して、吸収《きゅうしゅう》されます。

(1) 食べ物が、歯などで細かくされたり、だ液などでからだに吸収されやすい養分に変えられたりすることを何といいますか。（ 消化 ）

(2) だ液や胃液《いえき》のように、食べ物をからだに吸収されやすい養分に変えるはたらきをもつ液を何といいますか。（ 消化液 ）

(3) だ液がはたらく、食べ物にふくまれている養分は何ですか。（ でんぷん ）

(4) 食べ物にふくまれていた養分は、主にどこで吸収されますか。正しいものに○をつけましょう。

ア（　）食道　イ（　）胃　ウ（○）小腸《しょうちょう》
エ（　）大腸《だいちょう》　オ（　）肝臓《かんぞう》

(5) (4)で吸収された養分が、血液によって運ばれ、たくわえられるのはどこですか。正しいものに○をつけましょう。

ア（　）食道　イ（　）胃　ウ（　）小腸
エ（　）大腸　オ（○）肝臓

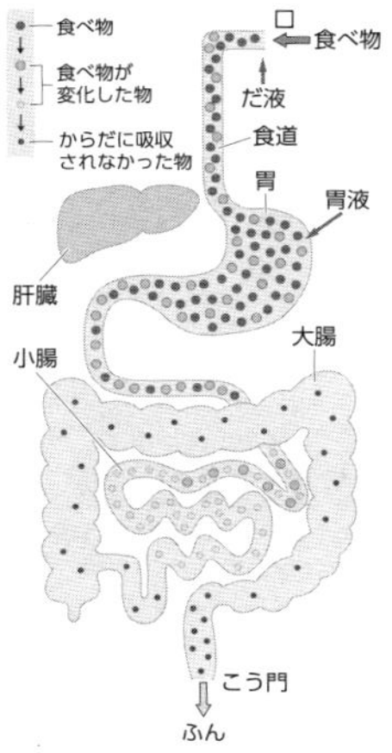

ヒント 1 肝臓は消化管ではありません。

13ページ　てびき

1 (1)あ～おは、どれも、消化・吸収《きゅうしゅう》に関係していますが、いの肝臓《かんぞう》は消化管ではありません。

(2)消化管は、口《くち》→食道(あ)→胃《い》(う)→小腸《しょうちょう》(え)→大腸《だいちょう》(お)→こう門とつながっています。

2 (1)、(2)消化には、食べ物が細かくくだかれる消化と、食べ物が消化液によって、水にとける別の物に変えられる消化があります。

(3)食べ物にふくまれるでんぷんは、だ液によって、別の物に変化します。

(4)消化された養分は、主に小腸で吸収されます。

(5)肝臓は、運ばれてきた養分の一部を一時的にたくわえ、必要なときに、全身に送り出すはたらきをしています。

ぴったり1 準備

2. 動物のからだのはたらき
②吸《す》う空気とはく空気

14ページ

人やほかの動物は、空気を吸って何をとり入れているのかを確認しよう。

教科書 34〜37ページ　答え 8ページ

次の（　）にあてはまる言葉をかくか、あてはまるものを○でかこもう。

1 人やほかの動物は、空気を吸って、空気中の何をとり入れているのだろうか。 教科書 34〜37ページ

▶はき出した空気は、吸う空気とどこかちがうのか調べる。

- ふくろに息をふきこんでから石灰水《せっかいすい》を入れて、ふくろをよくふると、石灰水が（① **白くにごった**）。
- 吸う空気とはき出した空気を酸素用検知管で調べると、目盛《めも》りの値《あたい》が小さいのは、（② 吸う空気 ・ (はき出した空気)）であった。
- 吸う空気とはき出した空気を二酸化炭素用検知管で調べると、目盛りの値が小さいのは、（③ (吸う空気) ・ はき出した空気）であった。

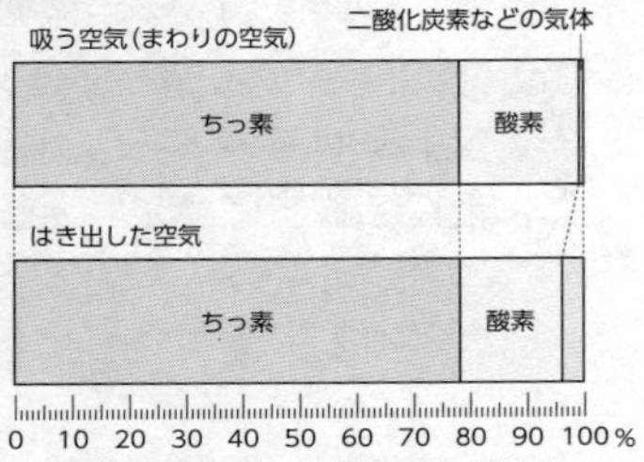

吸う空気（まわりの空気）
二酸化炭素などの気体
ちっ素
酸素
はき出した空気
ちっ素
酸素
0 10 20 30 40 50 60 70 80 90 100％

吸う空気とはき出した空気の変化の例
（空気中の気体の体積の割合《わりあい》）

- 人は、空気を吸ったり、はき出したりして、空気中の（④ **酸素**）の一部をとり入れ、（⑤ **二酸化炭素**）をはき出す。
- 生物が、酸素をとり入れ、二酸化炭素を出すことを、（⑥ **呼吸**）という。

▶肺《はい》のはたらき

- 鼻や口《くち》から入った空気は、（⑦ **気管**）を通って、左右の（⑧ **肺**）に入る。
- 肺に入った空気中の（⑨ **酸素**）の一部は、肺の中の（⑩ **血管**）を流れる血液にとり入れられ、血液からは、（⑪ **二酸化炭素**）が出される。
- 二酸化炭素を多くふくんだ空気は、気管を通って、鼻や（⑫ **口**）からはき出される。

（⑬ **気管**）

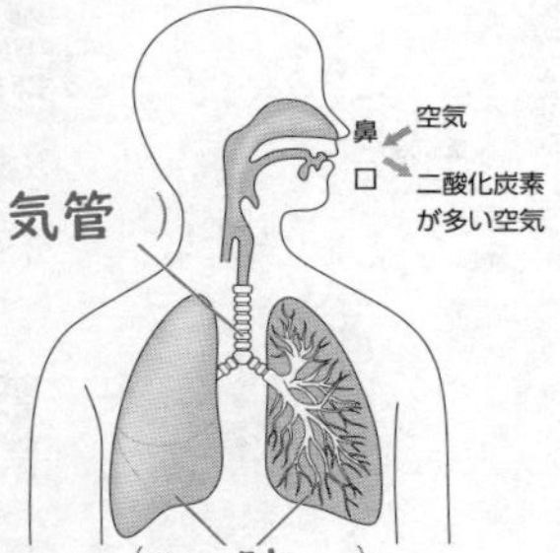

鼻
口
空気
二酸化炭素が多い空気

（⑭ **肺**）

ここがだいじ！
①人は、空気中の酸素の一部をとり入れ、二酸化炭素をはき出している。
②生物が、酸素をとり入れ、二酸化炭素を出すことを、呼吸《こきゅう》という。
③鼻や口から入った空気は、気管を通って、肺《はい》に入る。

ぴたトリビア 多くのこん虫の胸《むね》や腹《はら》には「気門《きもん》」という穴《あな》があります。こん虫はこの気門から空気をとり入れて呼吸《こきゅう》しています。

ぴったり2 練習

2. 動物のからだのはたらき
②吸《す》う空気とはく空気

15ページ

教科書 34〜37ページ　答え 8ページ

1 気体検知管と石灰水《せっかいすい》を使って、吸う空気とはき出した空気のちがいを調べます。表の㋐と㋑は「吸う空気」と「はき出した空気」のいずれかを表しています。

	気体検知管 ①	気体検知管 ②
㋐	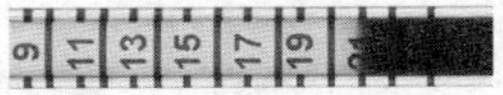	
㋑		

(1) 気体検知管①、②は、何という気体を調べるためのものですか。それぞれ答えましょう。
①（ **酸素** ）　②（ **二酸化炭素** ）

(2)「はき出した空気」の結果を示しているのは、㋐、㋑のどちらですか。
（ **㋑** ）

(3) ㋑の空気が入ったふくろに、石灰水を入れてよくふります。石灰水はどうなりますか。
（ **白くにごる。** ）

(4) この結果から、呼吸《こきゅう》によってからだにとり入れられた気体は何だといえますか。
（ **酸素** ）

2 人のからだに入った空気は、肺《はい》で酸素や二酸化炭素のやりとりをします。

(1) 人の肺で、空気から血液にわたされる気体㋐は何ですか。正しいものに○をつけましょう。
ア（　）ちっ素
イ（○）酸素
ウ（　）二酸化炭素
エ（　）水蒸気《すいじょうき》

(2) 人の肺で、血液から空気にわたされる気体㋑は何ですか。正しいものに○をつけましょう。
ア（　）ちっ素　イ（　）酸素
ウ（○）二酸化炭素　エ（　）水蒸気

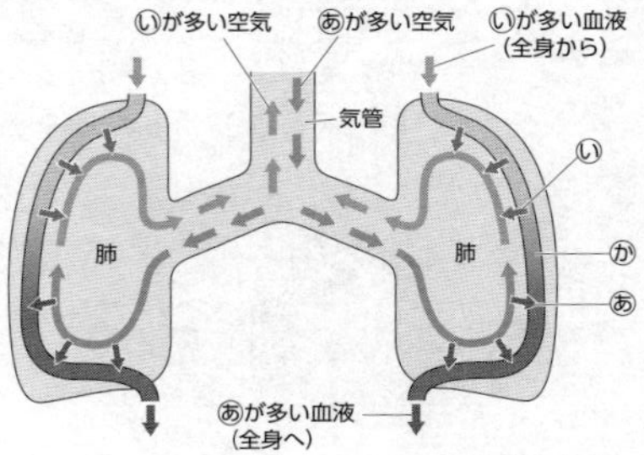

㋑が多い空気
㋐が多い空気
㋑が多い血液（全身から）
気管
肺
肺
㋑
㋕
㋐
㋐が多い血液（全身へ）

(3) 肺に通っている、血液が流れている管《くだ》㋕を何といいますか。
（ **血管** ）

15ページ てびき

1 (1)目盛《めも》りの値《あたい》から、①は酸素用検知管、②は二酸化炭素用検知管です。
(2)〜(4)はき出した空気と比べて、吸《す》う空気のほうが酸素が多く、二酸化炭素が少なくなります。

2 (1)、(2)肺《はい》では、空気から血液に酸素がわたされ、血液から空気に二酸化炭素がわたされます。
(3)血管は、肺や気管、消化管、肝臓《かんぞう》など、からだ全体に通っています。

ぴったり1
準備
2. 動物のからだのはたらき
③血液のはたらき

3分でまとめ

血液は、からだの中をどのように流れているのかを確認しよう。

教科書 38〜41ページ　答え 9ページ

次の(　)にあてはまる言葉をかこう。

1 血液は、からだの中を、どのように流れて、養分や酸素などを運んでいるのだろうか。 教科書 38〜40ページ

▶(① 小腸)から吸収《きゅうしゅう》された養分や、
(② 肺)でとり入れられた酸素は、
(③ 血液)によって全身に運ばれる。

▶(③)は、(④ 心臓)のはたらきによって全身に送られ、再び(④)にもどってくる。

▶血液を送り出すときの心臓《しんぞう》の動き(拍動《はくどう》)が、(⑤ 血管)を伝わっていくので、手首や首などで、それを感じることができ、これを(⑥ 脈拍)という。

▶血液は、からだのすみずみまで張りめぐらされた(⑦ 血管)の中を流れ、全身をめぐりながら、養分、(⑧ 酸素)、二酸化炭素などを運ぶはたらきをしている。

▶血液は、(⑨ 心臓)から送り出され、血液によって運ばれた(⑩ 養分)や酸素は、からだの各部分で、いらなくなった物や(⑪ 二酸化炭素)と入れかわる。血液は再び(⑨)にもどり、さらに肺に運ばれて、そこで(⑪)が酸素と入れかわる。

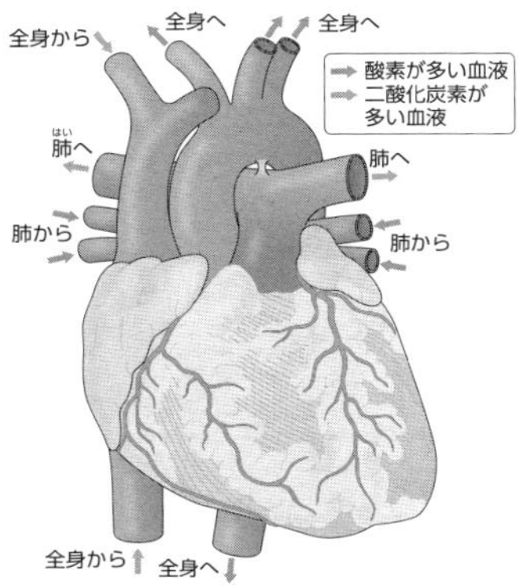

2 からだの中でいらなくなった物は、どのようにしてからだの外に出されるのだろうか。 教科書 41ページ

▶からだじゅうをかけめぐっている血液が(① 腎臓)を通ると、からだの中でいらなくなった物がとり除《のぞ》かれる。

▶とり除かれた物は、(② にょう)としてからだの外に出される。

▶腎臓《じんぞう》のはたらきによってつくられたにょうは、(③ぼうこう)に一時的にためられる。

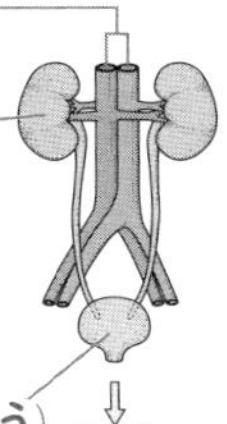

ここが だいじ!
①血液は、心臓《しんぞう》から送り出され、血管を通って、全身に運ばれる。
②血液は、全身をめぐりながら、養分、酸素、二酸化炭素などを運んでいる。
③いらなくなった物は、腎臓《じんぞう》でつくられたにょうとしてからだの外に出される。

ぴたトリビア　血液は液体のようですが、「赤血球《せっけっきゅう》」などの固形成分もふくまれます。赤血球には酸素を運ぶはたらきがあります。

ぴったり2
練習
2. 動物のからだのはたらき
③血液のはたらき

教科書 38〜41ページ　答え 9ページ

1 図は、人のからだの一部を表したものです。

(1) あ〜うの名前をかきましょう。
あ(心臓)
い(腎臓)
う(ぼうこう)

(2) あが血液を送り出す動きは、血管を伝わり、手首や首などで感じることができます。これを何といいますか。
(脈拍)

(3) 図で、にょうをつくったりためたりするのに関係する部分はどこですか。その部分を色でぬりつぶしましょう。

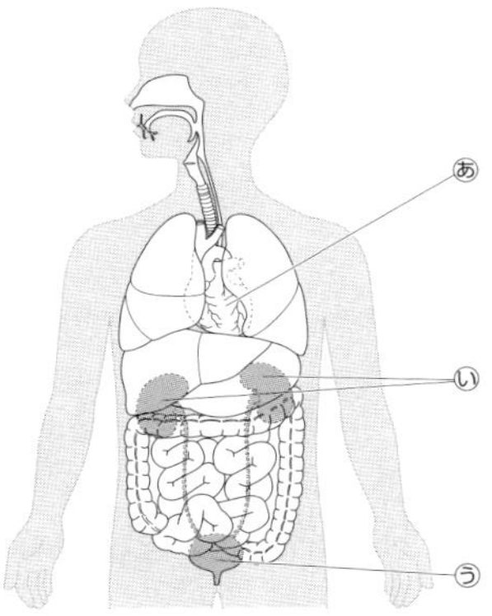

2 図は、人のからだの一部を表しています。

(1) あのはたらきは何ですか。正しいものに○をつけましょう。
ア(　)にょうをたくわえる。
イ(　)養分をたくわえる。
ウ(○)にょうをつくる。
エ(　)血液を送り出す。

(2) いのはたらきは何ですか。正しいものに○をつけましょう。
ア(○)にょうをたくわえる。
イ(　)養分をたくわえる。
ウ(　)にょうをつくる。
エ(　)血液を送り出す。

(3) 血管きを流れている血液と比べて、図の血管かを流れている血液の中で、あのはたらきにより特に少なくなっている物は何ですか。正しいものに○をつけましょう。
ア(○)いらなくなった物　イ(　)酸素
ウ(　)二酸化炭素　エ(　)養分

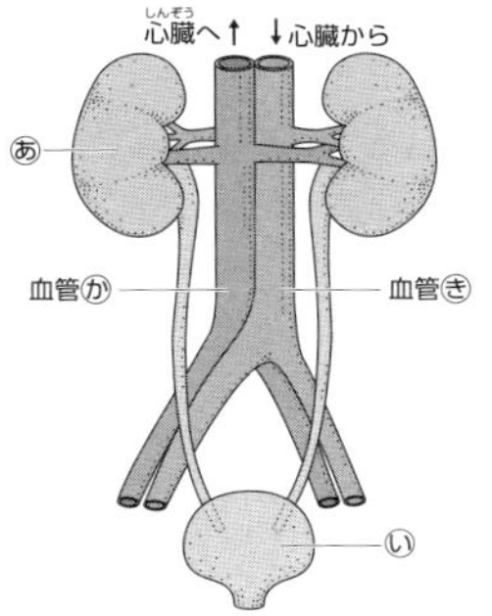

ヒント　2 青と赤で表されているのは血管です。血液によって、不要な物はあに運ばれます。

17ページ　てびき

1 (1)心臓《しんぞう》(あ)は、規則正しく縮《ちぢ》んだりゆるんだりしながら、血液を全身に送り出しています。
(2)心臓の動き(拍動《はくどう》)が血管(のかべ)を伝わって、それを脈拍《みゃくはく》として感じとることができます。
(3)腎臓《じんぞう》(い)は、いらなくなった物を血液の中からとり除《のぞ》いて、にょうをつくり、ぼうこう(う)に送ります。

2 (1)あは、腎臓です。
(2)いは、ぼうこうです。
(3)腎臓のはたらきで、心臓から送られてきた血液から、いらなくなった物をとり除いて、その血液を心臓に返すので、血管かを流れている血液には、血管きを流れている血液よりもいらなくなった物が少なくなっています。

ぴったり1 準備

2. 動物のからだのはたらき
④人のからだのつくり

学習 人のからだのしくみについて、確認しよう。

教科書 42ページ　答え 10ページ

次の(　)にあてはまる言葉をかこう。

1 臓器《ぞうき》は、からだの中のどこにあるのだろうか。
教科書 42ページ

▶胃《い》や小腸《しょうちょう》、肺《はい》、心臓《しんぞう》などのように、からだの中で、生きるために必要なはたらきをしている部分を(① 臓器)という。

前から見たようす　後ろから見たようす

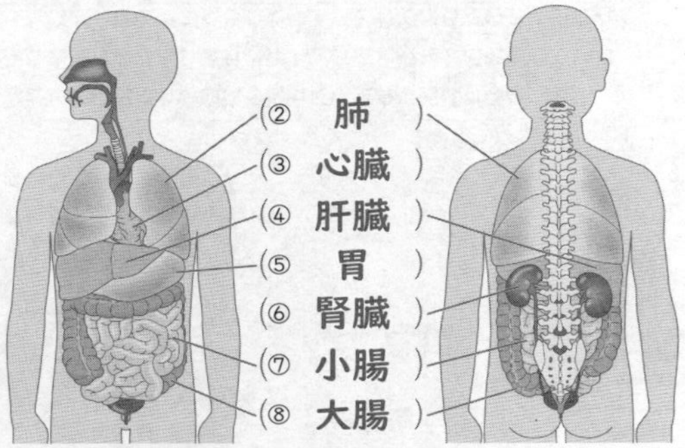

骨《ほね》は一部しかえがいていないよ。

2 人のからだのしくみについて考えよう。
教科書 42ページ

▶右の図で、消化管を黄色でぬりましょう。
▶口《くち》からとり入れられた食べ物は、(① 食道)を通って(② 胃)から(③ 小腸)に入る。ここで、消化された養分は水とともに吸収《きゅうしゅう》され、吸収された養分は(④ 肝臓)に運ばれる。
▶右の図で、気管をうすい青色でぬりましょう。また、酸素を多くふくむ血液が流れている血管を赤色、二酸化炭素を多くふくむ血液が流れている血管を青色でぬりましょう。
▶からだの各部分でいらなくなった物は、(⑤ 血液)によって、(⑥ 腎臓)に運ばれる。ここで、いらなくなった物がとり除《のぞ》かれて、(⑦ にょう)がつくられ、(⑧ ぼうこう)に一時的にためられる。

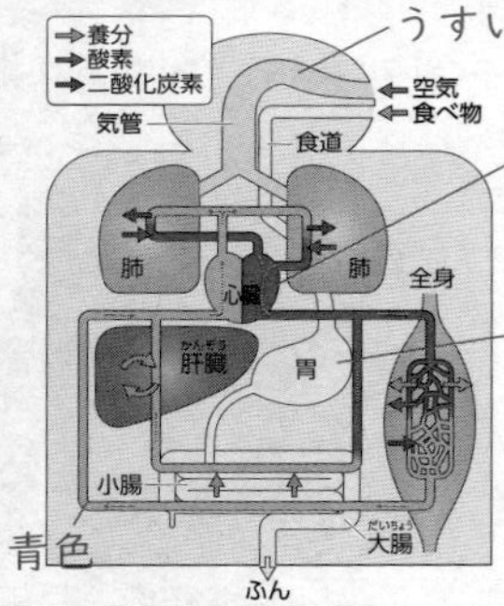

ここがだいじ!
①からだの中で、生きるために必要なはたらきをしている部分を、臓器《ぞうき》という。
②人やほかの動物は、からだの中のさまざまな臓器がたがいにかかわり合いながらはたらくことで、生きている。

ぴたトリビア 昔の日本では、人の内臓《ないぞう》には体調や心の状態を変化させる虫がすみついているという考えがありました。「虫の知らせ」などの慣用句はその考え方のなごりという説があります。

ぴったり2 練習

2. 動物のからだのはたらき
④人のからだのつくり

教科書 42ページ　答え 10ページ

1 図は、人の臓器《ぞうき》を表しています。

(1) あ～きの名前をかきましょう。
あ(心臓)
い(肝臓)
う(大腸)
え(肺)
お(胃)
か(腎臓)
き(小腸)

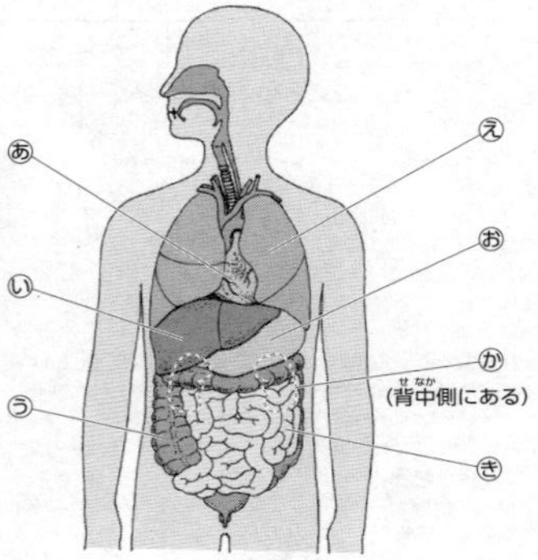

(2) 消化管はどれですか。あ～きから3つ選びましょう。
(う)　(お)　(き)

(3) 人の臓器につながっていて、酸素や養分、二酸化炭素などを運んでいる管《くだ》は何ですか。
(血管)

2 図は、全身の血液の流れを表したものです。

(1) 図の→は、→と比べて、どのような血液の流れを表していますか。正しいものに○をつけましょう。
ア(　)養分を多くふくむ血液
イ(○)酸素を多くふくむ血液
ウ(　)二酸化炭素を多くふくむ血液
エ(　)からだの各部分でいらなくなった物を多くふくむ血液

(2) 血液を送り出している臓器はどれですか。ア～オから1つ選び、その記号と名前をかきましょう。
記号(エ)　名前(心臓)

(3) 消化された養分を吸収《きゅうしゅう》している臓器はどれですか。ア～オから1つ選び、その記号と名前をかきましょう。
記号(イ)　名前(小腸)

(4) 吸収した養分を一時的にたくわえている臓器はどれですか。ア～オから1つ選び、その記号と名前をかきましょう。
記号(オ)　名前(肝臓)

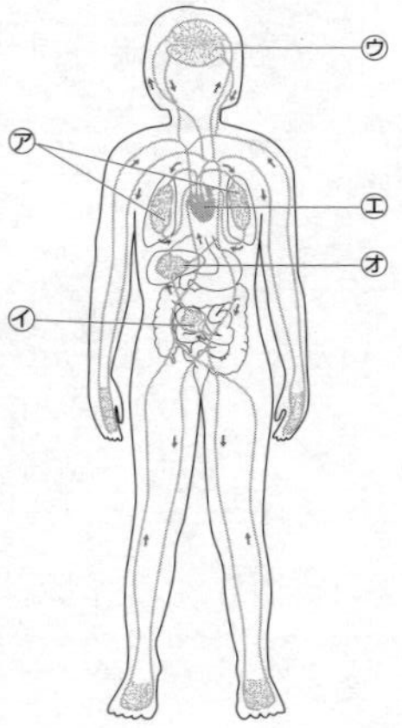

19ページ てびき

1 (2)肝臓《かんぞう》は、消化に関係していますが、臓器《ぞうき》の中を食べ物が通ることはなく、消化管ではありません。
(3)血管の中を流れている血液によって、いろいろな物が臓器から臓器へと運ばれています。

2 (1)赤い矢印の血液は、肺《はい》で酸素を受けとっており、青い矢印の血液は、全身で二酸化炭素を受けとっています。
(2)心臓《しんぞう》は、血液を全身に送り出しています。
(3)、(4)小腸《しょうちょう》で吸収《きゅうしゅう》された養分は、血液によって肝臓に運ばれます。

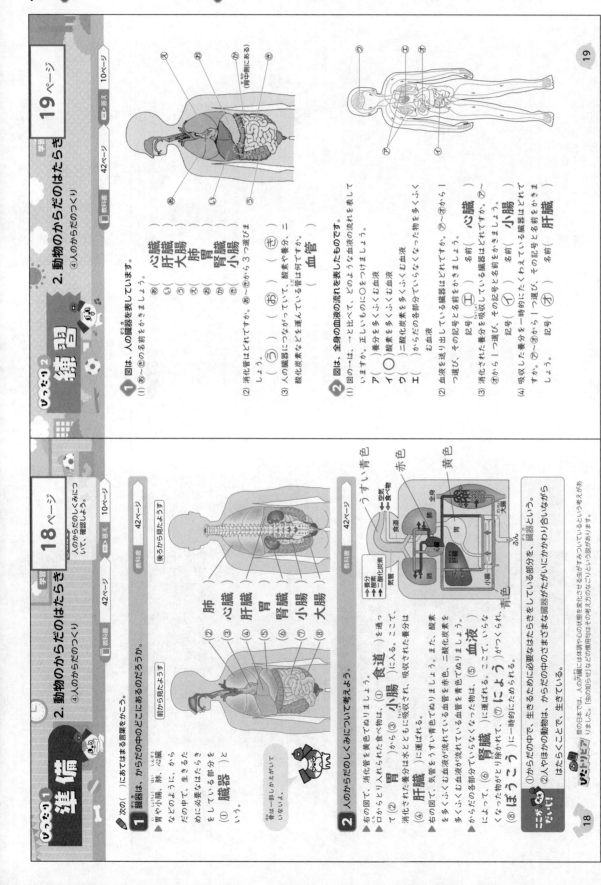

ぴったり3 確かめのテスト。

2. 動物のからだのはたらき

20ページ

/100 合格70点

教科書 26〜45ページ　答え 11ページ

よく出る

1 ご飯つぶを湯にもみ出して２本の試験管㋐、㋑にとり、図のような実験をしました。

技能　1つ6点(18点)

(1) だ液を入れていない㋐と、だ液を入れた㋑の２本の試験管をつけた水の温度は約何℃ですか。正しいものに○をつけましょう。

ア(　)約20℃　イ(○)約40℃
ウ(　)約60℃　エ(　)約80℃

(2) 記述 この実験を、(1)の温度で行ったのはなぜですか。

(人の体温に近い温度だから。)

(3) (1)の温度であたためた後、㋐と㋑の２本の試験管に薬品㋕を加えると、㋐だけが青むらさき色になりました。薬品㋕は何ですか。

((うすい)ヨウ素液)

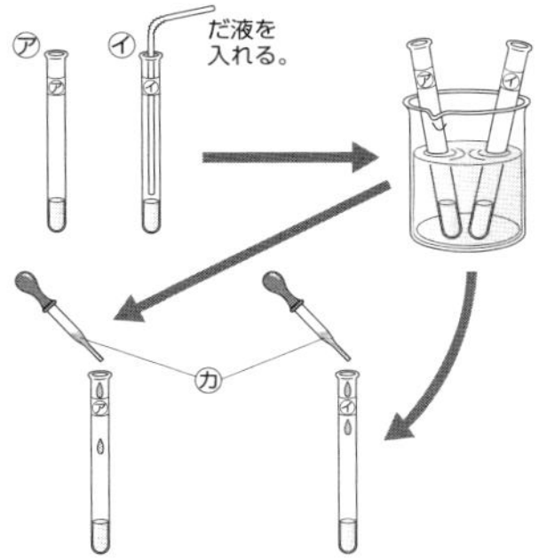

㋐
㋑
だ液を入れる。
㋕

2 吸《す》う空気とはき出した空気のちがいについて調べました。

1つ6点(30点)

(1) 石灰水《せっかいすい》を加えたあと、ふくろをよくふりました。㋐と㋑の石灰水の色は、それぞれどうなりましたか。

㋐(変化しなかった。)
㋑(白くにごった。)

(2) 吸う空気とはき出した空気が入ったふくろを、それぞれ気体検知管で調べました。酸素と二酸化炭素の体積の割合《わりあい》が大きいのはそれぞれどちらですか。

酸素(吸う空気)
二酸化炭素(はき出した空気)

(3) 記述 この実験から、はき出した空気は、吸う空気と比べてどんなちがいがあるといえますか。

思考・表現

(はき出した空気は、吸う空気に比べて、酸素が少なく、二酸化炭素が多い。)

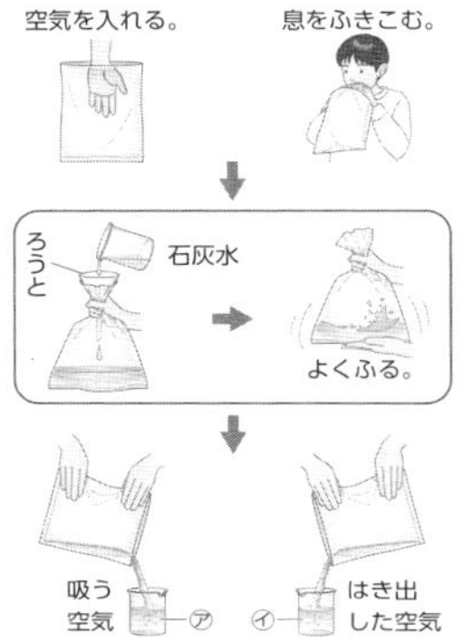

空気を入れる。
息をふきこむ。
ろうと
石灰水
よくふる。
吸う空気
㋐
㋑
はき出した空気

20

21ページ

3 図は、人のからだのつくりを表しています。

1つ2点(28点)

(1) 次の臓器《ぞうき》は、それぞれ㋐〜㋙のどれですか。それぞれ１つずつ選びましょう。

①胃《い》(㋕)　②肺《はい》(㋒)
③肝臓《かんぞう》(㋔)　④心臓《しんぞう》(㋓)
⑤腎臓《じんぞう》(㋖)　⑥小腸《しょうちょう》(㋘)
⑦大腸《だいちょう》(㋗)　⑧気管(㋑)
⑨食道(㋐)　⑩ぼうこう(㋙)

(2) 口《くち》からこう門までの食べ物の通り道を何といいますか。(消化管)

(3) だ液によって消化される養分は何ですか。

(でんぷん)

(4) 生き物が酸素をとり入れ、二酸化炭素を出すことを何といいますか。(呼吸)

(5) 腎臓でつくられ、ぼうこうにためられる物は何ですか。(にょう)

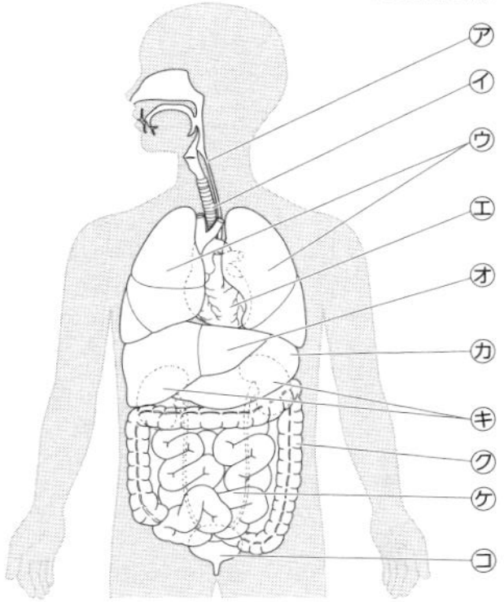

㋐
㋑
㋒
㋓
㋔
㋕
㋖
㋗
㋘
㋙

できたらスゴイ！

4 図のように、人の臓器は血管でつながっていて、血液は矢印の向きに流れています。

思考・表現　1つ8点(24点)

(1) 食べ物を食べた後、いちばん早く養分が多くなる血管はどこですか。正しいものに○をつけましょう。

ア(　)㋐　イ(　)㋑　ウ(○)㋒　エ(　)㋓
オ(　)㋔　カ(　)㋕　キ(　)㋖　ク(　)㋗
ケ(　)㋘　コ(　)㋙

(2) 酸素をいちばん多くふくむ血液が、流れている血管はどこですか。正しいものに○をつけましょう。

ア(　)㋐　イ(　)㋑　ウ(　)㋒　エ(　)㋓
オ(　)㋔　カ(○)㋕　キ(　)㋖　ク(　)㋗
ケ(　)㋘　コ(　)㋙

(3) いらなくなった物がふくまれている割合が、いちばん小さい血液が流れている血管はどこですか。正しいものに○をつけましょう。

ア(　)㋐　イ(　)㋑　ウ(　)㋒　エ(○)㋓
オ(　)㋔　カ(　)㋕　キ(　)㋖　ク(　)㋗
ケ(　)㋘　コ(　)㋙

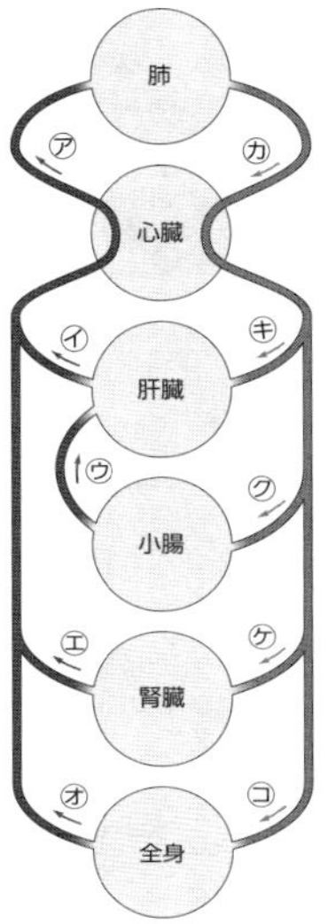

肺
心臓
肝臓
小腸
腎臓
全身
㋐
㋕
㋑
㋖
㋒
㋗
㋓
㋘
㋔
㋙

ふりかえり　❶の問題がわからなかったときは、10ページの❶にもどってたしかめましょう。
❹の問題がわからなかったときは、18ページの❷にもどってたしかめましょう。

21

20〜21ページ　てびき

❶ (1)、(2)からだの中は、ふつうにいう体温(36〜37℃)よりも少し温度が高くなっています。
(3)㋑のでんぷんは、だ液によって消化されています。そのため、ヨウ素液を加えても、色が変わりません。

❷ 吸《す》う空気よりも、はき出した空気のほうが、酸素が少なく、二酸化炭素が多くふくまれています。

❸ (1)①、⑥、⑦胃《い》は、小腸《しょうちょう》や大腸《だいちょう》の上にあります。また、大腸は、小腸をとりまいています。
②、④肺《はい》は、心臓《しんぞう》をはさんで左右にあります。
③肝臓《かんぞう》は、いちばん大きい臓器で、胃に重なるような位置にあります。
⑤、⑩腎臓《じんぞう》は、背中《せなか》側に２個ある、ソラマメのような形の臓器で、にょうが通る管で、ぼうこうにつながっています。
⑧、⑨気管と食道は、のどのところから並《なら》ぶように通っていて、気管は肺、食道は胃につながっています。
(2)口《くち》→食道→胃→小腸→大腸→こう門、とつながります。
(3)消化液によって、はたらきかける養分が決まっています。
(5)血液中のいらなくなった物がとけこんでいます。

❹ (1)小腸から吸収《きゅうしゅう》された養分は、肝臓に運ばれます。
(2)肺で、血液は酸素をとり入れ、二酸化炭素を出します。
(3)血液中のいらなくなった物は、腎臓でこしとられます。

ぴったり1 準備 3. 植物のからだのはたらき

①植物の水の通り道

3分でまとめ

22ページ

植物のからだの水の通り道を確認しよう。

教科書 47～52ページ　答え 12ページ

次の(　)にあてはまる言葉をかこう。

1 根からとり入れられた水は、植物のからだのどこを通って、全体に運ばれるのだろうか。　教科書 47～50ページ

▶植物のからだの、水の通り道を調べる。

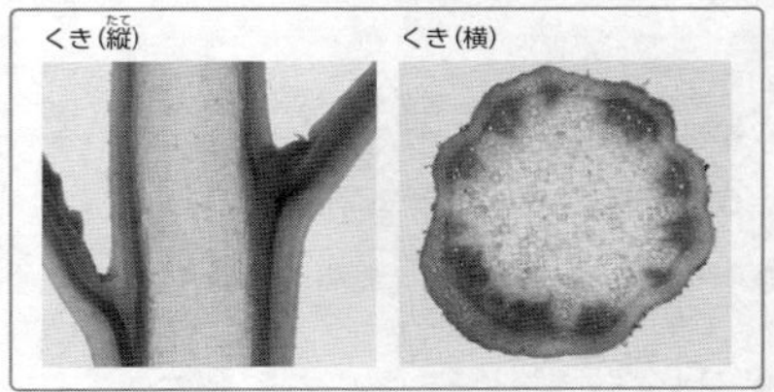

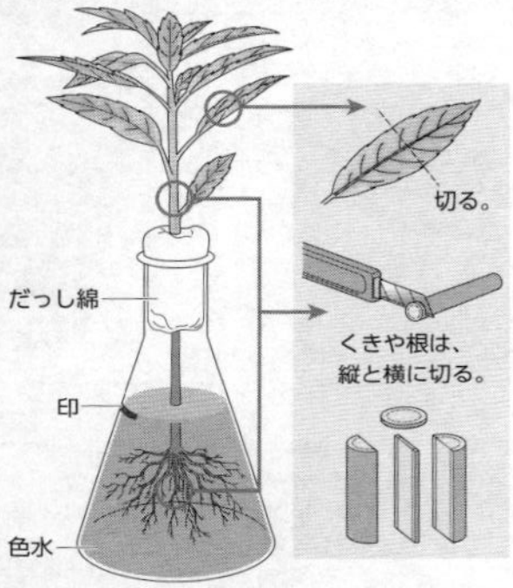

▶植物の根、くき、葉には、(① **水**)の通り道があり、(② **根**)から取り入れられた(①)は、ここを通って、植物のからだ全体に運ばれる。

2 植物のからだを通って根から葉まで運ばれた水は、その後どうなるのだろうか。　教科書 51～52ページ

▶水が葉などから出ているか調べる。

▶(① **葉**)がついた植物のほうが、ふくろの内側がくもった。
→ふくろの内側に、(② **水てき**)が多くついた。

くもりは小さな水のつぶだね。

▶根から(③ **くき**)を通ってきた(④ **水**)は、主に(⑤ **葉**)から(⑥ **水蒸気**)となって出ていく。

▶(⑦ **葉**)には、水蒸気《すいじょうき》が出ていくあながある。

▶植物のからだの中の水が、水蒸気となって出ていくことを、(⑧ **蒸散**)という。

ここがだいじ!
①植物の根、くき、葉には、水の通り道がある。
②根からくきを通ってきた水は、主に葉から水蒸気《すいじょうき》となって出ていく。
③植物のからだの中の水が、水蒸気となって出ていくことを、蒸散《じょうさん》という。

ぴたトリビア 動物のからだに吸収《きゅうしゅう》された水は、にょう以外にも、皮ふから出たり、息をはき出すときに水蒸気《すいじょう》として体外に出たりもしています。

ぴったり2 練習 3. 植物のからだのはたらき

①植物の水の通り道

23ページ

教科書 47～52ページ　答え 12ページ

1 ホウセンカをほり上げ、赤い色水に入れて、どのように染《そ》まるかを調べました。

(1) この実験で、色水の量は、どうなりましたか。正しいものに○をつけましょう。
ア(　)ふえた。　イ(○)減った。　ウ(　)変わらない。

(2) 色水で染まるのはどの部分ですか。正しいものに○をつけましょう。
ア(　)根の外側の部分だけが染まる。
イ(　)根は染まるが、くきと葉は染まらない。
ウ(　)根とくきは染まるが、葉は染まらない。
エ(○)根もくきも葉も染まる。

(3) 色水の通り道はどこにありますか。正しいものに○をつけましょう。
ア(　)根とくきと葉の全体を通るので、決まった通り道はない。
イ(　)根だけにあって、くきや葉にはない。
ウ(　)根とくきにはあるが、葉にはない。
エ(○)根からくき、葉へとつながった通り道がある。

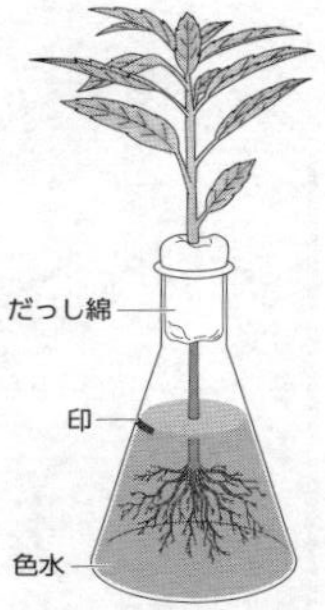

2 葉がついたホウセンカ㋐と、葉をとったホウセンカ㋑に、それぞれポリエチレンのふくろをかぶせました。

(1) 10～20分ぐらいたってから、それぞれのふくろの内側を観察したときのようすはどうでしたか。正しいものに○をつけましょう。
ア(　)㋐も㋑も水てきが多くついた。
イ(○)㋐は水てきが多くついたが、㋑は水てきがあまりつかなかった。
ウ(　)㋐は水てきがあまりつかなかったが、㋑は水てきが多くついた。
エ(　)㋐も㋑も水てきがあまりつかなかった。

(2) 根からとり入れられた水は、主にどこから出ていきますか。　(**葉**)

(3) 植物のからだの中の水は、何となって出ていきますか。　(**水蒸気**)

(4) (3)になって植物のからだから水が出ていくことを、何といいますか。　(**蒸散**)

おうちのかたへ　3. 植物のからだのはたらき
植物の体のつくりと水の行方と養分をつくるはたらきについて学習します。ここでは、根から取り入れた水が茎を通って葉から出ていくこと、葉に日光があたるとでんぷんができることを理解しているか、などがポイントです。

23ページ　てびき

1 (1)根から吸収《きゅうしゅう》された分だけ、色水の量が減ります。
(2)、(3)植物のからだには、根、くき、葉とつながった管が通っていて、水が運ばれています。肥料や土にふくまれていた養分も、水にとけて運ばれています。

2 根からくきを通ってきた水は、主に葉から水蒸気《すいじょうき》となって出ていきます。これを蒸散《じょうさん》といいます。

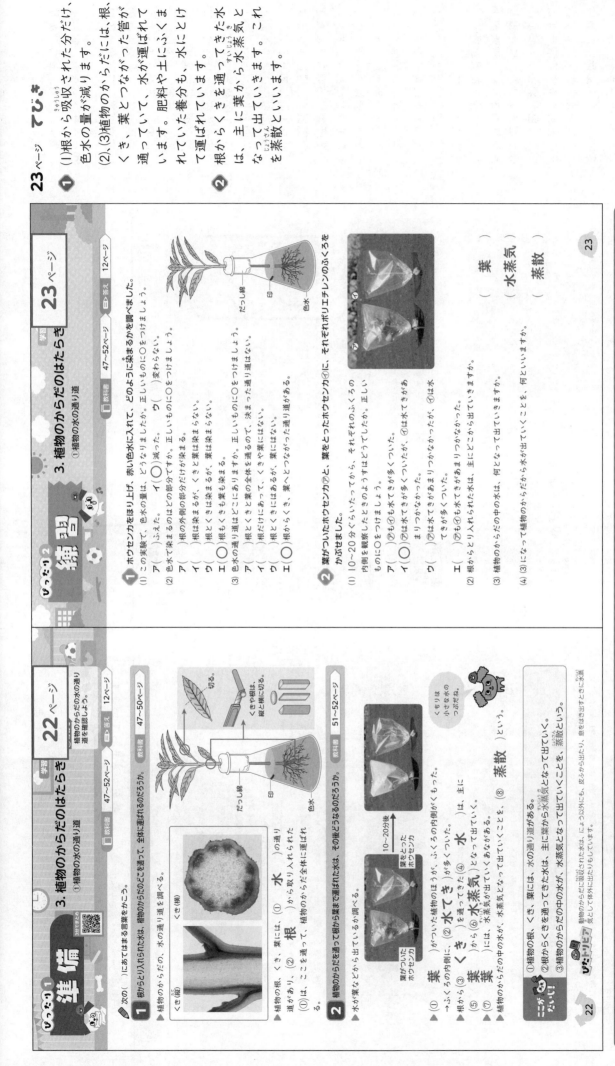

3. 植物のからだのはたらき
②植物と日光のかかわり

学習 植物の葉に日光が当たると、でんぷんができるのかを確認しよう。

教科書 53～56ページ　答え 13ページ

次の(　)にあてはまる言葉をかこう。

1 植物の葉に日光が当たると、でんぷんができるのだろうか。　教科書 53～56ページ

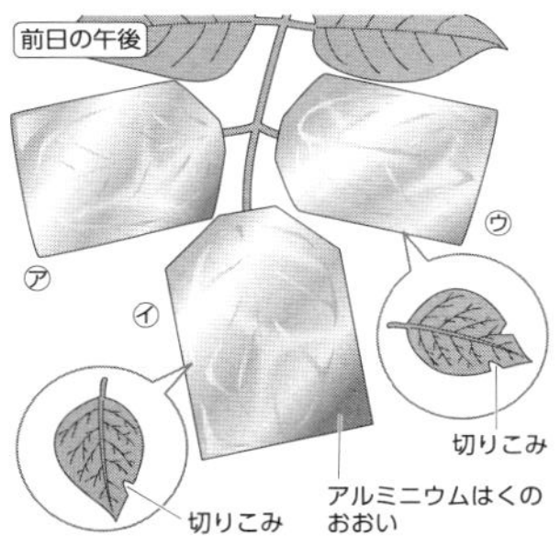

▶植物の葉に日光を当てる前に、㋐、㋑、㋒を区別できるように、葉に(① **切りこみ**)を入れる。

▶植物の葉に(② **日光**)が当たらないように、(③ **アルミニウムはく**)を使って、葉におおいをする。

▶葉のでんぷんの調べ方

❶(④ **エタノール**)で葉の緑色をぬいて調べる方法…葉を(⑤ **湯**)につけてやわらかくし、湯であたためた(④)に葉を入れて、葉の(⑥ **緑色**)をとかし出す。その葉を湯で洗《あら》ってから、うすいヨウ素液にひたす。

❷(⑦ **たたき染め**)で調べる方法…2枚《まい》のろ紙で葉をはさみ、さらに(⑧ **アクリル**)の板にはさんで、(⑨ **ろ紙**)に葉の形が写るまで、木づちで軽くたたく。葉をはがしたろ紙を湯につけて洗ってから、うすいヨウ素液にひたす。

▶植物の葉に(⑩ **日光(光)**)が当たると、(⑪ **でんぷん**)ができる。

▶植物は、(⑫ **成長**)するための(⑬ **養分**)(でんぷん)を、自分でつくっている。

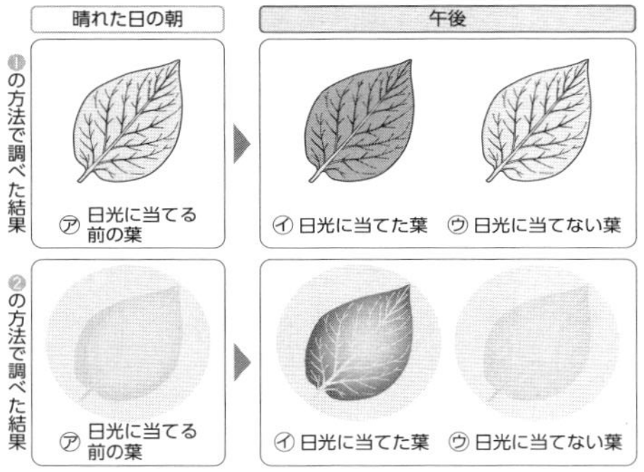

朝には、でんぷんがなかったよ。

ここがだいじ！
①植物の葉に日光が当たると、でんぷんができる。
②植物は、成長するための養分(でんぷん)を、自分でつくっている。

ぴたトリビア 植物の葉に日光が当たるとでんぷんができるはたらきを「光合成《こうごうせい》」といいます。

3. 植物のからだのはたらき
②植物と日光のかかわり

教科書 53～56ページ　答え 13ページ

1 植物の葉に日光が当たるとでんぷんができるか調べるため、図のようにして、午後にジャガイモの葉の一部をアルミニウムはくでおおいました。

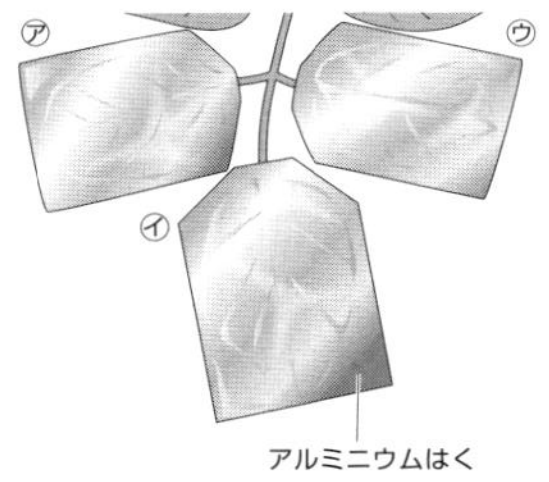

(1) この実験準備は、どのような日にしましたか。正しいものに○をつけましょう。
ア(　)雨が降《ふ》った日
イ(　)次の日に雨が降りそうな日
ウ(　)よく晴れた日
エ(◯)次の日に晴れそうな日

(2) 次の日に、それぞれ条件を変えて、ヨウ素液に葉をつけたときの㋐、㋑、㋒の変化を調べます。葉の緑色をとかし出すため、何に葉を入れるとよいですか。正しいものに○をつけましょう。
ア(　)ふっとうしたお湯
イ(　)氷水
ウ(◯)あたためたエタノール
エ(　)冷やしたエタノール

(3) 表のようにして、ジャガイモの葉の変化を調べました。この実験で、でんぷんができたのはどれですか。正しいものに○をつけましょう。
ア(　)㋐
イ(◯)㋑
ウ(　)㋒

	午後	次の日の朝	(日光)	4～5時間後
㋐		アルミニウムはくをはずし、でんぷんがあるかどうか調べる。		
㋑		アルミニウムはくをはずす。	日光に当てる。	でんぷんがあるかどうか調べる。
㋒		そのまま。	日光に当てる。	アルミニウムはくをはずし、でんぷんがあるかどうか調べる。

(4) この実験で、葉にでんぷんができるのに必要なものは何ですか。
(**光(日光)(が当たること)**)

ヒント ❶ アルミニウムはくは、日光をさえぎります。

25ページ　**てびき**

❶ (1)植物の葉に日光が当たると、でんぷんができるかを調べる実験なので、できるだけ日当たりのよい日に実験ができるようにします。準備を前日の午後にしたのは、夜の間に、葉にあったでんぷんがなくなるようにするためです。
(2)湯であたためたエタノールに葉を入れて、葉の緑色をとかし出します。あたためたエタノールにつける前に、湯につけて、葉をやわらかくしておきます。エタノールにつけた後は、湯で洗《あら》います。
(3)㋐は、日光が当たる前には葉にでんぷんがないこと、㋒は、日光が当たらないと葉にでんぷんができないことを、それぞれ確かめるためのものです。
(4)葉に日光が当たると、でんぷんができます。植物は、成長するための養分(でんぷん)を自分でつくっています。

おうちのかたへ
植物の葉に日光が当たるとでんぷんがつくられることは学習しますが、「光合成」の用語は扱いません。根から水を取り入れること、二酸化炭素を取り入れ酸素を出すことは学習しますが、水と二酸化炭素を使って酸素やでんぷんなどができることは扱いません。植物が水や養分を運ぶ詳しいしくみや、養分をつくる詳しいしくみについては、中学校理科で学習します。

ぴったり3 確かめのテスト。 3. 植物のからだのはたらき

26ページ

100 合格70点

教科書 46〜59ページ　答え 14ページ

1 ヒメジョオンをほり上げ、土を洗《あら》い落として、色水に入れました。　1つ7点(21点)

(1) ヒメジョオンは、どこから水をとり入れますか。正しいものに○をつけましょう。

ア(　)葉
イ(　)くき
ウ(◯)根
エ(　)葉、くき、根の全体

(2) 時間がたつにつれて、色水の量はどうなりますか。正しいものに○をつけましょう。

ア(　)ふえる。
イ(◯)減る。
ウ(　)変わらない。

(3) じゅうぶんに時間がたつと、ヒメジョオンのからだのどの部分が染まりましたか。正しいものに○をつけましょう。

ア(　)根だけが染まる。
イ(　)根とくきが染まる。
ウ(◯)根とくきと葉が染まる。

よく出る

2 葉がついたホウセンカ㋐と、葉をとったホウセンカ㋑に、それぞれふくろをかぶせました。10〜20分後に㋐、㋑のふくろの内側のようすを観察しました。　1つ7点(35点)

(1) ㋐のふくろはどうなりますか。正しいものに○をつけましょう。

ア(　)変化しない。
イ(　)しぼむ。
ウ(◯)白くくもる。

(2) ㋑のふくろはどうなりますか。正しいものに○をつけましょう。

ア(　)水てきが多くつく。
イ(◯)水てきはあまりつかない。

(3) (1)、(2)からどのようなことがわかりますか。次の文の(　)にあてはまる言葉をかきましょう。

根からくきを通ってきた水は、主に(① 葉)から(②水蒸気)となって出ていく。このように植物のからだから水が出ていくことを(③ 蒸散)という。

27ページ

3 植物を調べる実験に使う液を、㋐〜㋓から選びましょう。　技能　1つ6点(24点)

① 植物のからだの中の水の通り道を見やすくする液　(㋑)
② 葉の緑色をとかし出す液　(㋓)
③ エタノールにつけた葉を洗う液　(㋐)
④ でんぷんができたことを確かめる液　(㋒)

㋐湯　㋑色水　㋒うすいヨウ素液
㋓エタノール

できたらスゴイ!

4 植物のからだのはたらきについて考えましょう。　思考・表現　1つ10点(20点)

(1) ジャガイモの葉は、上から見ると、できるだけ重なり合わないようについています。このようなつき方は、ジャガイモが何を受けとるのに役立ちますか。正しいものに○をつけましょう。

ア(　)空気
イ(◯)光(日光)
ウ(　)肥料
エ(　)水

(2) 記述 タンポポは、中心の根がまっすぐに深くのび、そこからたくさんの根が枝分かれしてのびています。このような根ののび方は、根が植物のからだを地面に固定するほかに、どのようなことに役立ちますか。

(土の中にある水を吸い上げやすくすること(に役立つ)。)

ふりかえり　**2**の問題がわからなかったときは、22ページの**2**にもどってたしかめましょう。
4の問題がわからなかったときは、22ページの**1**と24ページの**1**にもどってたしかめましょう。

26〜27ページ　てびき

1 (1)、(2)水(色水)が根から吸《す》い上げられます。その分、水(色水)の量は減ります。
(3)根から吸い上げられた水は、くきを通って、葉まで運ばれます。このとき、肥料なども、水にとけて運ばれます。

2 (1)根からくきを通ってきた水は、主に葉から水蒸気《すいじょうき》となって出ていくため、㋐のふくろの内側には水てきが多くつき、白くくもります。
(2)葉がないので、あまり水てきはつきません。

3 ①植物染色液《せんしょくえき》や、赤インクをとかした水なども使うことができます。
②葉の緑色は、エタノールを使ってとかし出します。
④でんぷんにヨウ素液をつけると、青むらさき色になります。

4 (1)葉が重なり合うと、下の方の葉が上の葉のかげに入って、日光が当たらなくなり、でんぷんができなくなります。
(2)根は、土のつぶとつぶの間にある水を吸い上げるので、その間に入りこみやすい形をしています。

ぴったり1 準備

4. 生き物どうしのかかわり

①食べ物をとおした生き物のかかわり

3分でまとめ

生き物どうしは、どのようにかかわり合っているのかを確認しよう。

教科書 61〜67ページ　答え 15ページ

次の(　)にあてはまる言葉をかこう。

1 私たち生き物は、食べ物をとおして、どのようにかかわり合っているのだろうか。 教科書 61〜67ページ

▶生き物どうしは、「食べる」「食べられる」という関係で、くさりのようにつながっている。このような、生き物どうしのつながりを、(①**食物連鎖**)という。

▶動物の食べ物のもとをたどると、(②　**植物**　)に行き着く。

▶(③　**植物**　)は、(④**日光(光)**)に当たると、(⑤**でんぷん(養分)**)をつくり、それを使って成長する。

▶(⑥　**動物**　)は、自分で養分をつくることができないので、(⑦　**植物**　)やほかの動物を食べて、その中にふくまれる(⑧　**養分**　)をとり入れる。

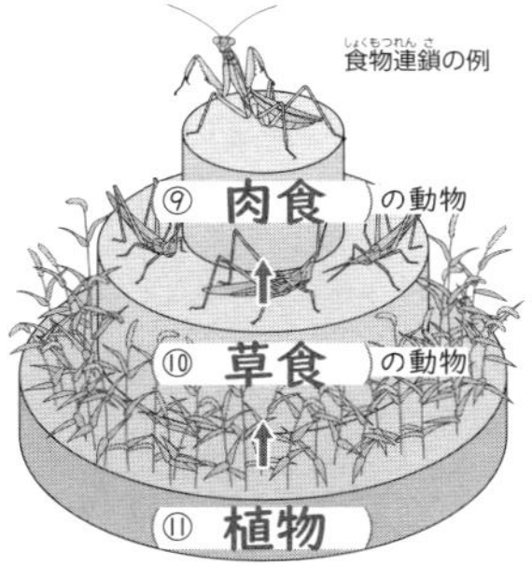
食物連鎖《しょくもつれんさ》の例
⑨ 肉食 の動物
⑩ 草食 の動物
⑪ 植物

▶水の中の小さな生き物の名前を、□から選んでかこう。

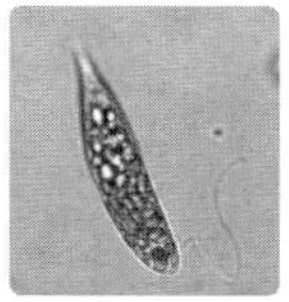

(⑫ミドリムシ)

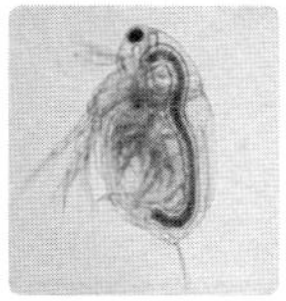

(⑬ミジンコ)

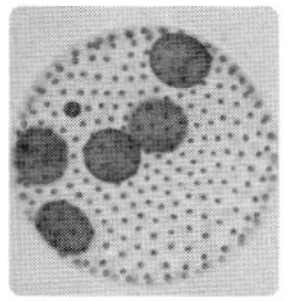

(⑭ボルボックス)

(⑮ミカヅキモ)

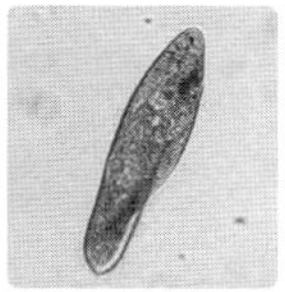

(⑯ゾウリムシ)

ゾウリムシ	ミカヅキモ	ミジンコ
ミドリムシ	ボルボックス	

どの環境《かんきょう》でも、生き物どうしは「食べる」「食べられる」という関係でつながっているよ。

ここが だいじ!
①生き物どうしの「食べる」「食べられる」というつながりのことを食物連鎖《しょくもつれんさ》という。
②ほかの動物を食べる動物を肉食の動物、植物を食べる動物を草食の動物という。

ぴたトリビア　多くの動物はいろいろな植物や動物を食べます。このため、1種類の生物が多くの食物連鎖《しょくもつれんさ》に関係し、食物連鎖は複雑にからみ合っています。

ぴったり2 練習

4. 生き物どうしのかかわり

①食べ物をとおした生き物のかかわり

教科書 61〜67ページ　答え 15ページ

1 生き物どうしは、「食べる」「食べられる」という関係でつながっています。

(1) 右の図は、生き物どうしのつながりをまとめたもので、いはあを食べ、うはいを食べることを表しています。あ〜うは、それぞれ、次の①〜③のどの生き物に当てはまりますか。

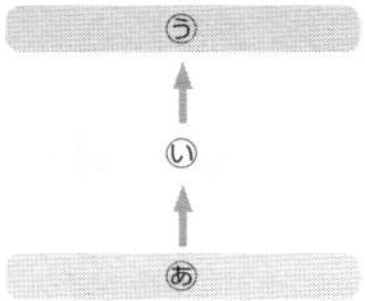
う
い
あ

①植物　(　**あ**　)
②植物を食べる動物　(　**い**　)
③ほかの動物を食べる動物　(　**う**　)

(2) 植物を食べる動物、ほかの動物を食べる動物をそれぞれ何といいますか。
①植物を食べる動物　(**草食の動物**)
②ほかの動物を食べる動物　(**肉食の動物**)

(3) 生き物どうしの、「食べる」「食べられる」という関係は、くさりのようにつながっています。このような、生き物どうしのつながりのことを何といいますか。
(　**食物連鎖**　)

2 池や川などの水の中の小さな生き物を観察しました。次の生き物の名前をかきましょう。

あ
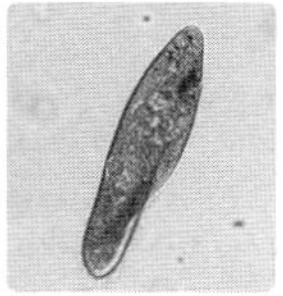
い

う
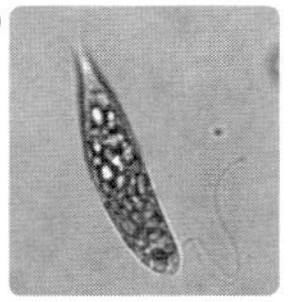
え
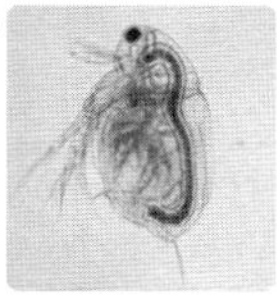
お
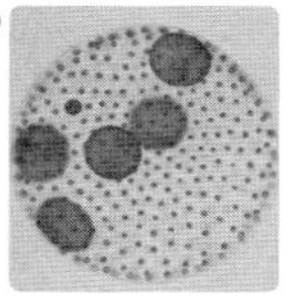

あ(**ゾウリムシ**)　い(**ミカヅキモ**)　う(**ミドリムシ**)
え(　**ミジンコ**　)　お(**ボルボックス**)

29ページ　**てびき**

1 (1)、(2)自分で養分をつくり出すことができる植物が、植物を食べる(草食の)動物に食べられ、さらに、動物を食べる(肉食の)動物に食べられます。
(3)食物連《しょくもつれん》鎖《さ》の「鎖」は「くさり」です。つまり、食べ物によるくさりのようなつながりという意味です。

2 メダカは、水の中の小さな生き物を食べています。

おうちのかたへ　**4. 生き物どうしのかかわり**
生物どうしの食べ物を通したつながり、空気や水を通したつながりについて学習します。ここでは、生物どうしが「食べる」「食べられる」の関係でつながっていること、酸素や二酸化炭素、水は生物の体を出たり入ったりしていることを理解しているか、などがポイントです。

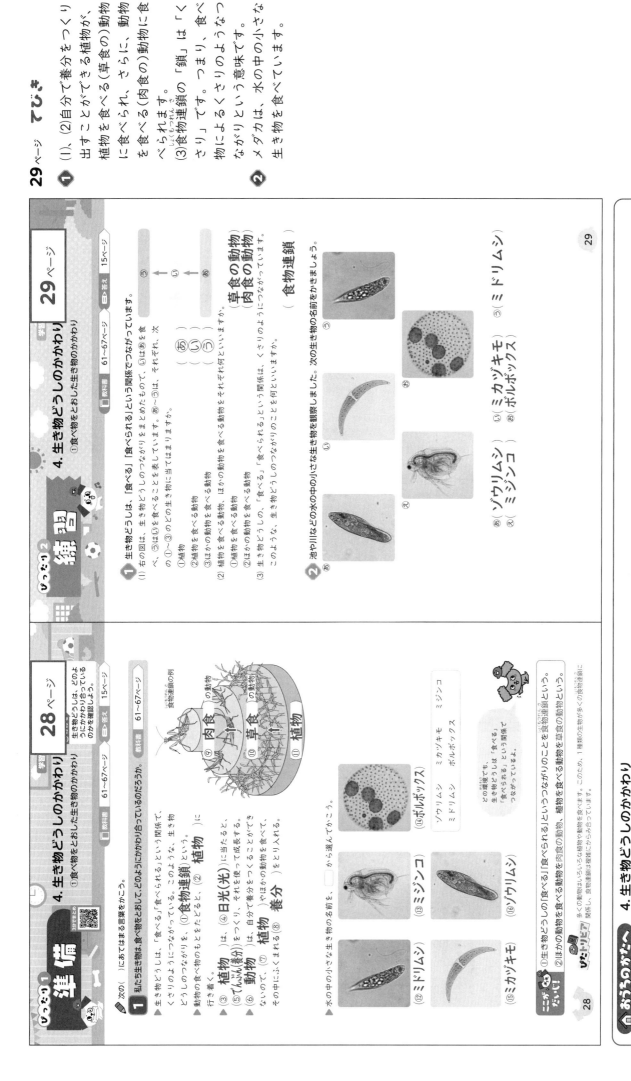

ぴったり1

準備

4. 生き物どうしのかかわり

②空気をとおした生き物どうしのかかわり

学習 30ページ

植物が、空気中に酸素を出しているのかを確認しよう。

教科書 68〜70ページ　答え 16ページ

次の(　)にあてはまる言葉をかくか、あてはまるものを○でかこもう。

1 植物が、空気中に酸素を出しているのだろうか。 教科書 68〜70ページ

▶(① (晴れた)・ くもりの)日の午前中に、植物に(② (ポリエチレンの)ふくろ)をかぶせて息をふきこむ。

…ふきこんだ息には、空気中よりも(③ 二酸化炭素)や水蒸気《すいじょうき》が多くふくまれている。

▶植物を、1時間ぐらい(④ 日光)に当てる。

●酸素の体積の割合《わりあい》の変化(結果の例)

初め　1時間後

17％ぐらい　20％ぐらい

…酸素の体積の割合は(⑤ (ふえた) ・ 減った)。

●二酸化炭素の体積の割合の変化

(0.5〜8％用気体検知管)(結果の例)

初め　1時間後

4％ぐらい　0.5％ぐらい

…二酸化炭素の体積の割合は(⑥ ふえた ・ (減った))。

▶植物は、(⑦ 日光(光))に当たると、(⑧ 二酸化炭素)をとり入れて、(⑨ 酸素)を出す。

▶人やほかの動物、植物は、(⑩ 空気)をとおして、たがいにかかわり合って生きている。

ここがだいじ!

①植物は、日光に当たると、二酸化炭素をとり入れて、酸素を出す。

②人やほかの動物、植物は、空気をとおして、たがいにかかわり合って生きている。

ぴたトリビア　日光に当たって植物が出す酸素の量は、二酸化炭素の割合《わりあい》や光の強さ、温度などによって変わってきます。

ぴったり2

練習

4. 生き物どうしのかかわり

②空気をとおした生き物どうしのかかわり

学習 31ページ

教科書 68〜70ページ　答え 16ページ

1 気体検知管を使って、植物の気体の出し入れについて調べました。

(1) 息をふきこむのは、ふくろの中に、何をふやすためですか。正しいものに○をつけましょう。

ア(　)ちっ素

イ(　)酸素

ウ(○)二酸化炭素

エ(　)水蒸気《すいじょうき》

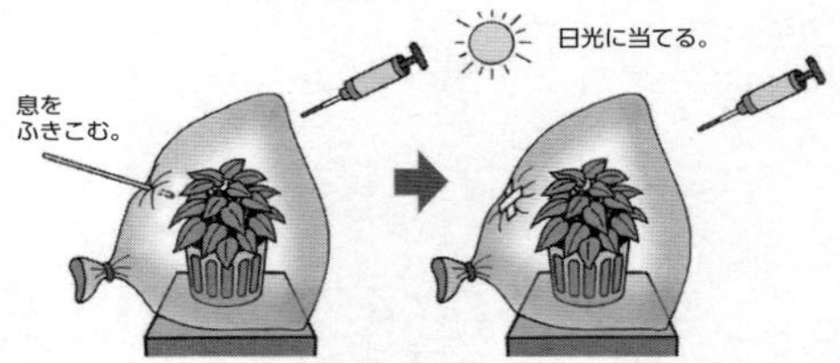

(2) この実験は、どんな日の午前中にやるとよいですか。正しいものに○をつけましょう。

ア(　)雨の日　イ(　)くもりの日　ウ(○)晴れの日　エ(　)風の強い日

(3) 日光に当てると、ふくろの中の酸素と二酸化炭素の体積の割合《わりあい》はどのように変化しましたか。それぞれ、正しいものに○をつけましょう。

①酸素　ア(○)ふえた。　イ(　)減った。　ウ(　)変わらない。

②二酸化炭素　ア(　)ふえた。　イ(○)減った。　ウ(　)変わらない。

2 次のとき、空気中からとり入れる(使われる)気体と出す(できる)気体は、酸素と二酸化炭素のどちらですか。

(1) 物が燃える。

①使われる気体

(酸素)

②できる気体

(二酸化炭素)

(2) 人が呼吸《こきゅう》する。

①とり入れる気体

(酸素)

②出す気体

(二酸化炭素)

(3) 動物が呼吸する。

①とり入れる気体

(酸素)

②出す気体

(二酸化炭素)

(4) 植物に日光を当てる。

①とり入れる気体

(二酸化炭素)

②出す気体

(酸素)

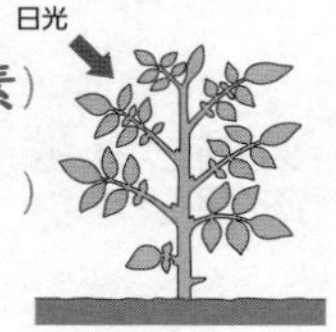

ヒント ❶ 吸《す》う空気(まわりの空気)よりはき出した空気のほうが、酸素が少なく、二酸化炭素が多いことを、「2. 動物のからだのはたらき」で学習しました。

31ページ てびき

❶ (1)はく息には、吸《す》う息(まわりの空気)と比べて、二酸化炭素や水蒸気《すいじょうき》が多くふくまれています。植物が二酸化炭素をとり入れ、酸素を出しているか調べるため、息をふきこんでおきます。

(2)、(3)植物は、日光に当たると、二酸化炭素をとり入れて、酸素を出します。日光に当たっていないときは、植物も酸素をとり入れて、二酸化炭素を出します。

❷ (1)〜(3)物が燃えることと、生き物が呼吸《こきゅう》することはとてもよく似ています。物が燃えると、熱を発生しますが、呼吸によっても熱が発生して、動物が体温を保つのに役立っています。

(4)植物も、人やほかの動物と同じように、絶えず呼吸をして、酸素をとり入れ、二酸化炭素を出していますが、日光に当たったときには、呼吸による気体の出し入れよりも、養分をつくるために二酸化炭素をとり入れて酸素を出す量のほうが多いので、全体として、二酸化炭素をとり入れて、酸素を出しているだけのように見えます。

ぴったり1 準備

4. 生き物どうしのかかわり

③生き物と水とのかかわり

学習 32ページ

生き物は、水とどのようにかかわって生きているのかを確認しよう。

教科書 71~72ページ　答え 17ページ

次の(　)にあてはまる言葉をかこう。

1 生き物は、水とどのようにかかわって生きているのだろうか。　教科書 71~72ページ

▶人やほかの動物、植物のからだには、多くの(① 水)がふくまれていて、これによってからだの(② はたらき)を保ち、生きている。

▶(①)の中で生活している生き物もいる。

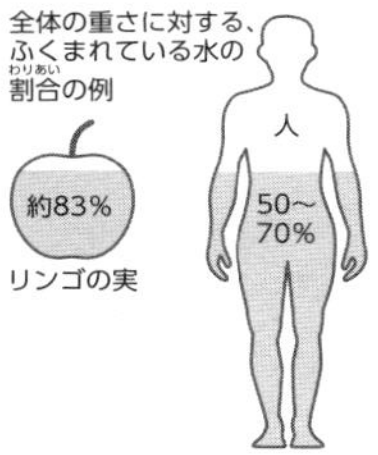

全体の重さに対する、ふくまれている水の割合《わりあい》の例
約83%
リンゴの実
人
50~70%

▶植物や動物をオレンジ色、酸素を赤色、二酸化炭素を青色、水を水色でぬり分けてみよう。

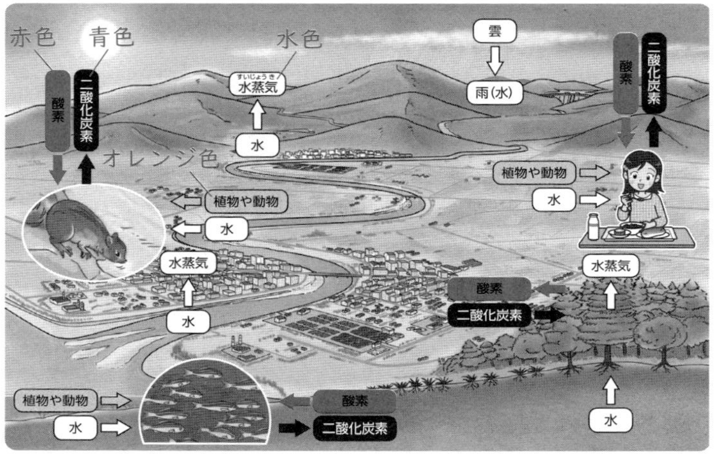

赤色
青色
水色
オレンジ色
酸素
二酸化炭素
水蒸気《すいじょうき》
水
雲
雨(水)
植物や動物
水蒸気

ここがだいじ! ①生き物のからだには、多くの水がふくまれていて、水によってからだのはたらきを保ち、生きている。

ぴたトリビア 地球上にある水の97%以上は海にあります。水は地球のすべての生物の命を支える大切なものです。

ぴったり2 練習

4. 生き物どうしのかかわり

③生き物と水とのかかわり

学習 33ページ

教科書 71~72ページ　答え 17ページ

1 人と水のかかわりについてふり返りましょう。

(1) 人が飲んだ水は、主にどこから吸収《きゅうしゅう》されますか。正しいものに○をつけましょう。

ア(　)食道　イ(　)胃《い》　ウ(○)小腸《しょうちょう》

エ(　)肝臓《かんぞう》　オ(　)腎臓《じんぞう》

(2) 人のからだ全体に対する、ふくまれている水の割合《わりあい》はどれくらいですか。正しいものに○をつけましょう。

ア(　)約20%　イ(　)約40%

ウ(○)約60%　エ(　)約80%

2 生き物と環境《かんきょう》とのかかわりについて調べました。

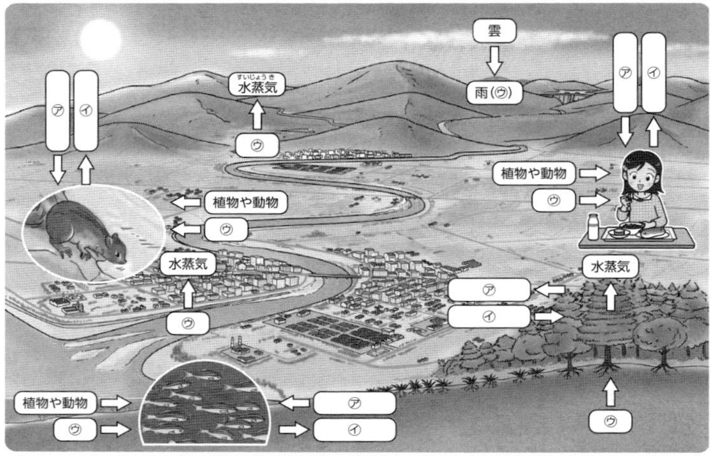

雲
雨(ウ)
水蒸気《すいじょうき》
水蒸気
植物や動物
ア
イ
ウ

(1) 酸素は、図のア~ウのどれですか。　(ア)

(2) 二酸化炭素は、図のア~ウのどれですか。　(イ)

(3) 水は、図のア~ウのどれですか。　(ウ)

ヒント 2 動物は呼吸《こきゅう》だけを行いますが、植物は呼吸を行うほかに、日光に当たると二酸化炭素をとり入れて酸素を出します。

33ページ　てびき

1 (1)主に小腸《しょうちょう》から吸収《きゅうしゅう》された水は、にょうやふん、あせなどになって、からだの外へ出されます。

2 (1)、(2)人やほかの動物は酸素をとり入れて、二酸化炭素を出します。また、植物は、日光に当たると、二酸化炭素をとり入れて、酸素を出します。

ぴったり3 確かめのテスト。

4. 生き物どうしのかかわり

/100 合格70点

教科書 60~75ページ　答え 18ページ

よく出る

1 生き物は、図のような「食べる」「食べられる」の関係でつながっています。　1つ5点(30点)

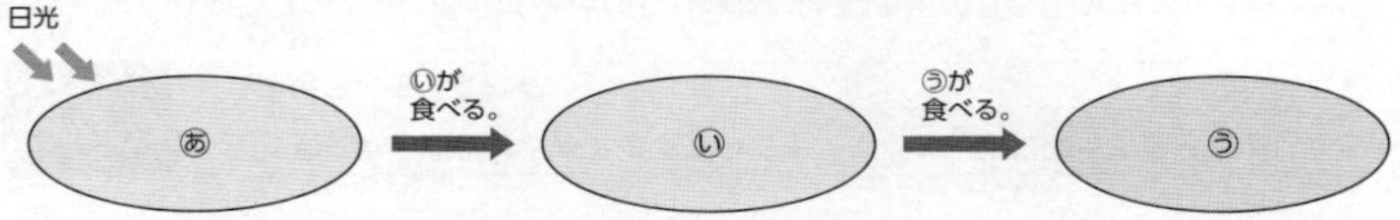

日光
あ
いが食べる。
い
うが食べる。
う

(1) 「食べる」「食べられる」の関係による、生き物どうしのつながりのことを何といいますか。
（ 食物連鎖 ）

(2) 図のいは、どのような生き物ですか。正しいものに○をつけましょう。
ア(○)草食の動物　イ(　)肉食の動物　ウ(　)植物

(3) 自分で養分をつくることができる生き物は、どのような生き物ですか。正しいものに○をつけましょう。
ア(　)草食の動物　イ(　)肉食の動物　ウ(○)植物

(4) ①～③は池や川などの水の中の小さな生き物です。それぞれの名前をかきましょう。

①
②
③

①(ミジンコ)
②(ゾウリムシ)
③(ミカヅキモ)

2 コマツナに日光を当てたときのようすを、図のようにして調べました。　1つ8点(16点)

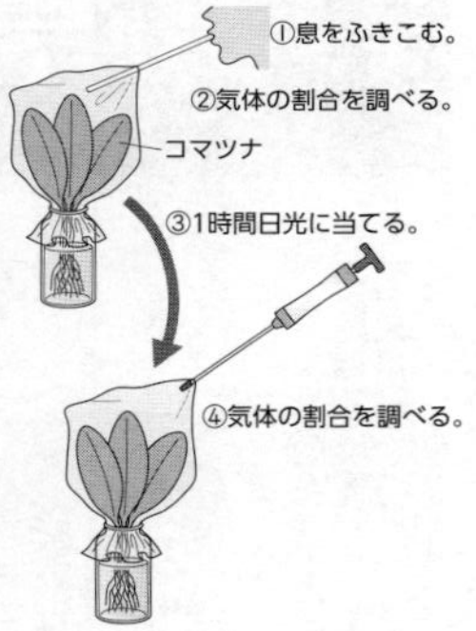

①息をふきこむ。
②気体の割合を調べる。
コマツナ
③1時間日光に当てる。
④気体の割合を調べる。

(1) 息をふきこんだのは、ふくろの中の空気の割合《わりあい》をどのようにするためですか。正しいものに○をつけましょう。
ア(　)二酸化炭素と水蒸気《すいじょうき》の割合をふやすため。
イ(○)二酸化炭素の割合をふやすため。
ウ(　)水蒸気の割合をふやすため。
エ(　)酸素の割合を減らすため。

(2) 記述 コマツナに日光を当てると、ふくろの中の気体の割合はどうなりますか。　思考・表現
（二酸化炭素の割合が減り、酸素の割合がふえる。）

3 生き物と環境《かんきょう》のかかわりについて考えました。　1つ10点(30点)

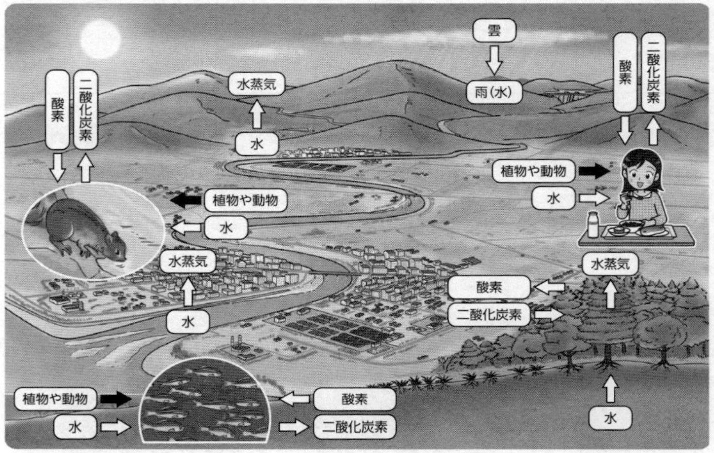

酸素
二酸化炭素
水蒸気
水
雲
雨(水)
植物や動物
水
水蒸気
水
酸素
二酸化炭素
植物や動物
水
酸素
二酸化炭素
水蒸気
酸素
二酸化炭素
水

この本の終わりにある「夏のチャレンジテスト」をやってみよう！

(1) 図の黒い矢印は、植物や動物の何という関係をあらわしていますか。
（ 食物連鎖 ）

(2) 記述 動物の呼吸《こきゅう》について、酸素、二酸化炭素という言葉を使って説明しましょう。
（ 酸素をとり入れて、二酸化炭素を出す。 ）

(3) 記述 植物が日光に当たったときのようすについて、酸素、二酸化炭素という言葉を使って説明しましょう。
（ 二酸化炭素をとり入れて、酸素を出す。 ）

できたらスゴイ！

4 水辺には、いろいろな動物が集まってきます。　思考・表現　1つ8点(24点)

カバ、ヒグマ、シマウマが水辺にいるのはなぜですか。それぞれ、下のア～ウから、いちばんよくあてはまるものを１つずつ選びましょう。
①カバ（ ウ ）　②ヒグマ（ イ ）
③シマウマ（ ア ）
ア水を飲むため。　イ食べ物をとるため。
ウすみかにしているため。

ふりかえり
1の問題がわからなかったときは、28ページの1にもどってたしかめましょう。
4の問題がわからなかったときは、28ページの1にもどってたしかめましょう。

34～35ページ　てびき

1 (1)「食べる」「食べられる」の関係で、くさり(鎖)のようにつながっているので、食物連鎖《しょくもつれんさ》といいます。
(2)あは植物、いは草食の動物、うは肉食の動物です。食物連鎖のもとをたどると、いつも植物に行きつきます。
(3)植物は、日光を受けて、でんぷんなどの養分をつくります。

2 (2)植物に日光を当てると、呼吸《こきゅう》と逆の気体の出入りがあります。

3 (2)、(3)動物は、酸素をとり入れて、二酸化炭素を出します。植物は、日光に当たると、二酸化炭素をとり入れて、酸素を出します。

4 ①カバは、水の中でくらしています。水の中には、カバの食べ物になる草もあります。
②ヒグマは、川にすむ魚を食べます。
③シマウマは、ふだんは草原に住んでいて、草を食べています。

ぴったり1 準備
5. 月の形と太陽
①月の形の見え方 1

月の形は、どのように変わっていくのかを確認しよう。

教科書 79〜82ページ　答え 19ページ

次の(　)にあてはまる言葉をかくか、あてはまるものを○でかこもう。

1 月の形は、どのように変わっていくのだろうか。 教科書 79〜82ページ

▶月は、自ら(①　光　)を出さないが、(②　太陽　)の光を(③　反射　)して、光っているように見える。
▶月も太陽も、(④　球　)形をしている。
▶月は、日によって形が(⑤ (変わって) ・ 変わらずに)見える。
▶日ぼつ直後の月の形と位置を調べる。
- 日ぼつ直後に見える月の形と位置、(⑥　方位　)を観察する。
- (⑦　太陽　)がしずんだ位置も記録する。
- 数日後と、さらにその数日後に、同じ場所で観察する。
- 月の高さは、にぎりこぶし何個分かで調べる。

月

太陽

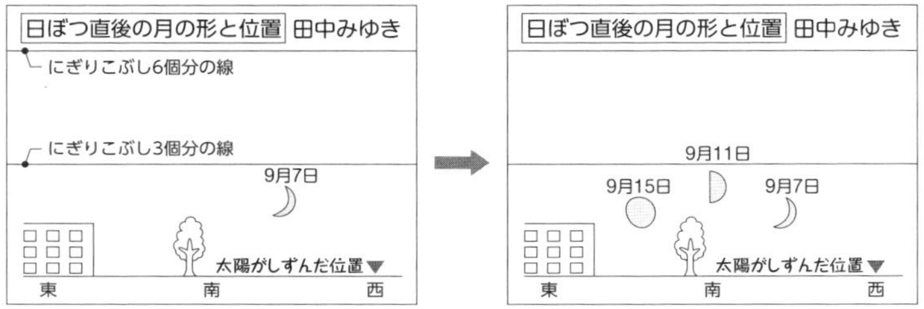
日ぼつ直後の月の形と位置 田中みゆき
にぎりこぶし6個分の線
にぎりこぶし3個分の線
9月7日
太陽がしずんだ位置
東
南
西
日ぼつ直後の月の形と位置 田中みゆき
9月11日
9月15日
9月7日

▶日ぼつ直後に見える月は、明るく光って見える部分が、少しずつ(⑧ (ふえて) ・ 減って)いく。
▶月の光って見える側に、(⑨　太陽　)がある。

ここがだいじ！ ①日ぼつ直後に見える月は、明るく光って見える部分が、少しずつふえていく。
②月の光って見える側に、太陽がある。

ぴたトリビア 月の表面には、「クレーター」とよばれる円形のくぼみが多く見られます。大きいものでは、直径 500km 以上もあり、石や岩などが月にぶつかってできたと考えられています。

ぴったり2 練習
5. 月の形と太陽
①月の形の見え方 1

教科書 79〜82ページ　答え 19ページ

1 月と太陽についてまとめましょう。

(1) 月の見え方について、正しいものに○をつけましょう。
ア(　)いつも同じ形に見える。
イ(○)光って見えるところと、暗く見えるところがある。
ウ(　)全体が同じ色に見える。

(2) 月と太陽は、自ら光を出していますか。正しいものに○をつけましょう。
ア(　)月も太陽も、自ら光を出している。
イ(○)太陽だけが、自ら光を出している。
ウ(　)月だけが、自ら光を出している。

(3) 月や太陽は、どのような形をしていますか。
(　球形　)

2 同じ場所で、9月7日と9月11日に、日ぼつ直後の月の形と位置を調べました。

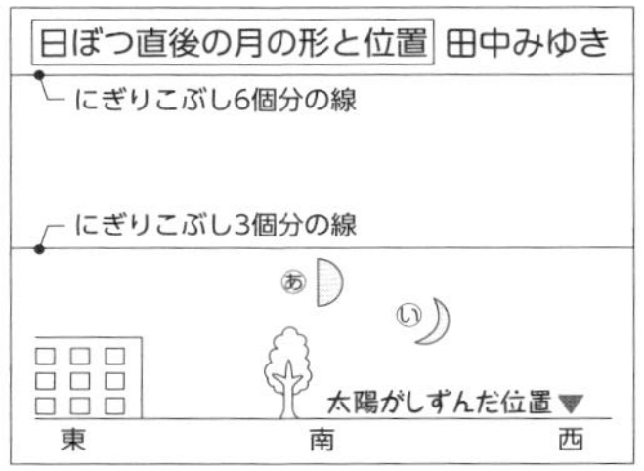
日ぼつ直後の月の形と位置 田中みゆき
にぎりこぶし6個分の線
にぎりこぶし3個分の線
あ
い
太陽がしずんだ位置
東
南
西

(1) 9月7日の記録は、あ、いのどちらですか。　(　い　)
(2) 9月15日の日ぼつ直後に月を観察しました。月の明るく光って見える部分の大きさは、9月11日と比べて、どのようになりますか。正しいものに○をつけましょう。
ア(○)光って見える部分は、少しふえている。
イ(　)光って見える部分は、少し減っている。
ウ(　)光って見える部分は、ほとんど変わらない。
(3) 9月15日に見られた月の光って見える側は、図のどちらですか。正しいものに○をつけましょう。
ア(　)図の左側　イ(○)図の右側　ウ(　)図の正面

ヒント ❷ 月も、太陽と同じような動きをします。

おうちのかたへ　5. 月の形と太陽
月の形の見え方について学習します。月と太陽の位置関係によって月の形の見え方がどうなるかを理解しているかがポイントです。

37ページ　てびき

❶ (2)太陽は、星座《せいざ》の星と同じように、自ら光を出していますが、月は、太陽の光を反射《はんしゃ》して、光っているように見えます。
(3)月も太陽も、球形をしています。

❷ 日ぼつ直後に月の右側が光って見えるとき、日がたつにつれて、月の光って見える部分がふえていき、月の見える位置は東にずれていきます。そして、満月をすぎると、日ぼつ直後には月が見られなくなり、明け方近くに、左側が光っている月が見えるようになり、日がたつにつれて、月の光って見える部分が減っていきます。

おうちのかたへ
時間がたつと、太陽が東から南の空の高いところを通り、西へと動くことは、3年で学習しています。また、月が太陽と同じように見える位置を変えることは、4年で学習しています。

ぴったり1 準備
5. 月の形と太陽
①月の形の見え方 2

月の形が、日によって変わって見えるのはどうしてかを確認しよう。

教科書 82〜86ページ　答え 20ページ

次の(　)にあてはまる言葉をかこう。

1 月の形が、日によって変わって見えるのは、どうしてだろうか。 教科書 82〜86ページ

▶ボールに光を当てて、月の形の見え方を調べる。

それぞれ、何に見立てているのかな。

(① かい中電灯) → (② 太陽)

(③ ボール) → (④ 月)

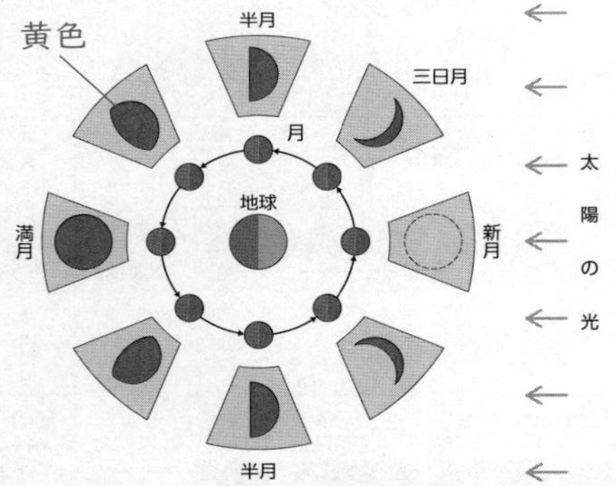

▶右の図で、太陽の光が当たっている月の部分を、黄色でぬりましょう。

▶(⑤ 新月)のときは、月が太陽の側にあるので、地球からは見えない。

▶(⑥ 満月)は、地球から見て、月が太陽の反対側にあるときに見える。

▶太陽と月の位置関係は、約(⑦ １か月)かけてもとにもどるため、地球から見た月の(⑧ 形)も、約１か月でもとにもどる。

▶月の形が、日によって変わって見えるのは、(⑨ 太陽)と(⑩ 月)の位置関係が毎日少しずつ変わっていくため、(⑪ 太陽)の光が当たって明るく見える部分が、少しずつ変わるからである。

ここがだいじ！ ①月の形が、日によって変わって見えるのは、太陽と月の位置関係が毎日少しずつ変わり、太陽の光が当たって明るく見える部分が変わるからである。

ぴたトリビア 地球は太陽のまわりを回っていて、「わく星」といいます。そのわく星のまわりを回っている月のような天体を「衛星《えいせい》」といいます。

ぴったり2 練習
5. 月の形と太陽
①月の形の見え方 2

教科書 82〜86ページ　答え 20ページ

1 図のようにして、月の形の見え方を調べました。

(1) かい中電灯は何に見立てていますか。正しいものに○をつけましょう。
ア(○)太陽　イ(　)地球
ウ(　)月

(2) ボールは何に見立てていますか。正しいものに○をつけましょう。
ア(　)太陽　イ(　)地球
ウ(○)月

2 図は、月と太陽の、地球に対する位置関係を表したものです。

(1) ㋐の位置関係にあった月が、次に㋐の位置関係になるのはどのくらい後ですか。正しいものに○をつけましょう。
ア(　)約１週間後　イ(　)約２週間後
ウ(　)約３週間後　エ(○)約１か月後

(2) 次の①〜⑧の月は、どの位置関係にあるときに見られますか。図の㋐〜㋗から、それぞれ１つずつ選びましょう。

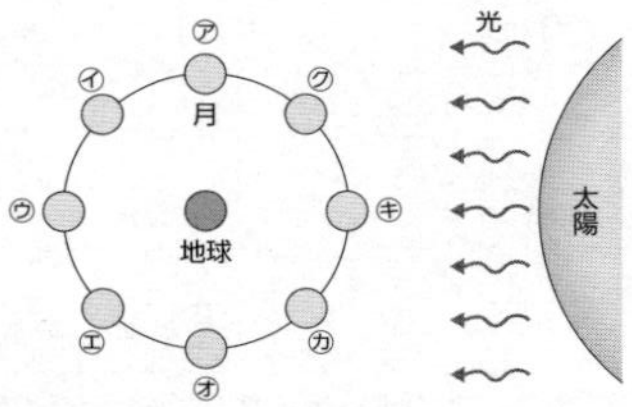

①(㋒)　②(㋔)　③(㋐)　④(㋖)
⑤(㋕)　⑥(㋓)　⑦(㋑)　⑧(㋗)

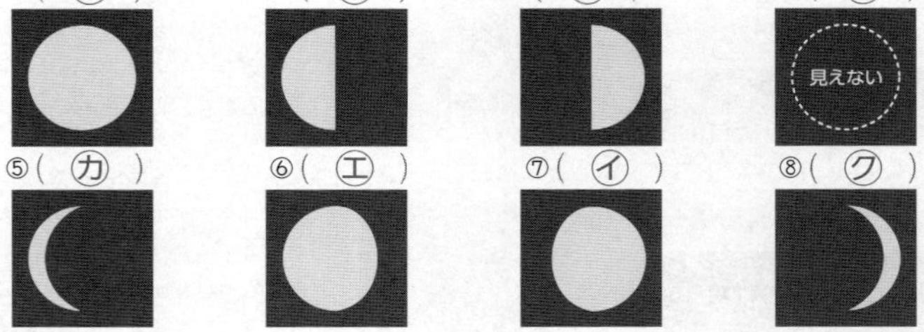

ヒント ❷ 太陽の光が当たっている側が光って見えます。

39ページ　てびき

❶ (1)かい中電灯は、太陽と同じように光を出しています。
(2)ボールに光が当たって、明るく見える部分の形が変わります。

❷ (1)太陽と月の位置関係は、約１か月かけて、もとにもどります。
(2)①満月は、地球をはさんで月と太陽が反対の位置にあるときに見えます。
④新月《しんげつ》は、月が太陽の側にあるときなので、地球から見ることができません。

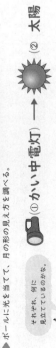

ぴったり3
確かめのテスト。
5. 月の形と太陽

40ページ

/100 合格 70 点

教科書 78~89ページ　答え 21ページ

1 月と太陽の特ちょうについて答えましょう。　1つ6点(30点)

(1) しゃ光プレートで観察するのは太陽だけで、月のときは使わないでよいのはなぜですか。正しいものに○をつけましょう。

ア(　)月を観察するときは、まわりが暗いから。
イ(　)月は、太陽と比べて色が白いから。
ウ(○)月は、太陽ほど明るくないから。

(2) 次の①~④のうち、月と太陽の両方にあてはまるものに◎、太陽だけにあてはまるものに○、月だけにあてはまるものに△、両方ともあてはまらないものに×をつけましょう。

①自ら強い光を放っている。　(○)
②自ら光を出さない。　(△)
③球形をしている。　(◎)
④星座《せいざ》をつくっている。　(×)

よく出る
2 ボールにライトの光を当てて、ボールが明るく見える部分の形を調べました。　技能　1つ6点(30点)

(1) 図の実験から、月の形の見え方を考えることができます。それぞれを何に見立てていますか。
①ボール　(　月　)　②ライト　(　太陽　)

(2) 次のそれぞれの月は、図の㋐~㋒のどれで表されますか。
①新月《しんげつ》　(㋑)　②満月　(㋒)　③半月　(㋐)

41ページ

できたらスゴイ!
3 江戸《えど》時代の歌人《かじん》、与謝蕪村《よさぶそん》は、現在の兵庫《ひょうご》県にある山で、次のような俳句《はいく》をよみました。ただし、ここでいう菜の花とは、アブラナのことを指すとします。　思考・表現　1つ10点(40点)

菜の花や　月は東に　日は西に

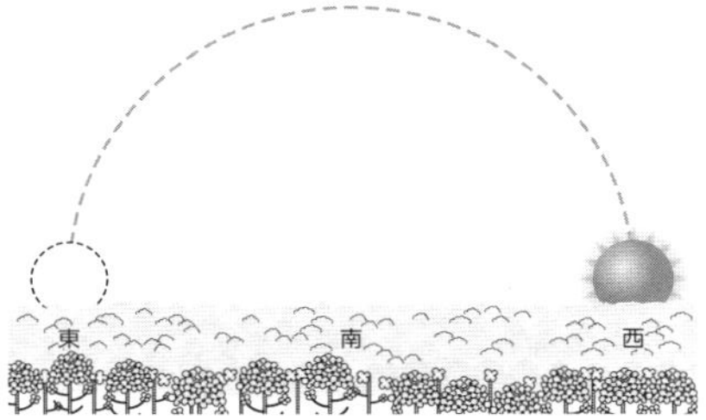

(1) この俳句がよまれた季節はいつと考えられますか。正しいものに○をつけましょう。

ア(○)春
イ(　)夏
ウ(　)秋
エ(　)冬

(2) このように、月が東、太陽が西に見られることは、どのくらいありますか。正しいものに○をつけましょう。

ア(　)1週間に1回くらい
イ(○)1か月に1回くらい
ウ(　)1年に1回くらい

(3) この俳句がよまれた時刻《じこく》はいつごろと考えられますか。正しいものに○をつけましょう。

ア(　)午前6時ごろ
イ(　)午前9時ごろ
ウ(　)正午ごろ
エ(　)午後3時ごろ
オ(○)午後6時ごろ

(4) この俳句がよまれたときに見られた月の形は、どれと考えられますか。正しいものに○をつけましょう。

ア(　)　イ(　)　ウ(○)　エ(　)　オ(　)

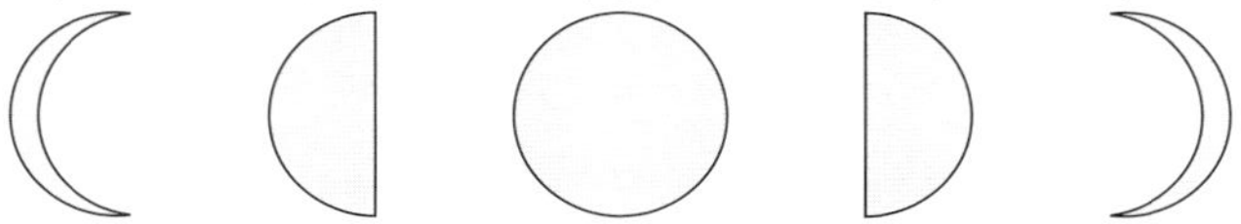

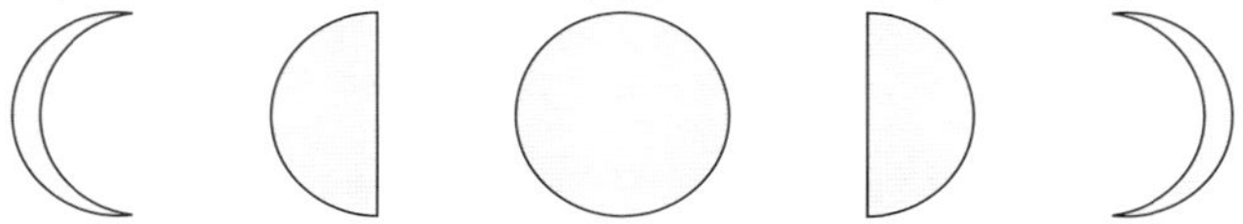

ふりかえり
2の問題がわからなかったときは、38ページの**1**にもどってたしかめましょう。
3の問題がわからなかったときは、36ページの**1**と38ページの**1**にもどってたしかめましょう。

40~41ページ　てびき

1 (1)太陽は強い光を出しているので、観察するときには、目をいためないようにしゃ光プレートを使います。
(2)①月は、太陽の光を反射《はんしゃ》して、光っているように見えます。
④太陽や月は、星座《せいざ》をつくっていません。

2 (2)①ボールの全部の部分がかげになって見えます。
②ボールの全部の部分が光を反射して見えます。
③ボールの半分が光り、半分がかげになって見えます。

3 (1)菜の花(アブラナの花)がさくのは春です。
(2)太陽と月の位置関係は、約1か月かけて、もとにもどります。つまり、1か月に1度は、月と太陽が地球をはさんで反対の位置にきます。
(3)太陽が西に見えるのは夕方なので、午後6時ごろと考えられます。
(4)月と太陽が地球をはさんで反対の位置にあるときに見えるのは満月です。

ぴったり1 準備　42ページ

6. 大地のつくり
①大地をつくっている物 1

3分でまとめ

がけのようすや、しま模様をつくっている物を確認しよう。

教科書 91〜93ページ　答え 22ページ

次の（　）にあてはまる言葉をかこう。

1 がけのようすや、しま模様《もよう》をつくっている物を調べよう。　教科書 91〜93ページ

▶がけのようすを調べる。
- がけ全体のようすや、しま模様がどのような物でできているかを調べる。
- 安全に注意して、（⑦**決められた**）ところ以外に、行ってはいけない。
- しま模様をつくっている物を採取するときは、（⑧**保護めがね**）をする。
- しま模様をつくっている物を採取できる場合には、（⑨　**必要**　）な量だけ採取する。

▶がけのしま模様をつくっている物を調べる。
- がけから採取してきた物について、色や形、大きさを（⑩**虫めがね**）などで観察する。

▶火山からふき出された物である（⑪　**火山灰**　）を調べる。
- 火山灰《かざんばい》を入れ物に入れて（⑫　**水**　）を加え、指でこすって洗《あら》ってから、にごった（⑫）を流す。（⑫）がきれいになるまで、くり返す。
- 残ったつぶをペトリ皿に移して、かんそうさせ、（⑬**そう眼実体**）けんび鏡や、かいぼうけんび鏡でつぶを観察する。

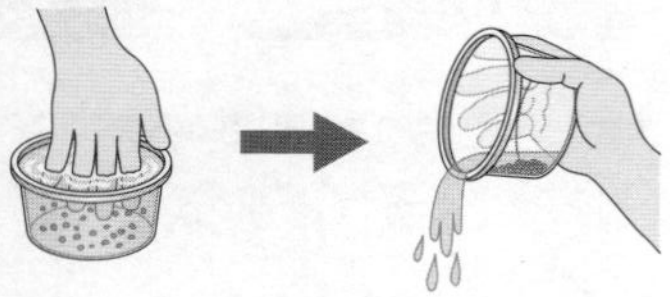

▶（⑭**ボーリング**）試料（地下のようすを知るために、機械で地面の下の土をほり出したもの）にかかれた深さをもとに、積み重なり方やふくまれる物をくわしく調べる。

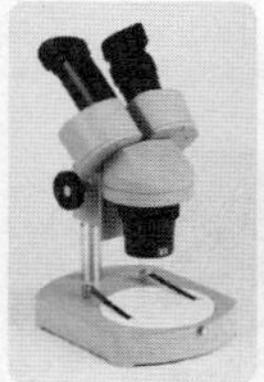

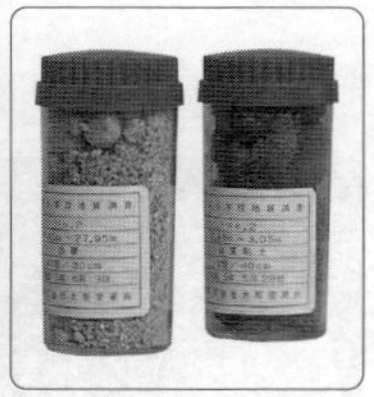

ここがだいじ！　①がけ全体のようすや、しま模様《もよう》がどのような物でできているかを調べる。

ぴたトリビア　火山灰《かざんばい》は、火山の地下にあるマグマがふき出すときに発ぽうしてできた細かい破片《はへん》のことです。木や紙などを燃やしてできる灰とはちがいます。

ぴったり2 練習　43ページ

6. 大地のつくり
①大地をつくっている物 1

教科書 91〜93ページ　答え 22ページ

1 あるがけの観察をしました。

(1) このときの服装《ふくそう》について、正しいものに○、まちがったものに×をつけましょう。
ア（○）ぼうしをかぶった。
イ（×）半そでの服を着た。
ウ（×）必要な物は、手さげかばんに入れた。
エ（○）両手に軍手をはめた。
オ（○）長ズボンをはいた。
カ（×）サンダルをはいた。

(2) しま模様《もよう》をつくっている物を採取しました。
①このときに使った物は何ですか。正しいものに○をつけましょう。
ア（　）しゃ光プレート　イ（○）保護めがね　ウ（　）サングラス
②どれくらいの量を採取しましたか。正しいものに○をつけましょう。
ア（　）一人１個ずつ採取した。
イ（　）持ち帰れる限度いっぱいまで採取した。
ウ（○）むやみに採取せず、必要な量だけ採取した。

2 がけのしま模様をつくっている物を調べました。

(1) 火山からふき出された物を、何といいますか。
（　**火山灰**　）

(2) (1)を観察する前にしたことは何ですか。正しいものに○をつけましょう。
ア（　）水に入れてうかんだ物を集める。
イ（　）細かくすりつぶす。
ウ（○）水でよく洗《あら》う。

(3) 積み重なり方やふくまれる物を調べるために使う、地下のようすを知るために、機械で地面の下の土をほり出した物を、何といいますか。
（**ボーリング試料**）

43ページ　てびき

1 (1)服装《ふくそう》は、野外で、生き物を観察したときと同じです。安全に注意し、動きやすい服装をします。筆記用具や、記録カード、虫めがね、シャベル、新聞紙、ハンマーなどは、ナップザックに整理して入れます。虫めがねなどは、首からさげてもよいです。
(2)①岩石がくだけた物が目に入らないように、保護めがねをします。
②生き物の採集と同じです。必要な量だけ採取し、観察をした後は、できるだけ、もとの状態にもどしておきます。

2 (2)採取したばかりの火山灰《かざんばい》は、そのつぶの表面に細かい土などがついてよごれているので、よく洗《あら》ってから観察します。

おうちのかたへ　6. 大地のつくり
土地のつくりについて学習します。地層の構成物や地層のでき方などを理解しているかがポイントです。

がけがしま模様に見えるのはどうしてかを確認しよう。

教科書 94〜95ページ 答え 23ページ

次の(　)にあてはまる言葉をかこう。

1 がけがしま模様《もよう》に見えるのは、どうしてだろうか。

教科書 94〜95ページ

つぶが大きい ←→ つぶが小さい

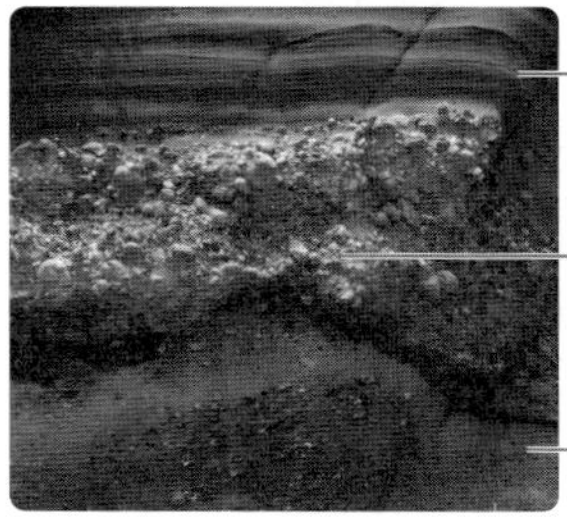

(① れき)
つぶの大きさが 2 mm以上

(② 砂)
つぶの大きさが 0.06 mm〜2 mm

(③ どろ)
つぶの大きさが 0.06 mm以下

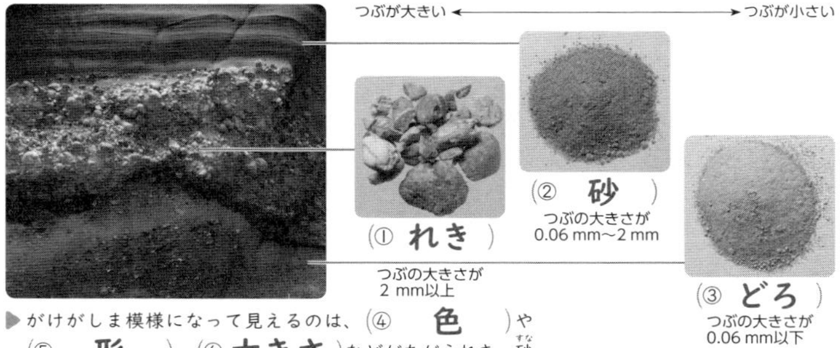

- がけがしま模様になって見えるのは、(④ 色)や(⑤ 形)、(⑥ 大きさ)などがちがうれき、砂《すな》、どろ、火山灰《かざんばい》などが、層《そう》になって積み重なっているからである。
- れき、砂、どろ、火山灰などの、いろいろなつぶが層になって重なった物を、(⑦ 地層)という。
- (⑦)は、がけの表面だけでなく、(⑧ おく)にも広がっている。
- 地層の中のれきは、(⑨ まるみ)を帯びていて、川原《かわら》で見られるれきの形と似ていることがある。
- 地層の中には、ごつごつとした(⑩ 角ばった)石や、小さな(⑪ あな)がたくさんあいた石が、混じっていることがある。

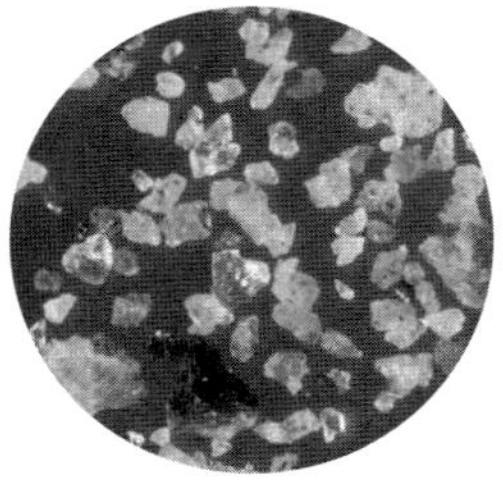

ここがだいじ！
①色、形、大きさなどがちがうつぶでできた物が、層《そう》になって重なった物を地層《ちそう》という。
②地層のそれぞれの層は、れき、砂《すな》、どろ、火山灰《かざんばい》などでできている。

ぴたトリビア どろのうち、1/16mm〜1/256mm のものを「シルト」、1/256mm 以下のものを「ねん土《ど》」といいます。

教科書 94〜95ページ 答え 23ページ

1 図のような、しま模様《もよう》に見えるがけを観察しました。

(1) このがけは、れき、砂《すな》、どろが積み重なってできています。これらをつぶの大きさが大きい順にならべましょう。
(れき)→(砂)→(どろ)

(2) つぶの大きさが 2 mm以上のものは何ですか。正しいものに○をつけましょう。
ア(○)れき　イ(　)砂　ウ(　)どろ

(3) つぶの大きさが 0.06 mm〜2 mmのものは何ですか。正しいものに○をつけましょう。
ア(　)れき　イ(○)砂　ウ(　)どろ

2 あるがけのしま模様を調べると、図のようになっていました。

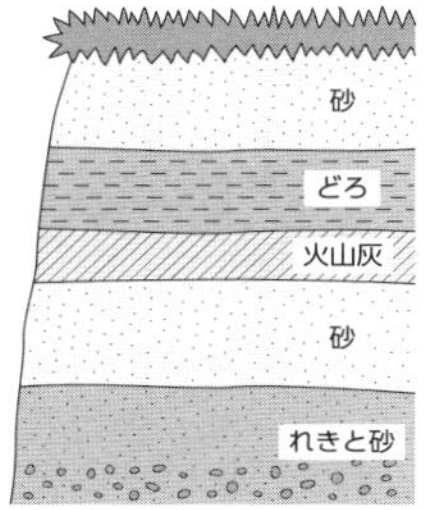

(1) 図のようなしま模様が見られたのはなぜですか。正しいもの１つに○をつけましょう。
ア(○)色やつぶの大きさがちがう物が、層《そう》になって積み重なっているから。
イ(　)つぶのかたさがちがう物が、層になって積み重なっているから。
ウ(　)それぞれのつぶによって、層になって積み重なる厚さがちがうから。

(2) それぞれの層は、どのように積み重なっていましたか。正しいほうに○をつけましょう。
ア(　)表面だけが、層のように重なって見える。
イ(○)つぶの重なりは、おくにも広がっている。

(3) 図のように、砂、どろ、火山灰《かざんばい》、れきなどの層が重なった物を何といいますか。
(地層)

45ページ　てびき

1 (1)、(2)つぶの大きさが 2 mm 以上のものをれき、つぶの大きさが 0.06 mm 〜 2 mm のものを砂《すな》、つぶの大きさが 0.06 mm以下のものをどろといいます。

2 (1)地層《ちそう》のそれぞれの層を比べると、色やつぶの大きさがちがっています。
(2)、(3)地層は、がけの表面だけでなく、おくにも広がっています。

ぴったり1 準備

6. 大地のつくり
②地層《ちそう》のでき方 1

学習 46ページ

流れる水のはたらきによってどのように地層ができるのかを確認しよう。

教科書 96〜99ページ　答え 24ページ

次の(　)にあてはまる言葉をかくか、あてはまるものを○でかこもう。

1 流れる水のはたらきによって、どのようにして、地層ができるのだろうか。 教科書 96〜99ページ

▶といを使った実験

- 砂《すな》やどろをふくむ土を水で水そうに流しこむと、つぶが(① (大きい) ・ 小さい)砂の層の上に、つぶが(② 大きい ・ (小さい))どろの層ができる。
- 土を２回流しこむと、(③ 一組 ・ (二組))の層ができる。

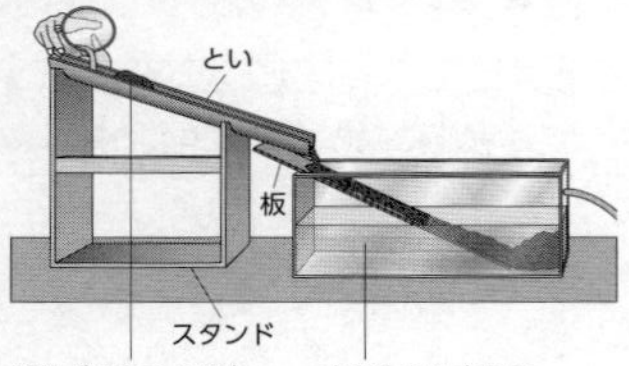

▶空きびんを使った実験

- 砂やどろをふくむ土と水をびんに入れてふってしばらく置くと、つぶの(④ 大きさ)ごとに層ができる。

大きいつぶが速くしずむんだね。

空きびんを使った実験

砂やどろをふくむ土と水をびんに入れてふり、しばらく置く。

▶(⑤ 水)のはたらきで土が運搬《うんぱん》されると、色やつぶの(⑥ 大きさ)がちがう、れき、砂、どろなどが層になって堆積《たいせき》し、それがくり返されて(⑦ 地層)ができる。

▶地層をつくっている物が、その上に(⑧ 堆積)した物の重みで、長い年月をかけて固まると、岩石になる。

- (⑨ れき岩)…多くのれきが(⑩ 砂)などとともに固められてできた岩石。
- (⑪ 砂岩)…砂が固まってできた岩石。
- (⑫ でい岩)…どろなどの細かいつぶが固まってできた岩石。

ここがだいじ!
①水のはたらきで運搬《うんぱん》されたれき、砂《すな》、どろなどが堆積《たいせき》して地層《ちそう》ができる。
②地層をつくっている物が、その上に堆積した物の重みで、長い年月をかけて固まると、れき岩や砂岩《さがん》、でい岩などの岩石になる。

ぴたトリビア 地層《ちそう》は、長い年月の間に大きな力がはたらき、かたむいたり、曲がったりすることがあります。

ぴったり2 練習

6. 大地のつくり
②地層《ちそう》のでき方 1

学習 47ページ

教科書 96〜99ページ　答え 24ページ

1 水を流して、砂《すな》やどろをふくむ土を、水そうの水の中に流しこみました。

(1) 水そうにしずんだ土はどのようになりましたか。正しいものに○をつけましょう。

ア(　)　イ(　)　ウ(○)

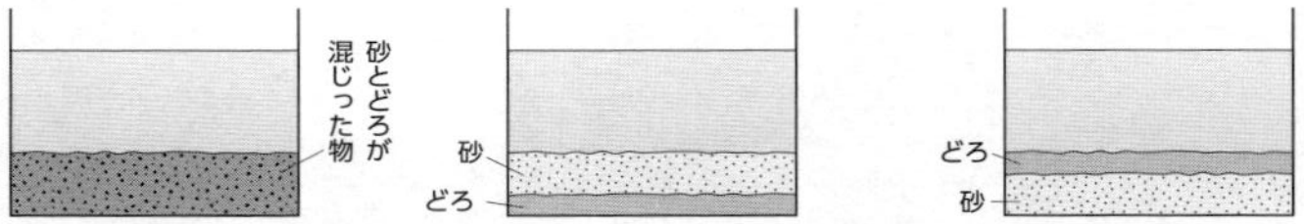

(2) 土がしずんだら、もういちど水を流して、土を流しこみました。土の積もり方はどのようになりましたか。正しいものに○をつけましょう。

ア(○)最初に流しこんだ土の上に積み重なる。
イ(　)最初に流しこんだ土の下に積み重なる。
ウ(　)最初に流しこんだ土と混じり合う。

(3) 水そうの水は、何に見立てることができますか。正しいものに○をつけましょう。

ア(　)雨や雪の水　イ(　)川の水　ウ(○)海や湖の水

2 ある地層に、つぶの大きさのちがう岩石あ〜うが見られました。

(1) 岩石あ〜うを、それぞれ何といいますか。

あ多くのれきが砂などとともに固まってできた岩石 (れき岩)
い同じような大きさのつぶの砂が固まってできた岩石 (砂岩)
うどろなどの細かいつぶが固まってできた岩石 (でい岩)

(2) あに見られるれきには、どのような特ちょうがありますか。正しいものに○をつけましょう。

ア(　)角ばって、ごつごつしている。　イ(○)角がとれてまるみを帯びている。
ウ(　)つぶの大きさがそろっている。　エ(　)どれも同じような色をしている。

(3) 岩石あ〜うは、どのようにしてできましたか。正しいものに○をつけましょう。

ア(　)流れる水の重みで、おし固められてできた。
イ(○)それぞれの上に堆積《たいせき》した物の重みで、固まってできた。
ウ(　)火山が噴火《ふんか》したときに、流れ出た物が冷え固まってできた。

ヒント 1 つぶが大きいほど、速くしずみます。

47ページ てびき

1 (1)水の中の砂《すな》やどろなどのつぶは、大きい物ほど早くしずむので、砂が先に積もり、その後にどろが積み重なります。
(2)砂やどろは、下から順に積み重なるので、ふつうは、下の地層《ちそう》ほど古い時代に堆《たい》積《せき》した物です。
(3)土を流しこんだ水は、雨や雪の水が川に流れこんだもの、水そうの水は海や湖の水と見立てることができます。

2 (1)あれきとれきの間に砂などがつまっています。
い砂岩《さがん》をつくる砂のつぶの大きさはほぼそろっています。
う「どろ」と「でい岩」をそれぞれ漢字でかくと、「泥」と「泥岩」になります。
(2)れきは、水に流されている間に、角がとれて、まるみを帯びていることが多いです。

おうちのかたへ
流れる水の３つのはたらきである「侵食」(地面を削るはたらき)、「運搬」(土や石などを運ぶはたらき)、「堆積」(土や石などを積もらせるはたらき)については、５年で学習しています。

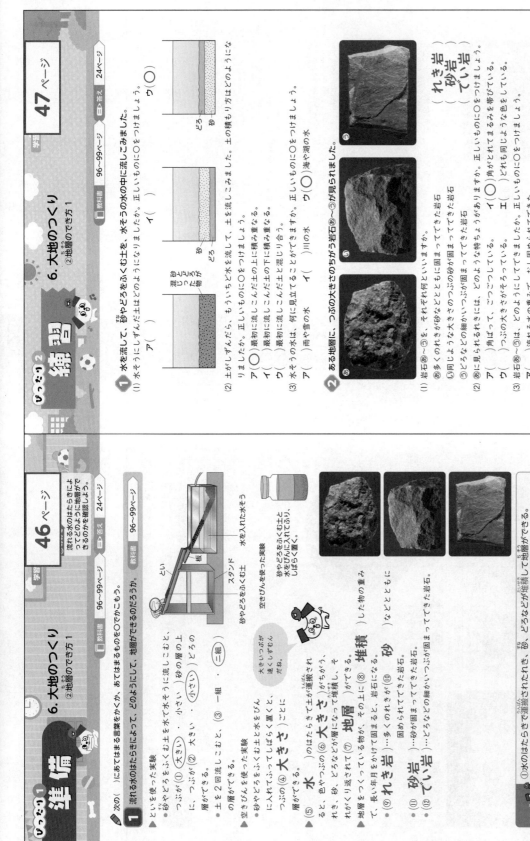

ぴったり1 準備

6. 大地のつくり

②地層《ちそう》のでき方 2

化石のでき方や、火山のはたらきについて確認しよう。

教科書 100～102ページ　答え 25ページ

次の（　）にあてはまる言葉をかこう。

1 化石は、どのようにしてできるのだろうか。

教科書 100ページ

▶大昔の生き物のからだや生き物がいたあとなどが残った物を、（① 化石 ）といい、地層の中から魚や貝、木の葉などの（①）が見つかることがある。

アンモナイトの化石

木の葉の化石

貝の化石がふくまれた地層

▶化石は、生き物のからだが、（② 砂 ）や（③ どろ ）でうまることでできる。

化石のでき方

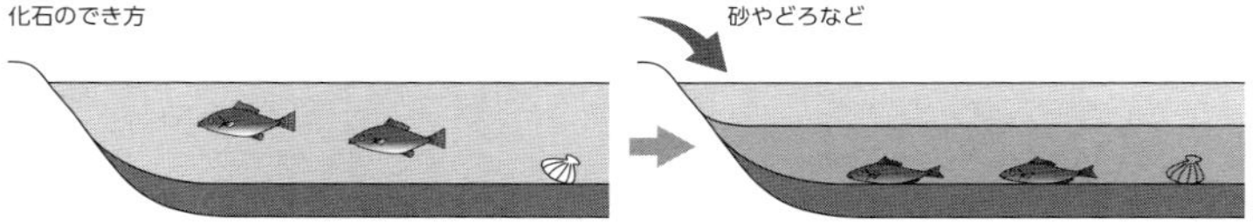

生き物のからだが、砂やどろでうまる。

2 火山のはたらきによって、どのようにして、地層ができるのだろうか。

教科書 101～102ページ

▶火山のはたらきでできた地層は、火山からふき出された（① 火山灰 ）などが、（② 堆積 ）してできる。

▶火山のはたらきでできた大地には、火山からふき出された（③ 溶岩 ）で、おおわれているところがある。

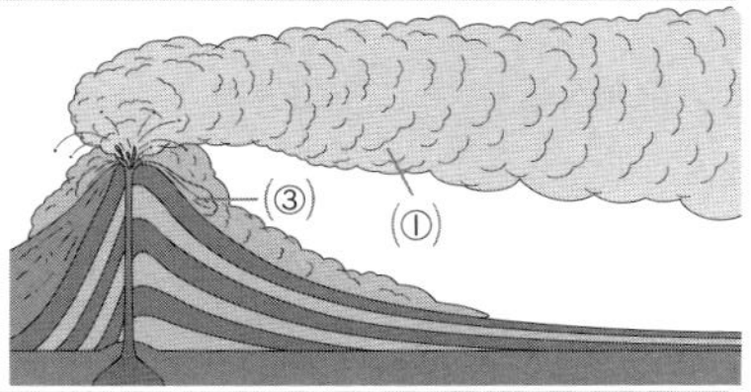

ここがだいじ！
①大昔の生き物のからだや生き物がいたあとなどが残った物を、化石《かせき》という。
②火山のはたらきでできた地層は、火山灰《かざんばい》などが、堆積《たいせき》してできる。

ぴたトリビア 化石には、例えば花粉の化石のように、けんび鏡で見ないとわからない小さな化石もあります。

ぴったり2 練習

6. 大地のつくり

②地層《ちそう》のでき方 2

教科書 100～102ページ　答え 25ページ

1 写真は、地層の中から見つかった物です。

(1) 大昔の生き物のからだや生き物がいたあとなどが残った物を何といいますか。

（ 化石 ）

(2) 写真は何の(1)ですか。正しいものに○をつけましょう。

ア（　）魚　イ（○）アンモナイト

ウ（　）木の葉

(3) (1)はどのようにしてできますか。正しいものに○をつけましょう。

ア（　）流れる水がけずってできる。

イ（　）火山灰《かざんばい》が堆積《たいせき》してできる。

ウ（○）砂やどろでうまってできる。

2 図は、火山が噴火《ふんか》するようすを表しています。

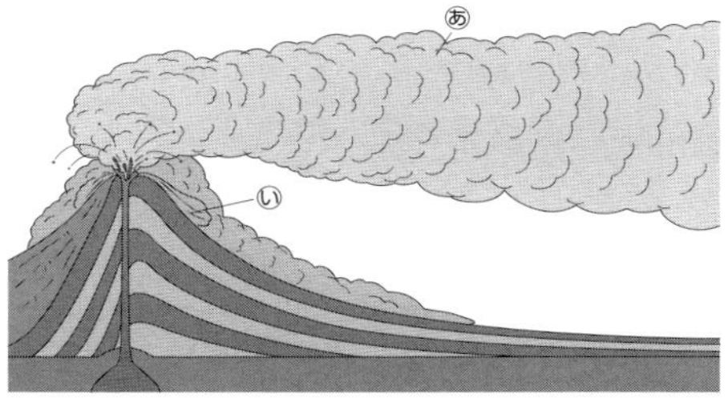

(1) 火山からふき出されたあは、風によって運ばれ、地面などに堆積して地層をつくります。あは何ですか。

（ 火山灰 ）

(2) いは、火山からふき出されて流れていき、冷え固まって大地をおおうことがあります。いは何ですか。

（ 溶岩 ）

(3) 火山のはたらきであが堆積してできた地層は、流れる水のはたらきでできた地層と比べて、どのような特ちょうがありますか。正しいほうに○をつけましょう。

ア（　）あが堆積してできた地層は、つぶがまるみを帯びている。

イ（○）あが堆積してできた地層は、つぶが角ばっている。

49ページ　てびき

1 (3)化石は、生き物のからだや生き物がいたあとなどが砂《すな》やどろでうまることによってできます。

2 (2)地下でとけた高温の岩石が、火山の火口からふき出された物を溶岩《ようがん》といいます。
(3)火山灰《かざんばい》のつぶは角ばっています。

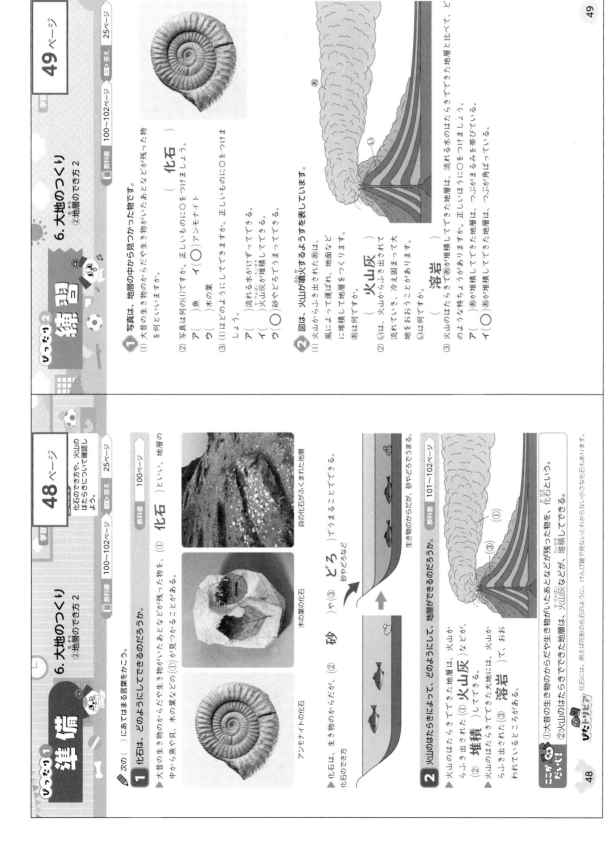

ぴったり3
確かめのテスト。
6. 大地のつくり

50ページ

合格 70 点 /100

教科書 90〜105ページ　答え 26ページ

よく出る

1 あるがけを観察したところ、次のような結果が得られました。　1つ6点(36点)

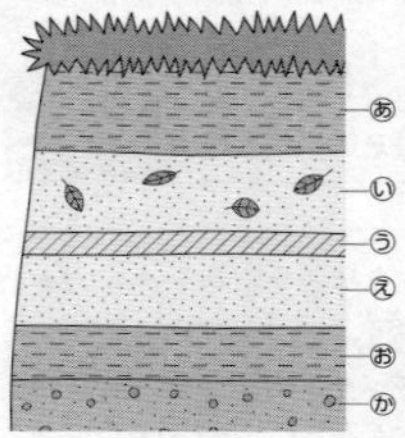

あどろの層《そう》だった。
い砂《すな》の層で、木の葉が見つかった。
うこの層の土を採取し、水でよく洗《あら》って、かいぼうけんび鏡で見ると、右のように、いろいろな色や形のつぶが見られた。
え砂の層だった。
おどろの層だった。
か砂とれきが混じった層だった。

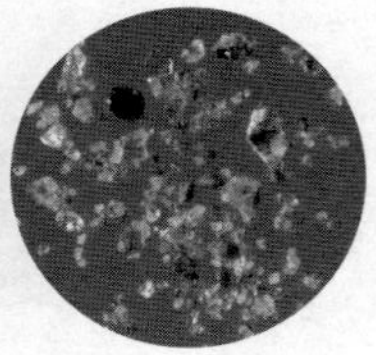

(1) このがけに見られたしま模様《もよう》のことを何といいますか。　(地層)
(2) え、お、かの層をつくっている岩石を、それぞれ何といいますか。
え(砂岩)　お(でい岩)　か(れき岩)
(3) いの層に見られた木の葉のように、大昔の生き物のからだや、生き物がいたあとなどが残った物を何といいますか。　(化石)
(4) うの層をつくっていた物は、大昔の火山の噴《ふん》火によってふき出された物でした。うの層をつくっていた物は何ですか。　(火山灰)

2 同じ地域《ちいき》の３つの場所あ〜うの地下の土をほり出して調べると、図のようになりました。
技能　1つ6点(18点)

(1) ３つの場所の層の重なり方を比べると、どのようになっていましたか。正しいものに○をつけましょう。
ア(　)重なる順序と層の厚さが同じである。
イ(○)重なる順序が同じで層の厚さがちがう。
ウ(　)重なる順序がちがって層の厚さが同じ。
(2) 図のかときの層のつぶの大きさを、ア〜ウからそれぞれ選びましょう。
ア0.06 mm以下
イ0.06 mm〜2 mm
ウ2 mm以上
か(イ)
き(ウ)

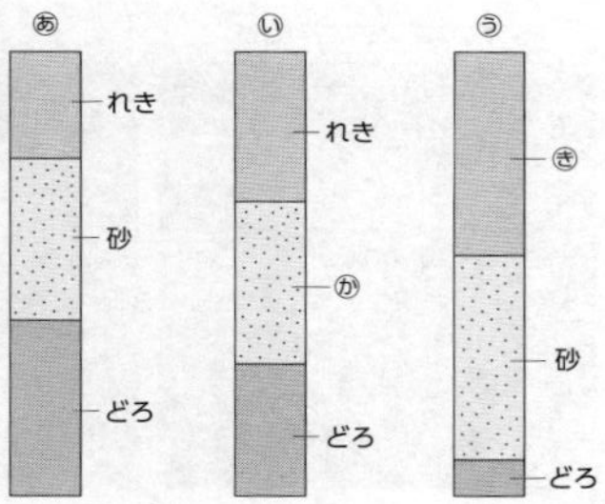

学習

51ページ

よく出る

3 川の流れによって、土が堆積《たいせき》するようすを、図のようにして調べました。　1つ8点(16点)

(1) 水そうに流れこんだ土は、どのように堆積しましたか。正しいものに○をつけましょう。　技能
ア(　)上の方には砂が多く堆積し、下の方にはどろが多く堆積した。
イ(○)上の方にはどろが多く堆積し、下の方には砂が多く堆積した。
ウ(　)砂とどろがうすい層をつくって、何層にも堆積した。
エ(　)砂とどろが混ざり合って堆積した。

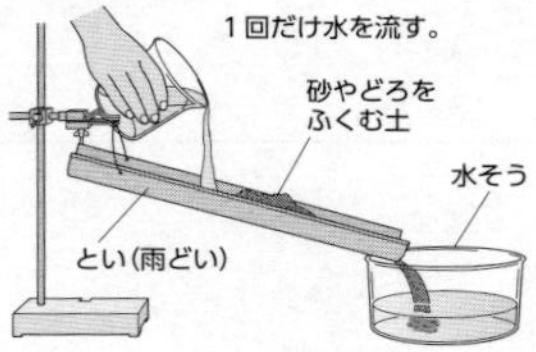

(2) 記述 実際の川で流れる水の量がふえ、土の運搬《うんぱん》がふえるのは、どのようなときですか。　思考・表現
(大雨が降ったとき。台風が来たとき。　など)

できたらスゴイ!

4 図は、火山が噴火するようすと火山の断面を表したものです。　思考・表現
1つ10点(30点)

(1) 記述 図では、あが左から右に流れ、あらゆる向きには流れていません。このように、あが運ばれるのはなぜですか。
(火山灰は風によって運ばれるから。など)

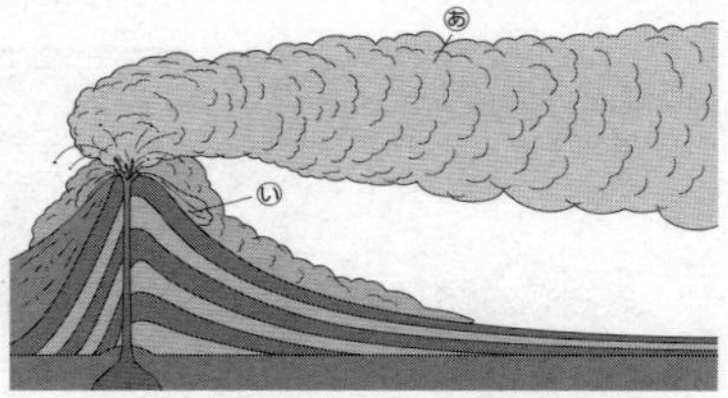

(2) 火山には、図のようなしま模様ができているものがあります。このしま模様はどのようにしてできましたか。正しいものに○をつけましょう。
ア(　)れき、砂、どろが堆積してできた。
イ(○)いが流れて冷え固まった上に、あが堆積することをくり返してできた。
ウ(　)火山からふき出された物が、雨などに流されてできた。
(3) 記述 火山のはたらきで堆積したつぶの、水のはたらきで堆積したつぶとのちがいを説明しましょう。
((火山のはたらきで堆積したつぶは、)角ばっている。)

ふりかえり　1の問題がわからなかったときは、44ページの1と48ページの1にもどってたしかめましょう。
4の問題がわからなかったときは、48ページの2にもどってたしかめましょう。

50〜51ページ　てびき

1 (1)色や形、大きさなどがちがうつぶが層《そう》になって積み重なり、しま模様《もよう》に見えます。
(2)え砂《すな》が固まってできた岩石を砂岩《さがん》といいます。
おどろなどの細かいつぶが固まってできた岩石をでい岩といいます。
か多くのれきが砂などとともに固まってできた岩石をれき岩といいます。
(4)火山灰《かざんばい》は、風によって運ばれ、とても広いはん囲に堆積《たいせき》します。

2 (1)水のはたらきによってできた地層は、海や湖の底にひと続きになって、ほぼ水平に堆積します。この地域《ちいき》では、地面に近い方から順にれき、砂、どろ、と堆積しています。
(2)つぶの大きさによってれき、砂、どろに分けられます。

3 (1)つぶが大きい物ほど、早くしずみます。
(2)といは、川に見立てられています。川の水がふえるのはどのようなときかを考えましょう。

4 (1)火山灰は、広いはん囲に多く堆積します。大きな噴《ふん》火《か》では遠くはなれた地域まで、火山灰が飛ばされることがあります。

ぴったり1 **準備**

7. 変わり続ける大地

①地震《じしん》や火山の噴火《ふんか》と大地の変化

めあて 地震や火山の噴火による大地のようすの変化を確認しよう。

3分でまとめ

教科書 107～111ページ　答え 27ページ

次の(　)にあてはまる言葉をかこう。

1 地震や火山の噴火によって、大地のようすは、どのように変化するのだろうか。 教科書 107～111ページ

▶地層の(①　**断層**　)がずれると、地震が起きる。

▶地震が起きると、(②　**地割れ**　)が生じたり、(③　**がけ**　)がくずれたりして、大地のようすが変化することがある。

地震で現れた断層《だんそう》

地震でくずれた山

▶(④　**火山**　)が噴火すると、火口から、(⑤　**火山灰**　)や(⑥　**溶岩**　)がふき出され、大地がおおわれたり、新たに大地ができたりして、大地のようすが変化することがある。

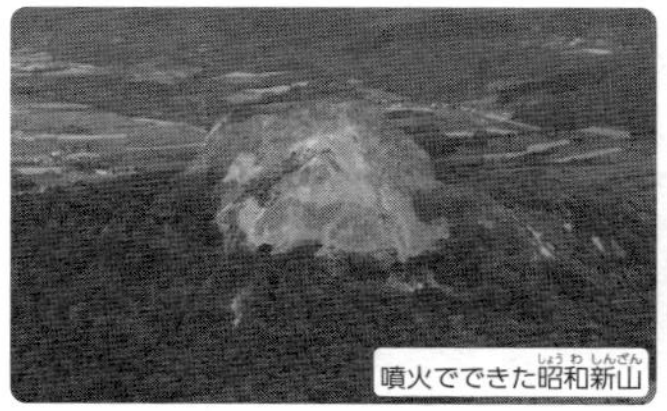

噴火でできた昭和新山《しょうわしんざん》

桜島《さくらじま》の噴火でできた土地

ここがだいじ!
①地層がずれている部分を断層《だんそう》といい、断層がずれると地震《じしん》が起こる。
②地震や火山の噴火《ふんか》によって、大地のようすが変化することがある。

ぴたトリビア 火山の噴火《ふんか》で「カルデラ」とよばれる広くて大きなくぼ地ができることがあり、そのくぼ地に水がたまって湖になったものは、「カルデラ湖」とよびます。

ぴったり2 **練習**

7. 変わり続ける大地

①地震《じしん》や火山の噴火《ふんか》と大地の変化

教科書 107～111ページ　答え 27ページ

1 火山と、1900年以降《いこう》に起きた主な地震の場所を、地図上にまとめました。

(1) ▲が表しているのはどちらですか。正しいほうに○をつけましょう。

ア(　○　)火山の場所
イ(　　)地震が起きた場所

(2) 火山と地震が起きた場所について、どのようなことがわかりますか。正しいものに○をつけましょう。

ア(　　)日本列島では、火山の噴火や地震は起こらない。
イ(　　)日本列島では、地震は起こるが、火山の噴火は起こらない。
ウ(　○　)日本列島では、火山の噴火や地震がよく起こっている。

2 あるがけに、写真のような地層《ちそう》のずれが見られました。

(1) 写真のような、地層のずれを何といいますか。

(　**断層**　)

(2) 過去に、大地がずれて、地層のずれができたとき、何が起こったと考えられますか。正しいものに○をつけましょう。

ア(　　)台風
イ(　○　)地震
ウ(　　)火山の噴火

3 桜島《さくらじま》はたびたび噴火し、火口から多くの物をふき出しています。

(1) 火口から流れ出し、そのまわりの大地をおおっている物を何といいますか。

(　**溶岩**　)

(2) 火口から大量の水蒸気《すいじょうき》に混じってふき出され、広いはん囲に堆積《たいせき》する細かいつぶを何といいますか。

(　**火山灰**　)

おうちのかたへ　7. 変わり続ける大地

土地の変化について学習します。火山や地震によって土地が変化することなどを理解しているかがポイントです。

53ページ　てびき

❶ 火山は、日本列島や、小笠《おがさ》原諸島《わらしょとう》、奄美諸島《あまみしょとう》、沖縄諸《おきなわしょ》島《とう》にそってあり、海や大陸にはほとんどありません。地震《じしん》が起きた場所は、日本列島の火山がある場所の近くにあります。

❷ (1)大地に力が加わって、地《ち》層《そう》がずれて断層《だんそう》が生じます。
(2)地震は、火山が噴火《ふんか》するときにも起こります。

❸ (1)火山の地下には岩石がどろどろにとけた、マグマとよばれる物があり、それが地上にふき出して溶岩《ようがん》になります。

地震や火山の噴火による災害やその備えについて確認しよう。

教科書 112〜119ページ 答え 28ページ

次の(　)にあてはまる言葉をかこう。

1 地震《じしん》や火山の噴火《ふんか》によってどのような災害が起きるのだろうか。

教科書 112〜113ページ

地震でくずれた道路

火山の噴火物で建物などがおおわれたようす

- 地震や火山の噴火によって、さまざまな(① **災害**)が起き、私たちのくらしにえいきょうをおよぼすことがある。
- 地震によって、(② **津波**)とよばれる大きな波が起こることがある。
- うめ立て地などの砂地《すなち》で大きな地震が起きると、土地が液体のようになることがあり、これを(③ **液状化(現象)**)という。

2 地震や火山の噴火による災害に備えよう。

教科書 114〜119ページ

- 地震や火山の噴火などによる災害が起きる区域《くいき》を予測して地図に表した物を(① **ハザードマップ**)という。
- 地震が起きたときに、各地のゆれの大きさを予想してできる限り早く知らせる情報《じょうほう》を、(② **きん急地震速報**)という。
- 災害が起きたときに備え、ひなん場所を示す標識がまちなかに設置されている。

ここがだいじ!
①地震《じしん》や火山の噴火《ふんか》によって災害が起き、私《わたし》たちのくらしにえいきょうをおよぼす。
②地震や火山の噴火による災害に備えるために、ハザードマップやきん急《きゅう》地震速《じしんそく》報《ほう》、ひなん場所を示す標識などのとり組みが行われている。

ぴたトリビア 火山活動や地震《じしん》はひ害だけでなく、温泉《おんせん》やわき水、美しい景観などをもたらし、生活を豊かにすることもあります。

教科書 112〜119ページ 答え 28ページ

1 地震《じしん》や火山の噴火《ふんか》によって、さまざまな災害が起きます。

(1) 地震が起きたときに起こることがある大きな波を、何といいますか。
(**津波**)

(2) 地震が起きたときに、うめ立て地などの砂地《すなち》が液体のようになることを何といいますか。
(**液状化(現象)**)

2 災害に備える方法について調べました。

(1) 地震や火山の噴火などによる災害が起きる区域《くいき》を予測して地図に表したものを、何といいますか。
(**ハザードマップ**)

(2) きん急《きゅう》地震速報《じしんそくほう》について説明した、次の文の(　)にあてはまる言葉をかきましょう。

(① **地震**)が起きたときに、各地の(② **ゆれ**)の大きさを予想し、できる限り早く知らせる(③ **情報**)である。

(3) きん急ひなん場所を利用するじょうきょうについて、正しいものに○をつけましょう。
ア(　)災害が起きたとき、健康な人だけが利用できる。
イ(○)災害が起きたとき、だれでも利用できる。
ウ(　)災害が起きたとき、体が不自由な人だけが利用できる。
エ(　)災害が起きたとき、けがを負った人だけが利用できる。

3 火山活動や地震による大地の活動で災害が発生することもある一方で、多くのめぐみももたらされています。

㋐川があふれてこう水が起こる。　㋑火山の熱を利用して発電する。
㋒火山灰《かざんばい》や溶岩《ようがん》で町がうもれる。　㋓強風で建物がこわれる。

(1) 火山活動による災害について、[　]から選びましょう。
(㋒)

(2) 火山活動によってもたらされるめぐみの利用について、[　]から選びましょう。
(㋑)

55ページ てびき

❶ (1)津波《つなみ》が発生し、ひ害が出るかもしれないと予想されるときは、予想されるひ害の大きさに応じて、気象庁《きしょうちょう》から津波注意報《ちゅういほう》、津波警報《けいほう》、大津波警報などが出されます。

❷ (1)ハザードマップには、津波に関するもののほかに、こう水、内水《ないすい》(川があふれる以外のこう水)、高潮《たかしお》、土砂災害《どしゃさいがい》、火山などに関するものがあります。

❸ ㋐、㋓は台風などによる災害の例です。

ぴったり3

確かめのテスト

7. 変わり続ける大地

56ページ

100 合格70点

教科書 106～119ページ　答え 29ページ

よく出る

1 あるところで、写真のような地層《ちそう》のずれが地表に見られました。　1つ10点(30点)

(1) このような地層のずれを何といいますか。

（　**断層**　）

(2) このような、地層のずれができたときに起こることは何ですか。

（　**地震**　）

(3) (2)で答えたことが、海底の地下で起こると、大きな波が生じることがあります。このような波を何といいますか。

（　**津波**　）

2 図は、有珠山《うすざん》の噴火《ふんか》にともなって昭和新山《しょうわしんざん》ができたときの記録です。　1つ10点(30点)

(1) 図は、1944年の5月12日から、1945年の9月10日の約16か月間に記録されたものです。この間に昭和新山の山頂《さんちょう》になった部分はおよそ何m高くなりましたか。正しいものに○をつけましょう。

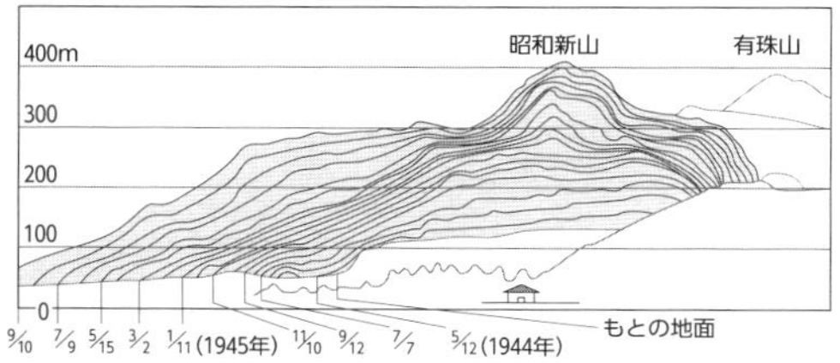

ア(　)410m　イ(◯)280m　ウ(　)130m

(2) 記述　この記録は、三松正夫《みまつまさお》さんがかいた物で、ミマツダイヤグラムとよばれています。三松さんは、観察をするときに、糸を水平にはり、その糸と昭和新山を重ねながら、毎日記録をつけました。三松さんが、糸を水平にはったのはなぜですか。　思考・表現

(**高さの変化を見やすくさせるため。(高さの変化を比べる基準とするため。)**)

(3) 有珠山や昭和新山は、どのようになったと考えられますか。正しいものに○をつけましょう。

ア(　)1946年以降《いこう》は噴火せず、今後も噴火することはない。

イ(　)1946年以降は噴火していないが、今後、噴火することがありうる。

ウ(◯)1946年以降も何度か噴火しており、今後も噴火が続いていく。

学習日

57ページ

できたらスゴイ！

3 富士山《ふじさん》は1707年に噴火していて、これを宝永《ほうえい》大噴火とよんでいます。　1つ10点(40点)

(1) 富士山のすそ野には、写真のように大地が広がり、そこには、いろいろな生き物も生活しています。すそ野の大地をおおっている物は、主に何ですか。正しいものに○をつけましょう。

ア(　)川などの水が運んだ土

イ(　)富士山がふき出した火山灰《かざんばい》

ウ(◯)富士山がふき出した溶岩《ようがん》

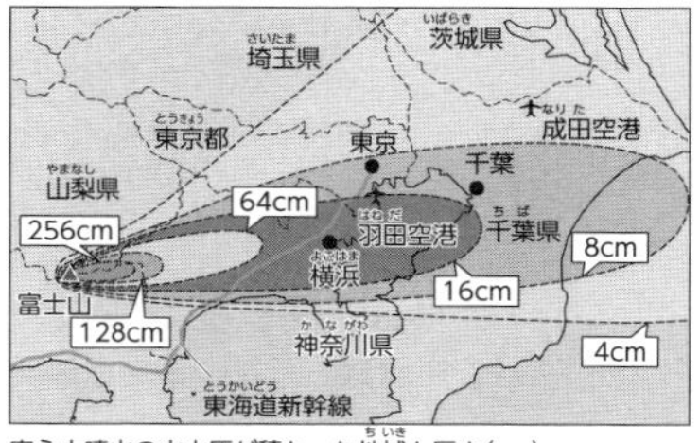

宝永大噴火の火山灰が積もった地域《ちいき》と厚さ(cm)

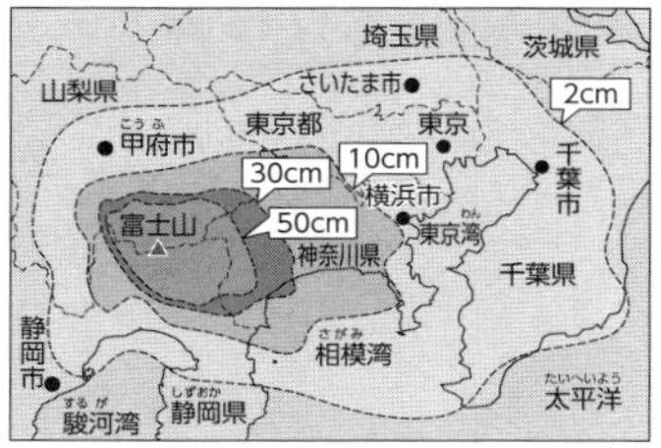

火山灰が積もると予想される地域と厚さ

(2) 上の左の図は、宝永大噴火でふき出した火山灰の積もり方を表したもので、右の図は、宝永大噴火と同じくらいの噴火が富士山に起こったとしたときの火山灰の積もり方を予想して表したものです。

①右の図のように、火山灰の積もり方を予想し、そのひ害を考えて表した地図を何といいますか。

(**ハザードマップ**)

②図のように、火山灰が、富士山の西側よりも東側に大きく広がるのはなぜですか。正しいものに○をつけましょう。　思考・表現

ア(　)富士山の火口が、東側を向いているから。

イ(　)富士山の火口が、西側を向いているから。

ウ(◯)火山灰は小さくて軽いので、上空までふき上げられ、西からふく風に流されるから。

エ(　)天気が雲の移動にそって西から東へ変わっていくから。

(3) 記述　富士山が噴火したときの、溶岩の広がり方は、火山灰と比べてどうなると考えられますか。広がる地域《ちいき》の広さと、その向きがわかるように説明しましょう。　思考・表現

(**(溶岩の広がり方は、火山灰と比べて)広がる地域がせまく、どの向きにもほぼ同じように広がると考えられる。**)

ふりかえり

1 の問題がわからなかったときは、52ページの **1** と54ページの **1** にもどってたしかめましょう。
3 の問題がわからなかったときは、52ページの **1** と54ページの **2** にもどってたしかめましょう。

56～57ページ　てびき

1 (1)地下の地層《ちそう》が断ち切られて、食いちがいができています。

(2)断層が生じたり、火山の噴火《ふんか》が起こったりして、地下の岩石がこわれるときに、地震《じしん》が発生します。

(3)海底の地下で大きな地震が起こると、海底が上下して、大きな波が生じます。

2 (1)昭和新山《しょうわしんざん》の山頂《さんちょう》の真下のもとの地面の高さがおよそ130m、9月10日の山頂の高さがおよそ410mです。

410m－130m＝280m

1日について、およそ60cmずつ高くなっています。

(2)観察している物の高さが変化しているので、高さが変化しない物と比べなければいけません。

(3)有珠山《うすざん》は、気象庁《きしょうちょう》が常時観測火山(いつもようすを調べている火山)としている火山のうちの1つです。

3 (1)日本には火山が多いので、日本の地面は半分以上が、火山灰《かざんばい》や溶岩《ようがん》でおおわれています。

(2)①防災マップや、ひ害予想地図などとよばれることもあります。

②火山灰が上空に広がり、世界中に達することもあります。

(3)火口からふき出した溶岩は、山に沿《そ》って流れ落ちます。

ぴったり1 **準備**

8. てこのはたらきとしくみ

①てこのはたらき 1

3分でまとめ

学習 58ページ

てこを使った、重い物の持ち上げ方を確認しよう。

教科書 121～124ページ　答え 30ページ

次の(　)にあてはまる言葉をかこう。

1 てこを使って、できるだけ小さい力で重い物を持ち上げるには、どのようにしたらよいのだろうか。 教科書 121～124ページ

▶棒《ぼう》のある１点を支えにして、棒の一部に力を加え、物を持ち上げたり、動かしたりするものを、(①　**てこ**　)という。

(②**作用点**)　(③　**支点**　)　(④　**力点**　)

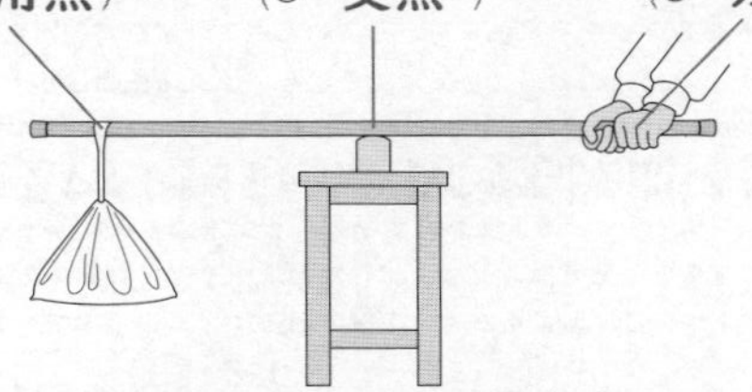

●(①)には、(⑤　**支点**　)(棒を支える位置)、(⑥　**力点**　)(力を加える位置)、(⑦ **作用点**)(おもりの位置、仕事をする位置)がある。

▶てこを使っておもりを持ち上げ、手ごたえを調べる。

●支点《してん》と(⑧**作用点**)の間のきょりを変える。●支点と(⑨　**力点**　)の間のきょりを変える。

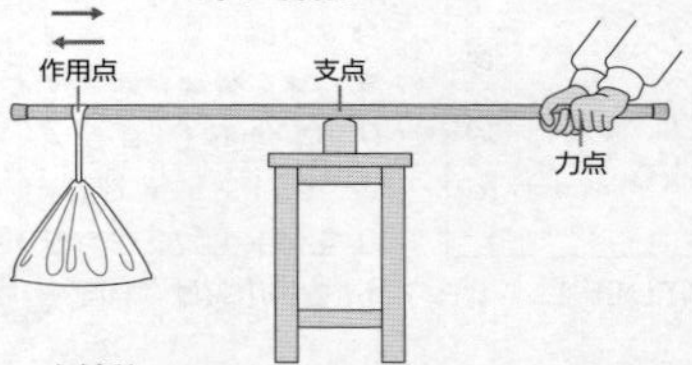

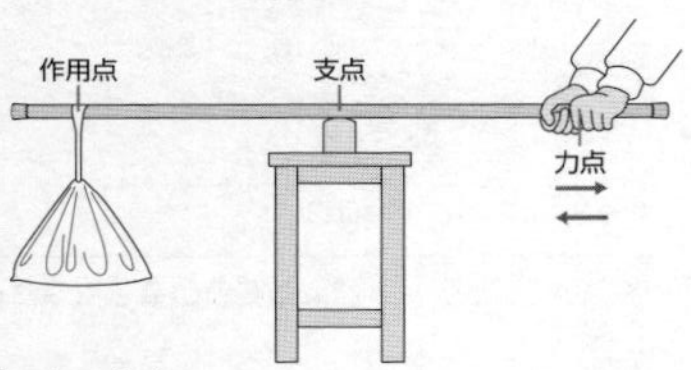

●作用点《さようてん》を支点に近づけると、手ごたえが(⑩ **小さく**)なった。

●力点《りきてん》を支点から遠ざけると、手ごたえが(⑪ **小さく**)なった。

▶てこを使っておもりを持ち上げるとき、支点と作用点の間のきょりを(⑫　**短く**　)すると、小さい力でおもりを持ち上げることができる。

▶てこを使っておもりを持ち上げるとき、支点と力点の間のきょりを(⑬　**長く**　)すると、小さい力でおもりを持ち上げることができる。

ここがだいじ！

①てこには、棒《ぼう》を支える支点《してん》、力を加える力点《りきてん》、仕事をする作用点《さようてん》がある。

②支点と作用点の間のきょりを短く、支点と力点の間のきょりを長くすると、小さい力でおもりを持ち上げられる。

ぴたトリビア てこのしくみを利用すると、そのままでは動かすことができない重い物も、人の力で動かすことができます。

ぴったり2 **練習**

8. てこのはたらきとしくみ

①てこのはたらき 1

学習 59ページ

教科書 121～124ページ　答え 30ページ

1 図のように、棒《ぼう》を使って、おもりを持ち上げます。

(1) 図のように、棒を使って物を持ち上げたり、動かしたりするものを何といいますか。　(　**てこ**　)

(2) (1)で答えたものには、次の３つの位置があります。それぞれ、図のあ～うのどれですか。

①棒を支える位置　(　**い**　)

②力を加える位置　(　**う**　)

③おもりの位置　(　**あ**　)

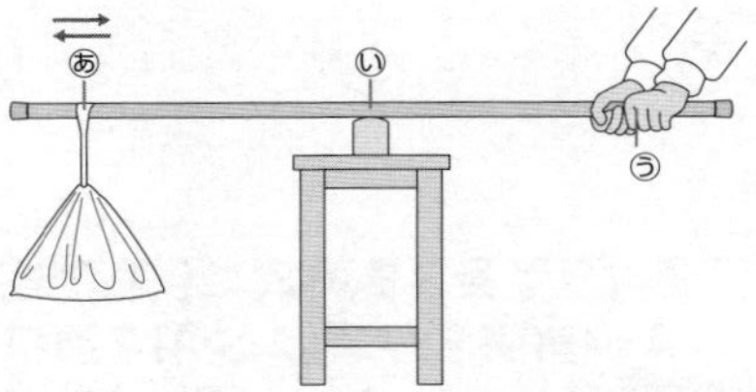

(3) 図のあ～うをそれぞれ何といいますか。

あ(　**作用点**　)　い(　**支点**　)　う(　**力点**　)

2 てこを使って、おもりを持ち上げたときの手ごたえを調べました。

(1) いとあのきょりを変えるとき、動かしてよい点はどれですか。正しいものに○をつけましょう。

ア(○)あ　イ(　)い　ウ(　)う

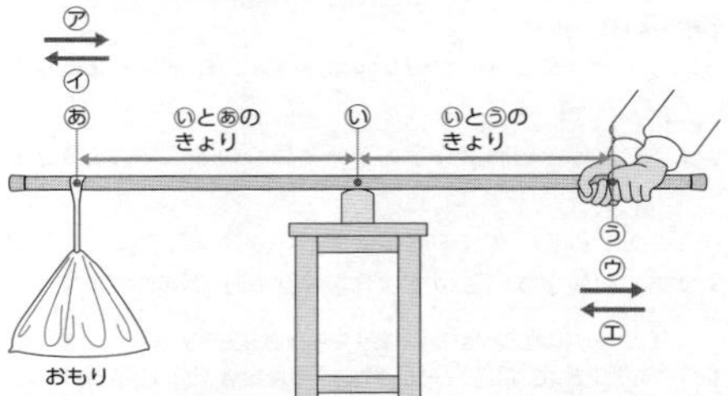

(2) いとあのきょりを変えて調べました。おもりを持ち上げたときの手ごたえは、それぞれどうなりましたか。

①あをアの向きに動かした。　(**小さくなった。**)

②あをイの向きに動かした。　(**大きくなった。**)

(3) いとうのきょりを変えて調べました。おもりを持ち上げたときの手ごたえは、それぞれどうなりましたか。

①うをウの向きに動かした。　(**小さくなった。**)

②うをエの向きに動かした。　(**大きくなった。**)

(4) てこを使い、同じおもりを小さい力で持ち上げるには、いとあのきょりと、いとうのきょりをそれぞれどのようにしたらよいですか。正しいほうを１つずつ選び、○をつけましょう。

①いとあのきょり　ア(　)長くする。　イ(○)短くする。

②いとうのきょり　ア(○)長くする。　イ(　)短くする。

ヒント ❷ 同じ棒を使っていて、支点《してん》の位置は棒の真ん中にあります。棒のはしや支点からのきょりを見て、どの位置を変えているか考えます。

おうちのかたへ　8. てこのはたらきとしくみ

てこの規則性について学習します。力を加える位置や大きさを変えたときのてこのはたらきの変化を理解しているか、てこを利用した道具を見つけることができるか、などがポイントです。

59ページ　てびき

❶ (2)、(3)①支点《してん》は、ほかの部分が動いても動かない点です。

②力点《りきてん》は力を加える点です。

③力点に力を加えると、おもりが持ち上がります。力がはたらく点が作用点《さようてん》です。

❷ (1)調べる条件以外を変えないようにして、実験をします。

(2)てこの作用点を支点に近づけると、手ごたえが小さくなり、支点から遠ざけると、手ごたえが大きくなります。

(3)てこの力点を支点に近づけると、手ごたえが大きくなり、支点から遠ざけると、手ごたえが小さくなります。

(4)小さい力でおもりを持ち上げているときは、手ごたえが小さくなっています。

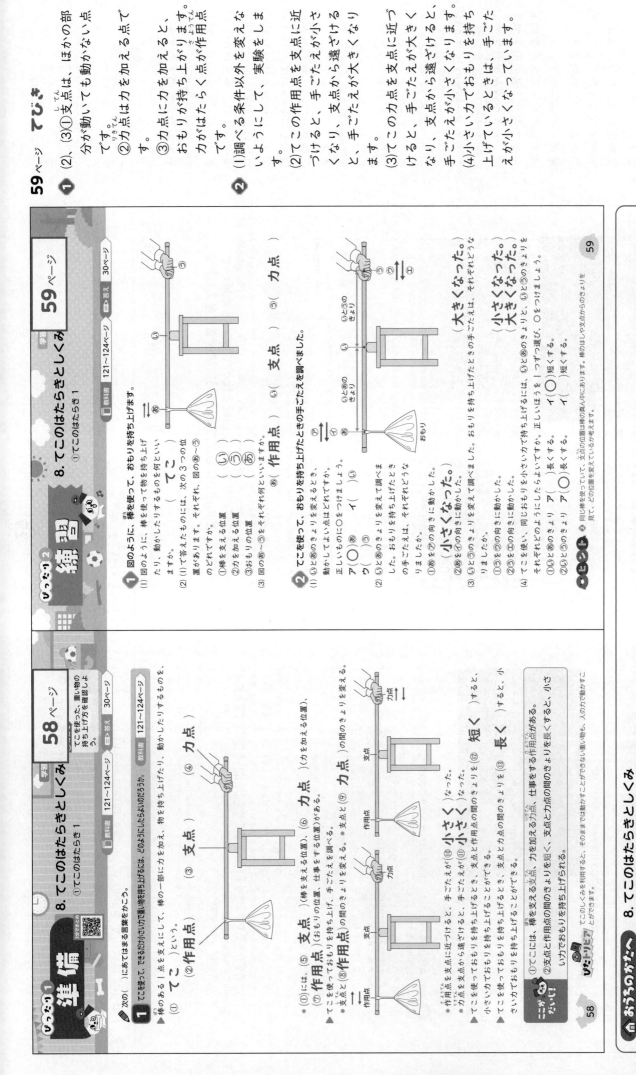

ぴったり1
準備
8. てこのはたらきとしくみ
①てこのはたらき 2
②てこが水平につり合うとき

学習 **60ページ**

てこが水平につり合うときのきまりを確認しよう。

教科書 125～130ページ　答え 31ページ

次の(　)にあてはまる言葉をかこう。

1 てこが水平につり合うときには、どのようなきまりがあるのだろうか。　教科書 125～130ページ

▶力の大きさは、(① **おもりの重さ**)で表すことができる。

▶実験用てこは、左右のうでの長さが(② **同じ**)になっていて、おもりをつるさないときには、(③ **水平**)につり合う。

▶てこをかたむけるはたらきは、(④ **力**)の大きさ(おもりの重さ)×支点《してん》からの(⑤ **きょり**)(おもりの位置)で表すことができる。

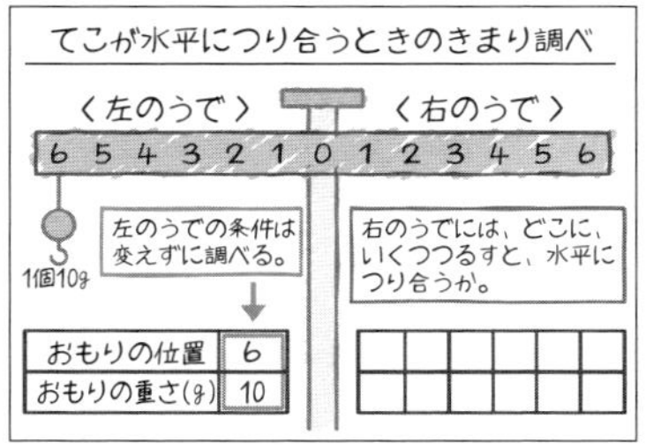

てこが水平につり合うときのきまり調べ
〈左のうで〉　〈右のうで〉
6 5 4 3 2 1 0 1 2 3 4 5 6
1個10g
左のうでの条件は変えずに調べる。
右のうでには、どこに、いくつつるすと、水平につり合うか。
おもりの位置 6
おもりの重さ(g) 10

▶てこが水平につり合うときのきまりは、次の式で表すことができる。

[左のうでのてこをかたむけるはたらき]
(⑥ **力**)の大きさ×支点からのきょり
(おもりの重さ)　(おもりの位置)

＝

[右のうでのてこをかたむけるはたらき]
力の大きさ × 支点からの(⑦ **きょり**)
(おもりの重さ)　(おもりの位置)

▶水平に支えられた棒《ぼう》の支点から左右同じきょりの位置に物をつるして、棒が水平につり合ったとき、左右につるした物の重さは(⑧ **同じ**)である。このきまりを利用している道具を(⑨ **てんびん**)という。

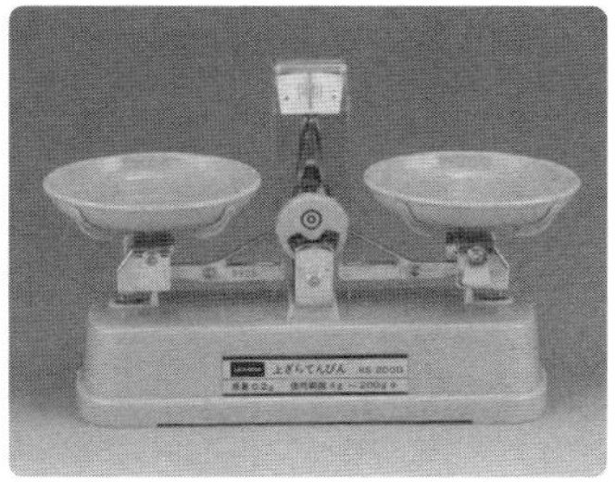

てんびんは、てこの応用なんだね。

ここがだいじ! ①てこをかたむけるはたらきは、次のように表される。
力の大きさ(おもりの重さ)×支点《してん》からのきょり(おもりの位置)

ぴたトリビア 上皿《うわざら》てんびんは、左右のうでの長さが同じなので、左右に同じ重さのものをのせると水平につり合うことを利用して、重さをはかる道具です。

ぴったり2
練習
8. てこのはたらきとしくみ
①てこのはたらき 2
②てこが水平につり合うとき

学習 **61ページ**

教科書 125～130ページ　答え 31ページ

1 左のうでにおもりをつるした実験用てこの右のうでをおして、水平にしました。それぞれ、手ごたえが大きいほうに○をつけましょう。

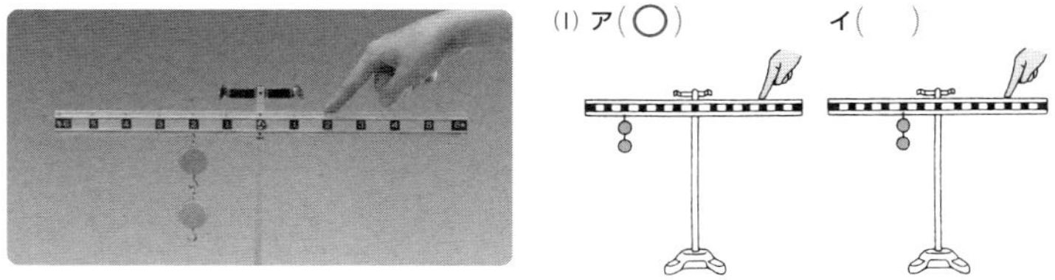

(1) ア(○)　イ(　)

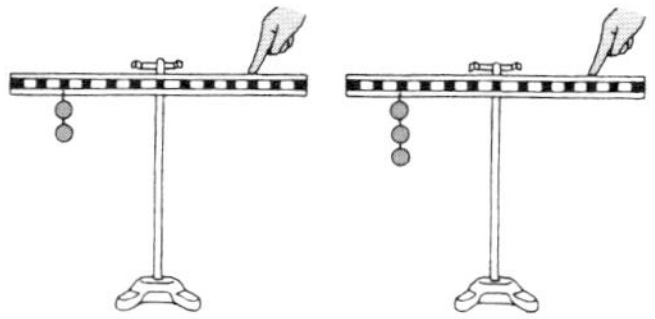

(2) ア(　)　イ(○)
(3) ア(　)　イ(○)

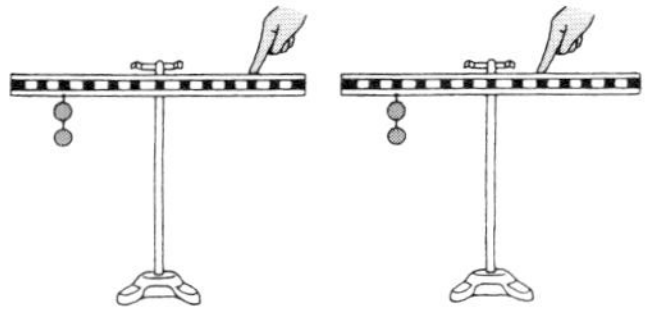

2 実験用てこが水平につり合う重さを調べました。表にあてはまる数字をかきましょう。

(1) 左のうでの６の位置に、10gのおもりをつるしたとき。

	左のうで	右のうで				
おもりの位置	6	1	2	3	6	
おもりの重さ(g)	10	60	30	20	10	

(2) 左のうでの６の位置に、20gのおもりをつるしたとき。

	左のうで	右のうで				
おもりの位置	6	1	2	3	4	6
おもりの重さ(g)	20	120	60	40	30	20

(3) 左のうでの６の位置に、30gのおもりをつるしたとき。

	左のうで	右のうで				
おもりの位置	6	1	2	3		
おもりの重さ(g)	30	180	90	60		

(3)左のうでのおもりがてこをかたむけるはたらきは、30×6＝180で、右のうでのおもりの重さは、
1…180÷1＝180、2…180÷2＝90、3…180÷3＝60

おうちのかたへ
「比例」「反比例」については、６年の算数でも学習します。算数の教科書や授業での学習も参考にしながら確認するとよいでしょう。

61ページ　てびき

1 (1)左のうでにつるされたおもりは、重さが同じですが、位置を比べると、アのほうが支点《してん》から遠くなっています。
(2)左のうでにつるされたおもりは、位置が同じですが、重さを比べると、イのほうが重くなっています。
(3)左のうでにつるされたおもりは、重さも位置も同じですが、右のうでに当てている指の位置は、イのほうが支点に近くなっています。

2 (1)左のうでのおもりがてこをかたむけるはたらきは、10×6＝60で、右のうでのおもりの重さは、
1…60÷1＝60
2…60÷2＝30
3…60÷3＝20
6…60÷6＝10
(2)左のうでのおもりがてこをかたむけるはたらきは、20×6＝120で、右のうでのおもりの重さは、
1…120÷1＝120
2…120÷2＝60
3…120÷3＝40
4…120÷4＝30
6…120÷6＝20

ぴったり1 準備

8. てこのはたらきとしくみ

③てこを利用した道具

学習 62ページ

てこを利用した道具のしくみを確認しよう。

教科書 131～132ページ　答え 32ページ

次の(　)にあてはまる言葉をかくか、あてはまるものを○でかこもう。

1 てこを利用した道具は、どのようなしくみになっているのだろうか。 教科書 131～132ページ

▶支点《してん》が力点《りきてん》と作用点《さようてん》の間にあるてこ

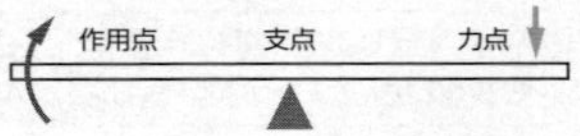

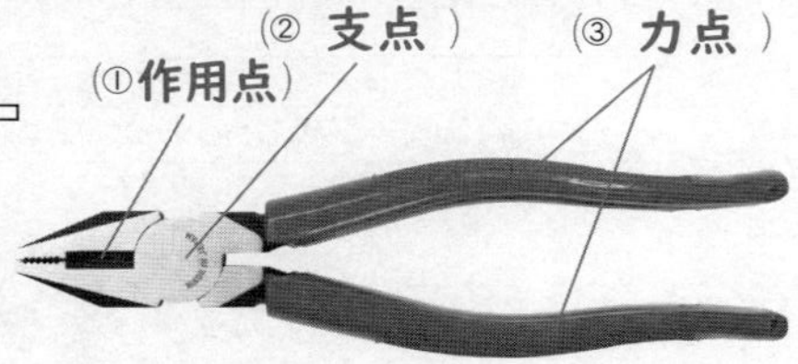

- 支点から作用点までのきょりより、支点から力点までのきょりが(④(長い)・短い)。このため、作用点に加わる力が、力点に加えた力より大きくなるので、(⑤ 大きい・(小さい))力で作業できる。

▶作用点が支点と力点の間にあるてこ

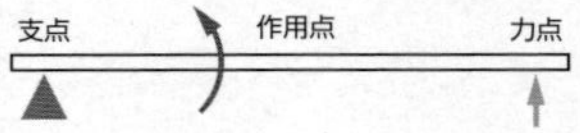

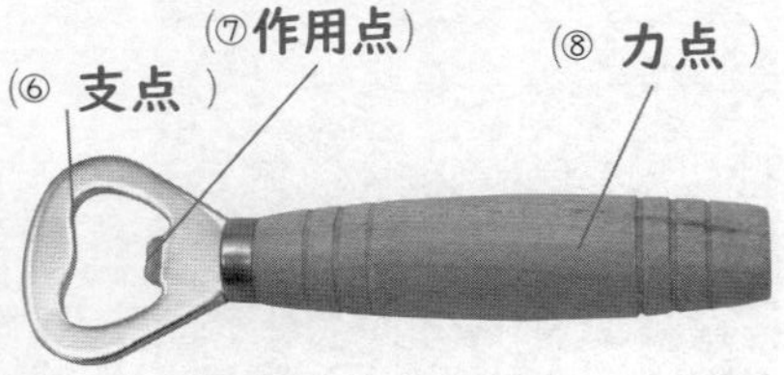

- 支点から作用点までのきょりより、支点から力点までのきょりが(⑨(長い)・短い)。このため、作用点に加わる力が、力点に加えた力より大きくなるので、(⑩ 大きい・(小さい))力で作業できる。

▶力点が支点と作用点の間にあるてこ

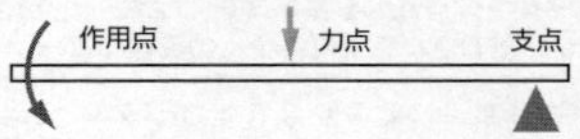

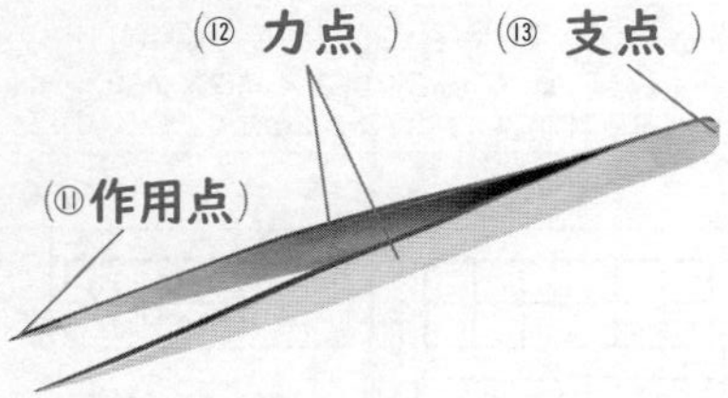

- 支点から力点までのきょりより、支点から作用点までのきょりが(⑭(長い)・短い)。このため、作用点に加わる力が、力点に加えた力より小さくなるので、⑪にはたらく力を(⑮ 大きく・(小さく))調整して作業できる。

ここがだいじ! ①それぞれの道具の使い道や使い方に合わせて、てこのしくみが利用されている。

ぴたトリビア ドライバーやドアノブのように、太い部分に力を加えて回すと細い部分に大きな力がはたらくしくみを、「輪《りん》じく」といいます。

ぴったり2 練習

8. てこのはたらきとしくみ

③てこを利用した道具

学習 63ページ

教科書 131～132ページ　答え 32ページ

1 身のまわりの、てこを利用した道具を調べました。

(1) 次のてこを利用した道具の①～⑨は、それぞれ、支点《してん》、力点《りきてん》、作用点《さようてん》のどれですか。

ペンチ
①(力点)
②(支点) ③(作用点)

せんぬき
④(力点)
⑤(作用点) ⑥(支点)

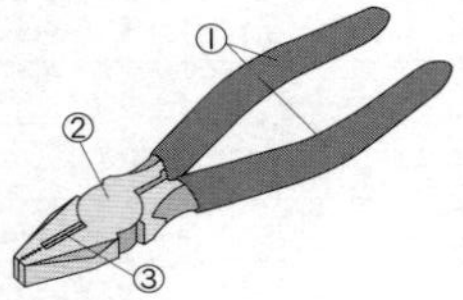

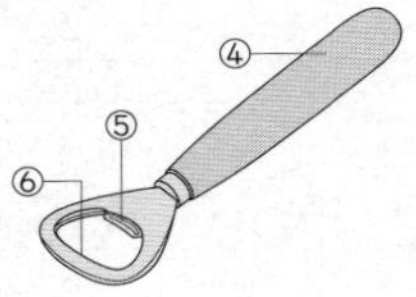

ピンセット
⑦(支点) ⑧(力点) ⑨(作用点)

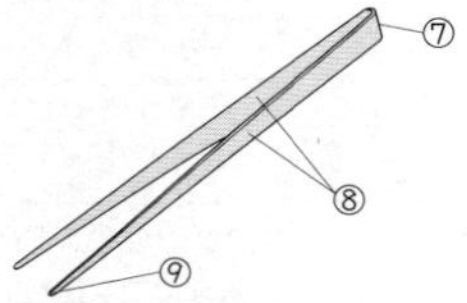

(2) ペンチの説明として正しくなるように、次の文の(　)にあてはまる言葉をかきましょう。

支点から作用点までのきょりより、支点から力点までのきょりが(① 長い)ため、(② 小さい)力で作業できる。

(3) ピンセットの説明として、正しいほうに○をつけましょう。

はたらく力を大きく調整して作業できるよ。 ①(　)

はたらく力を小さく調整して作業できるよ。 ②(○)

63ページ てびき

❶ てこを利用した道具のなかま分け

1. 支点《してん》が力点《りきてん》と作用点《さようてん》の間にあるてこ…ペンチ、くぎぬき、はさみ

→道具に加えた力の向きと、物に加わる力の向きが反対になり、大きな力を物に加えることができる。

2. 作用点が支点と力点の間にあるてこ…せんぬき、空きかんつぶし

→道具に加えた力の向きと、物に加わる力の向きが同じになり、大きな力を物に加えることができる。

3. 力点が支点と作用点の間にあるてこ…ピンセット、糸切りばさみ、ステープラー、トング

→道具に加えた力の向きと、物に加わる力の向きが同じになり、物に加わる力の大きさは、道具に加えた力よりも小さくなる。

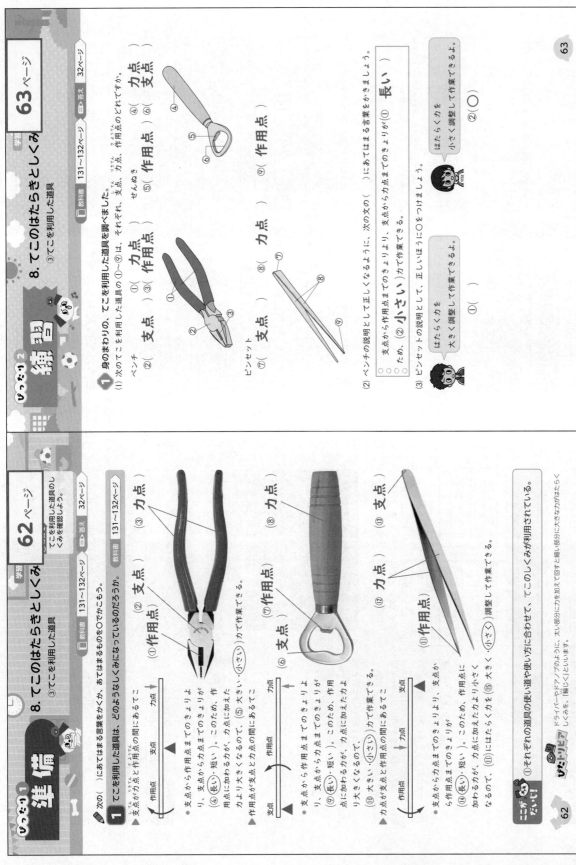

ぴったり3 確かめのテスト。

8. てこのはたらきとしくみ

64ページ

/100 合格70点

教科書 120～135ページ　答え 33ページ

よく出る

1 図のように、棒《ぼう》を使って、おもりを持ち上げました。　1つ6点(30点)

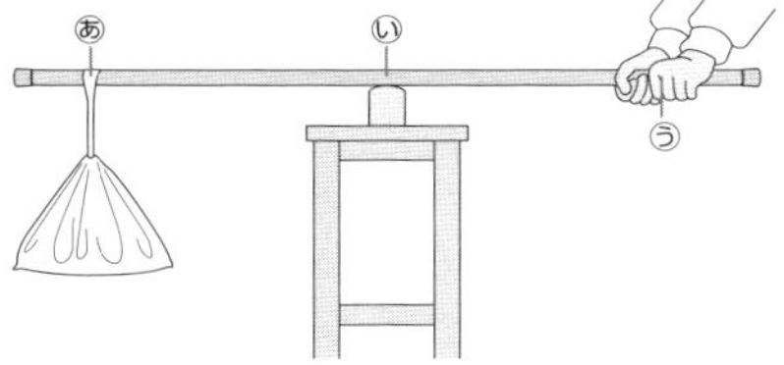

(1) 図のように、棒などを使って、物を持ち上げたり、動かしたりするものを何といいますか。

(てこ)

(2) 図で、棒におもりをつり下げて持ち上げる位置あ、棒を支える位置い、棒に力を加える位置うをそれぞれ何といいますか。

あ(作用点)
い(支点)
う(力点)

(3) 手でおし下げるかわりに、いからあまでのきょりと同じきょりの位置に物をつるして棒が水平につり合ったとき、左右につるした物の重さは同じです。このきまりを利用した道具は何ですか。

(てんびん)

よく出る

2 図のように、実験用てこの左のうでの4の位置に、10gのおもりを3個つるしました。　技能　1つ10点(30点)

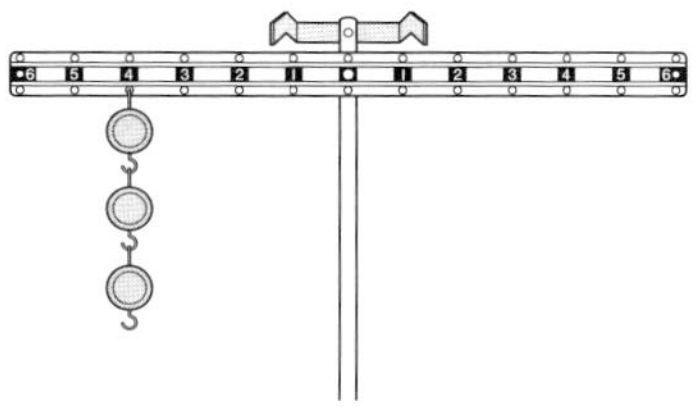

(1) 10gのおもり2個を右のうでにつるして水平につり合わせるには、1～6のうち、どの位置に、おもりをつるせばよいですか。

(6)

(2) 右のうでの2の位置におもりをつるして水平につり合わせるには、10gのおもりを何個つるせばよいですか。

(6個)

(3) 右のうでの3の位置を指でおして、うでを水平につり合わせました。このとき、指がうでをおしている力の大きさは、何g分のおもりの重さと同じですか。

(40g (分))

65ページ

できたらスゴイ!

3 はさみには、洋ばさみ(はさみ)と和ばさみ(糸切りばさみ)があります。　思考・表現　1つ8点(40点)

(1) 洋ばさみと和ばさみの持つところと切るところを、支点《してん》に対して、それぞれ何といいますか。

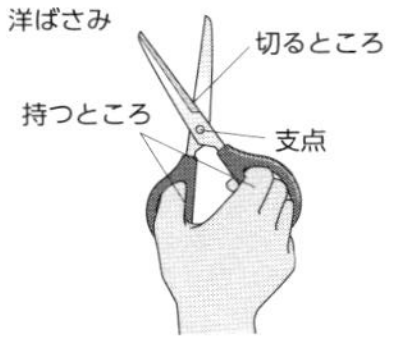

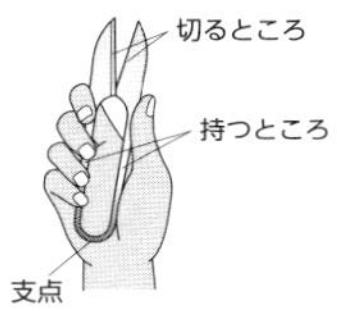

①持つところ

(力点)

②切るところ

(作用点)

(2) 記述 洋ばさみで紙などを切るとき、どのようにすると、楽に切ることができますか。

((紙などを)支点に近いところまでおしこんで切る。)

(3) 和ばさみで糸などを切るとき、加えた力と比べて、切る力の大きさはどのようになりますか。正しいものに○をつけましょう。

ア(○)加えた力と比べて、切る力の大きさは小さくなる。
イ(　)加えた力と比べて、切る力の大きさは大きくなる。
ウ(　)加えた力と切る力の大きさは、同じになる。

(4) てこを利用した道具として、てこのしくみが和ばさみと同じ物はどれですか。正しいものに○をつけましょう。

ア(　)ペンチ

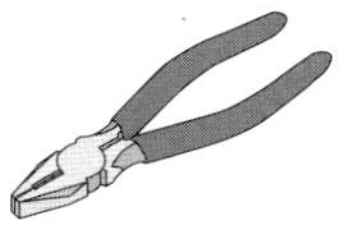

イ(○)ピンセット

ウ(　)くぎぬき

エ(　)せんぬき

ふりかえり　1の問題がわからなかったときは、58ページの1と60ページの1にもどってたしかめましょう。
3の問題がわからなかったときは、62ページの1にもどってたしかめましょう。

64～65ページ てびき

1 (2)あ物(おもり)に仕事をする点。
い(てこになっている)棒《ぼう》を支える点。
う(てこになっている)棒に力を加える点。
(3)上皿《うわざら》てんびんは、支点《してん》から同じきょりのところにある左右の皿の上に、はかる物とおもりをそれぞれのせて、水平につり合わせることで物の重さをはかります。

2 左のうでのてこをかたむけるはたらきは、
30×4＝120で、右のうでのおもりの位置(1)、重さ(2)、力の大きさ(3)は、
(1)120÷20＝6
(2)120÷2＝60より、6個。
(3)120÷3＝40

3 (1)洋ばさみは、支点が力点《りきてん》と作用点《さようてん》の間にあり、和ばさみは、力点が支点と作用点の間にあります。
(2)洋ばさみは、支点と力点のきょりが決まっているので、支点と作用点のきょりを短くすると、小さい力で紙などを切ることができます。
(3)和ばさみでは、支点と力点のきょりが、支点と作用点のきょりより短くなっています。
(4)ピンセットや和ばさみは、作用点に加わる力が小さくなるので、力が調整しやすくなります。

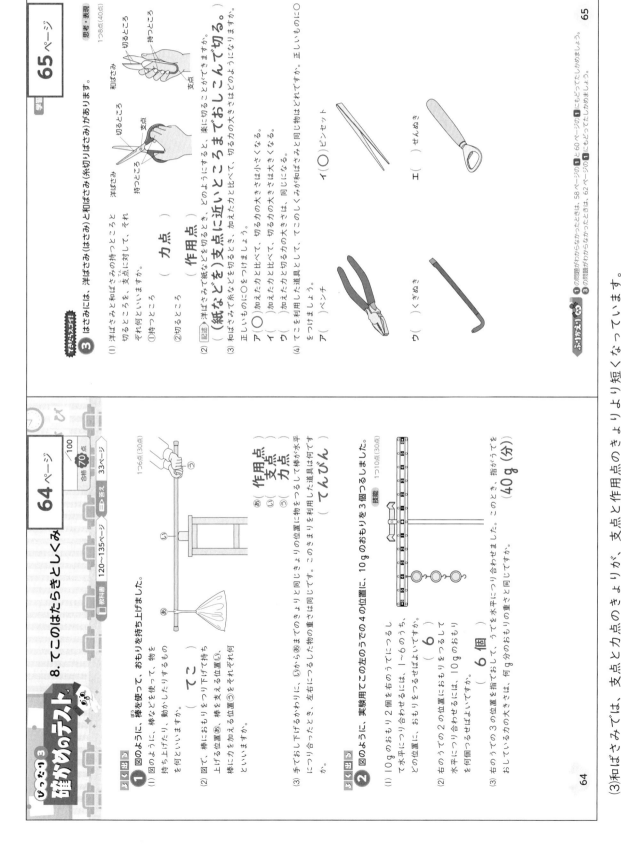

ぴったり1 準備

9. 電気と私《わたし》たちのくらし

①電気をつくる

3分でまとめ

自分たちで、発電することはできるのかを確認しよう。

教科書 137～141ページ　答え 34ページ

次の(　)にあてはまる言葉をかくか、あてはまるものを○でかこもう。

1 自分たちで、発電《はつでん》することはできるのだろうか。

教科書 137～141ページ

▶電気をつくることを、(① 発電)という。

▶手回し発電機や光電池《こうでんち》(太陽電池)で電気をつくり、つくった電気を利用する。

●手回し発電機は、ハンドルを回すと(②モーター)のじくが回り、(③ 発電)する。

(④ ＋)極《きょく》 (⑤ －)極

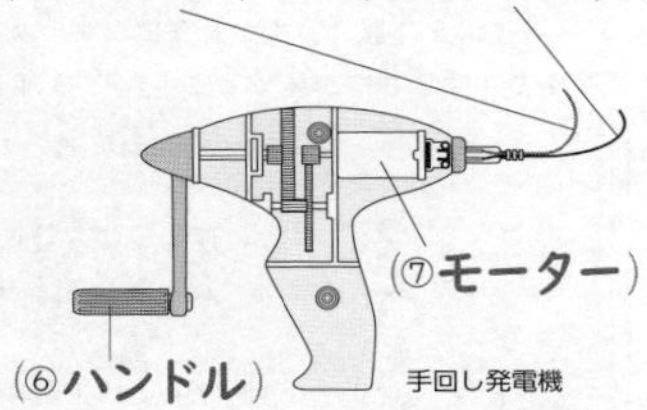

手回し発電機

●ハンドルをゆっくり回すと、明かりが
(⑧ ついた ・ つかなかった)。

●ハンドルを速く回すと、ゆっくり回したときよりも、
(⑨ 明るく ・ 暗く)なった。

●ハンドルを回していないと、明かりが
(⑩ ついた ・ つかなかった)。

光電池(太陽電池)

●光電池に(⑪ 光)を当てると、発電する。

●光を弱く当てると、明かりが(⑫ ついた ・ つかなかった)。

●光を強く当てると、弱く光を当てたときよりも、(⑬ 明るく ・ 暗く)なった。

●光を当てていないと、明かりが(⑭ ついた ・ つかなかった)。

▶手回し発電機のハンドルを速く回したり、光電池に光を強く当てたりすると、電気のはたらきが
(⑮ 大きく)なる。

ここがだいじ!

①電気をつくることを発電《はつでん》という。

②手回し発電機のハンドルを回したり、光電池に光を当てたりすると、発電することができる。

ぴたトリビア 火力発電は、燃料を燃やして水を水蒸気《すいじょうき》に変えて、その水蒸気で発電機を回転させて発電するしくみです。

ぴったり2 練習

9. 電気と私《わたし》たちのくらし

①電気をつくる

教科書 137～141ページ　答え 34ページ

1 手回し発電機で電気をつくり、つくった電気を利用しました。

(1) 電気をつくることを何といいますか。

(発電)

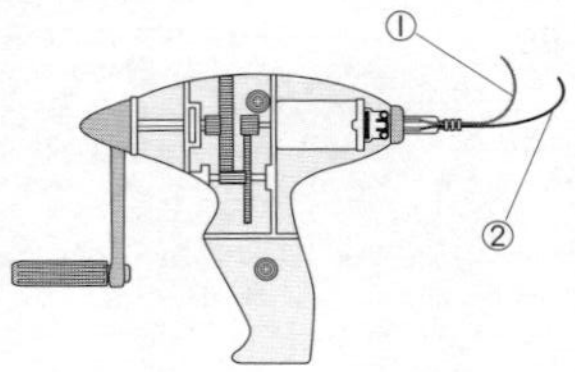

(2) 手回し発電機の中にはある器具が入っていて、ハンドルを回すと、その器具のじくが回って電気がつくられます。この器具を何といいますか。

(モーター)

(3) 手回し発電機に豆電球をつなぎ、ハンドルを回したところ、明かりがつきました。ここで、ハンドルを回すのをやめると、豆電球の明かりはどうなるでしょうか。

(消える。)

(4) ①、②はそれぞれ手回し発電機の＋極《プラスきょく》または－極《マイナスきょく》です。それぞれどちらの極を表しているか、答えましょう。

①(＋)極　②(－)極

2 光電池《こうでんち》で電気をつくり、つくった電気を利用しました。

(1) 光電池で電気をつくるには、光電池に何を当てるとよいですか。

(光)

(2) 光電池と豆電球をつなぎ、電気をつくり、豆電球のようすを調べました。①～③のようにすると、豆電球のようすはどうなりましたか。次の[　]から選びましょう。

明かりがつかなかった。　明かりがついた。
より明るい明かりがついた。

①(1)を弱く当てたとき　(明かりがついた。)

②(1)を強く当てたとき　(より明るい明かりがついた。)

③(1)を当てていないとき　(明かりがつかなかった。)

ヒント 1 (3) 手回し発電機は、ハンドルを回してじくが回っているときに電気がつくられます。

67ページ　てびき

1 (2)、(3)手回し発電機は、ハンドルを回すと、中に入っているモーターのじくが回り、発電します。ハンドルを回すのをやめると、発電されなくなるため、豆電球の明かりは消えます。

2 (1)光電池《こうでんち》に光を当てると、発電することができます。

おうちのかたへ　9. 電気と私たちのくらし

発電や蓄電、電気の変換について学習します。電気を発電したり蓄えたりすることができること、電気を光や音、熱、運動などに変換することができることを理解しているか、電気の性質やはたらきを利用した道具を見つけることができるか、などがポイントです。

ぴったり1 準備

9. 電気と私《わたし》たちのくらし

②電気の利用

68ページ

つくった電気は、何に変えて利用できるのかを確認しよう。

教科書 142～144ページ　答え 35ページ

次の(　)にあてはまる言葉をかくか、あてはまるものを○でかこもう。

1 つくった電気は、何に変えて利用することができるのだろうか。 教科書 142～144ページ

▶ (①)や充電《じゅうでん》式電池(充電池)などを使うと、つくった電気をためることができる。

▶ 電気をためることを、(④ **蓄電**)または(⑤ **充電**)という。

- 電気をためるとき、コンデンサーの(⑥ ＋)たんしと手回し発電機の＋《プラス》極を、コンデンサーの(⑦ －)たんしと手回し発電機の(⑧ －)極をそれぞれつなぐ。
- 電熱線の発熱を調べるときは、アルミニウムはくに(⑨ **示温シール**)をはった物を割《わ》りばしではさみ、電熱線にそっとのせ、(⑨)の色の変化を調べる。

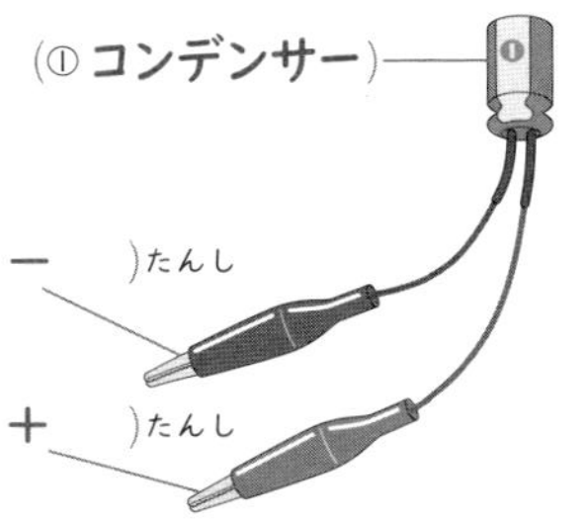

(① コンデンサー)
(② －)たんし
(③ ＋)たんし

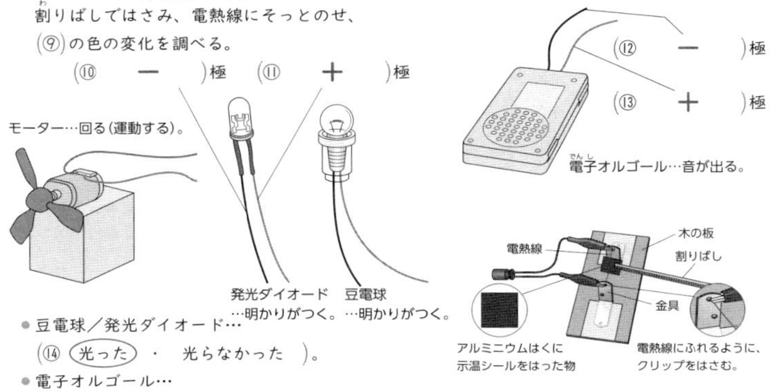

(⑩ －)極　(⑪ ＋)極
(⑫ －)極
(⑬ ＋)極
モーター…回る(運動する)。
発光ダイオード…明かりがつく。
豆電球…明かりがつく。
電子《でんし》オルゴール…音が出る。
電熱線
木の板
割りばし
金具
アルミニウムはくに示温シールをはった物
電熱線にふれるように、クリップをはさむ。

- 豆電球／発光ダイオード…(⑭ (光った) ・ 光らなかった)。
- 電子オルゴール…音が(⑮ (出た) ・ 出なかった)。
- モーター…プロペラが(⑯ (回った) ・ 回らなかった)。
- 電熱線…発熱(⑰ (した) ・ しなかった)。

ここがだいじ!
①コンデンサーや充電式《じゅうでんしき》電池(充電池)などを使い、つくった電気をためることを、蓄電《ちくでん》(充電《じゅうでん》)という。
②電気は、光、音、運動、熱などに変えて、利用することができる。

ぴたトリビア 電灯に明かりをつけるとあたたかくなるように、電灯は電気を光だけでなく熱にも変かんしています。

ぴったり2 練習

9. 電気と私《わたし》たちのくらし

②電気の利用

69ページ

教科書 142～144ページ　答え 35ページ

1 図のようにしてから、手回し発電機のハンドルを回し、器具あに電気をためます。

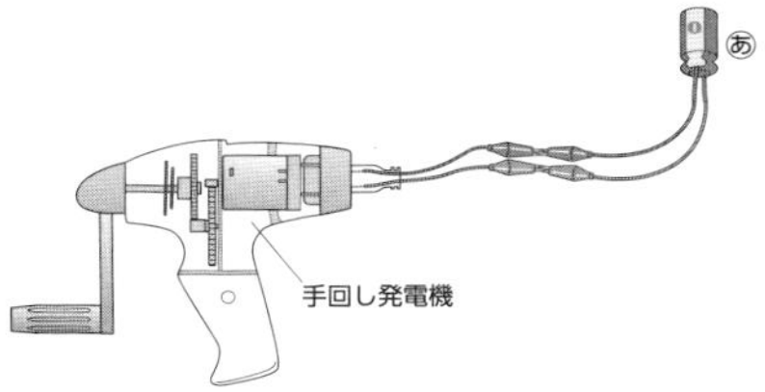

あ
手回し発電機

(1) 電気をためる器具あは何ですか。
(**コンデンサー**)

(2) 電気をためることを何といいますか。
(**蓄電(充電)**)

(3) 器具あを手回し発電機につなぐとき、つなぎ方を、どのようにすればよいですか。正しいものに○をつけましょう。

ア(○)手回し発電機の＋《プラス》極と器具あの＋たんし、手回し発電機の－《マイナス》極と器具あの－たんしをつなぐ。

イ(　)手回し発電機の＋極と器具あの－たんし、手回し発電機の－極と器具あの＋たんしをつなぐ。

ウ(　)手回し発電機のどちらの極に、器具あのどちらのたんしをつないでもよい。

2 電気をためたコンデンサーをいろいろな器具につなぎ、つないだ器具が利用できるか調べました。

(1) コンデンサーを①～④の器具にそれぞれつなぐと、どうなりましたか。次の□から選びましょう。同じものを２回使ってもよいです。

光った。　音が出た。　プロペラが回った。

① 豆電球　(**光った。**)
② 発光ダイオード　(**光った。**)
③ 電子《でんし》オルゴール　(**音が出た。**)
④ モーター　(**プロペラが回った。**)

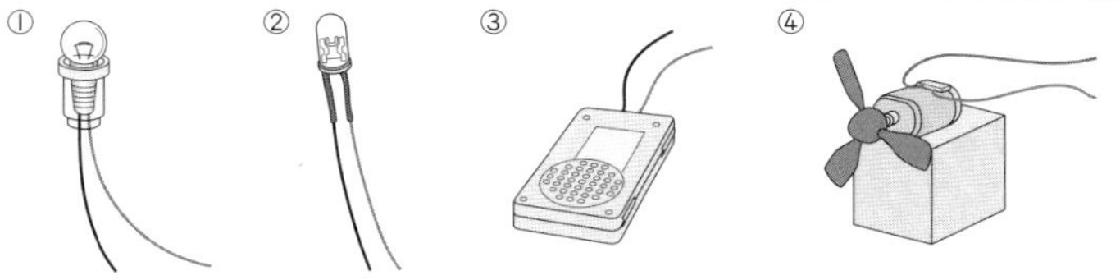

①
②
③
④

(2) この実験から、電気についてわかったことは何ですか。(　)にあてはまる言葉をかきましょう。

電気は、(① **光**)や(② **音**)、運動などに変えて、利用することができる。

69ページ てびき

1 (3)コンデンサーと手回し発電機をつなぐときは、コンデンサーの＋《プラス》たんしと手回し発電機の＋極をつなぎ、コンデンサーの－《マイナス》たんしと手回し発電機の－極をつなぎます。

2 (1)電気をためたコンデンサーをつなぐと、豆電球や発光ダイオードは光り、電《でん》子《し》オルゴールは音が出て、プロペラをつけたモーターはプロペラが回ります。

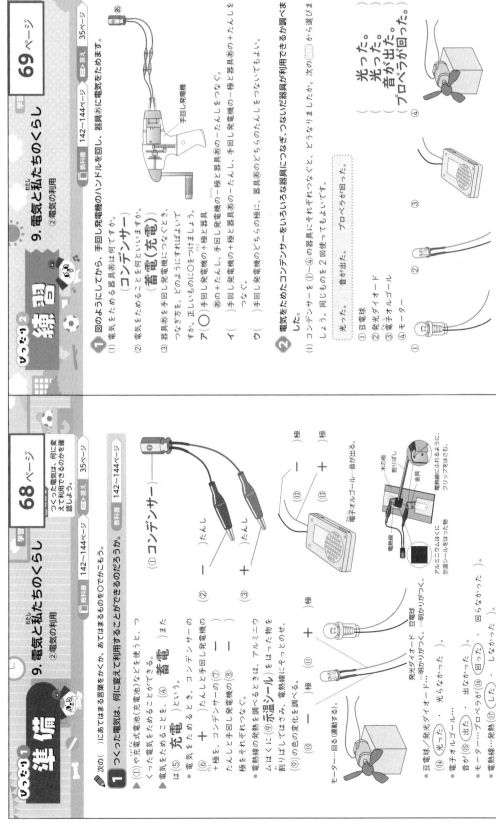

ぴったり1 準備

9. 電気と私《わたし》たちのくらし

③電気の有効利用
④電気を利用した物をつくろう

学習 70ページ

豆電球と発光ダイオードの、使う電気の量のちがいを確認しよう。

教科書 145～150ページ　答え 36ページ

次の(　)にあてはまる言葉をかくか、あてはまるものを○でかこもう。

1 豆電球と発光ダイオードでは、使う電気の量にちがいがあるのだろうか。　教科書 145～150ページ

▶手回し発電機を同じ回数だけ回して、コンデンサーに電気をため、豆電球と発光ダイオードの明かりをつけると、発光ダイオードのほうが、(① (長い)・ 短い)時間、明かりがつく。

▶豆電球より発光ダイオードのほうが、使う電気の量が(② **少ない**)。

▶電気を効率的に使うためのくふう

●街灯

昼の間に(③ **光電池**)に日光が当たって発電した電気をためて、夜になると、その電気を使って自動で明かりがつく。明るくなると、自動で明かりが(④ **消える**)。

●エスカレーター

人が近づくと、自動で動きだす。人が遠ざかってしばらくすると、自動で(⑤ **止まる**)。

▶コンピューターへの手順や指示を(⑥ **プログラム**)という。

▶(⑥)をつくることを(⑦ **プログラミング**)という。

▶自動でついたり消えたりする明かりは、人が近くにいることを感知する(⑧ **センサー**)と、コンピューターが使われている。

ここがだいじ!

①豆電球より発光ダイオードのほうが、使う電気の量が少ない。

②コンピューターへの手順や指示(プログラム)をつくることをプログラミングという。

ぴたトリビア　電気は、光や熱、音、運動などに変かんしやすく、導線(電線)で送りやすいので、おもなエネルギーとして利用されています。

70

ぴったり2 練習

9. 電気と私《わたし》たちのくらし

③電気の有効利用
④電気を利用した物をつくろう

学習 71ページ

教科書 145～150ページ　答え 36ページ

1 電気を効率的に使うため、私たちは身のまわりでいろいろなくふうをしています。

(1) コンデンサーに同じ量の電気をためて、豆電球と発光ダイオードにそれぞれつなぎました。明かりが長い時間ついたのはどちらですか。
(**発光ダイオード**)

(2) 豆電球と発光ダイオードを比べて、使う電気の量が少ないのはどちらですか。
(**発光ダイオード**)

(3) エスカレーターには、人が近づくと自動で動きだすものがあります。電気を効率的に使うためには、人が遠ざかってしばらくしたときにどうなるようにすればよいですか。
(**(自動で)止まる。**)

(4) 街灯には、昼の間に発電した電気をためて、夜になると、その電気を使って自動で明かりがつくものがあります。昼の間に電気を発電するために使われる、日光を当てると発電する器具を何といいますか。
(**太陽電池、ソーラーパネル**)
(**光電池**)

2 私たちの身のまわりに見られる、多くの電気製品には、コンピューターが利用されています。

(1) 電気製品には、電気を効率的に使うためにくふうされている物があります。例えば、コンピューターと、人が近くにいることを感知するための物が利用されています。感知するための物を何といいますか。
(**(人感)センサー**)

(2) コンピューターは、人があらかじめ入力した指示に従《したが》って動きます。このようなコンピューターへの指示を何といいますか。
(**プログラム**)

(3) (2)をつくることを何といいますか。
(**プログラミング**)

71

71ページ　てびき

1 (1)豆電球と発光ダイオードでは、発光ダイオードのほうが長い時間、明かりがつきます。

(2)豆電球より、発光ダイオードのほうが、使う電気の量が少ないです。

(3)エスカレーターには、人が近づくと自動で動きだし、人が遠ざかってしばらくすると自動で止まるものがあります。

2 (2)、(3)電気を効率的に利用するため、人がコンピューターにプログラムをつくっておきます。

ぴったり3 確かめのテスト

9. 電気と私《わたし》たちのくらし

72ページ

/100 合格70点

教科書 136〜153ページ　答え 37ページ

よく出る

1 図の器具㋐〜㋓に電流を流して、そのはたらきを調べました。 1つ5点(30点)

(1) かん電池や電源《でんげん》につなぐときに、つなぐ向きが決まっている器具はどれとどれですか。㋐〜㋓から選びましょう。 技能

（　㋑　）と（　㋒　）

(2) ㋐〜㋓は、電気を何に変えて利用していますか。正しいものに、それぞれ○をつけましょう。

㋐ア(　)光　イ(　)音
ウ(　)熱　エ(○)運動
㋑ア(　)光　イ(○)音
ウ(　)熱　エ(　)運動
㋒ア(○)光　イ(　)音
ウ(　)熱　エ(　)運動
㋓ア(○)光　イ(　)音
ウ(　)熱　エ(　)運動　ウも正答。

2 器具㋐のハンドルを回して電気をつくり、器具㋑に電気をためました。 1つ5点(30点)

(1) 電気をつくることを何といいますか。（　発電　）

(2) 電気をためることを何といいますか。（蓄電(充電)）

(3) 器具㋐、㋑をそれぞれ何といいますか。
㋐（手回し発電機）
㋑（コンデンサー）

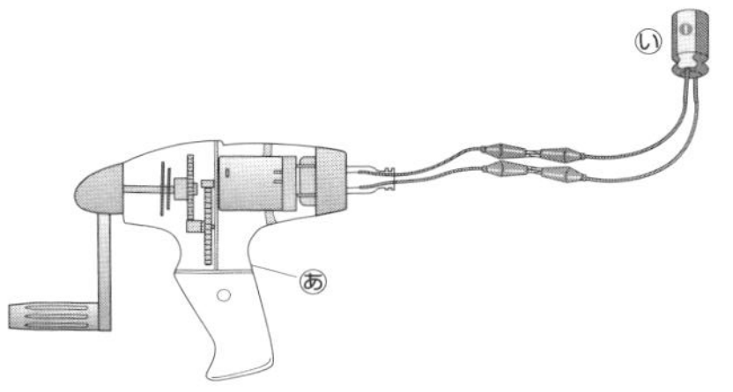

(4) 電気をためた器具㋑に電子《でんし》オルゴールをつなぐと、電子オルゴールはどうなりますか。

（音が出る。）

(5) 同じ量の電気をためた器具㋑に、豆電球と発光ダイオードをそれぞれつなぎ、明かりがついていた時間を比べたところ、一方は2分以上ついていましたが、もう一方は30秒ほどで消えてしまいました。どちらが発光ダイオードの結果ですか。

（2分以上ついていたほう）

学習日

73ページ

3 トイレでは、人が入ると自動的に明かりがついたり、人がじゃ口に手をかざすと水が自動的に出て、手を引っこめると水が止まるようになっていたりする物があります。 1つ5点(20点)

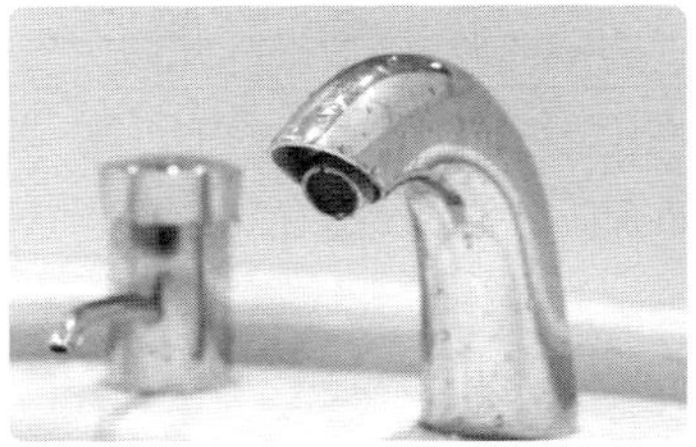

(1) トイレで使われている、人の体や動きを感知する物は何ですか。正しいものに○をつけましょう。
ア(　)コンピューター
イ(　)発光ダイオード
ウ(　)コンデンサー
エ(○)センサー

(2) 水が自動で出るように指示を出している物は何ですか。正しいものに○をつけましょう。
ア(○)コンピューター　イ(　)発光ダイオード
ウ(　)コンデンサー　エ(　)センサー

(3) (2)のものは、人があらかじめ入力した手順や指示に従《したが》って動きます。この指示を何といいますか。

（プログラム）

(4) (3)の指示をつくることを何といいますか。

（プログラミング）

この本の終わりにある「冬のチャレンジテスト」をやってみよう！

できたらスゴイ！

4 信号機にはこれまで電球が多く使われていましたが、発光ダイオードを使った物に、交かんされてきています。 1つ20点(20点)

記述 電球を発光ダイオードにかえると、火力発電所で使われる石油や石炭、天然ガスの量を減らすことができると考えられています。そのように考えられているのはなぜですか。 思考・表現

（発光ダイオードは、光るのに必要な電気の量が少なくてすむから。使う電気が少ないので、火力発電に使われる化石燃料が少なくてすむから。など）

ふりかえり
1の問題がわからなかったときは、68ページの1にもどってたしかめましょう。
4の問題がわからなかったときは、70ページの1にもどってたしかめましょう。

72〜73ページ　てびき

1 (1)＋極《プラスきょく》と－極《マイナスきょく》を逆にしてつなぐと、㋐のモーターは反対に回ります。㋓の電球は同じように光ります。㋑の電子《でんし》オルゴールは鳴らず、㋒の発光ダイオードは光りません。
(2)電気は、いろいろな器具によって光や音、熱、運動に変わって利用されています。

2 (3)㋐でつくった電気を、㋑にためています。
(4)電子オルゴールに電気を流すと、音が出ます。
(5)豆電球より、発光ダイオードのほうが、使う電気の量が少ないので、長い時間、明かりがつきます。

3 身のまわりに見られる、多くの電気製品などには、センサーとコンピューターを利用して、電気を効率的に使うためにくふうされている物があります。

4 発光ダイオードは、電気が効率よく光に変わって、電球に比べて熱になってにげる量が少ないので、節電になります。

ぴったり1 準備

10. 水溶液《すいようえき》の性質とはたらき

①水溶液にとけている物 1

74ページ

5種類の水溶液には、どのようなちがいがあるのかを確認しよう。

教科書 155～158ページ　答え 38ページ

次の(　)にあてはまる言葉をかこう。

1 5種類の水溶液には、どのようなちがいがあるのだろうか。

教科書 155～158ページ

▶水溶液の調べ方

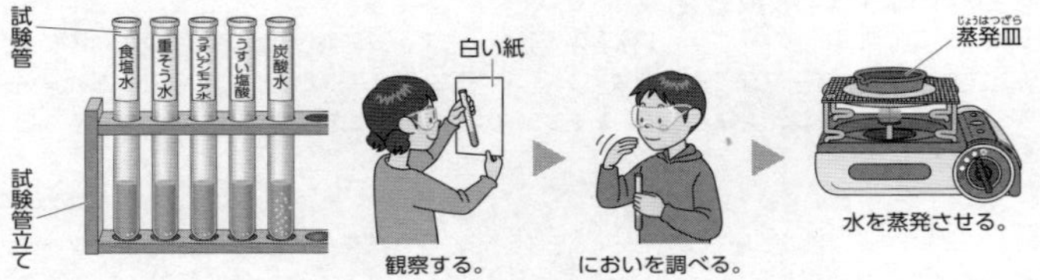

観察する。　においを調べる。　水を蒸発させる。

● においを調べるときは、気体をじかに吸《す》いこまないように、手で(① **あおぐ**)ようにしてにおいをかぐ。

● 水溶液が少し残っているぐらいで、火を(② **消す**)。

▶ 5種類の水溶液のちがい

水溶液		食塩水	重そう水	うすいアンモニア水	うすい塩酸	炭酸水
見た目		(③ **とう明**)	とう明	とう明	(④ **とう明**)	とう明であわが出ていた。
におい		なし	(⑤ **なし**)	つんとしたにおい	(⑥**つんとしたにおい**)	(⑦ **なし**)
水を蒸発させたとき	におい	(⑧ **なし**)	(⑨ **なし**)	(⑩**つんとしたにおい**)	(⑪**つんとしたにおい**)	(⑫ **なし**)
	残る物	白い物が残った	(⑬**白い物が残った**)	何も残らなかった	(⑭**何も残らなかった**)	(⑮**何も残らなかった**)

▶食塩水、重そう水から水を蒸発させると白い物(固体)が残るのは、これらの水溶液に(⑯ **固体**)がとけているからである。

▶上の表の5種類の水溶液のうち、(⑰ **食塩水**)と(⑱**重そう水**)は、固体がとけた水溶液である。

ここがだいじ！
①食塩水、重そう水から水を蒸発《じょうはつ》させると白い物(固体)が残るのは、これらの水溶液に固体がとけているからである。
②食塩水と重そう水は、固体がとけた水溶液《すいようえき》である。

ぴたトリビア　ふつうの雨は、空気中の二酸化炭素がとけてうすい炭酸水になっています。

ぴったり2 練習

10. 水溶液《すいようえき》の性質とはたらき

①水溶液にとけている物 1

75ページ

教科書 155～158ページ　答え 38ページ

1 食塩水、重そう水、うすいアンモニア水、うすい塩酸、炭酸水のちがいを調べました。

(1) それぞれの水溶液が入っている入れ物㋐を何といいますか。
(**試験管**)

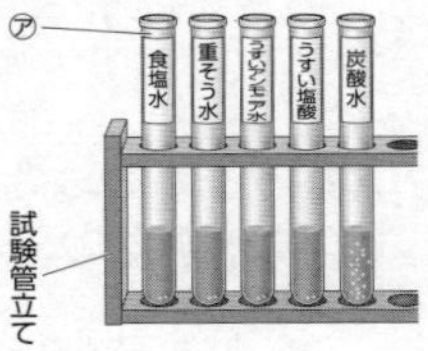

(2) あわが出ている水溶液はどれですか。正しいものに○をつけましょう。
ア(　)食塩水　イ(　)重そう水
ウ(　)うすいアンモニア水　エ(　)うすい塩酸
オ(○)炭酸水

(3) 水溶液のにおいはどのように調べますか。正しいものに○をつけましょう。
ア(　)気体をじかに吸《す》いこむように、鼻でにおいを吸いこむ。
イ(　)気体をじかに吸いこむように、手であおぐようにしてにおいをかぐ。
ウ(　)気体をじかに吸いこまないように、鼻でにおいを吸いこむ。
エ(○)気体をじかに吸いこまないように、手であおぐようにしてにおいをかぐ。

(4) つんとしたにおいがする水溶液はどれですか。あてはまるもの2つに○をつけましょう。
ア(　)食塩水　イ(　)重そう水　ウ(○)うすいアンモニア水
エ(○)うすい塩酸　オ(　)炭酸水

(5) それぞれの水溶液を蒸発皿《じょうはつざら》に少量ずつとり、熱して、水を蒸発させます。このとき、水はどのように蒸発させますか。正しいものに○をつけましょう。
ア(　)火を強くして、すばやく全部蒸発させる。
イ(　)弱い火で、ゆっくり全部蒸発させる。
ウ(○)弱い火でゆっくり蒸発させ、少し残っているぐらいで火を消す。

(6) 水を蒸発させると白い固体が残る水溶液はどれですか。あてはまるもの2つに○をつけましょう。
ア(○)食塩水　イ(○)重そう水　ウ(　)うすいアンモニア水
エ(　)うすい塩酸　オ(　)炭酸水

(7) 水を蒸発させると何も残らない水溶液はどれですか。あてはまるものすべてに○をつけましょう。
ア(　)食塩水　イ(　)重そう水　ウ(○)うすいアンモニア水
エ(○)うすい塩酸　オ(○)炭酸水

75ページ　てびき

1
(3)有毒な気体をじかに吸《す》いこまないように、手であおぐようにしてにおいをかぎます。そのとき、気体が目にふれないように、保護めがねをつけます。
(4)うすいアンモニア水にとけているアンモニアと、うすい塩酸にとけている塩化水素はどちらも気体で、つんとしたにおいのする、有毒な気体です。
(5)水が全部蒸発《じょうはつ》するまで熱すると、出てきた固体がはじけ飛んだりすることがあります。
(6)食塩水には食塩(塩化ナトリウム)、重そう水には炭酸水素ナトリウムという白い固体がとけています。
(7)うすいアンモニア水、うすい塩酸、炭酸水から水を蒸発させても、あとに何も残りません。

おうちのかたへ　**10. 水溶液の性質とはたらき**

水溶液の性質やはたらきについて学習します。リトマス紙を使って水溶液の性質を分類できるかや、気体が溶けている水溶液があること、金属を変化させる水溶液があることを理解しているか、などがポイントです。

ぴったり1 **準備**

10. 水溶液《すいようえき》の性質とはたらき

①水溶液にとけている物 2

76ページ

炭酸水には、何がとけているのかを確認しよう。

教科書 159～160ページ　答え 39ページ

次の(　)にあてはまる言葉をかこう。

1 炭酸水には、何がとけているのだろうか。

教科書 159～160ページ

▶炭酸水から出るあわを調べる。

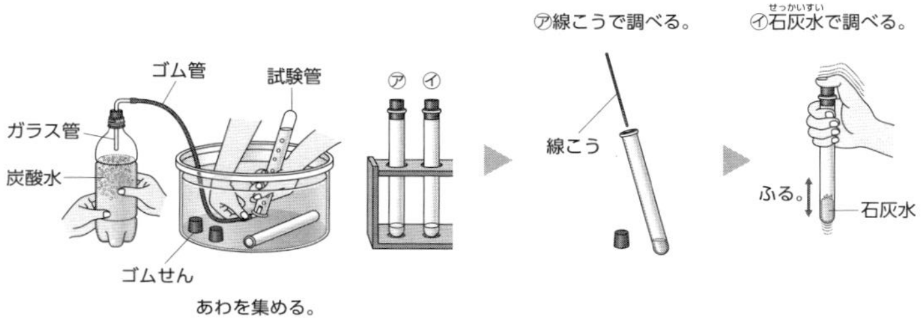

●㋐の試験管に、火のついた線こうを入れると、線こうの火は(① **消えた**)。

●㋑の試験管に、石灰水を入れてふると、石灰水は(② **白くにごった**)。

▶炭酸水から出ているあわは、(③ **二酸化炭素**)だといえる。

▶水と二酸化炭素を入れたペットボトルをよくふると、ペットボトルが(④ **へこむ**)。

▶(⑤ **炭酸水**)には、二酸化炭素がとけている。

▶水溶液には、炭酸水のように、(⑥ **気体**)がとけているものがある。

▶炭酸水、アンモニア水、塩酸から水を(⑦ **蒸発**)させたとき、何も残らなかったのは、それらの水溶液には(⑧ **気体**)がとけているからである。

ここがだいじ!
①炭酸水には、二酸化炭素がとけている。
②水溶液《すいようえき》には、気体がとけているものがある。

ぴたトリビア　固体で水にとけやすいものととけにくいものがあるように、気体にも水にとけやすいものととけにくいものがあります。

ぴったり2 **練習**

10. 水溶液《すいようえき》の性質とはたらき

①水溶液にとけている物 2

77ページ

教科書 159～160ページ　答え 39ページ

1 炭酸水にとけているものを調べました。

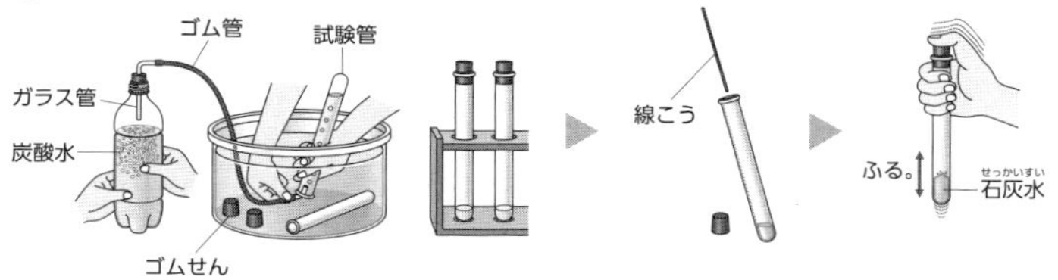

(1) 炭酸水から出るあわを試験管に集めて、その試験管に火のついた線こうを入れました。線こうの火はどうなりましたか。正しいものに○をつけましょう。

ア(　)激《はげ》しく燃えた。　イ(　)燃え続けた。　ウ(○)消えた。

(2) 炭酸水から出るあわを試験管に集めて、その試験管に石灰水を入れてふりました。石灰水はどうなりましたか。

(**白くにごった。**)

(3) この実験から、炭酸水には何がとけているといえますか。正しいものに○をつけましょう。

ア(　)ちっ素　イ(　)酸素　ウ(○)二酸化炭素

2 ペットボトルに水と二酸化炭素を半分ずつ入れ、ふたをしてよくふりました。

(1) ふった後、ペットボトルはどうなりましたか。正しいものに○をつけましょう。

ア(　)ペットボトルはふくらんだ。
イ(○)ペットボトルはへこんだ。
ウ(　)ペットボトルには変化が見られなかった。

(2) ふった後のペットボトルの中の液を、石灰水を入れたビーカーに少しずつ入れました。石灰水にはどのような変化が見られましたか。正しいものに○をつけましょう。

ア(　)石灰水が、さかんにあわ立つようになった。
イ(○)石灰水が白くにごった。
ウ(　)石灰水には変化が見られなかった。

(3) 気体がとけている水溶液はどれですか。正しいもの３つに○をつけましょう。

ア(　)食塩水　イ(　)重そう水　ウ(○)アンモニア水
エ(○)塩酸　オ(○)炭酸水

77ページ　てびき

1 (1)二酸化炭素には、物を燃やすはたらきはありません。
(2)、(3)炭酸水には二酸化炭素がとけています。

2 (1)二酸化炭素が水にとけるので、体積が小さくなります。
(2)水にとけた二酸化炭素が、石灰水《せっかいすい》を白くにごらせます。
(3)アンモニア水にはアンモニア、塩酸には塩化水素、炭酸水には二酸化炭素がとけています。

おうちのかたへ
二酸化炭素の性質(物を燃やすはたらきがないこと)や、石灰水の性質(二酸化炭素に触れると白く濁る)ことは、「1．物の燃え方と空気」で学習しています。

ぴったり1 準備

10.水溶液《すいようえき》の性質とはたらき

②水溶液のなかま分け

78ページ

学習 リトマス紙を使った水溶液のなかま分けを確認しよう。

教科書 161～163ページ　答え 40ページ

次の(　)にあてはまる言葉をかこう。

1 リトマス紙を使うと、水溶液をどのようになかま分けすることができるのだろうか。 教科書 161～163ページ

▶リトマス紙を使って、水溶液をなかま分けする。

水溶液・水	青色のリトマス紙	赤色のリトマス紙
水	変化しない。	変化しない。
食塩水	(① 変化しない。)	(② 変化しない。)
重そう水	(③ 変化しない。)	青くなった。
うすいアンモニア水	(④ 変化しない。)	(⑤ 青くなった。)
うすい塩酸	(⑥ 赤くなった。)	(⑦ 変化しない。)
炭酸水	(⑧少し赤くなった。)	(⑨ 変化しない。)

▶水溶液をリトマス紙につけるときに使うガラス棒《ぼう》は、水溶液が混ざらないよう、調べる水溶液をかえるたびに新しい水で(⑩ 洗う)。その後、かわいた布でふく。

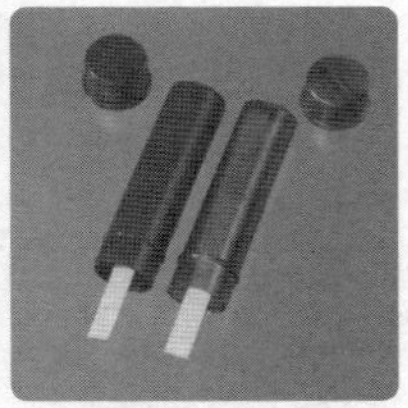

▶表の水溶液・水のなかま分け

- 青色のリトマス紙だけが赤く変わるもの
…(⑪うすい塩酸)、(⑫ 炭酸水)
- 赤色のリトマス紙だけが青く変わるもの
…(⑬重そう水)、(⑭うすいアンモニア水)
- どちらの色のリトマス紙も変わらないもの
…(⑮ 水)、(⑯ 食塩水)

▶青色のリトマス紙だけを赤く変える水溶液の性質を、(⑰ 酸性)という。

▶青色のリトマス紙も赤色のリトマス紙も変えない水溶液の性質を、(⑱ 中性)という。

▶赤色のリトマス紙だけを青く変える水溶液の性質を、(⑲アルカリ性)という。

ここがだいじ!
①青色のリトマス紙の色を赤色に変える水溶液《すいようえき》の性質を、酸性という。
②赤色、青色どちらのリトマス紙の色も変えない水溶液の性質を、中性という。
③赤色のリトマス紙の色を青色に変える水溶液の性質を、アルカリ性という。

ぴたトリビア　リトマス紙には、リトマスゴケというコケからとれる色素が使われています。

ぴったり2 練習

10.水溶液《すいようえき》の性質とはたらき

②水溶液のなかま分け

79ページ

教科書 161～163ページ　答え 40ページ

1 リトマス紙を使って、水溶液の性質を調べました。

(1) 水溶液をリトマス紙につけるときは、1回ごとにビーカーに入れた水で洗《あら》ったガラス棒《ぼう》を使いました。

①水は、リトマス紙の色を変えますか。正しいものに○をつけましょう。

ア(　)青色のリトマス紙の色だけを変える。
イ(　)赤色のリトマス紙の色だけを変える。
ウ(○)リトマス紙の色は変えない。

②1回ごとに、ガラス棒を水で洗うのはなぜですか。正しいほうに○をつけましょう。

ア(　)危険《きけん》な水溶液をうすめるため。
イ(○)調べる水溶液が混ざらないようにするため。

(2) 食塩水、重そう水、うすいアンモニア水、うすい塩酸、炭酸水の性質を、リトマス紙で調べました。

①青色のリトマス紙の色だけを赤色に変えた水溶液を2つかきましょう。
(うすい塩酸)　(炭酸水)

②赤色のリトマス紙の色だけを青色に変えた水溶液を2つかきましょう。
(重そう水)　(うすいアンモニア水)

③リトマス紙の色を変えなかった水溶液をかきましょう。
(食塩水)

2 リトマス紙を使って、酸性、中性、アルカリ性の水溶液について調べたところ、表のようになりました。①～③はそれぞれ、酸性、中性、アルカリ性のうちどれですか。

水溶液の性質	①	②	③
リトマス紙の色の変化	青色のリトマス紙だけが赤く変わる。	どちらの色のリトマス紙も変わらない。	赤色のリトマス紙だけが青く変わる。
水溶液の例	うすい塩酸、炭酸水	水、食塩水	重そう水、うすいアンモニア水

①(酸性)　②(中性)　③(アルカリ性)

79ページ　てびき

1 (1)①水は中性なので、水溶《すいよう》液《えき》の性質は、水にとけている物によって決まります。
②水溶液が混ざると、正しく調べることができません。
(2)①酸性の水溶液を選びます。
②アルカリ性の水溶液を選びます。
③中性の水溶液を選びます。

2 青色のリトマス紙だけを赤く変えるものは酸性、赤色のリトマス紙だけを青く変えるものはアルカリ性、どちらの色のリトマス紙も変えないものは中性です。

おうちのかたへ
リトマス紙の色の変化で、酸性・中性・アルカリ性の区別をします。酸(性)やアルカリ(性)の詳しい内容やpH、中和などは中学校理科で学習します。

ぴったり1 **準備**

10. 水溶液《すいようえき》の性質とはたらき

③水溶液のはたらき

学習 **80 ページ**

水溶液に金属を変化させるものがあるのかを確認しよう。

教科書 164〜170ページ　答え 41ページ

次の(　)にあてはまる言葉をかくか、あてはまるものを○でかこもう。

1 水溶液には、金属を変化させるものがあるのだろうか。　教科書 164〜166ページ

▶水は、アルミニウムや鉄を
(①**とかさなかった**)。
▶酸性の水溶液である塩酸は、アルミニウムや鉄を
(② **とかした**)。
▶塩酸には、アルミニウムや鉄などの
(③ **金属**)をとかすはたらきがある。

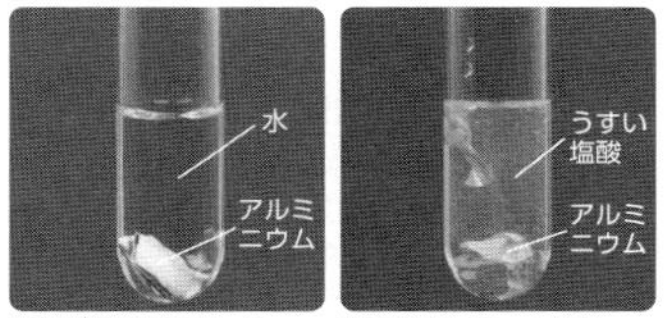

変化が見られなかった。　あわを出して、とけた。

2 塩酸にとけた金属は、どうなったのだろうか。　教科書 166〜168ページ

▶塩酸に金属がとけた液を、熱して水を蒸発《じょうはつ》させると、
(① **固体**)が出てくる。
▶出てきた固体と、もとの金属を比べると、その見た目は(② 同じ ・ (ちがう))。

塩酸に鉄がとけた液から出てきた固体を集めた物

3 金属がとけた液から出てきた固体は、もとの金属と同じ物なのだろうか。　教科書 168〜170ページ

	アルミニウム	アルミニウムがとけた液から出てきた固体
色・つや	うすい銀色(つやがある。)	(① **白色**)(つやがない。)
塩酸を注いだとき	あわを出して、とけた。	あわを出さずに、とけた。
水を注いだとき	とけなかった。	(② **とけた。**)

▶塩酸に金属がとけた液から出てきた固体は、もとの金属と(③ 同じ ・ (ちがう))物である。
▶水溶液には、金属を(④ **別の**)物に変化させるものがある。

アルミニウムに塩酸を注いだとき　出てきた固体に塩酸を注いだとき

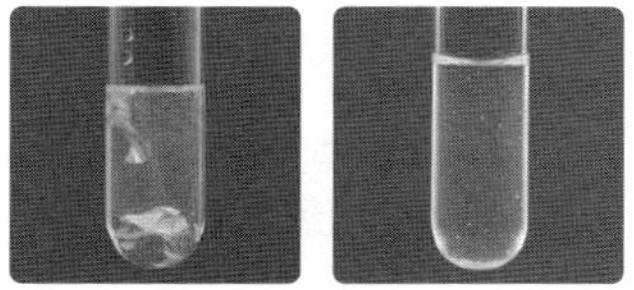

ここがだいじ！
①塩酸には、アルミニウムや鉄などの金属をとかすはたらきがある。
②水溶液《すいようえき》には、金属を別の物に変化させるものがある。

ぴたトリビア 水溶液《すいようえき》は、ふれたものを変化させることがあるので、保管する容器に何を使うかには注意が必要です。

ぴったり2 **練習**

10. 水溶液《すいようえき》の性質とはたらき

③水溶液のはたらき

学習 **81 ページ**

教科書 164〜170ページ　答え 41ページ

1 鉄(スチールウール)とアルミニウムはくを試験管に入れて、うすい塩酸と水をそれぞれ注ぎました。

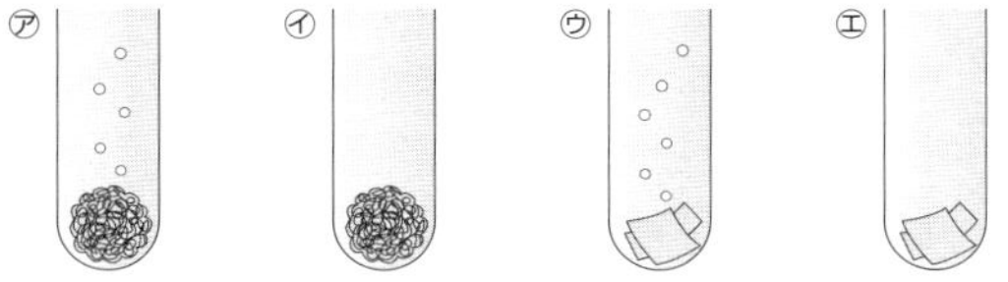

㋐ あわを出してとける。　㋑ 変化しない。　㋒ あわを出してとける。　㋓ 変化しない。

(1) うすい塩酸と水は、それぞれ何性ですか。正しいものに○をつけましょう。
①うすい塩酸　ア(○)酸性　イ(　)中性　ウ(　)アルカリ性
②水　ア(　)酸性　イ(○)中性　ウ(　)アルカリ性

(2) うすい塩酸を注いだ試験管はどれですか。㋐〜㋓から2つ選びましょう。
(㋐)　(㋒)

2 塩酸にアルミニウムがとけた液を弱火で熱して、水を蒸発《じょうはつ》させました。

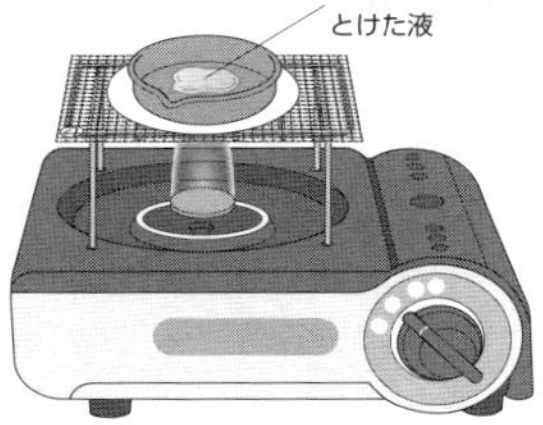

(1) 水を蒸発させると、固体が出てきました。出てきた固体の色は、何色でしたか。正しいものに○をつけましょう。
ア(○)白色　イ(　)赤色
ウ(　)黄色　エ(　)黒色

(2) アルミニウムをとかした液から出てきた固体を2本の試験管にとり、うすい塩酸と水をそれぞれ加えました。固体はどうなりましたか。正しいものに○をつけましょう。
①うすい塩酸　ア(　)あわを出してとけた。　イ(○)あわを出さずにとけた。
ウ(　)変化が見られなかった。(とけなかった。)
②水　ア(○)とけた。　イ(　)とけなかった。

(3) (2)より、アルミニウムをとかした液から出てきた固体は、もとのアルミニウムと同じ物ですか、ちがう物ですか。

(**ちがう物**)

81ページ　てびき

❶ (1)うすい塩酸は酸性の水溶《すいよう》液《えき》です。
(2)塩酸はアルミニウムも鉄もとかしますが、水はとかしません。

❷ (1)金属がとけた液から水を蒸発《じょうはつ》させて出てきた固体は、もとの金属とちがってつやがなく、色がもととはちがう物があります。
(2)金属は水にとけませんが、金属が酸性の水溶液にとけてできた物は、水によくとけます。

おうちのかたへ
ここでは、水溶液により金属が、もとの金属とは違う別の物に変化したということだけを扱い、どんな物質ができたか(物質名)などは扱いません。化学変化やイオンによる説明は、中学校理科で学習します。

ぴったり3 確かめのテスト。

10. 水溶液《すいようえき》の性質とはたらき

/100 合格70点

教科書 154～173ページ　答え 42ページ

よく出る

1 炭酸水の性質について調べました。 1つ4点(16点)

(1) 炭酸水を蒸発皿《じょうはつざら》に少量とり、熱して水を蒸発させたときのようすとして正しいものに、○をつけましょう。

①(　)

②(○)

(2) 炭酸水から出るあわを試験管に集め、石灰水《せっかいすい》を入れて、よくふりました。石灰水はどうなりましたか。
(白くにごった。)

(3) 炭酸水から出るあわを試験管に集め、火のついた線こうを入れました。線こうの火はどうなりましたか。
(消えた。)

(4) 炭酸水は、何がとけた水溶液ですか。
(二酸化炭素)

よく出る

2 リトマス紙を使い、水溶液の性質を調べました。 技能 1つ4点(24点)

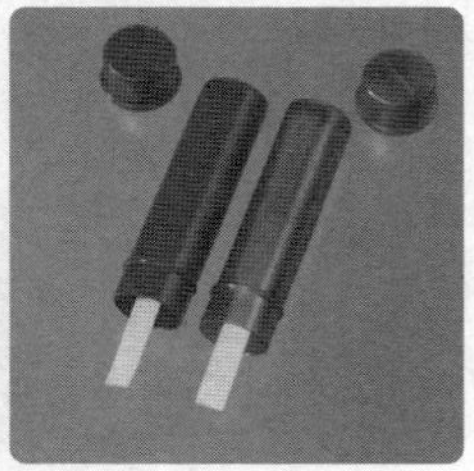

(1) 次のような水溶液の性質を、それぞれ何といいますか。

①青色のリトマス紙の色だけを赤色に変える。
(酸性)

②赤色のリトマス紙の色だけを青色に変える。
(アルカリ性)

③青色と赤色のどちらのリトマス紙の色も変えない。
(中性)

(2) 水溶液をリトマス紙につけるときに、器具あを使いました。

① 器具あは何ですか。
(ガラス棒)

② 記述 調べる水溶液を変えるときは、器具あをどうすればよいですか。
(1回ごとにビーカーに入れた水で洗い、かわいた布でふく。)

(3) 記述 リトマス紙を使って、水の性質を調べました。水は、リトマス紙の色をどのように変えますか。
((水は、)リトマス紙の色を変えない。)

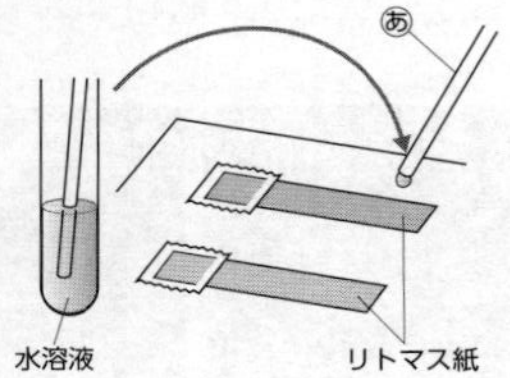

3 鉄(スチールウール)にうすい塩酸を加えたときのようすを調べました。 1つ5点(20点)

(1) 鉄にうすい塩酸を加えると、どうなりましたか。正しいものに○をつけましょう。

ア(○)あわを出して、とけた。
イ(　)あわを出さずに、とけた。
ウ(　)とけなかった。

(2) (1)のあとの液を少量とり、熱して水を蒸発させると何が出てきましたか。
((黄色の)固体)

(3) (2)で出てきた物に、うすい塩酸を加えたときのようすは、(1)と同じですか、ちがいますか。
(ちがう。)

(4) 鉄と(2)で出てきた物は、同じ物ですか、ちがう物ですか。
(ちがう物)

できたらスゴイ!

4 5種類の水溶液あ～おの性質を調べました。表は、その結果をまとめたものです。 思考・表現 1つ8点(40点)

水溶液	あ	い	う	え	お
色	なし	なし	なし	なし	なし
におい	なし	なし	なし	つんとしたにおい	つんとしたにおい
水を蒸発させたときのにおい	なし	なし	なし	つんとしたにおい	つんとしたにおい
水を蒸発させたときに残る物	白い物が残った。	白い物が残った。	何も残らなかった。	何も残らなかった。	何も残らなかった。
リトマス紙(青色)	変化しない。	変化しない。	少し赤くなった。	変化しない。	赤くなった。
リトマス紙(赤色)	青くなった。	変化しない。	変化しない。	青くなった。	変化しない。

水溶液あ～おは、食塩水、重そう水、うすいアンモニア水、うすい塩酸、炭酸水のどれかであることがわかっています。水溶液あ～おにあてはまる水溶液は、それぞれ何ですか。

あ(重そう水)
い(食塩水)
う(炭酸水)
え(うすいアンモニア水)
お(うすい塩酸)

ふりかえり
1の問題がわからなかったときは、76ページの1にもどってたしかめましょう。
4の問題がわからなかったときは、74ページの1と78ページの1にもどってたしかめましょう。

82～83ページ　てびき

1 (1)炭酸水は気体である二酸化炭素がとけた水溶液《すいようえき》で、気体がとけた水溶液は水を蒸発《じょうはつ》させても、何も残りません。
(2)石灰水《せっかいすい》を使うと、気体に二酸化炭素がふくまれているかどうかを調べることができます。
(3)二酸化炭素に物を燃やすはたらきはないので、火は消えます。

2 (1)水溶液の性質によって、リトマス紙の色の変わり方はちがいます。
(2)ガラス棒《ぼう》に、前に調べた水溶液が残っていると、正確な結果が得られなくなります。
(3)水は中性なので、リトマス紙の色は変わりません。

3 (1)鉄にうすい塩酸を加えると、あわを出して、とけます。
(2)～(4)塩酸に鉄がとけた液から水を蒸発させて出てきた固体は、もとの鉄とはちがうものです。

4 色…5種類の水溶液は、どれも色はなく、とう明です。

におい…水溶液えとおからは、とけている気体(においがある)が蒸発して、においがします。炭酸水にとけている二酸化炭素も蒸発していますが、二酸化炭素にはにおいがありません。

水を蒸発させたときのにおい…とけていた気体が蒸発します。

水を蒸発させたときに残る物…固体がとけている水溶液では、水が蒸発して、固体が残ります。気体がとけている水溶液では、何も残りません。

リトマス紙の変化…酸性の水溶液はうとお、中性の水溶液はい、アルカリ性の水溶液はあとえであることがわかります。

ぴったり1 準備

11. 地球に生きる

①人と環境《かんきょう》とのかかわり

3分でまとめ

学習 **84ページ**

人と環境のかかわり、およぼしているえいきょうを確認しよう。

教科書 175～178ページ　答え 43ページ

次の(　)にあてはまる言葉をかこう。

1 人は、くらしのなかで、環境とどのようにかかわり、どのようなえいきょうをおよぼしているのだろうか。 教科書 175～178ページ

▶空気とのかかわり
- 調理するために、ガスなどを(① **燃やす**)。
- 自動車は、(② **ガソリン**)や軽油などを燃やして走る。
- 空気がよごれると、人の(③ **健康**)にひ害が出たり、動物や(④ **植物**)に害をあたえたりする。

▶水とのかかわり
- 食器など、いろいろな物を(⑤ **洗う**)ときに水を使う。
- 工場では、さまざまなことに(⑥ **水**)を利用する。
- 水がよごれて、(⑦ **動物**)や植物がすめなくなった場所がある。

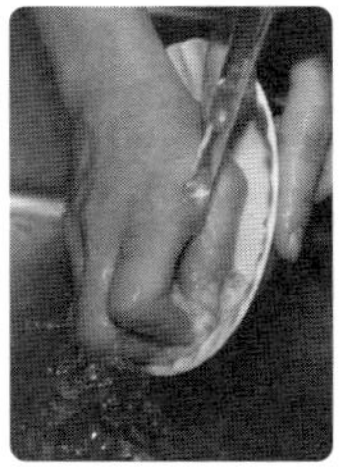

▶生き物とのかかわり
- (⑧ **森林**)の木を切って、くらしに利用している。
- (⑨ **海**)をうめ立てた土地を利用している。
- 人のくらしに必要な農地やダムなどをつくるために、多くの木が切られたり、燃やされたりして、(⑩ **森林**)が減少した。

ここがだいじ! ①人の活動は、地球の空気や水、生き物、大地などの環境《かんきょう》にさまざまなえいきょうをおよぼしている。

ぴたトリビア 人が生活するうえで環境《かんきょう》にえいきょうをおよぼします。自分の生活の中で環境に多くの負担《ふたん》をかける行動がないか、考えてみましょう。

ぴったり2 練習

11. 地球に生きる

①人と環境《かんきょう》とのかかわり

学習 **85ページ**

教科書 175～178ページ　答え 43ページ

1 人と環境とのかかわりや、人のくらしが環境におよぼすえいきょうについて調べました。

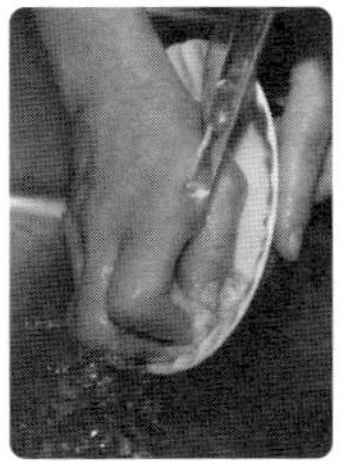

(1) 化石燃料の大量消費によって空気中に増加する気体が、近年の地球の気温が上がってきていることの主な原因だと考えられています。その気体とは何ですか。正しいものに○をつけましょう。

ア(　)ちっ素
イ(　)酸素
ウ(○)二酸化炭素

(2) (1)のようになって北極海をおおう氷はどうなりますか。正しいものに○をつけましょう。

ア(　)多くなる。
イ(○)少なくなる。
ウ(　)変わらない。

(3) 人はどのように水とかかわっているのかを説明した次の文の(　)に、あてはまる言葉をかきましょう。

> いろいろな物を洗《あら》うときや、工場で水を利用しているが、水がよごれて(**動物**)や植物がすめなくなった場所がある。

(4) 右の写真は空から見た森林のようすです。このことについて説明した次の文の(　)にあてはまる言葉をかきましょう。

> 人のくらしに必要な農地やダムなどをつくるために、多くの木が(① **切られ**)たり、(② **燃やされ**)たりして、森林が(③ **減少**)した。

おうちのかたへ　11. 地球に生きる

人と環境のかかわりについて学習します。小学校で学習したことをふまえて、人はどのように環境とかかわっているか、人が環境に及ぼす影響や環境が人の生活に及ぼす影響を考えることができるかがポイントです。

85ページ　てびき

1 (1)、(2)化石燃料の大量消費による空気中の二酸化炭素の増加が、近年、地球の気温が上がってきていることの主な原因だと考えられています。これにより、北極海をおおう氷は、年を追うごとに少なくなっています。

ぴったり1 準備

11. 地球に生きる

②地球に生きる

学習 86ページ

これからも地球でくらし続けていくためのくふうや努力を確認しよう。

教科書 179〜182ページ　答え 44ページ

次の(　)にあてはまる言葉をかこう。

1 地球でくらし続けていくために、どのようなくふうをしたり、努力をしたりしているのだろうか。　教科書 179〜182ページ

▶空気におよぼすえいきょうを少なくする。
- 風のはたらきで発電する(① **風力発電**)や、日光のはたらきで発電する(② **太陽光発電**)、水力発電などをふやして、できるだけ(③ **二酸化炭素**)を出さないようにしている。
- (④ **電気自動車**)は、電気によってモーターを動かして走ることができる。

▶水におよぼすえいきょうを少なくする。
- よごれた水を、(⑤ **下水処理場**)できれいにして、川にもどしている。

▶生き物がすむ環境《かんきょう》を守る。
- 山に(⑥ **木**)を植えたり、川や(⑦ **海岸**)をきれいにしたりする活動を行っている。

▶環境の大きな変化に対応する。
- (⑧ **地震**)のゆれで建物がくずれないように、補強《ほきょう》工事などをしている。
- ふえすぎた川の水をためて(⑨ **こう水**)を防ぐ地下のしせつがつくられている。

ここがだいじ!
①環境《かんきょう》を守るために、風力発電や太陽光発電、電気自動車、下水処理場《げすいしょりじょう》などのくふうや努力がされている。
②環境の大きな変化に対応するために、建物の補強《ほきょう》工事やこう水を防ぐ地下のしせつをつくるなどのとり組みがされている。

ぴたトリビア　水素と酸素から電気のエネルギーをつくり出す発電装置《そうち》のことを「燃料電池」といい、燃料電池バスなどに利用されています。

ぴったり2 練習

11. 地球に生きる

②地球に生きる

学習 87ページ

教科書 179〜182ページ　答え 44ページ

1 環境《かんきょう》を守るための、人のくふうや努力について調べました。

(1) 風や日光のはたらきで発電することを、それぞれ何といいますか。
風(**風力発電**)　日光(**太陽光発電**)

(2) 電気によってモーターを動かして走る車を何といいますか。
(**電気自動車**)

(3) よごれた水をきれいにしてから川にもどしているしせつを、何といいますか。
(**下水処理場**)

(4) 生き物がすむ環境を守るためのくふうや努力について説明した次の文の(　)にあてはまる言葉をかきましょう。

山に(① **木**)を植えたり、(② **川**)や海岸をきれいにしたりする活動を行っている。

2 環境の大きな変化に対応するための、人のとり組みについて調べました。

(1) 地震《じしん》に対応するためのとり組みについて説明した次の文の(　)にあてはまる言葉をかきましょう。

地震のゆれで建物が(**くずれない**)ようにするために、補強《ほきょう》工事をしている。

(2) 右の写真は、台風に対応するためのしせつの１つです。説明した次の文の(　)にあてはまる言葉をかきましょう。

台風によって地域《ちいき》にある小さな川で、(**こう水**)が起きそうになったときに防ぐ地下のしせつである。

87ページ　てびき

1 (1)風を利用して発電することを風力発電、日光を利用して発電することを太陽光発電といいます。
(2)電気自動車は、電気によってモーターを動かして走る自動車です。
(3)下水処理場《しょりじょう》は、よごれた水をきれいにして、川にもどしています。
(4)生き物がすむ環境《かんきょう》を守るために、山に木を植えたり、川や海岸をきれいにしたりする活動を行っています。

2 環境の変化に対応するために、建物の補強《ほきょう》工事やこう水を防ぐ地下のしせつなど、さまざまなくふうをしています。

ぴったり３
確かめのテスト。

11. 地球に生きる

88 ページ

／100　合格 70 点

教科書　174～182ページ　答え　45ページ

1 人と環境《かんきょう》とのかかわりや、環境を守るためのくふうなどについて、調べました。

1つ20点、(3)は全部できて20点(80点)

(1) 写真は、よごれた水をきれいにして川にもどしているしせつです。何といいますか。

（**下水処理場**）

(2) 近年、地球の気温が上がってきていますが、このことによってどのようなことが心配されていますか。次の文の（　）にあてはまる言葉をかきましょう。

> 北極海をおおう氷が年を追うごとに（①**少なく**）なっていることや、海水面が（②**上しょう**）してある島全体がしずんでしまうことなどが心配されている。

(3) 生き物がすむ環境を守るためのとり組みとして、正しいもの２つに○をつけましょう。

ア（　）海をうめ立てる。
イ（○）川や海岸をきれいにする。
ウ（　）多くの木を切る。
エ（○）山に木を植える。

できたらスゴイ！

2 記述 写真は、補強《ほきょう》工事をしている学校の建物のようすです。なぜこのようなことをしているのか、理由をかきましょう。　思考・表現　1つ20点(20点)

（　**地震のゆれで建物がくずれないようにするため。**　）

この本の終わりにある「春のチャレンジテスト」をやってみよう！

この本の終わりにある「学力診断《しんだん》テスト」をやってみよう！

88ページ　てびき

1 (2)地球の気温が上がることで、北極海をおおう氷が年を追うごとに少なくなっていたり、海水面が上しょうしていたりします。

2 地震《じしん》のゆれで建物がくずれないように、補強《ほきょう》工事をしています。

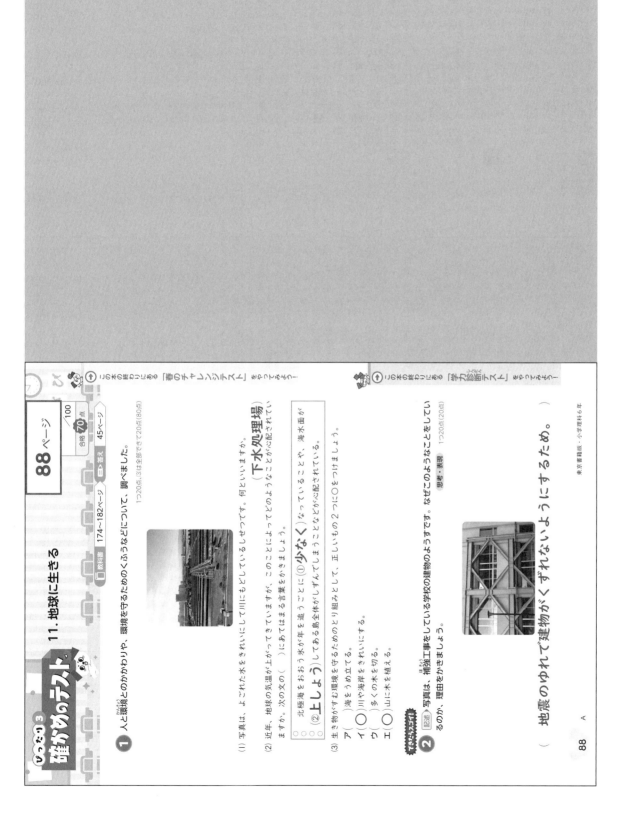

夏のチャレンジテスト

教科書 10~75ページ

名前　　　月　　日

時間 40分

知識・技能	思考・判断・表現	合格80点
/60	/40	/100

答え46ページ

知識・技能

1 ボンベの気体を集めて、その性質を調べました。　1つ4点(8点)

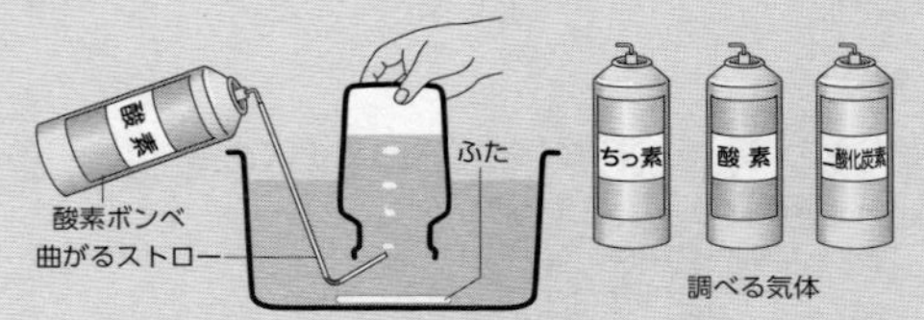

(1) 空気中の体積の割合《わりあい》がいちばん大きいのは、ちっ素・酸素・二酸化炭素のどれですか。　（ちっ素）

(2) それぞれの気体を集めた集気びんに、火のついたろうそくを入れました。ろうそくが激《はげ》しく燃えるのは、ちっ素・酸素・二酸化炭素のどれですか。　（酸素）

2 ろうそくが燃える前と後の空気を、石灰水《せっかいすい》と気体検知管で調べました。　1つ5点、(3)は全部できて5点(15点)

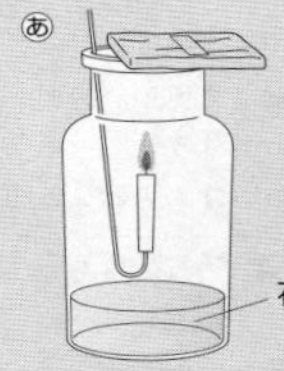

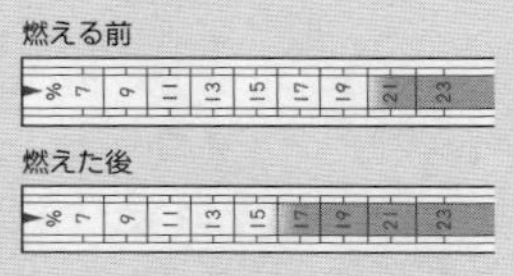

(1) 記述 燃えた後にあのろうそくをとり出し、ふたをして集気びんを軽くふりました。石灰水はどうなりましたか。
（白くにごった。）

(2) いの気体検知管は、次のどの気体を調べたものですか。正しいものに○をつけましょう。
ア（　）ちっ素　イ（　）二酸化炭素
ウ（　）水蒸気《すいじょうき》　エ（○）酸素

(3) ろうそくが燃えた後の空気は、燃える前の空気に比べて、気体の体積の割合はどうなりましたか。正しいもの2つに○をつけましょう。
ア（　）酸素の割合が大きくなった。
イ（○）酸素の割合が小さくなった。
ウ（○）二酸化炭素の割合が大きくなった。
エ（　）二酸化炭素の割合が小さくなった。

3 ご飯つぶを湯にもみ出して、その液を試験管ア、イに入れて、図のような実験をしました。　1つ5点(10点)

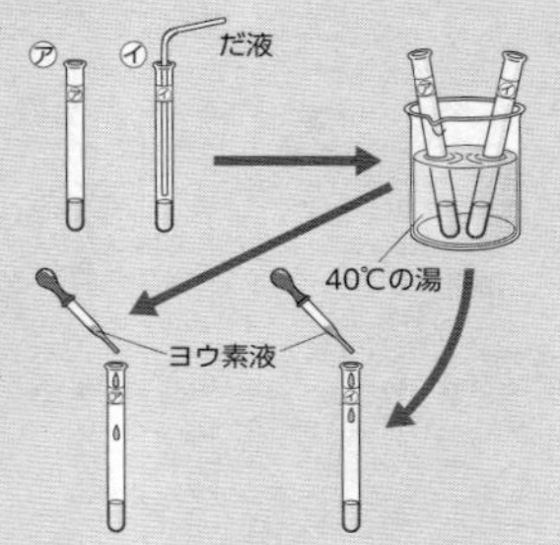

(1) だ液のように、食べ物をからだに吸収《きゅうしゅう》しやすくする液を何といいますか。
（消化液）

(2) ア、イを湯であたためた後、ヨウ素液を入れると、液はどうなりましたか。正しいものに○をつけましょう。
ア（○）アは青むらさき色になり、イは変化しなかった。
イ（　）イは青むらさき色になり、アは変化しなかった。
ウ（　）どちらの液も青むらさき色に変化した。
エ（　）どちらの液も変化しなかった。

4 あといは、人の臓器《ぞうき》を表したものです。　1つ4点(12点)

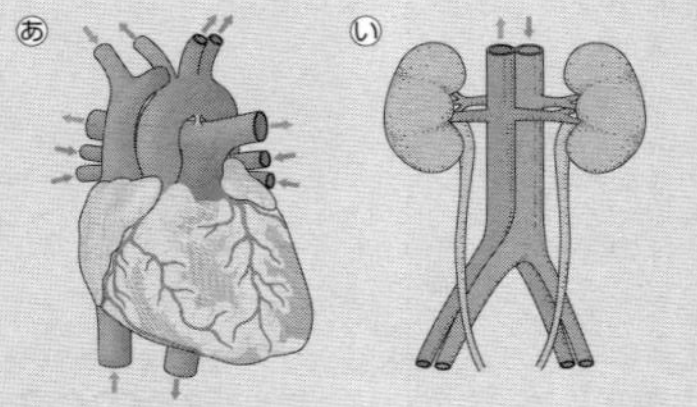

(1) 臓器あは何ですか。　（心臓）

(2) ➡と➡は血液《けつえき》の流れを表しています。➡は、どのような血液の流れを表していますか。正しいものに○をつけましょう。
ア（　）気管で、二酸化炭素を受けとった血液
イ（　）肺《はい》で、二酸化炭素を受けとった血液
ウ（　）気管で、酸素を受けとった血液
エ（○）肺で、酸素を受けとった血液

(3) 臓器いは、どのようなはたらきをしていますか。正しいものに○をつけましょう。
ア（　）いらない物をふくんだにょうをたくわえる。
イ（○）いらない物をこしとってにょうをつくる。
ウ（　）吸収された養分をたくわえる。
エ（　）消化された養分を吸収する。

うらにも問題があります。

夏のチャレンジテスト　おもて　てびき

1 (1)空気は、ちっ素、酸素、二酸化炭素などが混じり合ってできていて、その約5分の4（体積の割合《わりあい》）がちっ素です。
(2)酸素には、物を燃やすはたらきがあります。

2 (1)石灰水《せっかいすい》は、二酸化炭素と混ざると、白くにごります。
(2)燃えた後に、体積の割合が小さくなっているので、ろうそくが燃えた後、減っていた気体です。
(3)物が燃えると、酸素の一部が使われて、二酸化炭素ができます。

3 (1)消化《しょうか》とは、食べ物を吸収《きゅうしゅう》されやすい物に変えることです。
(2)ヨウ素液は、でんぷんを青むらさき色に変化させます。アの液にはでんぷんがありますが、イの液は、だ液のはたらきででんぷんが別の物に変化していて、なくなっています。

4 (1)あは心臓《しんぞう》で、肺《はい》や全身に血液《けつえき》を送り出す臓器《ぞうき》です。
(2)赤矢印…左右の肺に運ばれ、肺で酸素をとり入れて心臓にもどり、心臓から全身へ運ばれる血液の流れです。
青矢印…心臓から全身へ運ばれ、からだの各部分に酸素をとどけ、二酸化炭素を受けとって心臓にもどり、さらに左右の肺へ運ばれる血液の流れです。
(3)いは腎臓《じんぞう》で、こしのあたりの背中《せなか》側に2つあります。送られてきた血液の中からいらなくなった物をとり除《のぞ》いて、にょうをつくります。にょうはぼうこうに一時的にためられてから、からだの外に出されます。

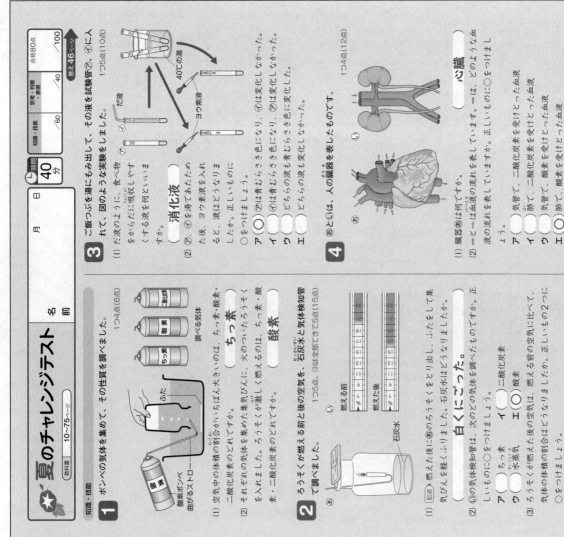

5 同じ植物のなえを2本用意し、一方は葉をとって、両方ともポリエチレンのふくろをかぶせました。 1つ3点(9点)

ふくろをかぶせる　　ふくろをかぶせてから20分後

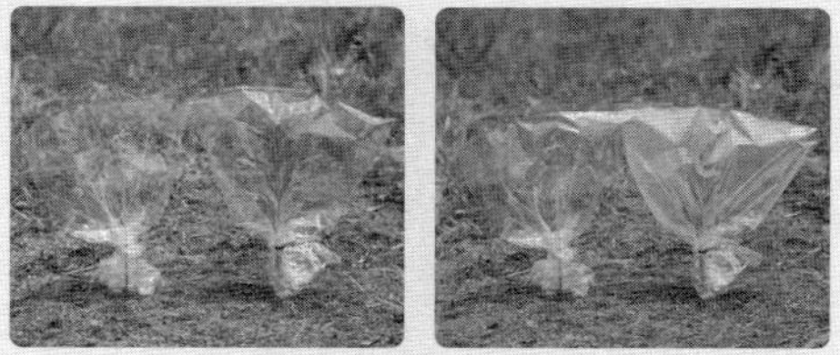

(1) 植物が、水をとり入れるのはどこからですか。正しいものに○をつけましょう。

ア(　)葉　イ(　)くき　ウ(○)根
エ(　)葉、くき、根の全部

(2) 20分後、ふくろの内側の水てきのつき方を比べるとどうなっていましたか。正しいものに○をつけましょう。

ア(○)葉がついているほうが、多くついた。
イ(　)葉をとったほうが、多くついた。
ウ(　)どちらにも、同じようについた。

(3) 植物のからだの中の水が、水蒸《すいじょう》気《き》になって出ていくことを何といいますか。　(蒸散)

6 図のようにして、生き物と空気とのかかわりを調べました。 1つ3点(6点)

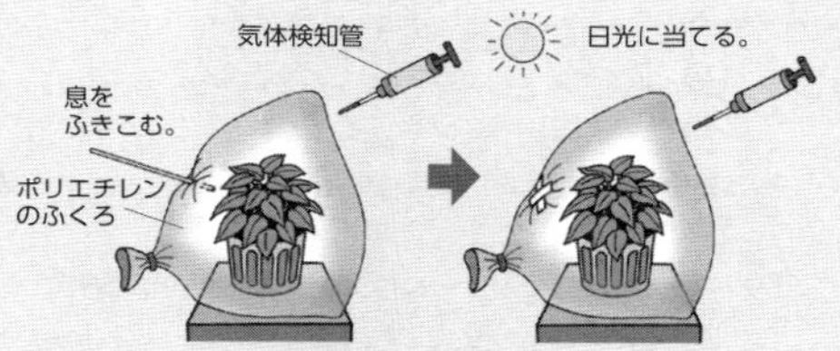

(1) 記述 息をふきこんだのは、ふくろの中の空気の割合《わりあい》をどのようにするためですか。
(二酸化炭素の割合をふやすため。)

(2) 図のように、植物に日光を当てる前と後で、ふくろの中の酸素と二酸化炭素の体積の割合の変化を調べました。正しいものに○をつけましょう。

ア(○)酸素がふえて、二酸化炭素が減る。
イ(　)二酸化炭素がふえて、酸素が減る。
ウ(　)酸素はふえるが、二酸化炭素は変わらない。
エ(　)二酸化炭素はふえるが、酸素は変わらない。

思考・判断・表現

7 ジャガイモの葉㋐～㋒を夕方にアルミニウムはくでおおい、次の表のような実験を行いました。 1つ5点(20点)

夕方	次の日の朝	(日光)	4～5時間後
㋐ →	アルミニウムはくをはずし、でんぷんがあるかどうか調べる。		
㋑ →	アルミニウムはくをはずす。	→ 日光に当てる。	でんぷんがあるかどうか調べる。
㋒ →	そのまま。	→ 日光に当てる。	アルミニウムはくをはずし、でんぷんがあるかどうか調べる。

(1) ジャガイモの葉を、アルミニウムはくでおおったのはなぜですか。正しいものに○をつけましょう。

ア(　)葉をやわらかくするため。
イ(　)実験する葉を区別するため。
ウ(○)葉に日光が当たるのを防ぐため。
エ(　)葉から水蒸気が出ていくのを防ぐため。

(2) 葉にでんぷんがあるかどうかを調べる前に、ある薬品を使って葉の緑色をぬきました。ある薬品とは何ですか。
(エタノール)

(3) 葉の緑色をぬいてヨウ素液にひたすと、青むらさき色に変化した葉は、㋐～㋒のどれですか。　(㋑)

(4) この実験からわかる、ジャガイモの葉がでんぷんをつくるために必要な物は何ですか。　(日光)

8 下の図は、ある場所の、食べる生き物と食べられる生き物の数の関係を表しています。 1つ5点(20点)

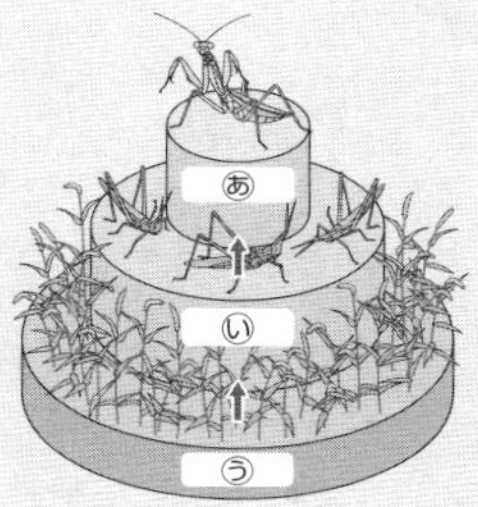

(1) 図のあは、どのような生き物ですか。正しいものに○をつけましょう。

ア(　)植物
イ(○)肉食の動物
ウ(　)草食の動物

(2) 自分で養分をつくることができる生き物は、あ～うのどれですか。　(う)

(3) 生き物どうしは、「食べる」「食べられる」の関係で、くさりのようにつながっています。このようなつながりを、何といいますか。　(食物連鎖)

(4) 右の写真は、海や川などの水の中にいる小さな生き物です。この生き物を、何といいますか。

(ミドリムシ)

夏のチャレンジテスト　うら　てびき

5 (1)植物は水を根からとり入れて、からだ全体に運びます。
(2)、(3)葉には、水蒸《すいじょう》気《き》が出ていく小さなあながあります。植物のからだの中の水が、水蒸気となって出ていくことを蒸散《じょうさん》といいます。

6 (1)植物は日光に当たると、二酸化炭素をとり入れて、酸素を出します。はじめに息をふきこんだのは、ふくろの中の二酸化炭素の体積の割合をふやすためです。

7 (1)アルミニウムはくは、日光を通しません。
(2)葉の緑色をぬくと、ヨウ素液による葉の色の変化が見やすくなります。
(3)、(4)日光に当たった葉だけでんぷんがつくられたので、ヨウ素液で青むらさき色に変化します。

8 (1)いは草食の動物、うは植物です。
(2)植物は、日光が当たるとでんぷんをつくります。
(3)動物は自分で養分をつくることができないので、植物やほかの動物を食べて、養分をとり入れています。

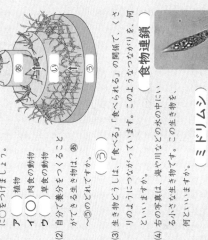

冬のチャレンジテスト

教科書 78~153ページ

名前　　　　月　　日

時間 40分

知識・技能	思考・判断・表現	合格80点
/60	/40	/100

答え 48ページ

知識・技能

1 **あるがけを観察したところ、図のような地層《ちそう》が見られました。** 1つ3点(12点)

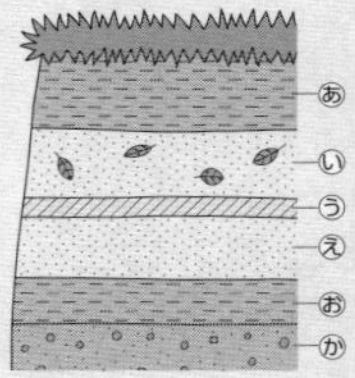

あどろの層だった。
い砂《すな》の層に木の葉があった。
う火山灰《かざんばい》の層だった。
え砂の層だった。
おどろの層だった。
か砂と■が混じった層だった。

(1) あの層から採取した岩石は、どろなどの細かいつぶが固まってできていました。このような岩石を何といいますか。
(でい岩)

(2) いの層にあった木の葉のように、大昔の生き物のからだや、生き物がいたあとなどが残った物を何といいますか。
(化石)

(3) うの層は、火山灰が堆積《たいせき》してできていました。火山灰のつぶは、ほかの層のつぶと比べて、どのような特ちょうがありますか。正しいものに○をつけましょう。
ア(○)つぶが角ばっている。
イ(　)つぶがまるみを帯びている。
ウ(　)つぶが大きい。

(4) かの層を観察すると、大きさが2mm以上のつぶの間に砂が混じっていました。■に当てはまるつぶの名前をかきましょう。
(れき)

2 **あるがけに、写真のような地層のずれが見られました。** 1つ3点(9点)

(1) 写真のような地層のずれを何といいますか。
(断層)

(2) 地層にずれが生じると、どのような現象が起きますか。正しいものに○をつけましょう。
ア(○)地震《じしん》
イ(　)台風
ウ(　)火山の噴火《ふんか》

(3) 海底の大地にずれが生じると起きることのある、大きな波を何といいますか。
(津波)

3 **てこを使って、おもりを持ち上げたときの手ごたえを調べました。** 1つ2点(6点)

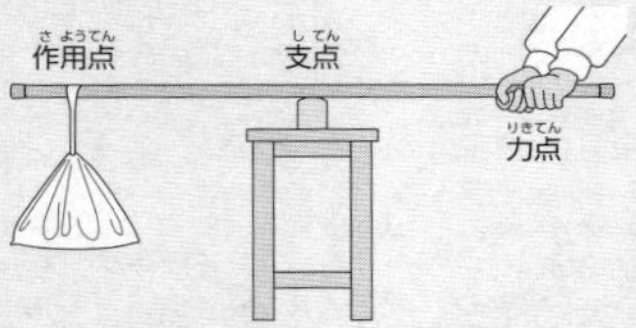

(1) より小さい力でおもりを持ち上げるには、てこをどうすればよいですか。正しいもの2つを選び、○をつけましょう。
ア(　)支点と作用点の間のきょりを長くする。
イ(○)支点と作用点の間のきょりを短くする。
ウ(○)支点と力点の間のきょりを長くする。
エ(　)支点と力点の間のきょりを短くする。

(2) 棒《ぼう》の支点から左右同じきょりに物をつるして、水平につり合うとき、つるした物の重さは同じです。このきまりを利用した道具を、何といいますか。 (てんびん)

4 **実験用てこの左のうでの4の位置に、10gのおもりを3個つるしました。** 1つ3点(9点)

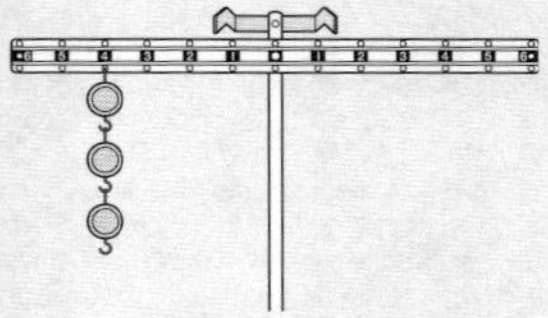

(1) 10gのおもり4個で水平につり合わせるには、右のうでの1~6のどの位置につるせばよいですか。
(3)

(2) 右のうでの6の位置に、10gのおもりを何個つるせば水平につり合いますか。 (2個)

(3) 作用点が、支点と力点の間にある道具はどれですか。正しいものに○をつけましょう。

ア(　)くぎぬき

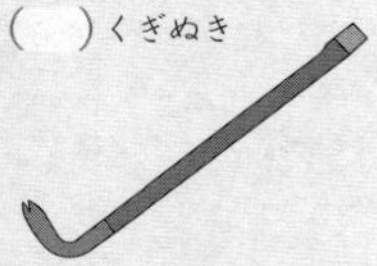

イ(　)ピンセット

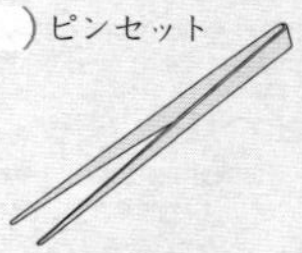

ウ(○)せんぬき

エ(　)ペンチ

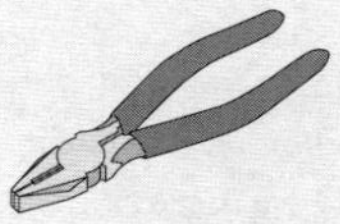

うらにも問題があります。

冬のチャレンジテスト　おもて　てびき

1 (1)地層《ちそう》をつくっている物が、その上に堆積《たいせき》した物の重みで、長い年月をかけて固まると、岩石になります。固まった物のつぶの大きさによって、岩石の名前がついています。
(2)水のはたらきでできた地層には、魚や貝などの化石が見つかることがあります。
(3)水のはたらきでできた地層では、つぶの角がとれて、まるみを帯びていることが多いです。
(4)つぶの大きさが2mm以上の物をれきといい、多くのれきが、砂《すな》などで固められてできた岩石を、れき岩といいます。

2 (1)、(2)断層《だんそう》がずれると、地震《じしん》が起きるので、断層があるところでは、過去に地震が起きたことがわかります。
(3)地震が海底で起こると、津波《つなみ》が起こることがあります。

3 (1)てこを使うと、より小さい力で物を持ち上げられます。
(2)てこは、支点《してん》から同じきょりのところに同じ重さの物をつるしたとき、水平につり合います。

4 (1)、(2)てこをかたむけるはたらきは、次のように表せます。
力の大きさ(おもりの重さ)×支点からのきょり(おもりの位置)
(3)作用点《さようてん》は、道具が仕事をする位置です。

5 モーターと引き棒《ぼう》を使って図のような装置《そうち》を組み立て、電気をつくります。 1つ3点(9点)

(1) 電気をつくることを何といいますか。
(発電)

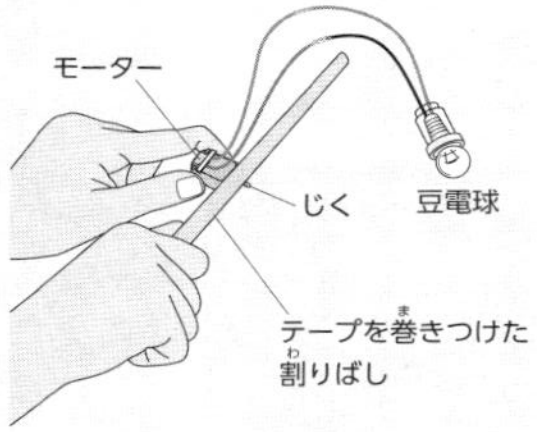

(2) 図の装置で、モーターをどのようにすると、豆電球に明かりがつきますか。正しいものに○をつけましょう。

ア( )モーターのじくを割りばしにおしつける。
イ( )モーターのじくを割りばしからはなす。
ウ(◯)モーターのじくをすばやく回す。

(3) この実験では、モーターを使って電気をつくりました。これに対して、モーターを使わず、光を受けて電気をつくる器具を何といいますか。(太陽電池)(光電池)

6 手回し発電機に器具㋐～㋓をそれぞれつなぎ、ハンドルを回したときのようすを調べました。
1つ3点、(1)、(2)は全部できて3点(15点)

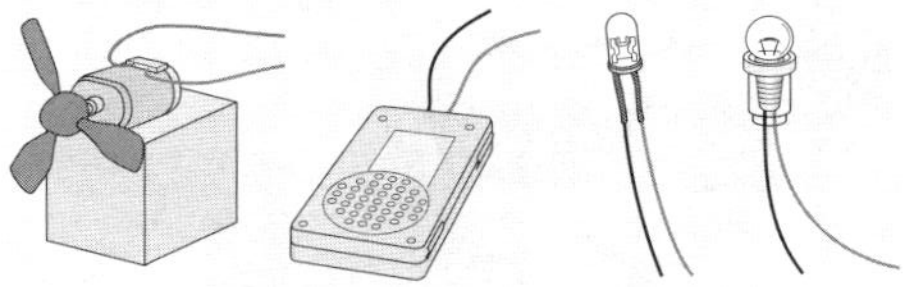

(1) ＋《プラス》極と－《マイナス》極につなぐ向きがあるのは、㋐～㋓のどれですか。2つ選びましょう。 (㋑ と ㋒)

(2) 電気を光に変えて利用している器具は、㋐～㋓のどれですか。2つ選びましょう。 (㋒ と ㋓)

(3) 電気を音に変えて利用している器具はどれですか。㋐～㋓から1つ選びましょう。 (㋑)

(4) 手回し発電機につなぐ器具を変えてハンドルを回すと、その手ごたえは変わりますか。 (変わる。)

(5) 手回し発電機のハンドルを回して㋐のプロペラが回っているとき、ハンドルを回すのをやめると、㋐のプロペラはどうなりますか。正しいものに○をつけましょう。

ア( )変わらずに回り続ける。
イ( )ゆっくりになって回り続ける。
ウ(◯)回らなくなる。

思考・判断・表現

7 月と太陽について答えましょう。 1つ7点(28点)

(1) 月や太陽はどのような形ですか。 (球形)

(2) 記述 月は、自ら光を出しませんが、光っているように見えます。その理由をかきましょう。
(太陽の光を反射しているから。)

(3) 右の図は、月と太陽の、地球に対する位置関係を表したものです。次のときの月の位置は、図の㋐～㋗のどれですか。

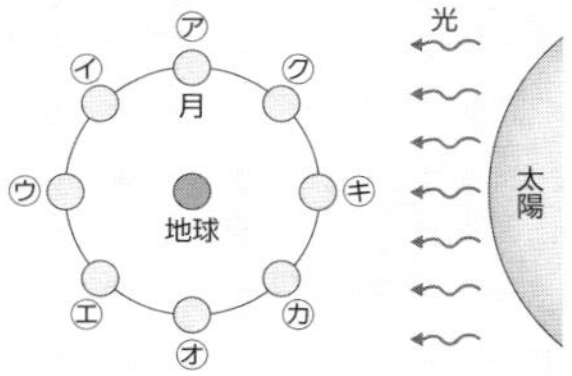

①満月のときの月の位置 (㋒)
②日ぼつ直後に、半月が南の空に見えたときの月の位置 (㋐)

8 図は、富士山《ふじさん》の噴火《ふんか》が起こったときの、火山灰《かざんばい》の積もり方を予想して、地図上に表したものです。 1つ4点(12点)

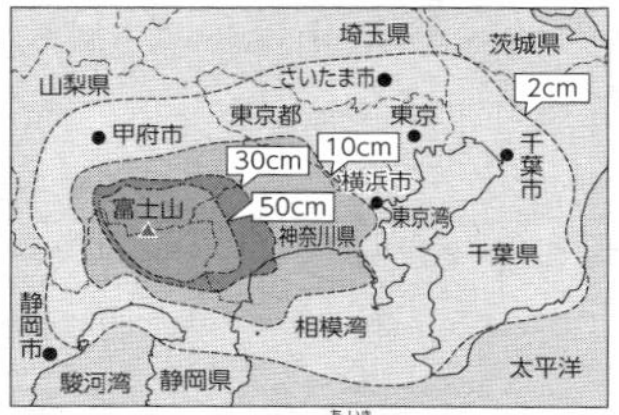

火山灰が積もると予想される地域《ちいき》と厚さ

(1) 火山灰のほかに、火口からふき出して、大地をおおう物をかきましょう。 (溶岩)

(2) 火山灰の積もり方の予想などをもとに、ひ害予想を表した地図を何といいますか。 (ハザードマップ)

(3) 記述 火山灰が、西側よりも東側に大きく広がると予想されたのはなぜですか。その理由をかきましょう。
(西から東へ風がふくから。)

冬のチャレンジテスト　うら　てびき

5 (2)モーターは、発電機と同じつくりをしているので、じくを回すと発電ができます。
(3)火力発電所などでは、発電機のじくを回して発電しますが、光電《こうでん》池《ち》では、日光が当たるだけで電気がつくられます。

6 (1)㋑電子《でんし》オルゴールや㋒発光ダイオードは、＋《プラス》極と－《マイナス》極を入れかえてつなぐと、電流が流れません。
(2)、(3)㋐モーターは電気を運動に、㋑電子オルゴールは電気を音に、㋒発光ダイオードや㋓電球は電気を光に変えます。
(4)器具によって必要な電気の量がちがうため、手ごたえも変わります。
(5)手回し発電機は、ハンドルを回しているときだけ発電します。

7 (1)太陽も月も、球形をしています。
(2)、(3)太陽と月の位置関係が毎日少しずつ変わっていくため、太陽の光が当たって明るく見える部分も少しずつ変わり、月の形が、日によって変わって見えます。

8 (1)火山が噴火《ふんか》し、火山灰《かざんばい》や溶岩《ようがん》がふき出されると、大地のようすが変化することがあります。
(3)火山灰は風によって広いはん囲に降《ふ》り積もります。西から東へふく風により、東側に大きく広がると予想されます。

春のチャレンジテスト

教科書 154~182ページ

名前　　　月　　日

時間 40分

知識・技能	思考・判断・表現	合格80点
/60	/40	/100

答え50ページ

知識・技能

1 食塩水、重そう水、アンモニア水、塩酸、炭酸水の性質をそれぞれ調べました。1つ4点、(2)~(4)は全部できて4点(20点)

㋐食塩水　㋑重そう水　㋒アンモニア水　㋓塩酸　㋔炭酸水

(1) 記述 水溶液《すいようえき》のにおいを調べるときは、水溶液を顔からはなして、どのようにしてにおいをかぎますか。

（　手であおぐようにしてかぐ。　）

(2) つんとしたにおいがあった水溶液はどれですか。㋐~㋔からすべて選びましょう。（　㋒、㋓　）

(3) 水溶液を蒸発皿《じょうはつざら》に少量ずつとり、熱しました。水を蒸発させると、白い物が残ったのはどれですか。㋐~㋔からすべて選びましょう。

（　㋐、㋑　）

(4) 水溶液をリトマス紙につけて、変化を調べました。青色のリトマス紙だけが赤く変わったのはどれですか。㋐~㋔からすべて選びましょう。（　㋓、㋔　）

(5) 赤色のリトマス紙だけを青く変える水溶液の性質を、何といいますか。（アルカリ性）

2 アルミニウムをある液体に入れると、あわを出して、とけました。1つ4点(8点)

(1) ある液体とは何ですか。正しいほうに○をつけましょう。

ア(○)塩酸

イ(　)水

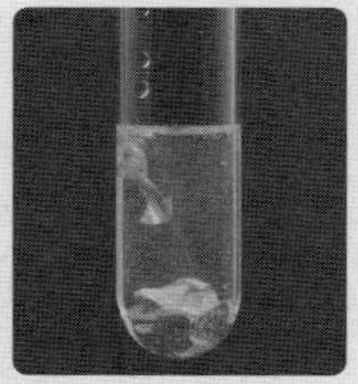

(2) アルミニウムがとけた液を弱火で熱して蒸発させると、白色をした、つやがない固体が出てきました。

この固体は、もとのアルミニウムと同じ物ですか。それとも、ちがう物ですか。

（　ちがう物　）

3 ペットボトルに水と二酸化炭素を半分ずつ入れ、ふたをしてよくふりました。1つ4点(12点)

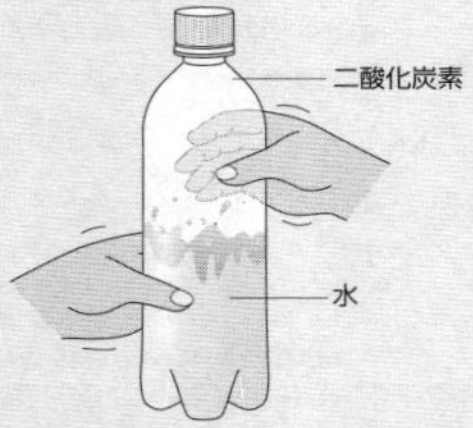

(1) ふった後、ペットボトルはどうなりましたか。

（　へこんだ。　）

(2) ふった後、ペットボトルの中の液を、石灰水に少しずつ入れました。このとき、石灰水はどうなりましたか。

（　白くにごった。　）

(3) ラムネは、固体(砂糖《さとう》)と気体(二酸化炭素)を水にとかしてつくった飲み物です。ラムネから水を蒸発させる実験では、固体(砂糖)と気体(二酸化炭素)のどちらがとけていることを調べることができますか。（　固体　）

4 リトマス紙のかわりに、BTB《ビーティービー》溶液で水溶液の性質を調べることができます。1つ4点(12点)

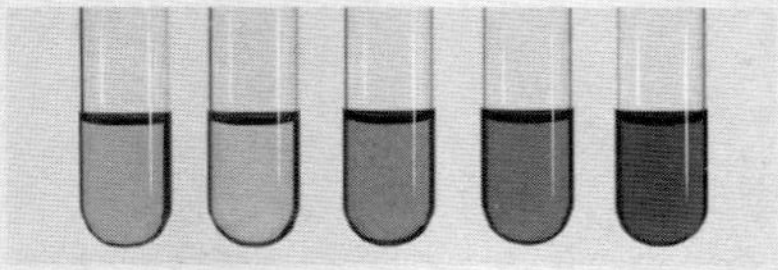

BTB溶液は、酸性では黄色、中性では緑色、アルカリ性では青色になります。リトマス紙を次のように変える水溶液は、それぞれBTB溶液の色を何色にしますか。

①青色のリトマス紙だけを赤く変える水溶液

（　黄色　）

②赤色のリトマス紙だけを青く変える水溶液

（　青色　）

③青色のリトマス紙の色も赤色のリトマス紙の色も変えない水溶液

（　緑色　）

うらにも問題があります。

春のチャレンジテスト　おもて　てびき

1 (1)いちどに大量の気体を吸《す》わないようにします。

(2)、(3)アンモニア水と塩酸には、においのある気体がとけています。食塩水と重そう水は、固体がとけた水溶液《すいようえき》、炭酸水は、二酸化炭素(気体)が水にとけた水溶液です。

(4)酸性の水溶液は、青色のリトマス紙の色を赤く変えます。

(5)アルカリ性の水溶液は、赤色のリトマス紙の色を青く変えます。重そう水とアンモニア水はアルカリ性です。

2 (1)塩酸は、アルミニウムや鉄などの金属をとかします。

(2)アルミニウムが塩酸にとけたとき、アルミニウムは別の物に変化しています。

3 (1)ペットボトルをふると、二酸化炭素が水にとけるので、入れ物がへこみます。

(2)ふった後は、ペットボトルの中の水に二酸化炭素がとけているため、石灰水に入れると白くにごります。

(3)水溶液から水を蒸発《じょうはつ》させたとき、水溶液にとけていた気体は残りませんが、水溶液にとけていた固体は残ります。

4 青色のリトマス紙だけを赤く変える水溶液は酸性で、赤色のリトマス紙だけを青く変える水溶液はアルカリ性です。青色のリトマス紙の色も赤色のリトマス紙の色も変えない水溶液は、中性です。

5 人は、空気とかかわりながら生きています。
1つ4点(8点)

(1) 人は、空気から酸素をとり入れ、二酸化炭素をはき出しています。このはたらきを何といいますか。

(呼吸)

(2) 人は、自動車を動かしたり、電気をつくったりすることで、多くの酸素を使い、二酸化炭素を出しています。このときに燃やされる、石油や石炭、天然ガスのように、大昔に生きていた生き物のからだが変化してできた燃料をまとめて何といいますか。

(化石燃料)

思考・判断・表現

6 信号機には電球が使われていましたが、発光ダイオードを使った物に、交かんされてきています。
1つ5点(10点)

(1) 電球は、長い時間つけておくととても熱くなりますが、発光ダイオードはつけておいてもほとんど熱くなりません。電気を効率的に光に変えて利用できるのは、電球と発光ダイオードのどちらですか。

(発光ダイオード)

(2) 記述 信号機や照明器具などを電球から発光ダイオードに変えると、発電に使われる化石燃料を節約することができます。その理由をかきましょう。

(発光ダイオードは、光るのに必要な電気の量が少なくてすむので、火力発電に使われる化石燃料が少なくてすむから。)

7 ①と②は、それぞれ発電のようすを表しています。
1つ5点(15点)

①

②

(1) ①、②は、それぞれ何を利用して発電していますか。

①(風(の力)) ②(太陽(日光))

(2) 記述 化石燃料を燃やして発電する火力発電と比べ、①と②は環境《かんきょう》におよぼすえいきょうが少ないと考えられています。その理由をかきましょう。

(二酸化炭素を出さないから。)

8 人が地球でくらし続けるためには、さまざまなとり組みが必要です。
1つ5点(15点)

(1) ある自然災害に備えて、右のように建物が補強《ほきょう》されています。備えている自然災害は何と考えられますか。正しいものに○をつけましょう。

ア( ) 火山の噴火《ふんか》
イ( ) 干《かん》ばつ
ウ(○) 地震《じしん》
エ( ) 台風

(2) 空気におよぼすえいきょうを少なくする乗り物として、電気によってモーターを動かして走る自動車が開発されています。このような自動車を、何といいますか。

(電気自動車)

(3) 記述 どのような発電方法を進めていくと、環境におよぼすえいきょうが少なくなりますか。その理由とともに、説明しましょう。

(環境をよごさず、二酸化炭素を出さないので、太陽光発電を進めていくとよい。 など)

春のチャレンジテスト うら てびき

5 (1)人だけでなく動物や植物は絶えず呼吸《こきゅう》をし、酸素をとり入れ、二酸化炭素を出しています。二酸化炭素をとり入れ、酸素を出しているのは、植物です。
(2)大昔の植物や動物が化石《かせき》となって地中にうまっている物が、燃料として使われるので、化石燃料といいます。

6 (1)電球が光るときに出る熱は、利用することができずむだになっています。電球よりも発光ダイオードのほうがむだな熱を出さず、電気を効率的に光に変えることができます。
(2)現在、電気の多くは火力発電所でつくられています。火力発電で使われる化石燃料は、まい蔵量《ぞうりょう》に限りがあります。

7 (1)①風(の力)を利用して発電する、風力発電のようすです。
②太陽の光(日光)を利用して発電する、太陽光発電のようすです。
(2)化石燃料を燃やすと二酸化炭素が出ますが、風力発電や太陽光発電では化石燃料を燃やすことなく、発電できます。

8 (1)地震《じしん》によって建物がこわれたりすると、火事などの二次的な災害が広がることがあります。
(3)環境《かんきょう》をよごさない発電方法として、太陽光発電や風力発電などがあります。

6年 理科のまとめ

学力診断《しんだん》テスト

名前　　月　日

時間 40分　合格80点　／100

答え52ページ

1 上と下にすき間の開いたびんの中で、ろうそくを燃やしました。　1つ2点(12点)

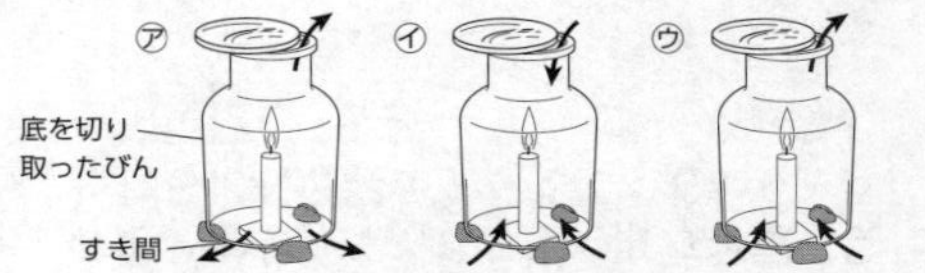

(1) びんの中の空気の流れを矢印で表すと、どうなりますか。正しいものを㋐～㋒から選んで、記号で答えましょう。

(**㋒**)

(2) びんの上と下のすき間をふさぐと、ろうそくの火はどうなりますか。

(**消える。**)

(3) (1)、(2)のことから、物が燃え続けるためにはどのようなことが必要であると考えられますか。

(**空気が入れかわ(って、新しい空気にふれ)ること。**)

(4) ろうそくが燃える前と後の空気の成分を比べて、①ふえる気体、②減る気体、③変わらない気体は、ちっ素、酸素、二酸化炭素のどれですか。それぞれ答えましょう。

①(**二酸化炭素**)
②(**酸素**)
③(**ちっ素**)

2 人のからだのつくりについて調べました。　1つ2点、(1)は全部できて2点(8点)

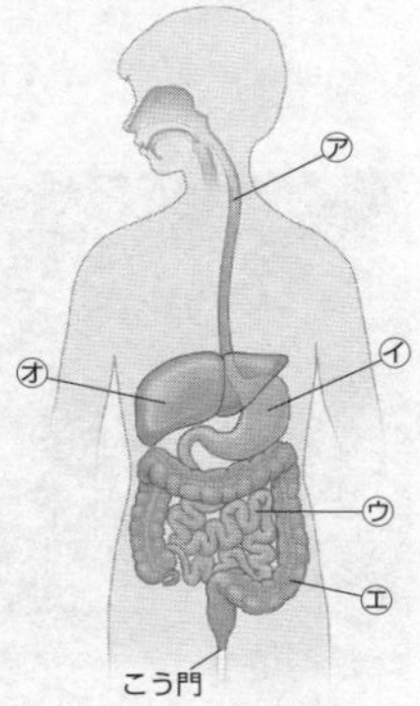

(1) ㋐～㋔のうち、食べ物が通る部分をすべて選び、記号で答えましょう。

(**㋐、㋑、㋒、㋓**)

(2) 口から取り入れられた食べ物は、(1)で答えた部分を通る間に、からだに吸収《きゅうしゅう》されやすい養分に変化します。このはたらきを何といいますか。

(**消化**)

(3) ㋐～㋔のうち、吸収された養分をたくわえる部分はどこですか。記号とその名前を答えましょう。　記号(**㋔**)　名前(**肝臓**)

3 水の入ったフラスコにヒメジョオンを入れ、ふくろをかぶせて、しばらく置きました。　1つ3点(12点)

(1) 15分後、ふくろの内側はどうなりますか。

(**水てきがつく。**)

(2) 次の文の( )にあてはまる言葉をかきましょう。

(1)のようになったのは、主に葉から、水が(①)となって出ていったからである。このようなはたらきを(②)という。

①(**水蒸気**)　②(**蒸散**)

(3) ふくろをはずし、そのまま1日置いておくと、フラスコの中の水の量はどうなりますか。

(**減る。(少なくなる。)**)

4 太陽、地球、月の位置関係と、月の形の見え方について調べました。　1つ3点(12点)

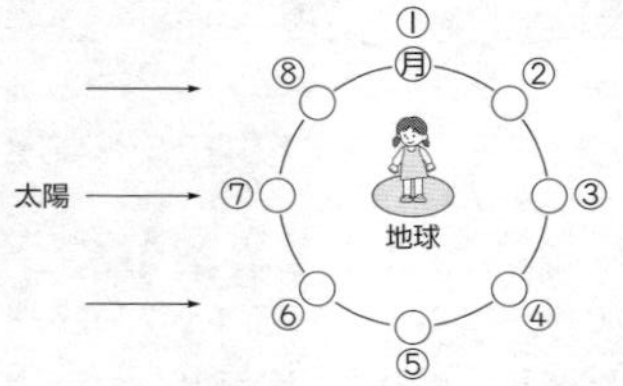

(1) 月が①、③、⑥の位置にあるとき、月は、地球から見てどのような形に見えますか。㋐～㋗からそれぞれ選び、記号で答えましょう。

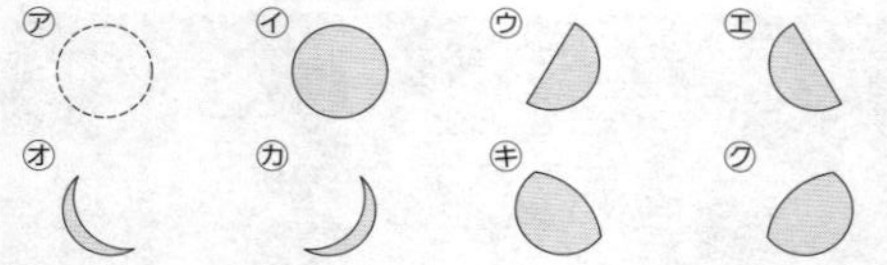

①(**㋓**)　③(**㋑**)　⑥(**㋕**)

(2) 月が光って見えるのはなぜですか。理由をかきましょう。

(**太陽の光を受けてかがやいているから。**)

うらにも問題があります。

学力診断《しんだん》テスト　おもて　てびき

1 (1)～(3)上下にすき間があるびんの中でろうそくを燃やすと、空気は下から入って、上から出ていきます。空気は入れかわって、新しい空気にふれることで、物はよく燃え続けます。空気が入れかわらないと、火は消えてしまいます。

(4)物が燃えると、空気中の酸素の一部が使われて、二酸化炭素ができます。ちっ素は、変化しません。

2 (1)食べ物は、口《くち》→食道(㋐)→胃《い》(㋑)→小腸《しょうちょう》(㋒)→大腸《だいちょう》(㋓)→こう門と通ります。この食べ物の通り道を消化管といいます。

(3)小腸で吸収《きゅうしゅう》された養分は、生きるために使われるほか、肝臓《かんぞう》にたくわえられたりします。

3 (1)、(2)根から取り入れられた水は、主に葉から水蒸気《すいじょうき》となって出ていきます。これを蒸散《じょうさん》といいます。

(3)水は根から吸《す》い上げられていくので、フラスコの中の水の量は少なくなります。

4 (1)①では、左側が明るい半月になります。③は満月になります。⑥は、右側が少しだけ明るい月になります。

(2)月は、自分では光を出さず、太陽からの光をはね返しているため、光って見えます。

5 地層《ちそう》の重なり方について調べました。

1つ2点(8点)

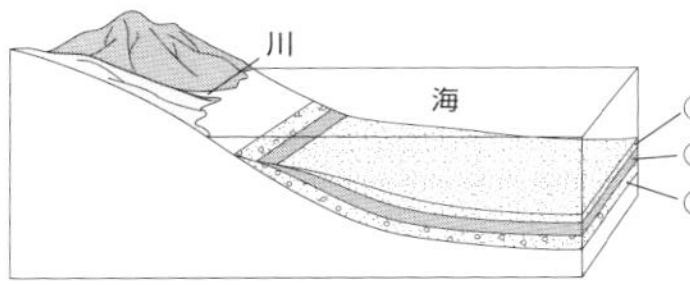
川
海
①の層
②の層
③の層

(1) ①〜③の層には、れき、砂《すな》、どろのいずれかが積もっています。それぞれ何が積もっていると考えられますか。

①(**どろ**) ②(**砂**) ③(**れき**)

(2) (1)のように積み重なるのは、つぶの何が関係していますか。

(**(つぶの)大きさ**)

6 水溶液《すいようえき》の性質を調べました。

1つ3点(12点)

(1) アンモニア水を、赤色、青色のリトマス紙につけると、リトマス紙の色はそれぞれどうなりますか。

①赤色のリトマス紙(**青色に変化する。**)

②青色のリトマス紙(**変化しない。**)

(2) リトマス紙の色が、(1)のようになる水溶液の性質を何といいますか。

(**アルカリ性**)

(3) 炭酸水を加熱して水を蒸発《じょうはつ》させても、あとに何も残らないのはなぜですか。理由をかきましょう。

(**気体である二酸化炭素がとけている水溶液だから。**)

7 空気を通した生物のつながりについて考えました。

1つ3点(9点)

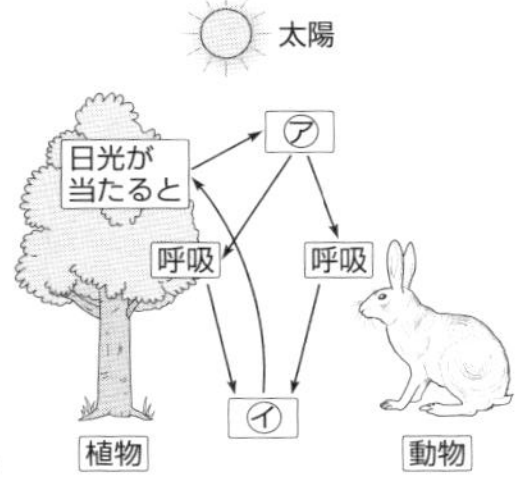
太陽
日光が
当たると
㋐
呼吸
呼吸
㋑
植物
動物

(1) ㋐、㋑の気体は、それぞれ何ですか。気体の名前を答えましょう。

㋐(**酸素**)

㋑(**二酸化炭素**)

(2) 植物も動物も呼吸《こきゅう》を行っていますが、地球上から酸素がなくならないのは、なぜですか。理由をかきましょう。

(**植物の葉に日光が当たっているとき、酸素を出しているから。**)

活用力をみる

8 身のまわりのてこを利用した道具について考えました。

1つ3点(15点)

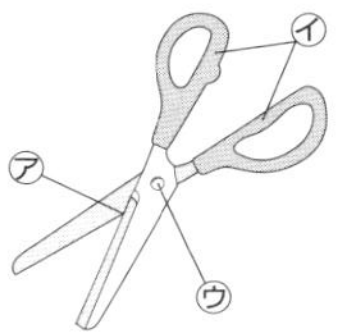
㋐
㋑
㋒

(1) はさみの支点、力点、作用点はそれぞれ、㋐〜㋒のどれにあたりますか。

①支点 (㋒)

②力点 (㋑)

③作用点(㋐)

(2) はさみで厚紙を切るとき、「㋐はの先」「㋑はの根もと」のどちらに紙をはさむと、小さな力で切れますか。正しいほうに○をつけましょう。

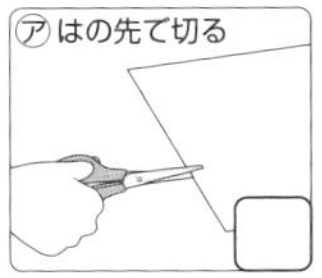
㋐はの先で切る

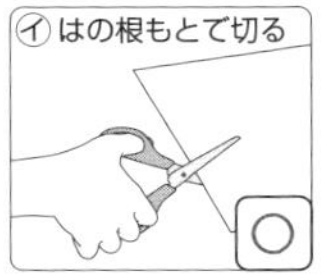
㋑はの根もとで切る
○

(3) (2)のように答えた理由をかきましょう。

(**支点と作用点のきょりが短いほど、作用点ではたらく力が大きいから。**)

9 電気を利用した車のおもちゃをつくりました。

1つ4点(12点)

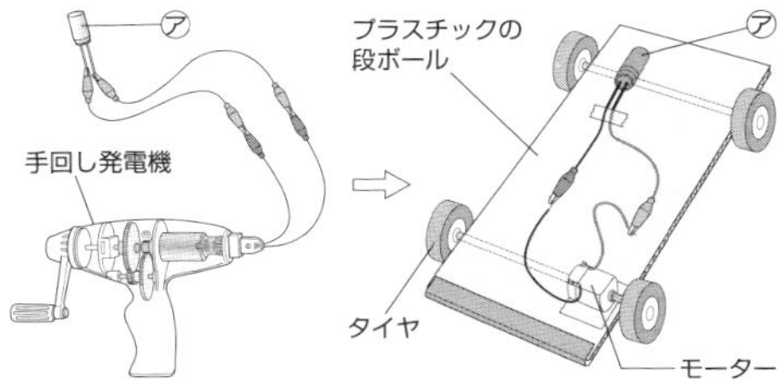
㋐
手回し発電機
プラスチックの
段ボール
㋐
タイヤ
モーター

(1) 手回し発電機で発電した電気は、たくわえて使うことができます。電気をたくわえることができる㋐の道具を何といいますか。

(**コンデンサー**)

(2) 電気をたくわえた㋐をモーターにつないで、タイヤを回します。この車をより長い時間動かすには、どうすればよいですか。正しいほうに○をつけましょう。

①(○)手回し発電機のハンドルを回す回数を多くして、㋐にたくわえる電気をふやす。

②(　)手回し発電機のハンドルを回す回数を少なくして、㋐にたくわえる電気をふやす。

(3) 車が動くとき、㋐にたくわえられた電気は、何に変えられますか。

(**運動**)

(回転する動き)

学力診断テスト　うら　てびき

5 水のはたらきによって運搬《うんぱん》されたれき、砂《すな》、どろは、つぶの大きさによって分かれて、水底に堆積《たいせき》します。

6 (1)、(2)アルカリ性の水溶液《すいようえき》では、赤色のリトマス紙だけが青色に変化します。酸性の水溶液では、青色のリトマス紙だけが赤色に変化します。中性の水溶液では、どちらのリトマス紙の色も変化しません。

(3)気体がとけている水溶液から水を蒸発《じょうはつ》させても、あとに何も残りません。

7 (1)動物も植物も呼吸《こきゅう》をして、酸素を取り入れ、二酸化炭素を出しています。

(2)植物は、葉に日光が当たっているときには、空気中の二酸化炭素を取り入れ、酸素を出しています。植物が酸素をつくり出しているので、地球上の酸素はなくなりません。

8 (2)、(3)はさみは、支点が力点と作用点の間にある道具です。支点と作用点のきょりを短くするほど、作用点でより大きな力がはたらきます。

9 (1)、(2)手回し発電機のハンドルを回す回数が多いほど、コンデンサーには多くの電気がたくわえられます。

(3)電気は、モーターで運動(回転する動き)に変わります。

メモ

メモ

付録 取りはずしてお使いください。

理科 スタートアップドリル 6年

このドリルを使って
5年生で学習した
ことをふり返ろう。

年　　組

1 天気の変化

1 雲のようすと天気の変化について、調べました。

(1) (　　)にあてはまる言葉を、あとの□から選んで書きましょう。

①天気は、空全体の広さを10として、空をおおっている雲の量が(　　　　　)のときを晴れ、(　　　　　)のときをくもりとする。

②雲には、色や形、高さのちがうものが(　　　　)。

③黒っぽい雲が増えてくると、(　　　　　)になることが多い。

0～5	0～8	6～10	9～10	ある	ない	晴れ	雨

(2) ある日の午前9時と正午に、空のようすを観察しました。
(　　)にあてはまる天気を書きましょう。

午前9時　天気…(　　　　　)　雲の量…4
・白くて小さな雲がたくさん集まっていた。
・雲は、ゆっくり西から東へ動いていた。
・雨はふっていなかった。

正午　天気…(　　　　　)　雲の量…9
・黒っぽいもこもことした雲が、空一面に広がっていた。
・雲は、午前9時のときよりも、ゆっくりと南西から北東へ動いていた。
・雨はふっていなかった。

2 天気の変化について、調べました。(　　)にあてはまる方位を書きましょう。

①日本付近では、雲はおよそ(　　　　　)から(　　　　　)に動いていく。

②雲の動きにつれて、天気も(　　　　　)から(　　　　　)へと変わっていく。

③台風は(　　　　　)の海上で発生して、(　　　　　)や東へ進むことが多い。

2 植物の発芽と成長

1 植物の発芽について、調べました。

(1) (　　)にあてはまる言葉を書きましょう。

①植物の種子が芽を出すことを(　　　　　　)という。
②植物は、(　　　　　　)の中の養分を使って発芽する。
③植物の種子の発芽には、水、(　　　　　　)、
　適当な(　　　　　　)が必要である。

(2) 図は、発芽前のインゲンマメの種子を切って開いたものです。この種子にヨウ素液をつけて、色の変化を調べました。

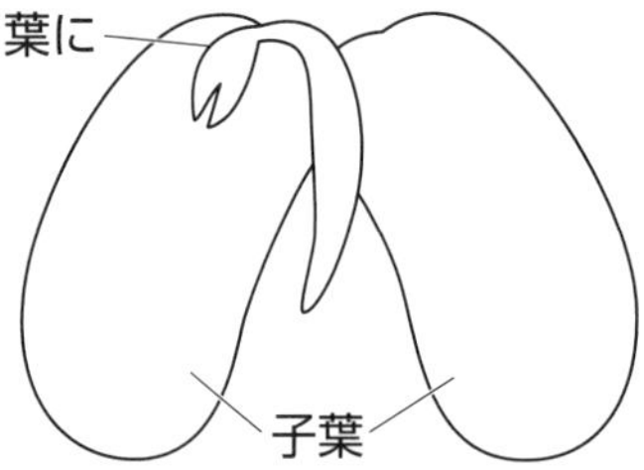

①子葉《しよう》のところは、㋐～㋒の何色に変化しますか。
　㋐茶色　　㋑青むらさき色　　㋒赤色
(　　　　)

②ヨウ素液を使った色の変化で調べることができるのは、何という養分ですか。
(　　　　　　)

2 葉が3～4まいに育ったインゲンマメ㋐～㋒を使って、肥料や日光が植物の成長に関係するのかを調べました。葉のようすは、2週間後の育ちをまとめたものです。

	水	肥料	日光	葉のようす
㋐	あたえる	あたえる	当てる	緑色で大きく、数が多い。
㋑	あたえる	あたえる	当てない	黄色っぽくて小さく、数が少ない。
㋒	あたえる	あたえない	当てる	緑色だけど㋐より小さく、数も㋐より少ない。

(1) ㋐と㋑で、よく成長したのはどちらですか。
(　　　　)

(2) ㋐と㋒で、よく成長したのはどちらですか。
(　　　　)

(3) このことから、植物がよく成長するには、何と何が必要とわかりますか。
(　　　　　　)と(　　　　　　)

3 メダカのたんじょう

1 メダカのたんじょうについて、調べました。

(1) （　）にあてはまる言葉を、あとの［　］から選んで書きましょう。

①（　　　　）が産んだたまご(卵《らん》)は、（　　　　）が出す精子《せいし》と結びついて、受精卵となる。

②受精卵は、たまごの中にふくまれている（　　　　）を使って育つ。

③受精してから約（　　　　）週間で、子メダカがたんじょうする。

④たまごからかえった子メダカは、しばらくの間は（　　　　）にあるふくろの中の養分を使って育つ。

2	10	38	おす	水分	はら	ひれ	めす	養分

(2) たまご(卵)と精子が結びつくことを何といいますか。

（　　　　）

2 メダカを飼って、体を観察しました。

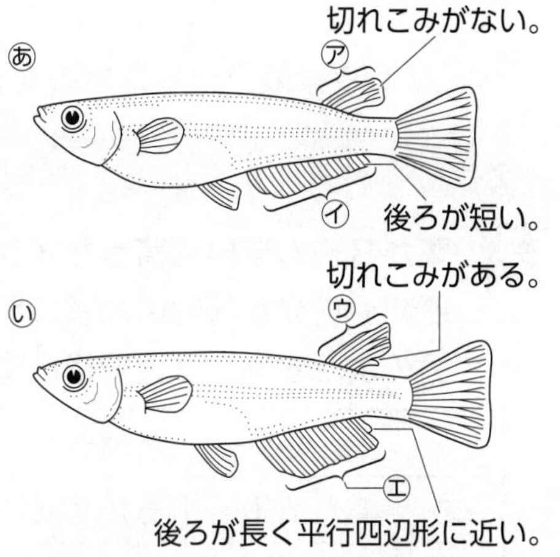
あ
切れこみがない。
ア
イ
後ろが短い。
い
切れこみがある。
ウ
エ
後ろが長く平行四辺形に近い。

(1) 図のア・ウ、イ・エのひれの名前を書きましょう。

ア・ウ（　　　　）

イ・エ（　　　　）

(2) あ、いのどちらがめすで、どちらがおすですか。

あ（　　　　）

い（　　　　）

(3) メダカを飼うとき、水そうはどこに置くとよいですか。正しいものに○をつけましょう。

①（　　）日光が直接当たる明るいところ

②（　　）日光が直接当たらない明るいところ

③（　　）暗いところ

4 ヒトのたんじょう

1 ヒトのたんじょうについて、調べました。

(1) (　　)にあてはまる言葉を、あとの□から選んで書きましょう。

①(　　　　)の体内でつくられた卵《らん》(卵子《らんし》)は、
(　　　　)の体内でつくられた精子《せいし》と結びついて、
受精卵となる。

②ヒトの子どもは、母親の体内にある(　　　　)の中で、
そのかべにあるたいばんから(　　　　)を通して養分をもらい、
いらないものをわたして育つ。

③受精してから約(　　　　)週間で、子どもがたんじょうする。

④ヒトはたんじょうしたあと、しばらくは(　　　　)を飲んで育つ。

2	10	38	子宮《しきゅう》	女性	男性	乳	へそのお	羊水《ようすい》

(2) 卵(卵子)と精子が結びつくことを何といいますか。

(　　　　)

2 図は、母親の体内の赤ちゃんのようすです。

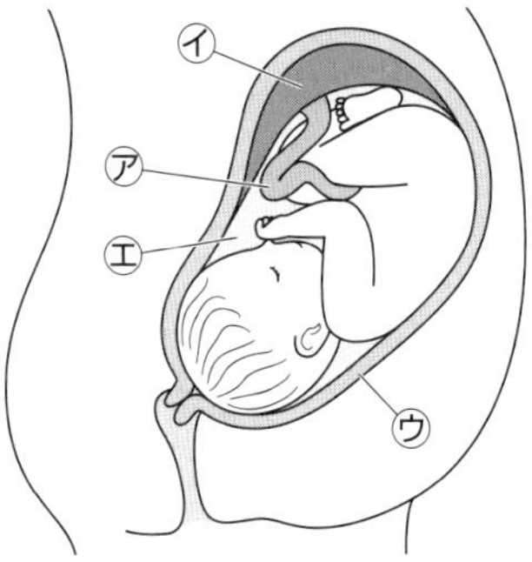

(1) ㋐〜㋓はそれぞれ何ですか。
名前を書きましょう。

㋐(　　　　)
㋑(　　　　)
㋒(　　　　)
㋓(　　　　)

(2) 子宮の中は液体で満たされ、赤ちゃんを守っています。
この液体は、㋐〜㋓のどれですか。

(　　　　)

5 花から実へ

1 花のつくりについて、調べました。

(1) 図は、アサガオの花です。㋐～㋓は何ですか。
あてはまる言葉を書きましょう。

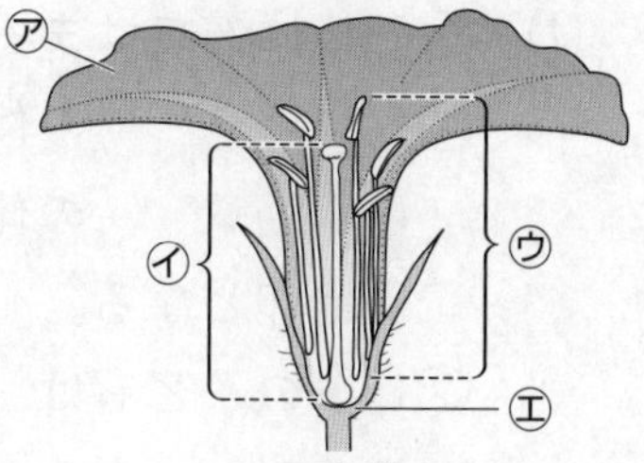

アサガオ

㋐(　　　　　　)
㋑(　　　　　　)
㋒(　　　　　　)
㋓(　　　　　　)

(2) (　　)にあてはまる言葉を書きましょう。

○花には、アブラナやアサガオのように、めしべとおしべが
1つの花にそろっているものと、ヘチマやカボチャのように、
めしべのある(　　　　　　)とおしべのある(　　　　　　)の
2種類の花をさかせるものがある。

2 植物の実のでき方について、調べました。

(1) (　　)にあてはまる言葉を書きましょう。

①おしべから出た(　　　　　　)がめしべの先につくことを受粉という。
②受粉すると、めしべのもとのふくらんだ部分が(　　　　　　)になり、
その中に(　　　　　　)ができる。

(2) 図は、ヘチマの花です。

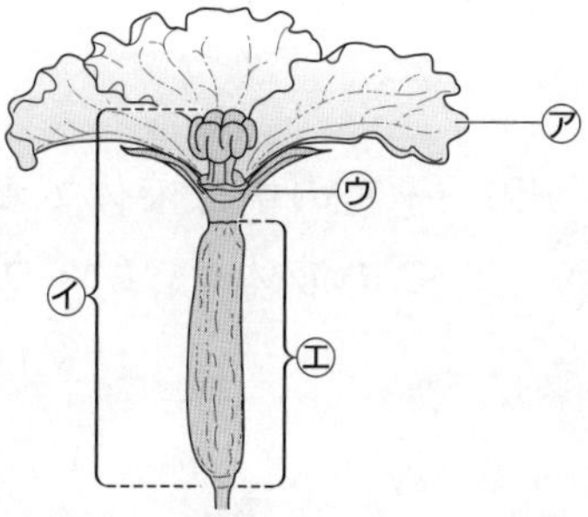

ヘチマ

①花びらは、㋐～㋓のどれですか。
(　　　　　　)
②がくは、㋐～㋓のどれですか。
(　　　　　　)
③図の花は、めばなとおばなのどちらですか。
(　　　　　　)

6 流れる水のはたらき①

1 流れる水のはたらきについて、調べました。
(　　)にあてはまる言葉を、あとの□から選んで書きましょう。

①流れる水が地面をけずるはたらきを(　　　　　)、
土や石を運ぶはたらきを(　　　　　)、
土や石を積もらせるはたらきを(　　　　　)という。

②水の量が増えると、流れる水のはたらきが(　　　　　)なる。

③水の流れが(　　　　　)ところでは、地面をけずったり、
土や石を運んだりするはたらきが大きくなる。

④水の流れが(　　　　　)なところでは、土や石が積もる。

大きく	小さく	速い	ゆるやか	運ぱん	たい積	しん食

2 図のようなそうちで、土のみぞをつくって水を流して、流れる水のはたらきを調べました。

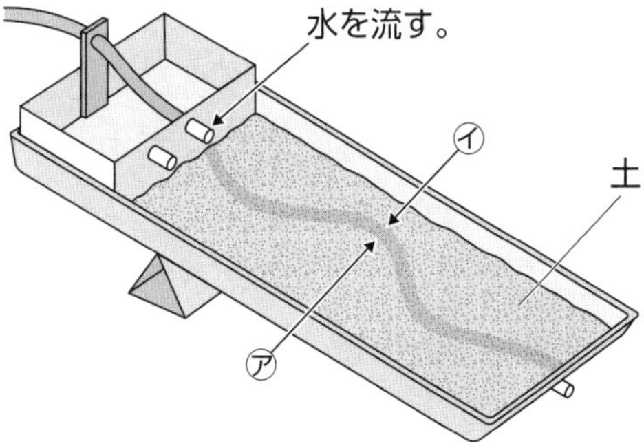

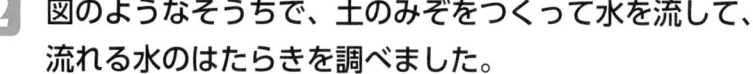

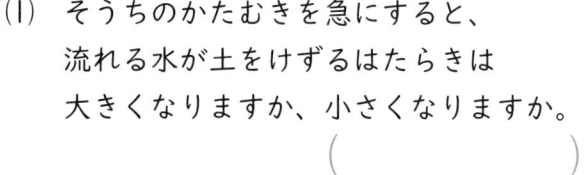

(1) そうちのかたむきを急にすると、流れる水が土をけずるはたらきは大きくなりますか、小さくなりますか。

(　　　　　)

(2) 水が曲がって流れているところで、流れる水の速さを調べました。㋐は流れの内側、㋑は流れの外側です。㋐と㋑で、流れる水の速さが速いのは、どちらですか。

(　　　　　)

(3) ㋐と㋑で、水に運ばれてきた土が多く積もったのはどちらですか。

(　　　　　)

(4) ㋐と㋑で、土が多くけずられたのはどちらですか。

(　　　　　)

7 流れる水のはたらき②

1 **川の流れと地形について、調べました。**
(　　)にあてはまる言葉を、あとの□から選んで書きましょう。

①かたむきが急な山の中では、川はばが(　　　　　)、流れが速い。
平地や海の近くでは、川はばが(　　　　　)なり、流れがゆるやかになる。

②川原の石を見ると、山の中では(　　　　　)、
(　　　　　)石が多く見られ、
平地や海の近くでは(　　　　　)、
(　　　　　)石やすなが多く見られる。

大きく　　小さく　　広く　　せまく　　角ばった　　丸みのある

2 **図のような平地を流れる川の曲がって流れているところで、川の流れや川原のようすを調べました。**

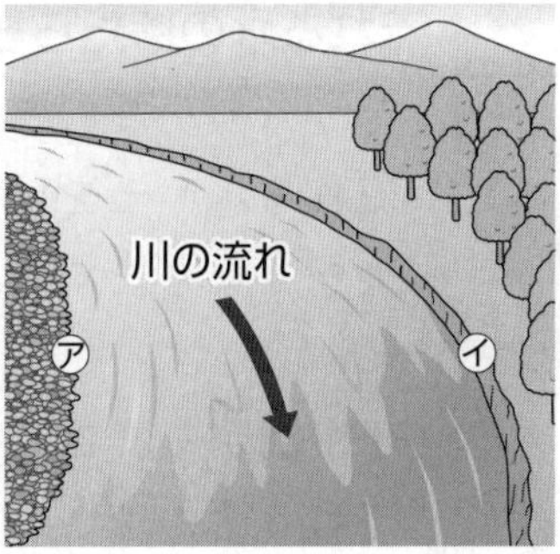

(1) 川の流れが速いのは、㋐と㋑のどちら側ですか。
(　　　　)

(2) ㋐の川原の石を調べたとき、石のようすとして正しいものはどちらですか。
①角ばっている。
②丸みをおびている。
(　　　　)

(3) 川の深さが深いのは、㋐と㋑のどちら側ですか。
(　　　　)

3 **川の流れと災害について、(　　)にあてはまる言葉を、あとの□から選んで書きましょう。**

○梅雨《つゆ》や台風《たいふう》などで雨の量が増えると、川の水の量は(　　　　　)、
流れが(　　　　　)なるので、流れる水のはたらきは
(　　　　　)なり、土地のようすを大きく変化させることがある。

大きく　　小さく　　増え　　減り　　速く　　おそく

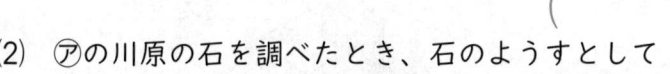

8 ふりこの運動

1 ふりこが１往復する時間を調べました。

(1) ㋐と㋑は、図のような角度まで手で持ち上げて、手をはなしてふらせます。

㋐と㋑でちがっている条件に○をつけましょう。

①(　　　)ふりこの長さ

②(　　　)ふれはば

③(　　　)おもりの重さ

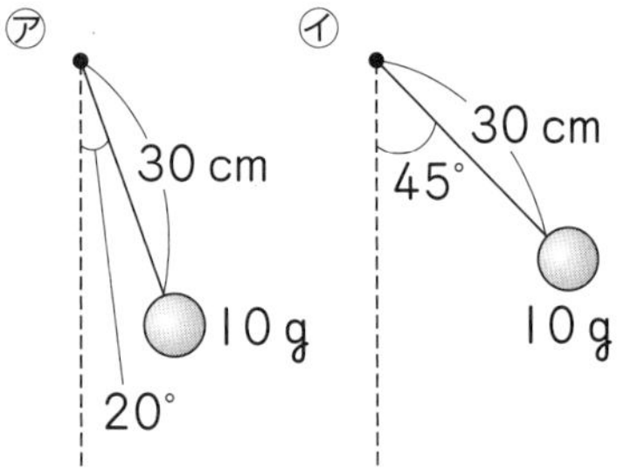

(2) 次の条件だけを変えると、ふりこが１往復する時間はどうなりますか。長くなる、短くなる、変わらないの中から、あてはまる言葉を選んで書きましょう。

①ふりこの長さを長くする。

(１往復する時間は　　　　　　　　)。

②おもりの重さを重くする。

(１往復する時間は　　　　　　　　)。

③ふれはばを大きくする。

(１往復する時間は　　　　　　　　)。

2 ふりこの長さを変えてふったときの、ふりこが１０往復する時間を測定して、表にまとめました。

ふりこの長さ	１回めの測定	２回めの測定	３回めの測定	３回の合計	１０往復する時間の平均	１往復する時間
50 cm	１４秒	１５秒	１３秒	４２秒	①	②
100 cm	２０秒	１９秒	２１秒	６０秒	２０秒	2.0秒

(1) ①にあてはまる数を計算しましょう。

(１０往復する時間)÷(測定した回数)　だから、

〔式〕　42　÷　　　　＝

よって、(　　　　　秒)。

(2) ②にあてはまる数を計算しましょう。

(１０往復する時間の平均)÷１０　だから、

〔式〕　　　　÷　１０　＝

よって、(　　　　　秒)。

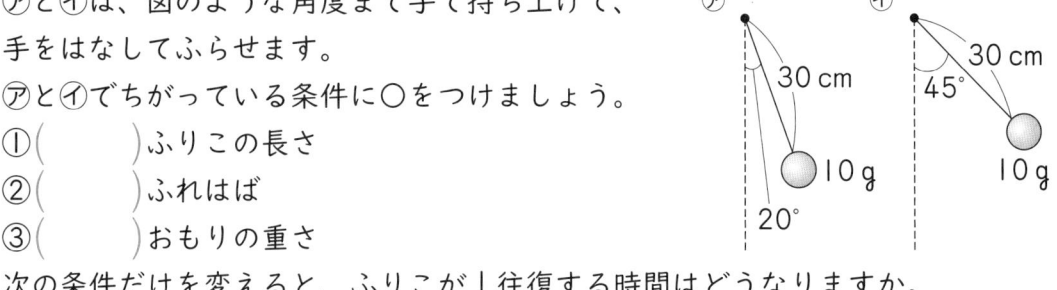

9 もののとけ方①

1 ものに水をとかして、とけたものがどうなるかを調べました。

(1) 食塩水は、水に何をとかした水よう液ですか。

(　　　　)

(2) ㋐～㋒で、水よう液といえないものはどれですか。

㋐さとうを水に入れてかき混ぜたもの　㋑すなを水に入れてかき混ぜたもの　㋒コーヒーシュガーを水に入れてかき混ぜたもの

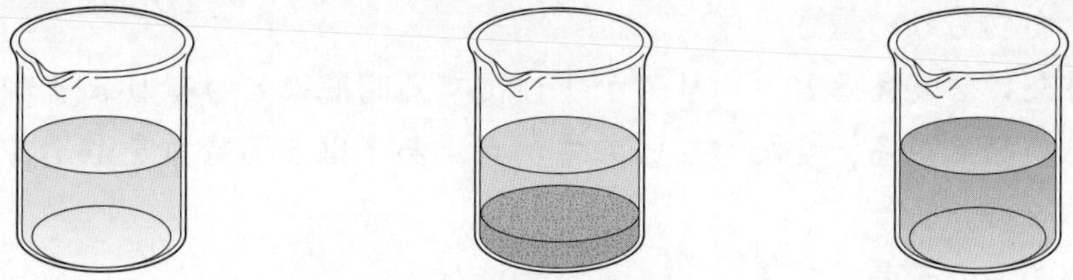

色はなく、すき通っている。

下のほうにすながたまっている。

茶色で、すき通っている。

(　　　　)

(3) 5gのさとうを水にとかす前に全体の重さをはかったところ、電子てんびんは95gを示しました。さとうをすべて水にとかしたあと、全体の重さは何gになりますか。

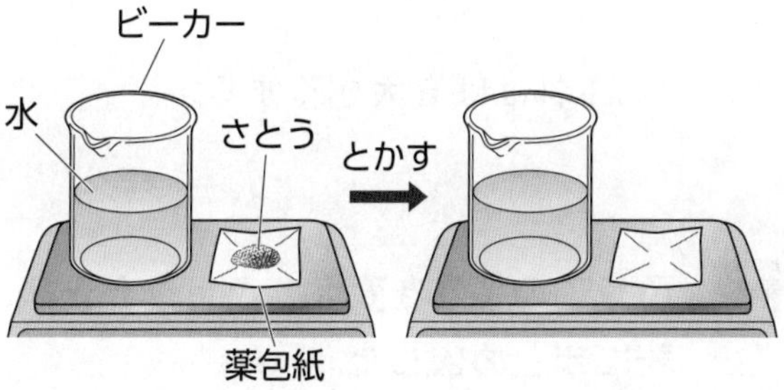

(　　　　)

2 決まった水の量に、食塩とミョウバンがどれだけとけるかを調べて、表にまとめました。

水の量	50 mL	100 mL
食塩	18g	36g
ミョウバン	4g	8g

(1) 食塩は、水50 mLに何gとけますか。

(　　　　)

(2) 水の量を2倍にすると、水にとける食塩やミョウバンの量は何倍になりますか。

(　　　　倍)

(3) 同じ量の水にとけるものの量は、とかすものの種類によって同じですか、ちがいますか。

(　　　　)

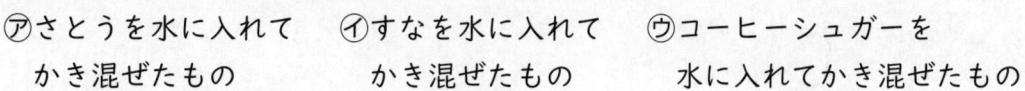

10 もののとけ方②

1 水の温度ととけるものの量の関係について調べました。

(1) 水の温度を変えて、水 50 mL にとける食塩とミョウバンの量を調べたところ、図のようになりました。
水の温度を変えても、とける量が変わらないのは、どちらですか。

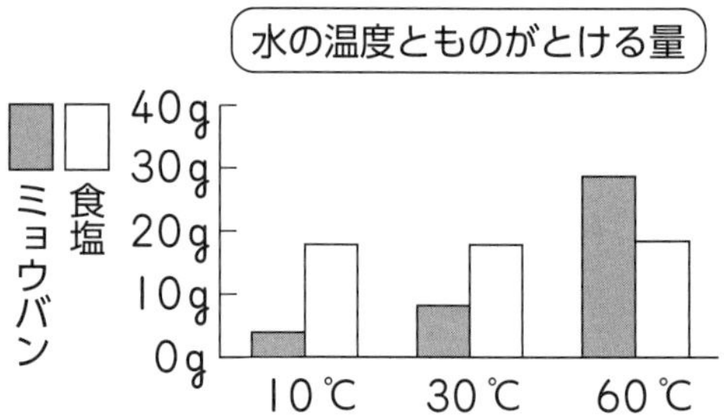

水の温度とものがとける量
ミョウバン
食塩
40g
30g
20g
10g
0g
10℃
30℃
60℃

(　　　　)

(2) (　　)にあてはまる言葉を、□から選んで書きましょう。

①水の温度を上げたとき、水にとける量の変化のしかたは、とかすものによって(　　　　)。

②ミョウバンのように、温度によって水にとける量が大きく変化するものは、水よう液の温度を(　　　　)て、水よう液からとけているものを取り出すことができる。

③水よう液から水を(　　　　)させると、水よう液からとけているものを取り出すことができる。

同じ	ちがう	上げ	下げ	じょう発	ふっとう

2 60℃のミョウバンの水よう液を 10℃になるまで冷やすと、液の中からミョウバンのつぶが現れました。

(1) 図のようにして、ミョウバンのつぶを取り出しました。
この方法を何といいますか。

(　　　　)

(2) ㋐の紙、㋑のガラス器具の名前を書きましょう。

㋐(　　　　)
㋑(　　　　)

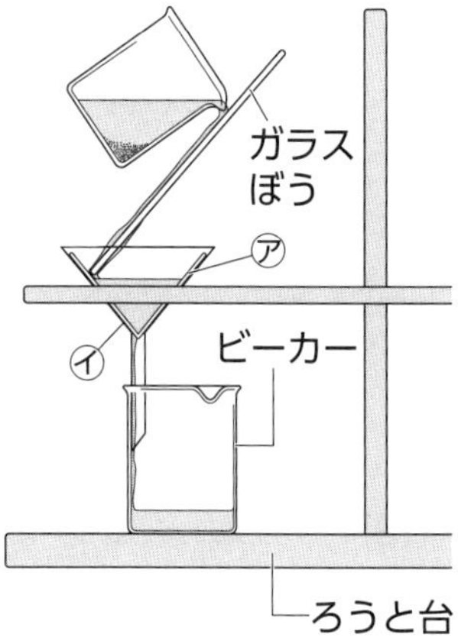

ガラスぼう
㋐
㋑
ビーカー
ろうと台

11 電磁石のはたらき

1 電磁石に電流を流し、電磁石の極を調べました。

(1) (　　)にあてはまる言葉を書きましょう。

○導線を同じ向きに何回もまいたものを(　　　　　)という。
これに鉄心を入れて(　　　　　)を流すと、
鉄心が鉄を引きつけるようになる。これを電磁石という。

(2) 電磁石の右の方位磁針《じしん》の針が指す向きは、図のようになりました。左の方位磁針の針の向きは、㋐～㋒のどれになりますか。

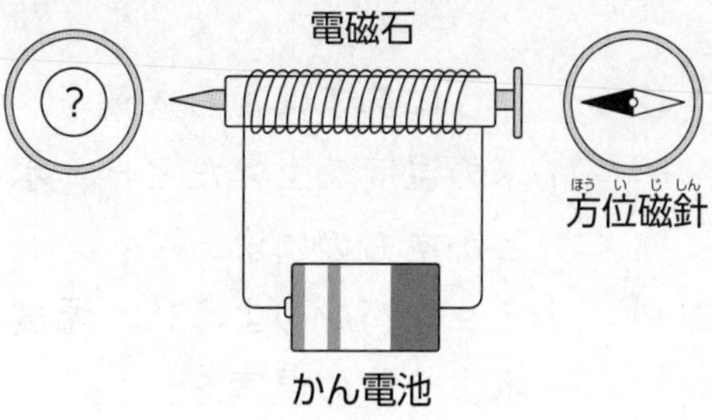
電磁石
?
方位磁針《ほういじしん》
かん電池

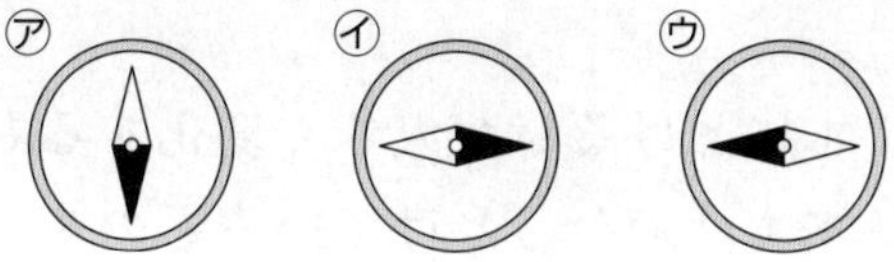
㋐
㋑
㋒

(　　　)

(3) かん電池をつなぐ向きを逆にすると、左の方位磁針の針が指す向きは、(2)の㋐～㋒のどれになりますか。

(　　　)

2 図のようなそうちを使って、電磁石の強さを調べました。

(1) ㋐と㋑で、変えた条件は①～③のどれですか。
①電流の大きさ
②電流の向き
③コイルのまき数

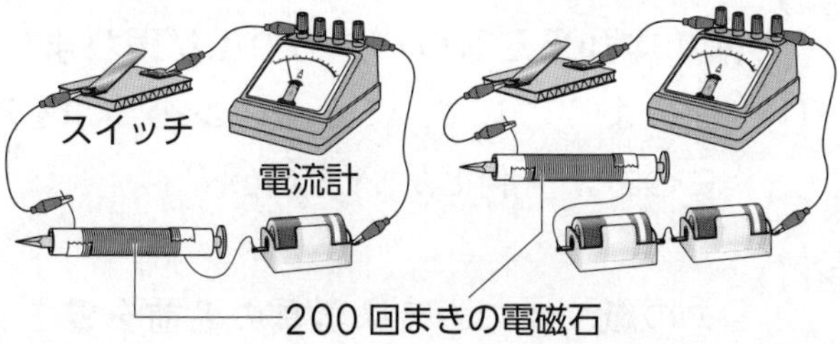
㋐かん電池１個
㋑かん電池２個
スイッチ
電流計
200回まきの電磁石

(　　　)

(2) 回路に電流を流したとき、電磁石に鉄のクリップが多くついたのは、㋐と㋑のどちらですか。

(　　　)

(3) ㋐のコイルをほどいて、100回まきにしてから回路に電流を流しました。100回まきにする前とくらべて、電磁石につく鉄のクリップは多くなりますか、少なくなりますか。

(　　　　　)

答え

1 天気の変化

1 ⑴①0～8、9～10
②ある
③雨
⑵晴れ、くもり
★午前9時は、雲の量が0～8にあるので晴れ、正午は雲の量が9～10にあるのでくもりとなります。

2 ①西、東
②西、東
③南、北
★天気は西から東へと変わっていきますが、台風の進路に、この規則性があてはまりません。

2 植物の発芽と成長

1 ⑴①発芽
②種子
③空気、温度
⑵①㋑
②でんぷん
★でんぷんにうすめたヨウ素液をつけると、青むらさき色になります。インゲンマメの種子の子葉には、でんぷんがふくまれているので、ヨウ素液をつけると青むらさき色に変化します。

2 ⑴㋐
⑵㋐
⑶肥料、日光
★水はすべてにあたえているので、植物がよく成長するためには、日光と肥料が必要であるとわかります。また、植物の成長には、水・適当な温度・空気も必要です。

3 メダカのたんじょう

1 ⑴①めす、おす
②養分
③2
④はら
⑵受精

2 ⑴㋐・㋒せびれ　㋑・㋓しりびれ
⑵㋍めす　㋑おす
★メダカのめすとおすを見分けるには、せびれとしりびれに注目します。
⑶②

4 ヒトのたんじょう

1 ⑴①女性、男性
②子宮、へそのお
③38
④乳
⑵受精

2 ⑴㋐へそのお　㋑たいばん　㋒子宮
㋓羊水
⑵㋓
★子宮の中は羊水という液体で満たされていて、外からのしょうげきなどから赤ちゃんを守っています。

5 花から実へ

1 (1)㋐花びら　㋑めしべ　㋒おしべ　㋓がく
(2)めばな、おばな

2 (1)①花粉
②実、種子
★花粉は、こん虫などによってめしべに運ばれ、受粉します。めしべの先は、べとべとしていて花粉がつきやすくなっています。
(2)①㋐
②㋒
③めばな
★めばなは、花びらの下の部分にふくらみがあります。

6 流れる水のはたらき①

1 (1)①しん食、運ぱん、たい積
②大きく
③速い
④ゆるやか

2 (1)大きくなる。
★かたむきが急になると流れが速くなるので、しん食するはたらきも大きくなります。
(2)㋑
(3)㋐
(4)㋑
★曲がって流れているところの外側では、水の流れが速く、しん食されます。一方、曲がって流れているところの内側では、流れがゆるやかで、運ばれてきた土がたい積します。

7 流れる水のはたらき②

1 ①せまく、広く
②大きく、角ばった、小さく、丸みのある
★山の中の大きく角ばった石は、流れる水に運ばれる間に、角がとれていき、丸く小さくなっていきます。

2 (1)㋑
(2)②
(3)㋑
★川の流れの外側は流れが速いので、しん食されます。一方、川の流れの内側は流れがゆるやかなので、石がたい積します。

3 増え、速く、大きく

8 ふりこの運動

1 (1)②
(2)①長くなる
②変わらない
③変わらない
★ふりこが１往復する時間は、ふりこの長さによって変わります。おもりの重さやふれはばを変えても、１往復する時間は変わりません。

2 (1)〔式〕42÷3＝14　　14秒
(2)〔式〕14÷10＝1.4　　1.4秒

9 もののとけ方①

1 (1)食塩

(2)㋑

★水よう液は、すき通っていて(とうめいで)、とけたものが液全体に広がっています。色がついていても、すき通っていれば水よう液といえます。

(3)95 g

★とかす前に、ビーカーや薬包紙も入れて95 gだったので、とかしたあとの全体の重さも95 gになります。

2 (1)18 g

(2)2（倍）

(3)ちがう。

10 もののとけ方②

1 (1)食塩

(2)①ちがう

②下げ

③じょう発

2 (1)ろ過

(2)㋐ろ紙　㋑ろうと

★ろ過するときは、ろ紙は水でぬらしてろうとにぴったりとつけ、液はガラスぼうに伝わらせて静かに注ぎます。ろうとの先は、ビーカーの内側にくっつけておきます。

11 電磁石のはたらき

1 (1)コイル、電流

★電磁石は、電流を流しているときだけ、磁石のはたらきをします。

(2)㋒

(3)㋑

★電磁石にもN極とS極があります。電流の向きを逆にすると、電磁石の極も逆になります。そのため、引きつけられる方位磁針の針も逆になります。

2 (1)①

(2)㋑

★電流が大きいほど、電磁石の強さは強くなります。

(3)少なくなる。

★コイルのまき数が多いほど、電磁石の強さは強くなります。コイルのまき数を少なくしたので、電磁石の強さは弱くなり、引きつけられる鉄のクリップの数も少なくなります。

9 もののとけ方①

1 (1)食塩

(2)㋑

★水よう液は、すき通っていて（とうめいで）、とけたものが液全体に広がっています。色がついていても、すき通っていれば水よう液といえます。

(3)95 g

★とかす前に、ビーカーや薬包紙も入れて95 gだったので、とかしたあとの全体の重さも95 gになります。

2 (1)18 g

(2)2（倍）

(3)ちがう。

10 もののとけ方②

1 (1)食塩

(2)①ちがう

②下げ

③じょう発

2 (1)ろ過

(2)㋐ろ紙　㋑ろうと

★ろ過するときは、ろ紙は水でぬらしてろうとにぴったりとつけ、液はガラスぼうに伝わらせて静かに注ぎます。ろうとの先は、ビーカーの内側にくっつけておきます。

11 電磁石のはたらき

1 (1)コイル、電流

★電磁石は、電流を流しているときだけ、磁石のはたらきをします。

(2)㋒

(3)㋑

★電磁石にもN極とS極があります。電流の向きを逆にすると、電磁石の極も逆になります。そのため、引きつけられる方位磁針の針も逆になります。

2 (1)①

(2)㋑

★電流が大きいほど、電磁石の強さは強くなります。

(3)少なくなる。

★コイルのまき数が多いほど、電磁石の強さは強くなります。コイルのまき数を少なくしたので、電磁石の強さは弱くなり、引きつけられる鉄のクリップの数も少なくなります。

5 花から実へ

1 (1)㋐花びら　㋑めしべ　㋒おしべ　㋓がく

(2)めばな、おばな

2 (1)①花粉

②実、種子

★花粉は、こん虫などによってめしべに運ばれ、受粉します。めしべの先は、べとべとしていて花粉がつきやすくなっています。

(2)①㋐

②㋒

③めばな

★めばなは、花びらの下の部分にふくらみがあります。

6 流れる水のはたらき①

1 (1)①しん食、運ぱん、たい積

②大きく

③速い

④ゆるやか

2 (1)大きくなる。

★かたむきが急になると流れが速くなるので、しん食するはたらきも大きくなります。

(2)㋑

(3)㋐

(4)㋑

★曲がって流れているところの外側では、水の流れが速く、しん食されます。一方、曲がって流れているところの内側では、流れがゆるやかで、運ばれてきた土がたい積します。

7 流れる水のはたらき②

1 ①せまく、広く

②大きく、角ばった、小さく、丸みのある

★山の中の大きく角ばった石は、流れる水に運ばれる間に、角がとれていき、丸く小さくなっていきます。

2 (1)㋑

(2)②

(3)㋑

★川の流れの外側は流れが速いので、しん食されます。一方、川の流れの内側は流れがゆるやかなので、石がたい積します。

3 増え、速く、大きく

8 ふりこの運動

1 (1)②

(2)①長くなる

②変わらない

③変わらない

★ふりこが1往復する時間は、ふりこの長さによって変わります。おもりの重さやふればを変えても、1往復する時間は変わりません。

2 (1)〔式〕42÷3=14　14秒

(2)〔式〕14÷10=1.4　1.4秒

答え

1 天気の変化

1 ⑴①0〜8、9〜10
②ある
③雨
⑵晴れ、くもり
★午前9時は、雲の量が0〜8にあるので晴れ、正午は雲の量が9〜10にあるのでくもりとなります。

2 ①西、東
②西、東
③南、北
★天気は西から東へと変わっていきますが、台風の進路に、この規則性があてはまりません。

2 植物の発芽と成長

1 ⑴①発芽
②種子
③空気、温度
⑵①㋑
②でんぷん
★でんぷんにうすめたヨウ素液をつけると、青むらさき色になります。インゲンマメの種子の子葉には、でんぷんがふくまれているので、ヨウ素液をつけると青むらさき色に変化します。

2 ⑴㋐
⑵㋐
⑶肥料、日光
★水はすべてにあたえているので、植物がよく成長するためには、日光と肥料が必要であるとわかります。また、植物の成長には、水・適当な温度・空気も必要です。

3 メダカのたんじょう

1 ⑴①めす、おす
②養分
③2
④はら
⑵受精

2 ⑴㋐・㋒せびれ　㋑・㋓しりびれ
⑵(あ)めす　(い)おす
★メダカのめすとおすを見分けるには、せびれとしりびれに注目します。
⑶②

4 ヒトのたんじょう

1 ⑴①女性、男性
②子宮、へそのお
③38
④乳
⑵受精

2 ⑴㋐へそのお　㋑たいばん　㋒子宮
㋓羊水
⑵㋓
★子宮の中は羊水という液体で満たされていて、外からのしょうげきなどから赤ちゃんを守っています。

11 電磁石のはたらき

1 電磁石に電流を流し、電磁石の極を調べました。

(1) （　　）にあてはまる言葉を書きましょう。

> ○導線を同じ向きに何回もまいたものを（　　　　　）という。
> これに鉄心を入れて（　　　　）を流すと、
> 鉄心が鉄を引きつけるようになる。これを電磁石という。

(2) 電磁石の右の方位磁針《じしん》の針が指す向きは、図のようになりました。左の方位磁針の針の向きは、㋐～㋒のどれになりますか。

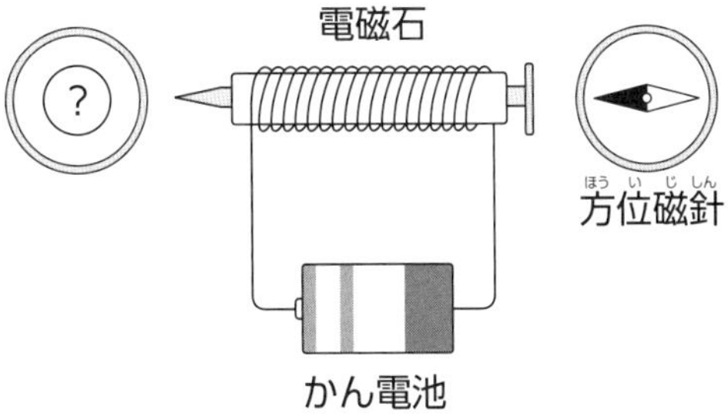

?
電磁石
方位磁針《ほういじしん》
かん電池

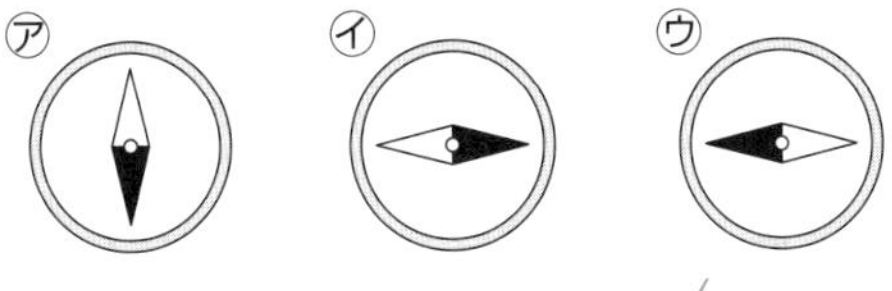

㋐
㋑
㋒

（　　　）

(3) かん電池をつなぐ向きを逆にすると、左の方位磁針の針が指す向きは、(2)の㋐～㋒のどれになりますか。

（　　　）

2 図のようなそうちを使って、電磁石の強さを調べました。

(1) ㋐と㋑で、変えた条件は①～③のどれですか。
①電流の大きさ
②電流の向き
③コイルのまき数

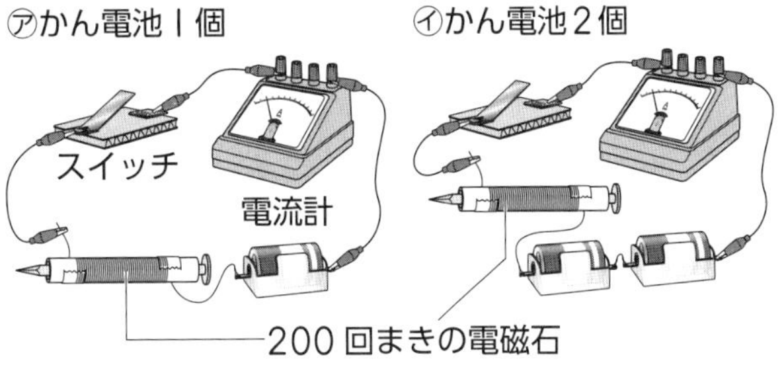

㋐かん電池１個
㋑かん電池２個
スイッチ
電流計
200回まきの電磁石

（　　　）

(2) 回路に電流を流したとき、電磁石に鉄のクリップが多くついたのは、㋐と㋑のどちらですか。

（　　　）

(3) ㋐のコイルをほどいて、100回まきにしてから回路に電流を流しました。100回まきにする前とくらべて、電磁石につく鉄のクリップは多くなりますか、少なくなりますか。

（　　　　　）

10 もののとけ方②

1 水の温度ととけるものの量の関係について調べました。

(1) 水の温度を変えて、水 50 mL にとける食塩とミョウバンの量を調べたところ、図のようになりました。
水の温度を変えても、とける量が変わらないのは、どちらですか。

（　　　　　）

水の温度とものがとける量

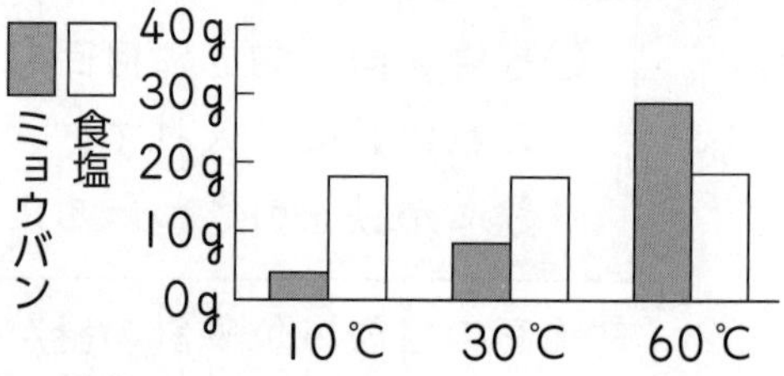

(2) （　）にあてはまる言葉を、□から選んで書きましょう。

①水の温度を上げたとき、水にとける量の変化のしかたは、
とかすものによって（　　　　　）。

②ミョウバンのように、温度によって水にとける量が大きく変化するものは、
水よう液の温度を（　　　　　）て、水よう液からとけているものを
取り出すことができる。

③水よう液から水を（　　　　　）させると、
水よう液からとけているものを取り出すことができる。

同じ	ちがう	上げ	下げ	じょう発	ふっとう

2 60℃のミョウバンの水よう液を 10℃になるまで冷やすと、液の中からミョウバンのつぶが現れました。

(1) 図のようにして、ミョウバンのつぶを取り出しました。
この方法を何といいますか。

（　　　　　）

(2) ㋐の紙、㋑のガラス器具の名前を書きましょう。

㋐（　　　　　）
㋑（　　　　　）

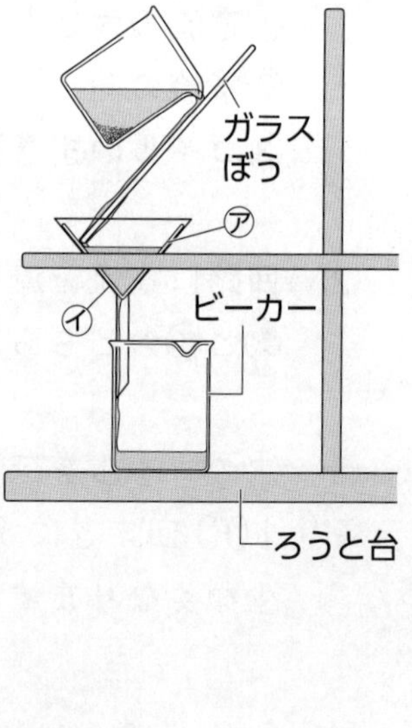

9 もののとけ方①

1 ものに水をとかして、とけたものがどうなるかを調べました。

(1) 食塩水は、水に何をとかした水よう液ですか。

（　　　　）

(2) ㋐～㋒で、水よう液といえないものはどれですか。

㋐さとうを水に入れてかき混ぜたもの　㋑すなを水に入れてかき混ぜたもの　㋒コーヒーシュガーを水に入れてかき混ぜたもの

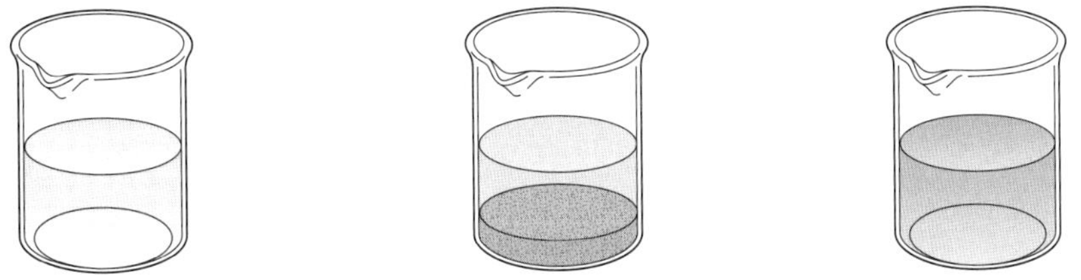

㋐ 色はなく、すき通っている。

㋑ 下のほうにすながたまっている。

㋒ 茶色で、すき通っている。

（　　　　）

(3) 5gのさとうを水にとかす前に全体の重さをはかったところ、電子てんびんは95gを示しました。さとうをすべて水にとかしたあと、全体の重さは何gになりますか。

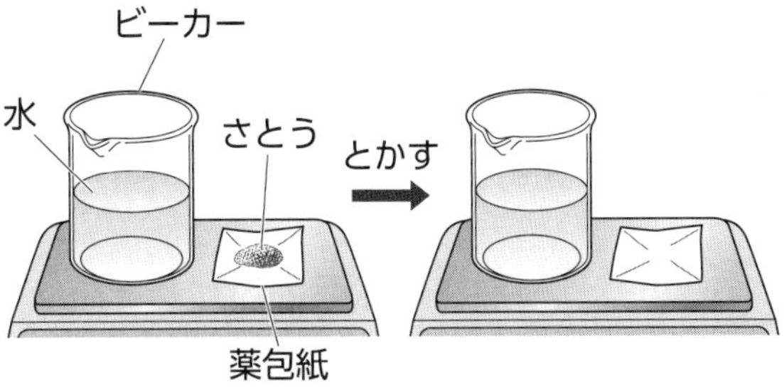

（　　　　）

2 決まった水の量に、食塩とミョウバンがどれだけとけるかを調べて、表にまとめました。

水の量	50 mL	100 mL
食塩	18g	36g
ミョウバン	4g	8g

(1) 食塩は、水50 mLに何gとけますか。

（　　　　）

(2) 水の量を2倍にすると、水にとける食塩やミョウバンの量は何倍になりますか。

（　　　　倍）

(3) 同じ量の水にとけるものの量は、とかすものの種類によって同じですか、ちがいますか。

（　　　　）

8 ふりこの運動

1 ふりこが1往復する時間を調べました。

(1) ㋐と㋑は、図のような角度まで手で持ち上げて、手をはなしてふらせます。
㋐と㋑でちがっている条件に○をつけましょう。

①(　　　)ふりこの長さ
②(　　　)ふれはば
③(　　　)おもりの重さ

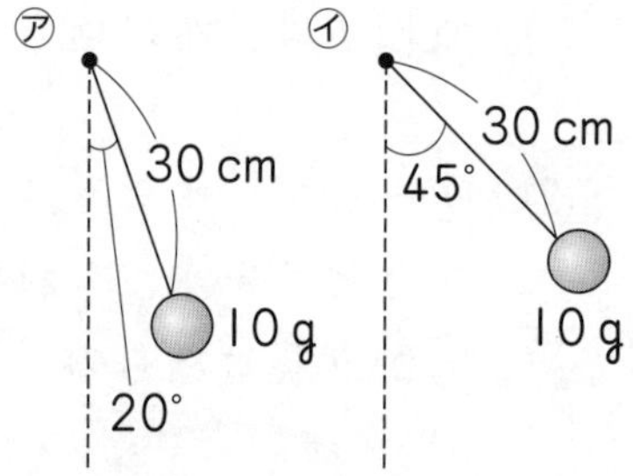

(2) 次の条件だけを変えると、ふりこが1往復する時間はどうなりますか。
長くなる、短くなる、変わらないの中から、あてはまる言葉を選んで書きましょう。

①ふりこの長さを長くする。
(1往復する時間は　　　　　　　　)。

②おもりの重さを重くする。
(1往復する時間は　　　　　　　　)。

③ふれはばを大きくする。
(1往復する時間は　　　　　　　　)。

2 ふりこの長さを変えてふったときの、ふりこが10往復する時間を測定して、表にまとめました。

ふりこの長さ	1回めの測定	2回めの測定	3回めの測定	3回の合計	10往復する時間の平均	1往復する時間
50 cm	14秒	15秒	13秒	42秒	①	②
100 cm	20秒	19秒	21秒	60秒	20秒	2.0秒

(1) ①にあてはまる数を計算しましょう。
(10往復する時間)÷(測定した回数)　だから、
〔式〕　42　÷　　　　=

よって、(　　　　秒)。

(2) ②にあてはまる数を計算しましょう。
(10往復する時間の平均)÷10　だから、
〔式〕　　　　÷　10　=

よって、(　　　　秒)。

7 流れる水のはたらき②

1 川の流れと地形について、調べました。
（　　）にあてはまる言葉を、あとの□から選んで書きましょう。

①かたむきが急な山の中では、川はばが（　　　　）、流れが速い。
平地や海の近くでは、川はばが（　　　　）なり、流れがゆるやかになる。

②川原の石を見ると、山の中では（　　　　）、
（　　　　）石が多く見られ、
平地や海の近くでは（　　　　）、
（　　　　）石やすなが多く見られる。

大きく　　小さく　　広く　　せまく　　角ばった　　丸みのある

2 図のような平地を流れる川の曲がって流れているところで、川の流れや川原のようすを調べました。

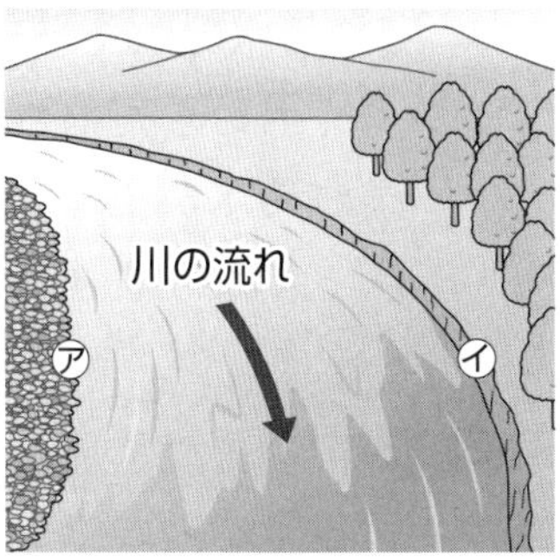

(1) 川の流れが速いのは、㋐と㋑のどちら側ですか。
（　　　）

(2) ㋐の川原の石を調べたとき、石のようすとして正しいものはどちらですか。
①角ばっている。
②丸みをおびている。
（　　　）

(3) 川の深さが深いのは、㋐と㋑のどちら側ですか。
（　　　）

3 川の流れと災害について、（　　）にあてはまる言葉を、あとの□から選んで書きましょう。

○梅雨《つゆ》や台風《たいふう》などで雨の量が増えると、川の水の量は（　　　　）、
流れが（　　　　）なるので、流れる水のはたらきは
（　　　　）なり、土地のようすを大きく変化させることがある。

大きく　　小さく　　増え　　減り　　速く　　おそく

6 流れる水のはたらき①

1 **流れる水のはたらきについて、調べました。**
（　）にあてはまる言葉を、あとの□から選んで書きましょう。

①流れる水が地面をけずるはたらきを（　　　　　　）、
土や石を運ぶはたらきを（　　　　　　）、
土や石を積もらせるはたらきを（　　　　　　）という。

②水の量が増えると、流れる水のはたらきが（　　　　　　）なる。

③水の流れが（　　　　　　）ところでは、地面をけずったり、
土や石を運んだりするはたらきが大きくなる。

④水の流れが（　　　　　　）なところでは、土や石が積もる。

大きく	小さく	速い	ゆるやか	運ぱん	たい積	しん食

2 **図のようなそうちで、土のみぞをつくって水を流して、**
流れる水のはたらきを調べました。

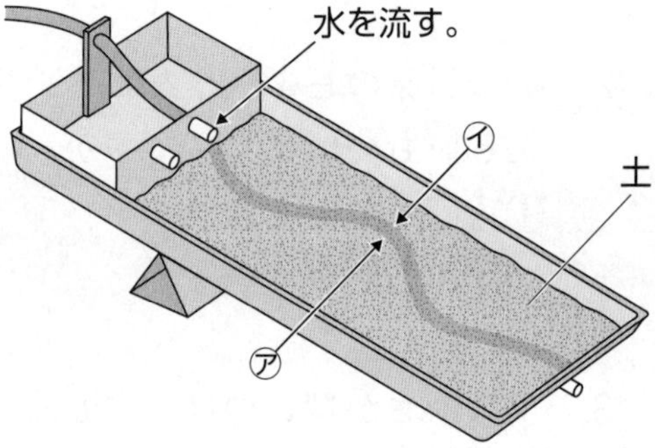

(1) そうちのかたむきを急にすると、
流れる水が土をけずるはたらきは
大きくなりますか、小さくなりますか。

（　　　　　　）

(2) 水が曲がって流れているところで、
流れる水の速さを調べました。
㋐は流れの内側、㋑は流れの外側です。
㋐と㋑で、流れる水の速さが速いのは、
どちらですか。

（　　）

(3) ㋐と㋑で、水に運ばれてきた土が多く積もったのはどちらですか。

（　　）

(4) ㋐と㋑で、土が多くけずられたのはどちらですか。

（　　）

5 花から実へ

1 花のつくりについて、調べました。

(1) 図は、アサガオの花です。㋐～㋓は何ですか。
あてはまる言葉を書きましょう。

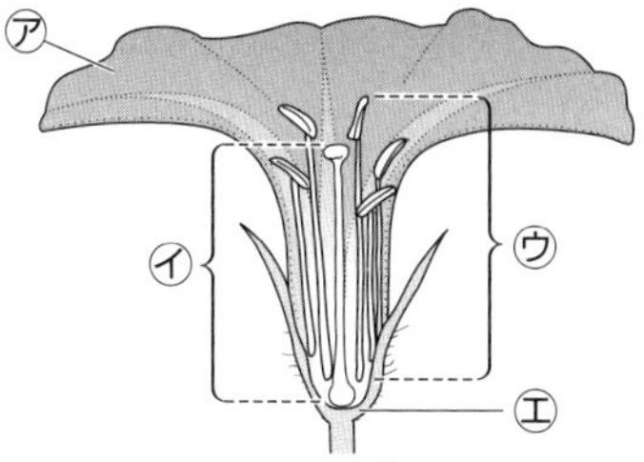

アサガオ

㋐（　　　　　）
㋑（　　　　　）
㋒（　　　　　）
㋓（　　　　　）

(2) （　　）にあてはまる言葉を書きましょう。

○花には、アブラナやアサガオのように、めしべとおしべが
　１つの花にそろっているものと、ヘチマやカボチャのように、
　めしべのある（　　　　　）とおしべのある（　　　　　）の
　２種類の花をさかせるものがある。

2 植物の実のでき方について、調べました。

(1) （　　）にあてはまる言葉を書きましょう。

①おしべから出た（　　　　　）がめしべの先につくことを受粉という。
②受粉すると、めしべのもとのふくらんだ部分が（　　　　　）になり、
　その中に（　　　　　）ができる。

(2) 図は、ヘチマの花です。
①花びらは、㋐～㋓のどれですか。
（　　　）
②がくは、㋐～㋓のどれですか。
（　　　）
③図の花は、めばなとおばなのどちらですか。
（　　　　　）

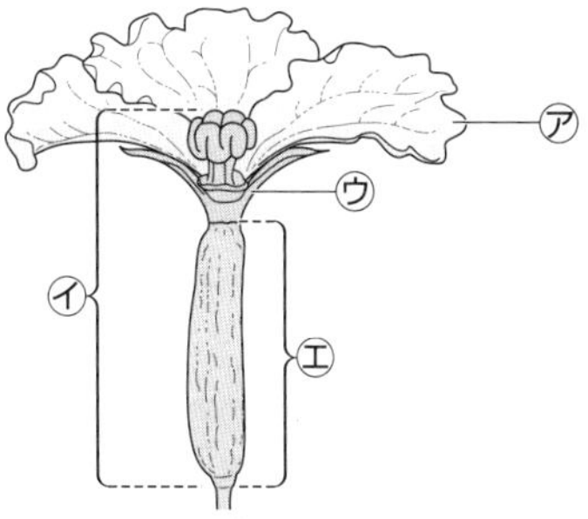

ヘチマ

4 ヒトのたんじょう

1 ヒトのたんじょうについて、調べました。

(1) (　　)にあてはまる言葉を、あとの□から選んで書きましょう。

①(　　　　　)の体内でつくられた卵《らん》(卵子《らんし》)は、
(　　　　　)の体内でつくられた精子《せいし》と結びついて、
受精卵となる。

②ヒトの子どもは、母親の体内にある(　　　　　)の中で、
そのかべにあるたいばんから(　　　　　　　)を通して養分をもらい、
いらないものをわたして育つ。

③受精してから約(　　　　　)週間で、子どもがたんじょうする。

④ヒトはたんじょうしたあと、しばらくは(　　　　　)を飲んで育つ。

2	10	38	子宮《しきゅう》	女性	男性	乳	へそのお	羊水《ようすい》

(2) 卵(卵子)と精子が結びつくことを何といいますか。

(　　　　　)

2 図は、母親の体内の赤ちゃんのようすです。

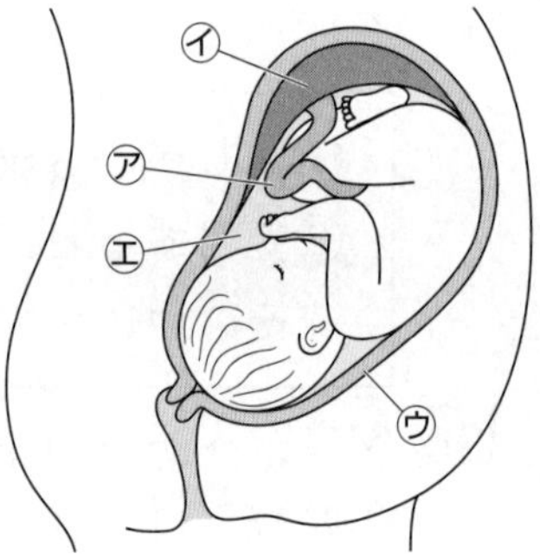

(1) ㋐～㋓はそれぞれ何ですか。
名前を書きましょう。

㋐(　　　　　　)
㋑(　　　　　　)
㋒(　　　　　　)
㋓(　　　　　　)

(2) 子宮の中は液体で満たされ、赤ちゃんを守っています。
この液体は、㋐～㋓のどれですか。

(　　　　　)

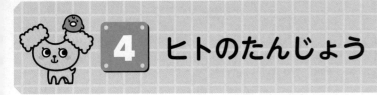

3 メダカのたんじょう

1 メダカのたんじょうについて、調べました。

(1) (　　)にあてはまる言葉を、あとの［　　］から選んで書きましょう。

①(　　　　　)が産んだたまご(卵《らん》)は、(　　　　　)が出す精子《せいし》と結びついて、受精卵となる。

②受精卵は、たまごの中にふくまれている(　　　　　)を使って育つ。

③受精してから約(　　　　　)週間で、子メダカがたんじょうする。

④たまごからかえった子メダカは、しばらくの間は(　　　　　)にあるふくろの中の養分を使って育つ。

2	10	38	おす	水分	はら	ひれ	めす	養分

(2) たまご(卵)と精子が結びつくことを何といいますか。

(　　　　　)

2 メダカを飼って、体を観察しました。

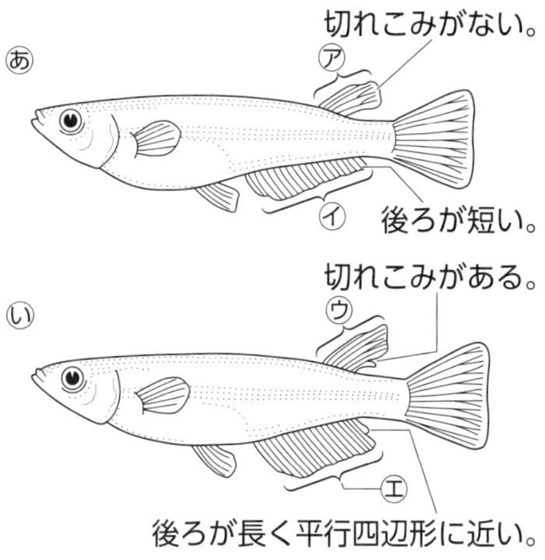

切れこみがない。
あ
ア
後ろが短い。
イ
切れこみがある。
い
ウ
エ
後ろが長く平行四辺形に近い。

(1) 図のア・ウ、イ・エのひれの名前を書きましょう。

ア・ウ(　　　　　)

イ・エ(　　　　　)

(2) あ、いのどちらがめすで、どちらがおすですか。

あ(　　　　　)

い(　　　　　)

(3) メダカを飼うとき、水そうはどこに置くとよいですか。正しいものに〇をつけましょう。

①(　　)日光が直接当たる明るいところ

②(　　)日光が直接当たらない明るいところ

③(　　)暗いところ

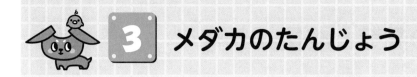

2 植物の発芽と成長

1 植物の発芽について、調べました。

(1) （　）にあてはまる言葉を書きましょう。

①植物の種子が芽を出すことを（　　　　）という。
②植物は、（　　　　）の中の養分を使って発芽する。
③植物の種子の発芽には、水、（　　　　）、
適当な（　　　　）が必要である。

(2) 図は、発芽前のインゲンマメの種子を切って開いたものです。この種子にヨウ素液をつけて、色の変化を調べました。

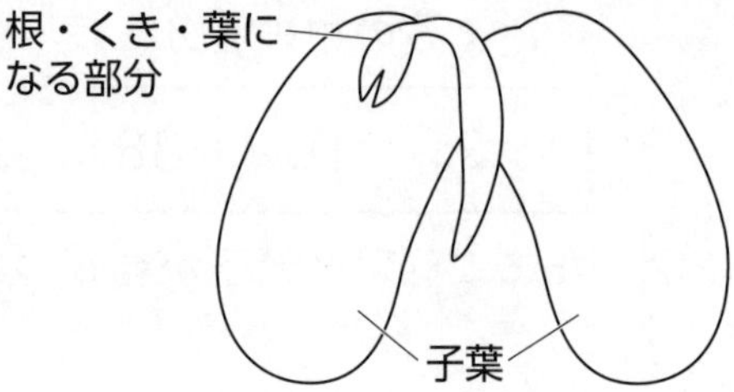

①子葉《しよう》のところは、㋐～㋒の何色に変化しますか。

㋐茶色　　㋑青むらさき色　　㋒赤色

（　　　　）

②ヨウ素液を使った色の変化で調べることができるのは、何という養分ですか。

（　　　　）

2 葉が３～４まいに育ったインゲンマメ㋐～㋒を使って、肥料や日光が植物の成長に関係するのかを調べました。葉のようすは、２週間後の育ちをまとめたものです。

	水	肥料	日光	葉のようす
㋐	あたえる	あたえる	当てる	緑色で大きく、数が多い。
㋑	あたえる	あたえる	当てない	黄色っぽくて小さく、数が少ない。
㋒	あたえる	あたえない	当てる	緑色だけど㋐より小さく、数も㋐より少ない。

(1) ㋐と㋑で、よく成長したのはどちらですか。

（　　　　）

(2) ㋐と㋒で、よく成長したのはどちらですか。

（　　　　）

(3) このことから、植物がよく成長するには、何と何が必要とわかりますか。

（　　　　）と（　　　　）

1 天気の変化

1 雲のようすと天気の変化について、調べました。

(1) (　　)にあてはまる言葉を、あとの □ から選んで書きましょう。

①天気は、空全体の広さを10として、空をおおっている雲の量が
(　　　　　　)のときを晴れ、(　　　　　　)のときをくもりとする。

②雲には、色や形、高さのちがうものが(　　　　)。

③黒っぽい雲が増えてくると、(　　　　)になることが多い。

0～5	0～8	6～10	9～10	ある	ない	晴れ	雨

(2) ある日の午前9時と正午に、空のようすを観察しました。
(　　)にあてはまる天気を書きましょう。

午前9時　天気…(　　　　　　)　雲の量…4

・白くて小さな雲がたくさん集まっていた。
・雲は、ゆっくり西から東へ動いていた。
・雨はふっていなかった。

正午　天気…(　　　　　　)　雲の量…9

・黒っぽいもこもことした雲が、空一面に広がっていた。
・雲は、午前9時のときよりも、ゆっくりと南西から北東へ動いていた。
・雨はふっていなかった。

2 天気の変化について、調べました。(　　)にあてはまる方位を書きましょう。

①日本付近では、雲はおよそ(　　　　)から(　　　　)に
動いていく。

②雲の動きにつれて、天気も(　　　　)から(　　　　)へと
変わっていく。

③台風は(　　　　)の海上で発生して、(　　　　)や東へ
進むことが多い。

付録 取りはずしてお使いください。

理科 スタートアップドリル

6年

このドリルを使って
5年生で学習した
ことをふり返ろう。

年　組